Willkommen im Anthropozän

Unsere Verantwortung für die Zukunft der Erde

Willkommen im Anthropozän

Unsere Verantwortung für die Zukunft der Erde

Nina Möllers
Christian Schwägerl
Helmuth Trischler
(Hrsg.)

Deutsches Museum

Rachel Carson Center
Environment and Society

Vorwort des Generaldirektors

»Willkommen im Anthropozän. Unsere Verantwortung für die Zukunft der Erde« – lange haben wir um diesen Titel gerungen. Macht es Sinn, den noch jungen Fachbegriff Anthropozän in den Titel einer Ausstellung zu nehmen, und noch dazu so prominent als Haupttitel? Nicht wenige rieten uns davon ab, zumal eine Umfrage unter den Museumsbesuchern noch einmal bestätigt hatte, was wir intuitiv bereits wussten: Nur wenige unserer grundsätzlich wissenschafts- und technikaffinen Besucherinnen und Besucher, geschweige denn die allgemeine Öffentlichkeit, hatten bislang etwas vom Anthropozän gehört. Andere wiederum fanden es mutig und dem Deutschen Museum als einem international führenden Forschungsmuseum für Wissenschaft und Technik besonders angemessen, mit dieser erdweit ersten Ausstellung zum Anthropozän nicht nur die Themenführerschaft zu übernehmen, sondern dieses brennende Zukunftsthema auch begrifflich offensiv zu besetzen.

Unser Mut zahlt sich aus, das hat sich bereits vor Beginn der Ausstellung gezeigt. Aus aller Welt kamen und kommen die interessierten Anfragen, wie das Deutsche Museum dieses ebenso schwierige wie zukunftsträchtige Thema in einer so großen Sonderausstellung angeht. Und das Kuratorenteam hat zwischen New York und Berlin, Stockholm und Beijing, Washington und St. Marienthal, Buenos Aires und München seine konzeptionellen Überlegungen Dutzende Male präsentiert, zur Diskussion gestellt und in zahlreichen Workshops mit Experten geschärft.

Das Ergebnis dieses aufwendigen Arbeitsprozesses kann sich fürwahr sehen lassen. Auf einer Fläche von fast 1500 Quadratmetern wird die Rolle des Menschen als bio- und geologischem Akteur erzählt, werden Geschichte, Gegenwart und wissenschaftsbasierte Zukünfte des »Menschenzeitalters« sowie Probleme und Lösungsansätze auf dem Weg zu einer zukunftsfähigen, den Dualismus zwischen Mensch und Natur überwindenden Wirtschaft, Kultur und Gesellschaft beleuchtet. Ganz in der Tradition des Deutschen Museums zeigt die Ausstellung historische Exponate und aktuelle Objekte aus den Laboratorien von Wissenschaft und Industrie und beteiligt die Besucher aktiv am Ausstellungsgeschehen. Durch diese Mischung aus Information und Partizipation bietet das Deutsche Museum der Öffentlichkeit die Möglichkeit, an vorhandenem Wissen teilzuhaben, Fragen zu stellen, Antworten abzuwägen, sich eine eigene Meinung zu bilden und sich informativ, aber auch unterhaltsam mit zentralen Themen der Gegenwart und Zukunft auseinanderzusetzen. Spannende Leihgaben aus aller Welt eröffnen für ein Wissenschafts- und Technikmuseum ungewöhnliche Perspektiven: die experimentelle Uhr der in Kalifornien ansässigen Long Now Foundation, ein Ward'scher Kasten aus dem Museum für Naturkunde in Berlin oder die Rasierer-Evolutionsinstallation »Razorius Gilletus« der niederländischen Künstlergruppe Next Nature, um nur drei Beispiele zu nennen. Die letztgenannten Objekte verweisen darauf, dass im Anthropozän die fachlichen Grenzen zwischen den Museen – Wissenschafts- und Technikmuseum hier, Naturkundemuseum da, Kunstmuseum dort – durchlässig geworden sind. Wie durchlässig zeigt insbesondere auch die enge Kooperation mit dem Haus der Kulturen der Welt in Berlin, das in den Jahren 2013 und 2014 sein Programm ganz auf sein Anthropozän-Projekt ausgerichtet hat. Wann haben ein Technikmuseum und ein Museum der performativen Künste schon einmal so eng und so fruchtbar zusammengearbeitet? Das Ergebnis dieser vorbildlichen Kooperation zwischen Berlin und München ist, dass wir in Deutschland das Thema des Anthropozäns gleichsam in einem konzertierten, multiperspektivischen Zugriff von Wissenschaft und Technik, Kunst und Kultur mit erdweiter Ausstrahlung öffentlich besetzt haben. Ich danke Bernd Scherer, dem Intendanten des Hauses der Kulturen der Welt, und seinem Team für diese hervorragende Zusammenarbeit.

Kooperation ist ohnehin der Schlüssel für die erfolgreiche Realisierung dieser Ausstellung, die ein Gemeinschaftsprodukt des Deutschen Museums und des *Rachel Carson Center for Environment and Society* (RCC) ist. Der erste Impuls kam vom Rachel Carson Center, einem vom Bundesministerium für Bildung und Forschung großzügig geförderten Forschungszentrum für Umwelt und Gesellschaft, das von der Ludwig-Maximilians-Universität München und dem Deutschen Museum gemeinsam getragen wird, und hier konkret von Carson-Fellow – und Mitglied des Museumskuratoriums – Reinhold Leinfelder. Wir haben diesen Impuls ebenso rasch wie kraftvoll aufgegriffen und gemeinsam mit dem Center umgesetzt. Ich danke dessen beiden Direktoren Christof Mauch (LMU) und Helmuth Trischler (Bereichsleiter Forschung des Deutschen Museums) für die großartige Zusammenarbeit. Bei Helmuth Trischler liefen letztlich die Fäden zusammen: Er sorgte dafür, dass das vergleichsweise kleine Ausstellungsteam über die lange Zeit der Konzeptionalisierung und Realisierung hoch motiviert arbeiten konnte. Er warb umfangreiche Drittmittel ein: von der Kulturstiftung des Bundes für ein internationales Kuratoren-Fellowship und von der Deutschen Bundesstiftung Umwelt für die Finanzierung eines breitgefächerten begleitenden Bildungsprogramms. Beiden Stiftungen sei hier herzlich für ihre großzügige Unterstützung gedankt. Er weitete das Netzwerk der Partner, Unterstützer und Förderer stetig aus, so dass am Ende eine Ausstellung nicht nur mit einem umfangreichen Katalog sowohl in Deutsch als auch in Englisch und zahlreichen weiteren Begleitpublikationen, sondern auch mit weiteren innovativen Angeboten realisiert werden konnte. Wann hat es schon einmal eine Ausstellung gegeben, die von einem Wissenschaftscomic begleitet wird, der das schwierige Thema leichtgängig aufbereitet und zugleich anhand ausgewählter »anthropozäner« Exponate aus den permanenten Sammlungen das gesamte Haus in die Sonderausstellung einbindet? Auf diese Weise wird die Ausstellung zu einer Experimentierplattform, die für die anstehende Erneuerung der Dauerausstellungen im Rahmen der Zukunftsinitiative des Deutschen Museums neue Wege erprobt.

Ausstellungen im Deutschen Museum basieren auf Teamarbeit, an der so gut wie alle Abteilungen des Hauses beteiligt sind, von den Werkstätten über das Sammlungsmanagement, den Ausstellungsbereich, die Bildung, die Kommunikation, das Veranstaltungsmanagement und den Verlag bis zu Archiv und Bibliothek. Allen Mitarbeiterinnen und Mitarbeitern sei für ihre Unterstützung herzlich gedankt. Mein besonderer Dank gilt dem Kuratorenteam unter der Leitung von Nina Möllers, die gemeinsam mit Daniela Menge und Luke Keogh sowie zeitweise unterstützt von Volontären, Praktikanten und wissenschaftlichen Hilfskräften dieses komplexe Projekt höchst erfolgreich umgesetzt hat. Kräftig unterstützt wurde das Team dabei von dem Anthropozänforscher Reinhold Leinfelder (FU Berlin), der zugleich Mitglied der *Anthropocene Working Group* der Internationalen Kommission für Stratigraphie ist, und dem Wissenschaftsjournalisten Christian Schwägerl, Autor von »Menschenzeit«, dem ersten deutschsprachigen Buch zum Anthropozän. Beiden möchte ich für ihre wertvolle Expertise herzlich danken. Last, not least danke ich dem Büro Klaus Hollenbeck Architekten und krafthaus, dem Atelier der Agentur facts and fiction, für die sehr schöne Zusammenarbeit.

Mit dieser Ausstellung zu einem brennenden Gegenwarts- und Zukunftsthema unserer Gesellschaft zeigt das Deutsche Museum einmal mehr, dass es zu den international führenden Forschungsmuseen zählt. Allen Besucherinnen und Besuchern wünsche ich viel Vergnügen bei der Zeitreise durch das Anthropozän. Ich bin mir sicher, Sie werden nicht nur die Erde, sondern auch Ihre persönliche Verantwortung für die Zukunft der Menschheit auf dieser Erde mit neuen Augen sehen.

München, im Juli 2014

Prof. Dr. Wolfgang M. Heckl
Generaldirektor des Deutschen Museums
Oskar-von-Miller-Lehrstuhl für Wissenschaftskommunikation
TU München

Geleitwort des Rachel Carson Centers

Für das Rachel Carson Center für Umwelt und Gesellschaft der LMU München ist die enge Kooperation mit dem Deutschen Museum ein Riesenglücksfall. Denn welches andere Forschungszentrum an einer deutschen Universität hat schon die Chance, eigene Fragestellungen in einem Museum zu diskutieren und zu präsentieren. »Willkommen im Anthropozän. Unsere Verantwortung für die Zukunft der Erde« ist nicht die erste Ausstellung, die das Rachel Carson Center gemeinsam mit seiner, neben der LMU, zweiten Mutterorganisation konzipiert und veranstaltet hat. Aber es ist bei weitem die größte, die wichtigste und diejenige, die uns als Umwelthistorikern und Umweltforschern am meisten am Herzen liegt. Denn mit dem »Anthropozän« hat das größte Technikmuseum der Welt ein Thema aufgegriffen, das den Menschen nicht primär als genialen Macher und Meister versteht, als Innovator und Ingenieur, sondern als eine Kreatur, die einst auszogen war, die Natur durch Technik zu bezwingen, und nun erkennt, dass wir im Begriff sind, unsere natürlichen Lebensgrundlagen zu zerstören. Die Idee des Anthropozäns, eines »Zeitalters des Menschen«, erinnert uns daran, dass wir unsere Umwelt so sehr manipuliert haben, dass es keinen Ort ohne »kulturelle Spuren« auf dem Erdball gibt. Selbst der höchste Gipfel im Himalaya und der tiefste Punkt im Ozean sind durch die menschliche Präsenz auf der Erde verändert worden.

Die Transformation der Welt durch Technik geschah anfangs im Zeichen von Kalkulierbarkeit, Fortschritt und Modernisierung, aber die unbeabsichtigten Folgen menschlicher Eingriffe führten in der Geschichte zu immer neuen Vulnerabilitäten und Desastern. Vor 200 Jahren mochte der Mensch sich noch vor der Gewalt der Natur gefürchtet haben. Heute wissen wir, dass umgekehrt die Gewalt des Menschen gegenüber der Natur ungeheuerlich ist. Hinter dem Konzept des Anthropozäns steht die Einsicht, dass der Mensch nahezu zwei Drittel der Landfläche des Erdballs bebaut und beackert hat, dass 90 Prozent der Pflanzen von Menschen gezüchtet sind, dass Städte im Begriff sind, das häufigste Ökosystem zu bilden, dass Plastik zu einem eigenen Sedimenttyp avanciert; kurzum: dass die technischen Eingriffe des Menschen in die Oberfläche unseres Planeten – durch Bodennutzung, Besiedelung und technische Veränderung – nicht nur für geschichtliche, sondern selbst für erdgeschichtliche Verhältnisse ein unerhörtes Ausmaß erreicht haben. Die Anthropozän-Idee bedeutet aber auch die Erkenntnis, dass wir die Umweltprobleme, die wir als Menschen insbesondere seit der Industrialisierung geschaffen haben, nur durch den intelligenten Einsatz unserer wissenschaftlichen und technischen Kreativität im vollen Bewusstsein unserer Verantwortung für die Zukunft der Erde werden lösen können. Wie solche kreativen Antworten auf die drängenden Gegenwarts- und Zukunftsfragen aussehen können und sollten – um darüber in einer die Gesellschaft partizipativ einbindenden Ausstellung gleichsam öffentlich nachzudenken, gibt es gewiss keinen besseren Ort als das Deutsche Museum.

Die Forscherinnen und Forscher am Rachel Carson Center für Umwelt und Gesellschaft beschäftigen sich seit 2009 mit umweltbezogenen historischen Fragestellungen: mit »Natur als kultureller Herausforderung« (so der Name des Carson-Projekts). Sie stammen aus allen Regionen der Welt, denn Ziel des vom Bundesministerium für Bildung und Forschung finanzierten Centers ist die Internationalisierung der Wissenschaftslandschaft in Deutschland. Über 150 Wissenschaftlerinnen und Wissenschaftler haben sich seit 2009 einer Reihe von Themen gewidmet, die die Beteiligung von Menschen an den Veränderungen der natürlichen Umwelt sowie die kulturellen Folgen des Naturwandels analysieren. Im Zentrum stehen Forschungsschwerpunkte wie der kulturelle Umgang mit der Knappheit natürlicher Ressourcen, Naturkatastrophen, Transformation von Landschaften, Umweltwissen, Umweltpolitik und Umweltethik. In die Anthropozän-Ausstellung sind viele Ideen aus den Diskussionen am Rachel Carson Center eingeflossen. In der Tat: Die Idee zur Ausstellung ging aus einer Reihe von Diskussionen an unserem Center hervor und wurde vor allem von Carson-Fellow und Anthropozän-Forscher Reinhold Leinfelder lanciert und in enger Diskussion mit den Verantwortlichen am Deutschen Museum weiterverfolgt. Wir sind Generaldirektor Wolfgang M. Heckl und seinem gesamten Team sehr dankbar, die Idee zu dieser Ausstellung so kraftvoll und engagiert aufgegriffen zu haben.

Der Weg von der Idee zur Umsetzung und Realisierung einer so großen und komplexen Ausstellung ist allerdings ein weiter und bedarf vielfältiger Unterstützung, die wir von vielen Seiten in reichem Maße erhalten haben. Wir danken den Mitarbeiterinnen und Mitarbeitern sowie den Praktikantinnen und Praktikanten des Centers, die über mehrere Jahre hinweg die Ausstellung in engster Zusammenarbeit mit dem Museum vorbereitet haben, und hier zuvorderst dem Kuratorenteam unter der Leitung von Nina Möllers mit Daniela Menge, Luke Keogh, Anne Hanschke, Felix Mauch und Sabine Buchczyk sowie dem Editorenteam rund um Katie Ritson und Brenda Black und dem Team des Portals *Environment and Society* mit Kimberly Coulter und Iris Trautmann an der Spitze.

Dank auch an unsere Geldgeber in Bonn – das Bundesministerium für Bildung und Forschung und den Projektträger, insbesondere Dr. Volker Schütte –, die sich mit der Förderung des Rachel Carson Centers auf ein unorthodoxes Projekt eingelassen haben, von dem wir hoffen, dass es ein doppeltes Ziel erfüllt: erstens die Bedeutung der Geistes- und Sozialwissenschaften in Umweltfragen zu stärken und international sichtbar zu machen und uns zweitens an die Rolle zu erinnern, die wir im Zeitalter des Anthropozäns in der Verantwortung für die Zukunft unserer Erde spielen.

München, im Juli 2014

Prof. Dr. Christof Mauch
Direktor des Rachel Carson Centers
Professor für Amerikanische Kultur-, Sozial- und Politikgeschichte und Transatlantische Beziehungen, LMU München

Prof. Dr. Helmuth Trischler
Direktor des Rachel Carson Centers
Bereichsleiter Forschung des Deutschen Museums

Essays

Eine Idee wird geboren

Die menschliche Dimension in geologischer Zeit

von Jan Zalasiewicz

Der Mensch als geologische Kraft: Zu unseren langlebigen Hinterlassenschaften zählt Glas, dessen mehr oder weniger kleingemahlene Überreste bereits an vielen Stränden zu finden sind. An der kalifornischen Küste bei Fort Bragg wurde bis 1967 Altglas abgelagert. Inzwischen hat sich die Deponie in einen schillernden Strand verwandelt und steht als MacKerricher State Park unter Schutz.
Foto: Floris de Breugel

Was bedeutet eigentlich »alt« auf der Erde? Als Kind war ich von alten Dingen fasziniert – alte Flaschen, Pfeilspitzen aus Feuerstein, Bruchstücke von Tonrohren im Boden. Diese Welt, als das Leben bestimmt noch voll von Aufregung und Gefahren war. Später erfuhr ich, dass Relikte einer viel älteren Erde gefunden werden konnten – versteinerte Korallen und wunderschöne schneckenförmige Ammoniten und Panzer der Trilobiten. Sie riefen eine Welt wach, die lange, lange vor dem Menschen existiert hatte. So trat die Geologie in mein Leben und ist seitdem dort geblieben.

Mount Whaleback Eisenerz-Mine, Pilbara, Australien.
Foto: Daily Overview / DigitalGlobe

Man macht sich in dieser Wissenschaft mit Naturgegenständen vertraut – Quarz, Kalkstein, Granit, Lava. Aber die Dimension der darin eingeschlossenen erdgeschichtlichen Zeit bleibt so schwierig zu verstehen wie eh und je. Vielleicht ist es sogar noch schwieriger, da die Vorstellungskraft eines Kindes durch Messergebnisse und Analysen eines Wissenschaftlers ersetzt wird. Dieses Unverständnis war schon immer mit diesem Thema verbunden. Georges-Louis Leclerc, Comte de Buffon, veröffentlichte 1778 ein Buch namens »Des époques de la nature«.[1] Es war das erste Buch, das den geschichtlichen Verlauf der Erde wissenschaftlich erörterte. Leclerc schätzte das Alter der Erde vorsichtig auf 75 000 Jahre (ein Auge dabei immer auf den mächtigen Kirchenapparat gerichtet) – als Grundlage verwendete er die Geschwindigkeit, mit der die heiße, flüssige Kugel seinen Berechnungen zufolge abkühlte. Er warf die rhetorische Frage auf, wie sich seine Leser eine solch große Zahl vergegenwärtigen könnten. Dann schlug er vor, man solle sie sich in Münzen vorstellen: eine Analogie, die womöglich mit den Allerreichsten seiner Leserschaft funktioniert hätte. Heutzutage würde so ein Trick mit der derzeitigen Schätzung wahrscheinlich nicht einmal mehr bei den Plutokraten unter uns funktionieren: Sie beträgt 4 Milliarden 567 Millionen Jahre (eine Million mehr oder weniger). Man vergleiche diese absolut unvorstellbare Zahl mit der Zeit, seit der es eine organisierte menschliche Zivilisation gibt, die sich durch Landwirtschaft und Städte ausdrückt: Das sind nur etwa 6000 Jahre. Oder, um es noch eindrucksvoller zu machen, mit dem Zeitalter der modernen industriellen Zivilisation, die Ende des 18. Jahrhunderts in Europa begann, ungefähr zu der Zeit, als Buffon seine Erdgeschichte verfasste: vor etwas mehr als zwei Jahrhunderten. Die Erdenzeit und die Menschenzeit scheinen, wie solch einfache Vergleiche zeigen, völlig verschiedenen Welten anzugehören.

Der Unterschied zwischen der menschlichen und der geologischen Zeit ist nur einer der Gründe, warum die menschliche und die geologische Geschichte – oder sogar noch weiter gefasst die Menschheit und die Natur – beinah immer getrennt voneinander betrachtet, untersucht und beschrieben wurden. Und auch in Bezug auf die Dimension der Ereignisse besteht ein Unterschied. Wir haben mittlerweile erfahren, dass sich die Erde im Verlauf ihrer umfangreichen Geschichte tiefgehend verändert hat. So groß uns zum Beispiel der Atlantische Ozean auch erscheinen mag, ist er doch erst ein junges Gebilde. Die Dinosaurier der Jurazeit konnten sorgenlos zwischen dem, was wir heutzutage Südamerika und das südliche Afrika nennen, hin und her spazieren (erst in der darauffolgenden Kreidezeit begannen diese zwei Blöcke der Erdkruste auseinanderzudriften). Im Verlauf der Erdgeschichte sind Bergketten entstanden, die vom Wetter wieder abgetragen wurden, Ozeane haben sich gebildet und sind wieder verschwunden, und es gab gewaltige Vulkanausbrüche, die alles in den Schatten stellen, was je in der Geschichte der Menschheit aufgezeichnet wurde. Die Lebewesen haben sich auch vollkommen verändert: von den unzähligen mikrobiellen Unterwasserstrukturen des Präkambriums hin zu der frühen paläozoischen Welt von vor einer Milliarde Jahren mit ihren gut gedeihenden Meeresgemeinschaften von wirbellosen Tieren, aber kargen Landschaften, hin zu der Welt, wie wir sie jetzt kennen, in der sich komplexes Leben über Land und See erstreckt. Die Verbreitung von Leben wurde von kurzen, aber brutalen Phasen der Zerstörung unterbrochen, als umweltbedingtes Chaos zum Kollaps des globalen Ökosystems führte. Es scheint heutzutage so, als seien die meisten dieser Vorkommnisse von außergewöhnlichen Vulkanausbrüchen ausgelöst worden, aber ein Meteorit mit einem Durchmesser von zehn Kilometern bleibt noch immer die wahrscheinlichste Ursache für die Vernichtung der Dinosaurier am Ende der Kreidezeit.

Es ist nicht verwunderlich, dass frühe Hinweise, Menschen könnten als ein geologischer Faktor fungieren, von Geologen weitgehend belächelt wurden. Diese Vorstellungen von der menschlichen Macht stammen tatsächlich aus der frühen Geschichte der Wissenschaft. Buffon selbst beschrieb seine siebte und letzte Epoche als die, in der die Menschen den gewaltigen Kräften der Natur assistierten. Man beachte den Gebrauch des Wortes »assistieren«. Buffon dachte, dass die Erde schnell abkühlte und unweigerlich auf den Erfrierungstod zusteuerte. Er meinte, dass das Wachstum menschlicher Städte, das von der Kohleverbrennung angetrieben wurde, die lebensspendende Wärme auf unserer Erde ein wenig länger aufrechterhalten könnte.

In der Folge gab es Hinweise, dass eine wachsende und sich industrialisierende Gesellschaft das Angesicht der Erde veränderte. Am Ende des 19. Jahrhunderts sammelte George Perkins Marsh, der erste große nordamerikanische Naturschützer, in seinem Buch »Man and Nature« Beweise für diese Theorie.[2] Ungefähr zur gleichen Zeit, und unabhängig voneinander, schlug Antonio Stoppani in seinem Werk »Corso di Geologia« die anthropozoische Ära vor.[3] Er hatte gründlich darüber nachgedacht und verstand, dass all unsere gemeinschaftlichen Handlungen nicht nur die Gegenwart veränderten. Sie würden auch den Verlauf der Zukunft verändern.

Dennoch betrachtete die herrschende geologische Meinung den menschlichen Einfluss bis vor kurzem als ein unvorstellbar kurzes und triviales Intermezzo in der Geschichte der Erde – ganz gleich, wie dramatisch dieser Einfluss aus menschlicher Sicht erscheinen mag. Man glaubte, dass egal welche Anlagen wir bauen, Pyramiden, Städte, Straßen oder Flughäfen, diese bald durch Erosionskräfte von der Erdoberfläche gewischt würden – nach der eines Tages unausweichlichen Vernichtung unserer Spezies.

Die Auffassung, dass die Folgen menschlichen Handelns vergänglich sind, wurde von Paul Crutzen infrage gestellt. Crutzen ist ein Atmosphärenchemiker, der 1995 den Nobelpreis für die Entschlüsselung der komplizierten Mechanismen bekam, die zur Zerstörung der Ozonschicht der Erde führten. Es wird erzählt, dass er auf einer Tagung von Wissenschaftlern war, die die Ereignisse im Holozän diskutierten – ehemals die Epoche, in der wir jetzt leben und die die Zeit seit dem letzten Rückzug des Gletschereises vor ungefähr elfeinhalbtausend Jahren repräsentiert. Crutzen wurde immer frustrierter. Schließlich brach es aus ihm heraus, dass wir nicht mehr im Holozän lebten, sondern im … im … (er suchte nach einem Wort) im Anthropozän. Ganz gleich, wie es wirklich dazu kam (siehe Interview mit Paul Crutzen auf S. 32), wurde die Bezeichnung im Jahr 2000 in einer kleinen Gruppe von Wissenschaftlern verbreitet sowie in einem Artikel im Rundschreiben des IGBP (des Internationalen Geosphäre-Biosphäre-Programms)[4] verwendet, den Crutzen zusammen mit dem amerikanischen Ökologen Eugene Stoermer verfasste, und wurde 2002 schließlich in einem einseitigen Aufsatz, den Crutzen für das Magazin »Nature« schrieb[5], an ein globales wissenschaftliches Publikum herangetragen. Der Artikel war kurz, klar und anschaulich geschrieben und höchst einflussreich – besonders deswegen, weil er von einem der weltbekanntesten Wissenschaftler kam.

Er erschien gerade zum rechten Zeitpunkt, nämlich als langsam klar wurde, dass der Einfluss der Menschen auf die Erde geologisch gesehen zwar wohl lediglich von kurzer Dauer sein würde, aber keineswegs trivial. Tatsächlich hatte der amerikanische Journalist und Berichterstatter Andrew Revkin das Wort »Anthrozän« bereits 1992 in seinem Buch »Global Warming: Understanding the Forecast« vorgeschlagen, um weitgehend dasselbe Konzept zu erfassen.[6] Der Ökologe John L. Curnutt erwähnte 2000 den Begriff »Homogenozän«, um die Weise widerzuspiegeln, auf die Menschen weltweit Pflanzen und Tiere umsiedeln.[7] Der Begriff Anthropozän gewann schließlich den kurzen Wettstreit der Synonyme und bald war er in Büchern, Artikeln und wissenschaftlichen Aufsätzen weit verbreitet. Dies hatte einen ebenso großen Einfluss auf die Öffentlichkeit und die Geisteswissenschaften wie auf die Naturwissenschaftler. Denn dieser Begriff bringt sowohl das Ausmaß und die Komplexität der menschgetriebenen Veränderungen hervor als auch die wahrscheinliche Dauer ihrer Auswirkungen. Tatsächlich stellte Crutzen die These auf, dass die Welt des Holozäns beendet ist und dass wir uns jetzt am Anfang eines neuen Kapitels der Erdgeschichte befinden.

Eine Möglichkeit, diese These zu untersuchen, ist streng formaler Art. Und zwar mittels der Frage: Kann sich das Anthropozän dem Jura, dem Karbon, dem Pleistozän und anderen entsprechenden Perioden auf der geologischen Zeitskala anschließen? Das wäre ein großer Schritt, denn die Zeitskala ist das Rückgrat der Geologie und sie ist absolut fundamental für die Wissenschaft. Die Definition und Überarbeitung ihrer Bestandteile ist ein langsamer, sorgfältig argumentierter Prozess, der normalerweise Jahrzehnte dauert.

Diese Art von Untersuchung findet nun in einem Verfahren statt, das von der Kommission für Stratigraphie der *Geological Society of London* begonnen wurde. Deren Mitglieder diskutierten das Anthropozän, weil es in der Litaeratur immer häufiger in Erscheinung trat. Der Begriff wurde so verwendet, als ob es sich dabei um einen formellen Ausdruck handelte – selbst auf den Seiten angesehener und hoch gehandelter wissenschaftlicher Zeitschriften –, und doch wurde er nie formalisiert. War das Anthropozän – geologisch gesehen – wirklich stichhaltig?

Manche der Beweise sind eindeutig. Die Städte, in denen wir leben, sind solide Konstruktionen aus vornehmlich geologischen Materialien: Sand, Kies, Kalk und Schlamm im Beton, Schiefer im Ziegel, Stahl, der von ausgegrabenem Erz extrahiert wurde. Diese Materialien werden nun in Mengen produziert. Man nehme zum Beispiel Beton, ein allgegenwärtiges Symbol der menschlichen Dominanz über die Natur. Die Schätzungen für die weltweite jährliche

Der Bergbau ist prägend für die menschliche Zivilisation. Seit Jahrtausenden graben Menschen die Erde um und gewinnen Metalle, wie der Holzschnitt von Erhard Schön aus dem 16. Jahrhundert zeigt. Seit dem Zweiten Weltkrieg ist die Nachfrage nach Materialien für Werkzeuge, Maschinen und Bauelemente explodiert.

Heinrich Winkelmann: Der Bergbau in der Kunst. Essen 1958, S. 192. Foto: DMA, CD68851

Produktion unterscheiden sich stark, von einer Milliarde bis acht Milliarden Kubikmeter (Letzteres würde fast drei Tonnen für jeden Mann, jede Frau und jedes Kind auf der Erde bedeuten). Wenn wir den Durchschnittswert von vier Milliarden Kubikmeter nehmen, reicht es, um ganz Deutschland (und Teile seiner Nachbarländer) mit einer zentimeterdicken Schicht zu bedecken – und das jedes Jahr![8]

Beton ist Teil der urbanen Schicht, die über die Bodenoberfläche in Form unserer Häuser und Fabriken hinausragt, und sich darunter in Fundamenten, U-Bahn-Systemen, Kanalisationen und Elektrokabeln erstreckt und sogar noch tiefer in Bergwerken und Bohrlöchern. Die heutigen Strukturen liegen oft auf den Trümmern früherer Städte. Einerseits ist dies eine Steinschicht, wenn auch eine sehr komplexe in ihrer Form und Zusammensetzung. Andererseits handelt es sich um ein Fossil – kein Körper-, sondern ein Spurenfossil, verwandt mit Termitennestern und Spinnennetzen, aber fast unendlich viel größer und variabel.

Es gibt auch noch eine andere Veränderung, die wir verursachen und die Paul Crutzen wahrscheinlich besser als jeder andere erkannte. Die Veränderung in der chemischen Zusammensetzung der Atmosphäre und der Ozeane ist nicht sichtbar, ohne präzise analytische Sensoren nicht feststellbar und scheinbar unbedeutend. Kohlendioxid ist ein Spurengas in der Atmosphäre, das in der Größenordnung von deutlich unter einem Zehntel eines Volumenprozents vorkommt. Aber seine Dichte ist seit der industriellen Revolution um etwa ein Drittel angestiegen, von ungefähr 280 Teilen pro Million (ppm) auf heute 400 Teile pro Million.[9] Wie bedeutungsvoll ist das geologisch gesehen? Erstaunlicherweise ist fossile Luft in Eisschichten, die bis zu fast einer Million Jahre zurückreichen, in der Antarktis konserviert. Sie kann verwendet werden, um zu messen, welche Menge an Kohlendioxid in diesem Zeitintervall vorhanden

Schicht um Schicht: Erst im 19. Jahrhundert erkannten Wissenschaftler die Gesetze, nach denen sich Gesteinsschichten, wie hier in der Humahuaca-Schlucht in Argentinien, übereinanderlagern. So wurde es möglich, die Erdgeschichte zu rekonstruieren und in Epochen einzuteilen. Wie genau die Schichten aussehen werden, die künftige Geologen als typisch für das Anthropozän einstufen, entscheidet sich in den kommenden Jahrzehnten.

Foto: Thoron / Shutterstock.com

war. Das jetzige Niveau, das hauptsächlich aufgrund der Verbrennung von Milliarden Tonnen von Kohle, Öl und Benzin erreicht wurde, ist jetzt als zu jedem anderen Zeitpunkt in den letzten Millionen Jahren und wahrscheinlich ähnlich hoch wie im Pliozän, als die Erde wärmer und die Meeresspiegel vielleicht an die zwanzig Meter höher als heutzutage waren.

Sofern nicht etwas sehr Außergewöhnliches passiert, wird das Kohlendioxid im Laufe des nächsten Jahrhunderts um mindestens weitere hundert Teile pro Million und wahrscheinlich noch wesentlich stärker ansteigen. Dieses Gas ist ein Treibhausgas, das die Hitze (Infrarotstrahlung, die für uns unsichtbar ist, außer wir tragen spezielle Brillen) einer von der Sonne gewärmten Erde einschließt. Wie schnell werden seine Auswirkungen tatsächlich zu dem Maß an Erderwärmung führen, das von Organisationen wie dem Weltklimarat der UN (IPCC) prognostiziert wird? Das genau zu bestimmen, ist schwierig. Die Erde ist ein riesiges Gebilde, und wie die Wärme zwischen den Ozeanen, der Atmosphäre und den Gebirgen übertragen wird, ist äußerst komplex. Aber die Eisbohrkerne, die sowohl der Antarktis als auch Grönland entnommen wurden, zeigen nicht nur die Geschichte der Veränderungen der Zusammensetzung der Atmosphäre. Sie zeigen auch, dass die Aufzeichnungen der Temperatur nahezu exakt die Gehalte von Kohlendioxid und anderen Treibhausgasen wie zum Beispiel Methan widerspiegeln. Der Gehalt an Methan hat sich seit der vorindustriellen Zeit nahezu verdoppelt.[10] Das Muster ist einfach: je größer die Menge solcher Treibhausgase in der Atmosphäre, desto wärmer die Erdoberfläche. Trotzdem machen wir weiter damit, versteinerten Sonnenschein aus dem Boden zu gewinnen, um unsere Leben mit Energie zu versorgen, wir sehen zu und warten.

Vielleicht sind die empfindlichsten Aufzeichnungen von menschlicher Aktivität auf der Erdoberfläche aber einfach die Vielfalt des Lebens selbst. Wir haben sie auf eine recht spezielle Weise durcheinander gebracht. Wir haben einen großen Anteil verzehrt und dann einen noch größeren aus dem Weg geräumt, um Platz für unsere Häuser und Bauernhöfe zu machen. Und schließlich, durch Zufall, absichtlich oder als Versuch, haben wir, bewusst oder unbewusst, Tier- und Pflanzenspezies auf der ganzen Welt umgesiedelt: von den exotischen Pflanzen, die unsere Gärten schmücken, bis hin zu den Katzen und Ratten, die durch ihren Verstand, ihre Schnelligkeit und ihre schonungslose Intelligenz die meisten anderen Spezies, mit denen sie in Berührung kommen, aus dem Feld schlagen.

Noch ist es nicht so, dass wir wieder vor einem Massensterben stehen. Aber viele Spezies sind bereits stark reduziert, und der Paläontologe und Biologe Anthony Barnosky und seine Kollegen schätzen, dass es – nach ein paar weiteren Jahrhunderten, in denen wir alles wie gewohnt weiterlaufen lassen – auf der Erde zu einem Massensterben kommen wird, das es mit dem am Ende der Kreidezeit leicht aufnehmen kann.[11] Sogar jetzt ist die Veränderung der planetarischen Biologie schon sehr tiefgehend, obwohl die meisten Spezies sich noch an ihre Existenz klammern.

Den Berechnungen des Wissenschaftlers Vaclav Smil zufolge (ein bemerkenswerter Mann, den man nur schwer genauer einordnen kann) macht der Homo sapiens jetzt ungefähr ein Drittel der Biomasse unter den großen Landwirbeltieren aus.[12] Die Nutztiere – Kühe, Schweine, Ziegen, Schafe – bilden den Großteil der anderen zwei Drittel. Etwa fünf Prozent oder weniger sind dann die wilden Tiere der Erde – Löwen und Rhinozerosse, Geparde und Gazellen. Und das alles während sich die Erde um etwas weniger als ein Grad erwärmt hat. Die Kombination aus der beträchtlichen Erderwärmung, die für die nähere Zukunft prognostiziert wurde und die viele Spezies aus ihrer Wohlfühlzone treiben würde, und der zersplitterten und reduzierten Biosphäre, die die Chancen auf Wanderbewegungen verringert, wird wohl einige umfassende biologische Veränderungen hervorrufen.

Also bringen wir physikalische Veränderungen in der Landschaft hervor, die Geologen unter der Überschrift Lithostratigraphie verbuchen würden; chemische Veränderungen, die als Chemostratigraphie bezeichnet werden, wenn sie auf Gesteinsschichten geprägt werden; und biologische Veränderungen, die unter die Schlagzeile Biostratigraphie fallen – denn jedes Lebewesen ist ein potenzielles künftiges Fossil. Diese erlauben es uns, zu beschreiben, wie heutige Umweltveränderungen in zukünftige Gesteinsschichten übertragen werden. Gleichzeitig geben sie uns ein Mittel an die Hand, mit Hilfe dessen wir derzeitige Veränderungen mit den vorzeitlichen Umbrüchen vergleichen können, die diesen Planeten geprägt haben, lange bevor der Mensch in Erscheinung trat.

Wenn man diese Vergleiche zwischen der Gegenwart und der Vergangenheit zieht (von genau diesen hängt nämlich die Berechtigung des Anthropozäns als offizielle geologische Einheit ab), müssen wir zunächst einmal darüber nachdenken, ob die menschgemachten Veränderungen der Erdoberfläche vorübergehend sind und schnell ausradiert werden oder ob sie vielleicht von längerer Dauer sind. Um uns dabei zu helfen, können wir die Vorgeschichte der Erde verwenden, die durch die Gesteinsschichten lesbar ist. Obschon die physikalischen Änderungen auf den ersten Blick die auffallendsten sind, entstehen sie nur, so lange wir weiterhin baulich tätig sind. Wenn wir plötzlich aussterben würden, würde es auch keine solchen Veränderungen mehr geben. Die städtische Schicht würde dann etwas bilden, das Geologen als »Ereignisschicht« bezeichnen – obgleich es an vielen Orten eine sehr solide Schicht mit tiefen Wurzeln wäre (Kanalisationsröhren, U-Bahn-Systeme und Bohrlöcher). An manchen Orten würde sie erhalten werden, zum Beispiel auf den Delta-Spitzen, die in das Meer sinken (New Orleans, Venedig und Shanghai sind Spitzenkandidaten). Anderswo würde sie völlig ausgewaschen werden (Mexiko Stadt, hoch oben in einer vulkanischen Region).

Die chemischen Veränderungen sind langlebiger. Die geologische Geschichte der Erde sagt uns, dass es, wenn erhebliche Mengen von Kohlendioxid in der Luft freigesetzt werden, etwa 100 000 Jahre dauert, um das Normalniveau wieder herzustellen (und daher auch die Temperaturen, den Säuregehalt der Ozeane und den Meeresspiegel). Das geschieht durch eine Mischung aus Neutralisation mit Oberflächengestein und Kohlenstoffbindung durch ein erhöhtes Wachstum der Pflanzen und das anschließende Begraben ihrer abgestorbenen Überreste.

Die biologische Veränderung jedoch ist meistens endgültig. Diese neu umgesiedelten Spezies, ebenso wie die, die ausgestorbene Organismen ersetzen, werden Nachkommen haben und diese werden sich schließlich dahingehend entwickeln, die Tiere und Fossilansammlungen der weit entfernten Zukunft zu produzieren. Hier haben wir den Verlauf der Erdgeschichte bereits unwiderruflich verändert.

Wir sind genau dort, wo uns Antonio Stoppani vor mehr als einem Jahrhundert vermutete: Wir verändern nicht nur die Gegenwart, sondern wir stellen die Weichen weit bis in die Zukunft hinein. Man kann nur schwer erkennen, wie das ungeschehen gemacht oder umgekehrt werden kann. Wir sind außerdem am Anfang dieser Geschichte – etwa wie intelligente, analytische Beobachter (wenn es welche gegeben hätte) die Welt vielleicht ein paar Jahrzehnte nach dem Meteoriteneinschlag am Ende der Kreidezeit gesehen hätten. Die alte Ordnung wurde zerstört und die neue Ordnung, die der Periode des Tertiärs, gab es noch nicht; gleichzeitig waren die überlebenden Gattungen, die *disaster taxa,* sehr zahlreich. 56 Millionen Jahre später können wir uns zu den »Katastrophentaxa« des Anthropozäns zählen, zusammen mit Katzen und Ratten.

Angesichts dieser Tatsachen stellt sich die Frage, was man formal bezüglich des Anthropozäns unternehmen kann. Das ist ein schwieriges Problem – obwohl es mit dem nötigen Abstand auch als faszinierendes Problem erachtet werden kann. Wir müssen entscheiden, ob der Begriff wissenschaftlich gerechtfertigt ist. Man könnte durchaus eine große Menge an Beweisen dafür aufführen, dass es sich um ein echtes geologisches Phänomen handelt. Dann ist da auch noch die Frage, ob dieser Begriff sinnvoll ist oder nicht. Geologische Zeitbegriffe zu bestimmen war in der Vergangenheit immer nur Sache der Geologen und insbesondere der kleinen Unterabteilung der Gemeinschaft der Stratigraphen, die sich auf die Erdgeschichte und ihre formalen Abschnitte spezialisieren. Der Begriff Anthropozän wurde eindeutig weit über diese Gemeinschaft hinaus angenommen, was die Frage, ob er sinnvoll (oder ein unnötiges Hindernis) ist, schwierig macht: Für wen ist er sinnvoll und für wen ist er ein Hindernis?

Und weiter, wenn er sowohl gerechtfertigt als auch allgemein sinnvoll ist, wann sollte dann das Anthropozän beginnen und auf welcher Ebene sollte es angesiedelt werden? Alle offiziell definierten geologischen Zeitbegriffe haben einen genauen Anfang, der normalerweise aus einer Anzahl von möglichen alternativen Daten von Geologen gewählt wird, und dieser Zeitpunkt muss dann weltweit synchron sein. Wann sollte das Anthropozän also beginnen? Paul Crutzen schlug dafür in seinem »Nature«-Aufsatz ursprünglich den Beginn der industriellen Revolution um 1800 vor, als das Wachstum der menschlichen Bevölkerung und des auf Kohle basierten Energieverbrauchs zuzunehmen begann – und als der Gehalt an Kohlenstoffdioxid anfing zu steigen.

Es wurde auch noch ein viel früherer Zeitpunkt vorgeschlagen – die »frühe Anthropozän«-Hypothese, die die Entstehung und Expansion der Landwirtschaft weltweit über die letzten 6000 Jahre hinweg hervorhebt.[13] Ein solches Anthropozän würde die Hälfte (oder mehr) des bestehenden Holozäns abdecken.

Andererseits gibt es auch einen viel späteren Zeitpunkt, der als aussichtsreiche Möglichkeit auftaucht: der Beginn der »Großen Beschleunigung« um 1950, der mit dem Atomzeitalter zusammenfällt – und auch mit dem Zeitalter des Plastiks, des Betons und des Aluminiums.[14] Diese materiellen Marker sind wichtig, da man es in der Geologie nicht einfach nur mit Zeit zu tun hat, sondern mit den materiellen Spuren der Zeit. Daher gibt es nicht nur die Jurazeit, eine Zeit, in der Dinosaurier lebten und in der man vom Doppelkontinent Amerika nach Afrika gehen konnte; Geologen sprechen auch von dem Jurasystem, das aus all den Erdschichten gemacht ist, die während der Jurazeit gebildet wurden: Schichten, die Knochen von Dinosauriern und die Überreste archaischer Pflanzen, die Dinosaurier gefressen haben, enthalten. Für Geologen sind solche materiellen Kennzeichen entscheidende Leitfäden für die Zeit und ihre Verläufe. Im Falle des Anthropozäns gibt es ein verblüffendes Spektrum an potenziellen Markern, die weggeworfene Kugelschreiber, Mobiltelefone und Autoreifen einschließen. Diese können vielleicht als identifizierende Merkmale der jüngsten Sandflächen und Schlamme dienen, die sie beinhalten, und als Merkmale der Zeit und Geschichte, die diese Objekte repräsentieren.

Es stellt sich auch die Frage nach dem Niveau, auf dem das Anthropozän formalisiert werden könnte, denn die geologische Zeitskala ist hierarchisch angeordnet. Die Epoche des Holozäns, in dem wir offiziell leben, könnte in verschiedene Zeitalter unterteilt werden, wie das bei vielen Epochen der Fall ist. Insgesamt ist sie Teil des Quartärs, das vor 2,6 Millionen Jahren begann, als sich in der nördlichen Hemisphäre Eisschichten ausbreiteten; das wiederum ist Teil der Erdneuzeit, die mit dem Meteoriteneinschlag begann, der die Dinosaurier ausrottete. Unsere 65 Millionen Jahre lange Ära ist Teil einer noch viel größeren Einheit, dem Phanerozoikum, das vor mehr als einer halben Milliarde Jahren begann, als unsere vertrauten Tiergruppen – Würmer, Arthropoden, Weichtiere und so weiter – zum ersten Mal in Erscheinung traten.

Wo sollte man in dieser Hierarchie das Anthropozän platzieren? Darauf gibt es keine einfache Antwort. Einige der Bestandteilphänomene – zum Beispiel die durchschnittliche Globaltemperatur und besonders der Meeresspiegel – liegen noch gut in den Normen des Holozäns. Beträchtliche Veränderungen liegen hier immer noch in der Zukunft, auch wenn es geologisch gesehen eine sehr nahe Zukunft ist. Die chemischen Signale sind etwas dramatischer: Der Anstieg des Kohlenstoffdioxidgehalts ist schneller als jeder andere in der Erdgeschichte und die Änderung am Stickstoffzyklus der Erde (durch das Haber-Bosch-Verfahren für die Herstellung künstlicher Düngemittel, die uns am Leben erhalten) ist vielleicht die größte in zwei Milliarden Jahren.[15] Die biologischen Signale sind gemischt: Die Sterberate ist (bis jetzt) noch immer niedrig, aber die Skala der Umsiedlung von transkontinentalen und transozeanischen Spezies ist ein Phänomen, das unvergleichbar in der Erdgeschichte ist. Und es hat noch nie etwas wie die »urbane Schicht« und alles, was sie umfasst, gegeben.

Wie kann man eine solche Bandbreite an Signalen integrieren? Provisorisch betrachtet die internationale Arbeitsgruppe, die das Anthropozän untersucht, es als eine potenzielle Epoche und zielt darauf ab, einen Test für die von Paul Crutzen aufgestellte These zu liefern: Ist das Holozän bereits zu Ende?

Es gibt immer noch viele Hinweise zu sammeln, bevor eine klare Antwort gegeben werden kann. Aber es ist offensichtlich, dass etwas geschieht, das unsere Aufmerksamkeit verdient. Und es geht dabei nicht nur um die Erde, sondern auch um den Kosmos. Am Anfang unserer Wissenschaften dachte Buffon, dass komplexes Leben ein unvermeidbarer Teil der Evolution eines jeden Planeten sei. Wir wissen jetzt, dass dies nicht der Fall ist. Wir haben eine Menge anderer Planeten – nah und fern – gesehen oder flüchtig erblickt, indem wir unsere erstaunlichen technischen Fähigkeiten angewandt haben. Die meisten sind eindeutig völlig tot. Während wir zusehen, wie sich das Anthropozän entwickelt, blicken wir auf die Zukunft des komplexesten und kostbarsten Objekts des bekannten Universums. Diese Zukunft wird nun von uns Menschen vorangetrieben – durch unsere kollektive Auswirkung auf unseren Planeten Erde.

Übersetzung: Constanze Sabathil

1 Comte de Buffon, Georges-Louis Leclerc: Des époques de la nature. In: Histoire naturelle, générale et particulière. Supplement Vol. V. Paris 1778.
2 Marsh, George Perkins: Man and Nature. London 1864.
3 Stoppani, Antonio: Corso di Geologia. Mailand 1871.
4 Crutzen, Paul; Stoermer, Eugene: The »Anthropocene«. In: IGBP Newsletter 41 (May 2000), S. 17, http://igbp.sv.internetborder.se/download/18.316f18321323470177580001401/1316517410973/NL41.pdf (Abruf: 10.04.2014).
5 Crutzen, Paul: The Geology of Mankind. In: Nature 415 (Januar 2003), S. 23.
6 Revkin, Andrew: Global Warming. Understanding the Forecast. New York 1992.
7 Curnutt, John L.: A Guide to the Homogenocene. In: Ecology 81 (2000), H. 6, S. 1756–1757.
8 Cement Trust: A Concrete Plan. http://cement-trust.wordpress.com/a-concrete-plan/ (Abruf: 20.02.2014); Garboczi E.J.; Bentz, D.P.: Multi-scale Picture of Concrete and Its Transport Properties. Introduction for Non-Cement Researchers. National Institute of Standards and Technology Internal Report 5900, 1996. http://ciks.cbt.nist.gov/~garbocz/appendix1/node4.html (Abruf: 07.03.2014); Eco-Smart Concrete: Concrete Statistics. http://ecosmart-concrete.com/?page_id=208 (Abruf: 07.03.2014).
9 Pressemitteilung, US Department of Commerce, National Oceanic and Atmospheric Administration. 10 May 2013. http://www.esrl.noaa.gov/gmd/news/7074.html (Abruf: 07.03.2014).
10 Intergovernmental Panel on Climate Change: Climate Change 2013. The Physical Science Basis, Summary for Policymakers, 2013. http://www.ipcc.ch/report/ar5/wg1/docs/WGIAR5_SPM_brochure_en.pdf (Abruf: 10.04.2014).
11 Barnosky, Anthony u.a.: Approaching a State-Shift in the Biosphere. In: Nature 486 (2012), S. 52–56.
12 Smil, Vaclav: The Earth's Biosphere Evolution, Dynamics and Change. Cambridge, MA 2002.
13 Ruddiman, William: The Anthropogenic Greenhouse Era Began Thousands of Years Ago. In: Climatic Change 61 (2003), S. 261–293.
14 Steffen, Will; Crutzen, Paul J.; McNeill, John R.: The Anthropocene. Are Humans Now Overwhelming the Great Forces of Nature? In: Ambio 36 (2007), H. 8, S. 614–621.
15 Canfield, D.E.: The Evolution and Future of Earth's Nitrogen Cycle. In: Science 330 (2010), S. 192–196.

Eine Zukunft jenseits von Zahlen

von Libby Robin

Mensch macht Landschaft: Aus unseren Gedanken, Wünschen, Begierden entstehen im Anthropozän neue Formen von Natur. Der menschliche Geist wird zur gestaltenden Kraft der Erde. Die Geisteswissenschaften spielen eine wichtige Rolle dabei, diese Transformation zu verstehen. Der kanadische Künstler Guy Laramée hat den Prozess vom Gedanken zur Landschaft in seinem Werk »Tectonique I« in Szene gesetzt.

Foto: Guy L'Heureux

Das Anthropozän eröffnet die Möglichkeit, über die Verbindung von Mensch und Erde zu sprechen. Geprägt von dem Chemiker Paul Crutzen während einer Sitzung des Internationalen Geosphäre-Biosphäre-Programms (IGBP)[1], das den Intergovernmental Panel on Climate Change (IPCC) berät, ist das Anthropozän weit mehr als ein wissenschaftliches Konzept (vgl. Essay Zalasiewicz, S. 13). Es ist eine Metapher für den Wandel unserer Gesellschaft und es markiert ein neues geologisches Zeitalter. Es umgreift den globalen Wandel von Bevölkerungsentwicklung, Wirtschaft und Umwelt ebenso wie die Veränderungen der Erdatmosphäre, die wir mit dem Klimawandel verbinden.[2] Das Anthropozän ist von zentraler Bedeutung, denn es berücksichtigt Veränderungen sowohl auf der planetaren Ebene als auch über

Die Grenzen von Natur und Kultur verschwimmen: Während Menschen früher dem Wetter und dem Klima ausgeliefert waren, werden diese durch den massiven Ausstoß von Treibhausgasen nun zu sozialen Phänomenen. Der australische Künstler Josh Wodak hat in seiner Bilderserie »When I was a buoyant« Klimadaten auf menschliche Körper projiziert, um Ursachen, Dimensionen und Wirkungen des Klimawandels zu visualisieren.
Foto: Josh Wodak

die Zeiten hinweg, und es ermöglicht ein Denken, das die Zukunft nicht »auf das Klima reduziert«, wie der Historiker Mike Hulme treffend formuliert hat.

Die Zukunft der Erde wird jedoch nicht nur von biophysikalischen Faktoren bestimmt. Die geisteswissenschaftliche Umweltforschung bietet ganz andere Ansätze und stellt andere Fragen, die mehrheitlich gerade nicht mit quantitativen Angaben beantwortet werden können. Die Zukunft lässt sich nicht auf Zahlen und Ziffern reduzieren. Das Anthropozän zwingt uns, die Komplexitäten des menschlichen Verhaltens in den Klimawandel miteinzubeziehen und bietet den Raum, um moralische, politische, und ethische Auswirkungen des menschlichen Einflusses auf die Erde zu berücksichtigen.

Erdgeschichtliche Zeitalter festzulegen, ist üblicherweise die Aufgabe der Internationalen Kommission für Stratigraphie (Schichtenkunde). Bislang bildeten die Grundlage für die Definition einer geologischen Epoche die Zusammensetzung und die jeweilige Lage einer Gesteinsschicht in erdgeschichtlichen Gesteinsformationen. Das Anthropozän weicht davon in zweierlei Hinsicht maßgeblich ab: Erstens bilden sich die Veränderungen, die seinen Beginn markieren, nicht nur in Gesteinsschichten, sondern auch in der Erdatmosphäre ab. Zweitens beinhaltet das Anthropozän eine auf die Zukunft bezogene Dimension, denn es ist noch nicht abgeschlossen. Die Veränderungen, die sich heute vollziehen, wirken in die ferne Zukunft hinein. Das Anthropozän ist von den Stratigraphen noch nicht formell bestätigt worden, aber es hat sich bereits als sehr hilfreich erwiesen, um das Konzept des globalen Wandels über seine Verwendung in den Naturwissenschaften hinaus in den Geisteswissenschaften weiterzuentwickeln.[3]

Die Naturwissenschaften arbeiten globale Probleme anhand ihrer biologisch-physikalischen Merkmale heraus. Jedes Problem aber, betont der Umwelthistoriker Tom Griffiths, »ob es sich um Versalzung, Bodenversauerung, Erosion, Abholzung der Wälder, Artensterben oder Klimawandel handelt, hat seine Ursachen im menschlichen Verhalten«.[4] Teillösungen sind keine wirkliche »Lösung« von Problemen. Die Symptome zu kennen, reicht nicht aus. Die Herausforderung besteht darin, eine gemeinsame Sprache zu finden, welche die Zahlensprache der Naturwissenschaften mit der metaphorischen Sprache der Geisteswissenschaften verbindet und die sowohl die Präzision von Veränderungen im submikroskopischen Bereich zum Ausdruck bringt als auch das Mitgefühl für diejenigen Gesellschaften, welche die Hauptlast des Klimawandels tragen.[5]

Die Historisierung der Zukunft

Uns interessiert hier nicht so sehr die Frage, wo die Zukunft hinführt, sondern wo sie herkommt. Wann entwickelten sich die Naturwissenschaften zur Sprache der Zukunft? Vor der Aufklärung gehörte die Prophetie zum Bereich des Religiösen; sie basierte auf Mystik, nicht auf Zahlen. Für weite Teile des 18. und 19. Jahrhunderts war die Zukunft dann Teil der Literatur. Schriftsteller wie Mary Shelley und Samuel Coleridge malten sie sich in ihren Romanen aus. Im frühen 20. Jahrhundert, zur Zeit von H. G. Wells, erlangten solche Zukunftsromane globale Dimensionen und entliehen ihre Metaphern bei den Naturwissenschaften. Sie wurden zu »Science-Fiction«, einem ebenso neuartigen wie wichtigen Genre. Wells war dann in den 1920er Jahren auch einer von zahlreichen Autoren apokalyptischer Sachbücher, die zwar in wachsendem Maße auf wissenschaftlichen Grundlagen basierten, aber im Kern literarische Texte blieben. In den 1940er und 50er Jahren schließlich wurde Wissenschaft zur dominierenden »Stimme der Zukunft«, als, wie C. P. Snow betonte, die Naturwissenschaftler die »Zukunft im Blut zu haben« schienen.[6] Das Atomzeitalter der 1950er Jahre brachte die Debatten um Fortschritt und Zerstörung. Aber erst die Protestkulturen und die Umweltbewegung der späten 1960er Jahre – eingeleitet durch das 1962 erschienene Buch »Der stumme Frühling« der Meeresbiologin Rachel Carson – führten zu einem weit verbreiteten Technikpessimismus auf der einen Seite und einer Verwissenschaftlichung der Zukunftsvorstellungen auf der anderen Seite. Die Zukunft wurde »unsere primäre Obsession«, kommentierte der Anthropologe und Schriftsteller Loren Eiseley im Jahr 1970.[7]

Die zweite Hälfte des 20. Jahrhunderts war eine Zeit der Naturwissenschaften, der Zukunftsvorstellungen und der Apokalypse. Sie wird als die »Große Beschleunigung« des globalen Wandels bezeichnet.[8] In dieser Epoche wuchs auch die Sorge um die Zukunft unseres Planeten, und diese Sorge wurde mehr und mehr von jenen Wissenschaftlern geäußert, welche die sich beschleunigenden Umweltveränderungen untersuchten, einschließlich des die Erderwärmung verursachenden Anstiegs der Treibhausgase.

In dem Buch »The Future of Nature« haben Sverker Sörlin, Paul Warde und ich begonnen, die Vorstellungen und Konzepte des globalen Wandels zu »dokumentieren« und zu historisieren. Wir haben eine Reihe von Dokumenten nachgezeichnet, die das Forschungsfeld der globalen Erderwärmung geprägt haben, das sich in den 1980er Jahren schließlich herausbildete. Die Dokumente umspannen drei Jahrhunderte, beginnend mit Hans Carl von Carlowitz' Definition von Nachhaltigkeit in der Forstwirtschaft aus dem Jahr 1713; die Mehrzahl der Texte aber stammt aus der Mitte des 20. Jahrhunderts. Die Zeitspanne von den 1920er bis zu den 1950er Jahren tritt dabei markant hervor. Die Hauptthese unseres Buches lautet, dass der Beginn der Großen Beschleunigung des globalen Wandels mit einer wahren Explosion von Schriften über die Erde im Ganzen einhergeht.[9]

Die 1940er Jahre waren das Jahrzehnt, als die Mehrzahl der Autoren dieser einflussreichen Texte lebte und die ersten weltweiten Organisationen wie etwa die UNESCO gegründet wurden.[10] Das verweist darauf, dass sich zeitliche Muster auch in räumlichen Mustern wiederfinden. Die globalen Organisationen haben ihren Sitz mehrheitlich in Europa oder im Osten der USA, und die Forschung zum globalen Wandel entstand zum Großteil in diesen Institutionen. Die Ausbreitung Europas und die Moderne sind miteinander verflochten; planetarische Modelle und globales Denken sind gewissermaßen ihre Kinder.

Umweltgerechtigkeit und mögliche Zukünfte

Der Kulturtheoretiker Arjun Appadurai definiert die Zukunft als »kulturelles Fakt« und entwindet sie damit dem Zugriff der prognoseorientierten Naturwissenschaften. Vielleicht werden wir in diesem neuen Jahrtausend in der Lage sein, komplexere Konzepte möglicher Zukünfte zu entwickeln, jenseits von Vorhersagen und Zahlen. Appadurai kritisiert die Zukunftkonstruktionen der Naturwissenschaften, die auf den »technischen oder neutralen Raum« begrenzt seien. Eine geisteswissenschaftliche Perspektive berücksichtige, dass die Zukunft auch »von Affekten und Sensationen durchwirkt« sei. Nicht statistische Bedeutsamkeit, sondern Affekt kann uns neue Hoffnung bieten, die wir nach Jahrzehnten des Technikpessimismus dringend benötigen; zudem wissen wir aus der Museumswelt, wie wichtig persönliche Vermittlung und Dialog sind. Appadurai argumentiert, dass eine geisteswissenschaftliche Perspektive auf die Zukunft eine notwendige Voraussetzung für Gerechtigkeit ist. Nur reiche Staaten können »die Kapazität, etwas zu erstreben«, fördern, sofern materieller Wohlstand als Grundlage für eine glückliche Zukunft betrachtet wird und die Zukunft selbst als »der Wirtschaft überantwortet«.[11]

Sowohl Geisteswissenschaftler als auch Museumskuratoren sind heute bereit dazu, sich an den Debatten der Wissenschaftler-Community zum Globalen Wandel über die Zukunft der Erde zu beteiligen. Die geisteswissenschaftliche Umweltforschung muss sich dabei in die Strukturen einfügen, die seit dem sogenannten »Treibhaus-Sommer« 1988 entwickelt worden sind und den allgemeinen Rahmen für den Globalen Wandel und die Argumentation des IPCC bilden; sie muss sich aber nicht darauf beschränken.

Denn es zeichnet sich immer deutlicher ab, dass die Menschheit die Umwelt nicht mehr so beeinflussen kann, wie sie es seit den 1940er Jahren getan hat. Die Zukunft unseres Planeten braucht vielfältigere und verfeinerte Modelle und weit mehr als quantitative Faktoren. Über »Globalen Wandel« zu sprechen, meint mehr als das bloße Management von physikalischen und biologischen Ressourcen. Naturwissenschaftler und Geisteswissenschaftler sind gleichermaßen daran interessiert, die historische Dimension in ihre Debatten einzubeziehen, aber der Maßstab der Erde unterscheidet sich stark von der Orientierung an Jahrzehnten, die die Historiker bevorzugen.

Die Neudefinition der Zeit

Die räumlichen Dimensionen des Anthropozäns lassen sich mit dem bekannten Schlagwort fassen: Denke global, handle lokal. Die zeitlichen Dimensionen sind dagegen sehr viel schwieriger auszumachen. Das Anthropozän als Begriff ist nur ein Jahrzehnt alt, aber die ihm zugrundeliegenden Ideen und Konzepte wurden während der digitalen Revolution seit den 1980er Jahren entwickelt und bauen auf Ereignissen auf, die 200 Jahre oder gar 10 000 Jahre zurückreichen. Das Anthropozän erfordert es, in unterschiedlichen Zeitskalen gleichzeitig zu denken und die Mikrogeschichte mit der Makrogeschichte zu verbinden. Im Zentrum steht das Argument, dass einige wenige Jahrhunderte der Menschheitsgeschichte ausreichten, um grundlegende Veränderungen im Erdsystem auszulösen, das über Milliarden Jahre hinweg entstanden ist. Das Anthropozän erfordert Expertenwissen über sehr lange Zeiträume, über Zukünfte und die Geschichte der Menschheit, und die Fähigkeit, all diese Zeitschichten zusammen zu denken. Begriffe wie »Geisteswissenschaften des Anthropozäns« gewinnen allmählich an Popularität.[12] Vielleicht sind wir gar auf der Suche nach einem ebenso neuen wie umfassenden »Anthropozän-Vorstellungsraum«, wie sowohl Soziologen als auch kritische Literaturwissenschaftler argumentiert haben.[13] Die Geschichtswissenschaften denken bereits seit mehr als einem halben Jahrhundert über die Verflechtung von Menschheitsgeschichte und Erdgeschichte nach, aber solche Verknüpfungen sind immer noch weit weniger verbreitet als Geschichten, die ein Jahrhundert oder weniger abdecken. Untersuchungen langer Zeiträume gehen auf Historiker der französischen Annales-Schule wie etwa Fernand Braudel zurück, der eine Geschichte des Mittelmeerraumes über eine *longue durée* geschrieben hat. Braudels Mittelmeer-Geschichte war, wie Tom Griffiths kommentiert hat, Teil einer dringlichen Suche in der Nachkriegszeit nach einer *history to live by*, also nach einer Geschichte, die

Orientierung geben kann, die »menschliche Gemeinsamkeiten jenseits der Kategorien von ›Nation‹ oder ›Rasse‹ fand und die die Historie weit in die ›Frühgeschichte‹ zurückverlagerte«.[14] Studienprogramme zu *Big History* sind von dem Historiker David Christian in Australien und den USA entwickelt worden und haben jüngst durch Internetportale international Verbreitung gefunden. Christian tritt sogar in einem TED Talk auf, bei dem er die Geschichte der Welt in 18 Minuten erzählt.[15]

Der Jahrtausend-Moment

Die Idee des Anthropozäns entstand an der Jahrtausendwende, nach Stephen Jay Gould die »präzis willkürliche« Uhr der Jahrhunderte. Jahrtausendwenden erzeugen apokalyptische Diskurse und eine überstürzte Nachfrage nach »zu viel Vorhersage«, wie Gould dies nennt. Spekulationen, die sich an kalendarischen Momenten festmachten, basierten auf der »illusorischen Erwartung, dass der Ansturm auf die zentralen Fragen automatisch zu den tiefsten Einsichten« führen würde.[16] Der Begriff Anthropozän ist neu, aber die Idee eines »geologischen Zeitalters des Menschen« hat ihre Wurzeln im 19. Jahrhundert. Dieser anonyme Text aus dem »Chambers's Journal« wurde 1882 in einer südaustralischen Lokalzeitung abgedruckt:

Obwohl wir dazu neigen, die Bedeutung unserer eigenen Spezies über dem enorm weitgespannten Studium des Universums aus den Augen zu verlieren und den Einfluss des Menschen im Vergleich zu den stummen, aber machtvollen Kräften zu unterschätzen, die unsere Erde in ihrer heutigen Gestalt geformt haben, müssen wir alle mit dem italienischen Geologen Stoppani übereinstimmen, dass der Mensch ein eigenes geologisches Zeitalter ausgeprägt hat und dass sein Schaffen der Beginn einer neuen, in der Natur bislang nicht gekannten Kraft ist.[17]

Der Autor beobachtete bereits im 19. Jahrhundert einen »Unterschied im Wirken der natürlichen Kräfte in einer Epoche, die sich von allen früheren Perioden der Weltgeschichte abhebt«. Er schreibt diesen Unterschied »dem menschlichen Verstand« und seiner Fähigkeit zur Kontrolle der Natur zu. Diese Beobachtung widersprach der Welterfahrung früherer Jahrhunderte, einschließlich des Predigers Salomo, und von Naturphilosophen wie Georges Cuvier, der die Natur als unveränderbar annahm; das darauffolgende Jahrhundert sollte diese Sichtweise dann in ihren Grundfesten erschüttern. Sein Resümee des 20. Jahrhunderts betitelt der Umwelthistoriker John McNeill mit »Etwas Neues unter der Sonne«: Der Energiebedarf der Menschheit und die industrielle Revolution veränderten die Erde fundamental.[18]

»Die Umwelt«

Unsere heutige Vorstellung von »der Umwelt« bildete sich in den 1940er Jahren aus der Ökologie heraus, wobei sie von wirtschaftlichen Auffassungen sowie Konzepten des Managements geprägt und eng mit den Nachkriegsvorstellungen von Globalität verknüpft ist. *Environing* im Sinne des Sich-Abgrenzens und Seinen-eigenen-Platz-Findens war im Europa der Frühen Neuzeit Teil des ländlichen Lebens. Bauern grenzten sich ab, indem sie sich einen Raum zum Leben aus der »unzivilisierten Wildnis« herausarbeiteten.[19] Im 20. Jahrhundert dagegen wurde »die Umwelt« zu einem kollektiven, integrierten und systematisierten Gut, indem biotische und abiotische Kräfte mit wachsender Genauigkeit gemessen wurden. Die Umwelt entstand in einer Phase, in der eine persönliche Beziehung zur Natur keine Bedeutung mehr hatte und die frühere emotionale Erfahrung des *environing* als ein Sich-Abgrenzen längst in Vergessenheit geraten war. Die Umweltwissenschaften, die Kybernetik und die Erdsystemforschung verbanden das Physikalische und das Biologische in der Umwelt, definierten sie als messbare Größen und grenzten dabei das Menschliche und die qualitativen Werte eines »guten Lebens« aus.

Über Jahrhunderte hinweg leiteten Menschen aufgeklärte wissenschaftliche Unternehmungen in der Welt, die messen und numerische Zusammenhänge interpretieren konnten; seit dem späten 20. Jahrhundert aber ist das Vertrauen darin gewachsen, die Welt ausschließlich als mathematische Verknüpfungen von Variablen darzustellen. Nicht mehr nur diejenigen, die der Mathematik mächtig sind, sondern auch Politiker, Entscheidungsträger, Ökonomen und Staatsbürger sehen die Welt durch die Brille abstrakter Zahlen auf der Basis mathematischen Wissens. Selbst Künstler haben sich dem angeschlossen, indem sie etwa mathematische Kurven in Gestalt von Hockeyschlägern in ihre Kunstwerke einbauen.[20] Der Wissenschaftshistoriker Theodore Porter bezeichnet dies als »Vertrauen in Zahlen«.[21]

Die Umweltwissenschaften nutzten den numerischen Trend. Entstanden aus einem hoch erfolgreichen interdisziplinären Unternehmen der Erdwissenschaften, dem Internationalen Geophysikalischen Jahr 1957–1958, das die Weltraum- und die Polarforschung verband, begannen die Umweltwissenschaften den ökologischen Wandel großräumig zu erforschen. Sie vermaßen die jüngst erkennbar gewordenen Unterschiede mit Hilfe neuer Technologien – einschließlich des »Blicks von oben«[22] – und bearbeiteten sie mit den neuen Werkzeugen der Informationstechnologien und der digitalen Revolution. »Die Umwelt« schloss Flora und Fauna, die globalen Systeme der Ozeane und der Atmosphäre wie auch das irdische Leben ein.

Das Vermessen des Wandels wurde zu einem vorrangigen Thema des politisch-gesellschaftlichen Dialogs. Der Wert von sauberer Luft, unberührter Natur und trinkbarem Wasser war weniger eine philosophische als vielmehr eine wirtschaftliche und rechtliche Frage. Das Wahrscheinliche ersetzte das Mögliche in diesem Ansatz, die Zukunft über Zahlen zu bestimmen. Diese Debatte ist durchsetzt von Furcht, Sorgen über Risiken und *worst-case*-Szenarien.[23] Kultur, Ästhetik und Besinnung – die Markenzeichen von »Zivilisation« in früheren Epochen – haben darüber an Bedeutung verloren. Trotz des Versprechens der Technik, ein Mehr an Freizeit zu ermöglichen, ist das Leben angespannter und beschleunigter geworden, und der wachsende Umweltwandel trägt ein Weiteres zum Stress bei.

Die Umwelt wurde auf Verbindungen aufgebaut, die weder naheliegend noch mit dem bloßen Auge erkennbar sind, ganz anders als die Naturgeschichte des 19. Jahr-

Im 18. Jahrhundert erkannte Carl von Carlowitz, dass die Natur nicht unerschöpflich ist. Der Leiter des Bergbaus im Königreich Sachsen beklagte, wie rücksichtslos die Wälder für Brenn- und Baustoffe abgeholzt wurden. 1713 prägte er in seinem Buch »Anweisung zur wilden Baumzucht« die Idee der Nachhaltigkeit, die seither weit über die Forstwirtschaft hinaus stetig an Aktualität gewinnt.

Hans Carl von Carlowitz, Julius Bernhard von Rohr: Sylvicultura oeconomica. 2. Aufl., Leipzig 1732. Foto: Bayerische Staatsbibliothek

hunderts, als Alexander von Humboldt, Charles Darwin und Alfred Russel Wallace noch die Erde bereisen mussten, um zu beobachten und zu erkennen, wie sie funktioniert. Die Umweltforschung hat neue Verknüpfungen zwischen den Wissenschaftsdisziplinen geschaffen, aber die gemeinsame Sprache ihrer Fachleute ist eine statistische, mathematische und digitale; sie beruht nicht auf Beobachtung. Es bedarf wachsender technischer Expertise, um die Verbindungen zwischen den Variablen der Natur zu erschließen. Zahlen stehen sowohl innerhalb als auch außerhalb der Wissenschaft in hoher Wertschätzung. Wissenschaftliche Erkenntnis, die politische Entscheidungen beeinflussen soll, muss in schlichte Ziffern gekleidet werden – in »harte Daten«. Zahlen versehen die Entscheidungen von Politikern und praktischen Entscheidungsträgern mit einem Mantel der Objektivität; sie versichern den Wählern, dass Entscheidungen fundiert und frei von Politik sind.

Globaler Wandel

Viele Naturwissenschaftler ziehen den Begriff des »Globalen Wandels« gegenüber Klimawandel und globaler Erwärmung vor, die in den Medien häufig benutzt werden. Sie tun das gezielt, um den Einfluss menschlicher Faktoren für den dramatischen Wandel zu unterstreichen, der sich auf der Erde vollzieht. Das Menschliche ist dabei das, was sie üblicherweise nicht messen, nun aber in ihre Gleichungen und Modelle einbeziehen wollen. Im Unterschied dazu haben die Geisteswissenschaftler den Menschen stets als gegeben angesehen und nehmen nun auch den Wandel des Klimas und andere, für sie neue Faktoren in den Blick.

Naturwissenschaftler, die sich mit dem Globalen Wandel beschäftigen, ringen freilich immer noch darum, das Menschliche in ihre Erklärungen einzubauen. Wenn der Umweltwissenschaftler Johan Rockström und seine KollegInnen etwa von Räumen des sicheren Handelns für die Menschheit sprechen, benutzen sie immer noch Tortendiagramme, um die biophysikalischen Faktoren abzubilden, die sie konkret messen können. Nur die chemische Verschmutzung und die atmosphärischen Aerosole werden dabei als »noch nicht quantifiziert« ausgewiesen, wobei das »noch« suggeriert, dass sie es bald sein werden.[24] Diese Veröffentlichung ist insofern wichtig, als sie Grenzen menschlichen Verhaltens definiert. Indem die Wissenschaftler die Begrenzungen aufzeigen, die es auf unserem Planeten für die Sicherheit der menschlichen Bevölkerung gibt, beschreiben sie die Geschichte genau jener Zahlenwelt, die uns dahin geführt hat, wo wir nie zuvor waren. Was ihr Tortendiagramm aber unberücksichtigt lässt, sind die Begrenzungen auf der Erde hinsichtlich Lebensqualität, Glück oder auch nur Gesundheit der Menschen und anderer fühlender Wesen.

Überlegungen zur Interdisziplinarität

Die Forschung zum Globalen Wandel ist noch keine wirkliche Disziplin oder auch nur ein wissenschaftliches »Feld«, abgesehen von ihrem auf die Politik des IPCC gerichteten Fokus. Warum ist dann aber wissenschaftliche Expertise so wichtig, um die Schlüsselkonzepte des Globalen Wandels definieren zu können? Warum heben wir das hervor, was wir messen können? Wie können wir das, was uns hier und heute wichtig ist, mit den Vorstellungen früherer Epochen in Verbindung setzen, um dann entscheiden zu können, was in der Zukunft von Bedeutung sein könnte? Wie können wir über bloße Zahlen hinausgelangen, um Entscheidungen auf Vernunft aufzubauen? Diese Fragen sind von Bedeutung, um die Krise des Globalen Wandels zu bewältigen, aber auch, weil wir Hoffnung brauchen, denn es ist schlicht nicht möglich, ständig im »Modus der Krise« zu leben. Auch Lebensqualität ist entscheidend für Nachhaltigkeit.

Im bisherigen Verlauf des 21. Jahrhunderts ist es der Menschheit noch nicht gelungen, die »Große Beschleunigung« des Globalen Wandels seit den 1950er Jahren aufzuhalten. Indem wir aufmerksamer für die planetaren Begrenzungen und das mögliche Ende eines Raumes des sicheren Handelns für die Menschheit geworden sind, haben wir Ressourcen aus immer älteren Epochen der Erdgeschichte benutzt, um unseren heutigen Lebensstil zu ermöglichen.[25] Die Vorstellung eines menschlichen Lebensalters von etwa 65–70 Jahren (die Schweden nennen es *en mansålder*) wird durch ein längeres Jetzt infrage gestellt, das Generationen überspannt. Ein Menschenleben könnte in unserer Phantasie sowohl die Großeltern- als auch die Enkelgeneration einschließen, wie zum Beispiel im »Langen Jetzt«, das der Musiker Brian Eno vorschlägt:

Jetzt ist niemals nur ein Augenblick. Das Lange Jetzt bedeutet anzuerkennen, dass der präzise Moment, in dem du dich jeweils befindest, aus der Vergangenheit erwächst und ein Keim der Zukunft ist. Je länger dein Verständnis des Jetzt ist, desto mehr an Vergangenheit und Zukunft schließt es ein.[26]

Angeregt durch Eno hat die Long Now Foundation eine Uhr der 10 000 Jahre gestiftet, die für ganze »Zivilisationen« tickt. Die Long Now Foundation wurde im Jahr 01996 gegründet – die zusätzliche Ziffer soll uns daran erinnern, dass auch der Kalender erweitert werden muss. Die 0 verlängert die Zukunft. Dies ist eine mögliche Antwort auf die Belastungen des modernen Lebens, in dem viele den Eindruck haben, dass die Zeit immer kürzer wird.

Die Notwendigkeit der Entschleunigung zeigt sich in sozialen Bewegungen wie *slow food, slow design* und *slow architecture*. An der Zeit herumzubasteln ist freilich nie unkompliziert. Im Globalen Süden etwa könnte *slow* etwas anderes bedeuten. Das Alltagsleben in der privilegierten westlichen Welt ist voll von flotten Sprüchen der Medien- und Werbeindustrie, worüber die sozialen Ungerechtigkeiten in anderen Teilen der Welt aus dem Blick geraten, wie der Literaturwissenschaftler Rob Nixon argumentiert. Das bedeutet letztlich, *slow violence* auf die Armen der Welt auszuüben, deren Umwelt auf eine langsamere Weise verarmt, als es das Auge erkennen kann.[27] Uhren können eben die Zeit nicht messen, die wir für Hoffnung und Gerechtigkeit benötigen.

Das Recht auf Hoffnung und auf Zukunft ist ein weiteres Recht, das vielen im Globalen Süden verwehrt ist. Arjun Appadurai befürchtet, dass die Zukunft kein Bereich mehr ist, der durch kulturelle Eigenschaften definiert wird, sondern durch sozial- und naturwissenschaftliche Experten, durch die neoliberale Wirtschaftswissenschaft vor allem, deren Sorge nicht der »Stimmung« einer Gesellschaft gilt, sondern dem Vertrags- und Risikomanagement, das heute deren Möglichkeiten bestimmt.[28] Modelle und Prognosen, die Werkzeuge der digitalen Revolution, werden mittlerweile in den Wirtschafts- und Umweltwissenschaften wie auch in der Planung und im Katastrophenmanagement angewandt, um die Zukunft nicht zu denken, sondern sie zu visualisieren. Nach Appadurai ist die Phantasie »eine kollektive Praxis, die eine wichtige Rolle für die Produktion von Lokalität spielt«.[29]

Für die geisteswissenschaftliche Umweltforschung bleibt es eine große Herausforderung, sich auf die Naturwissenschaften einzustellen, die das Verständnis des Klimawandels und die Diskurse über Wirtschaft und globale Finanzen formen. Wenn wir nach der Zukunft des Menschen in Zeiten von Umweltwandel und planetarer Krise fragen, müssen wir über Zahlen, Systemanalyse, Ökonomie und Modellierung hinaus zu den Grundlagen des Lebens auf der Erde vorstoßen.

Die Zukunft der Natur ist ein Problem, das von möglichst allen menschlichen Wissensbereichen aus betrachtet werden sollte, einschließlich der Geschichte, der Philosophie, der Literaturwissenschaften und anderer Sozialwissenschaften, die sich mit Umweltgerechtigkeit und der Ethik der Nutzung der Ressourcen unserer Erde befassen. Nachhaltige Entwicklung wird heute mehr und mehr als eine Reise denn als ein fixes Ziel verstanden. Auf dieser Reise brauchen wir unsere Menschlichkeit. Nach Ian Lowe, Australiens Zukunftsbeauftragtem, ist die Zukunft nicht mehr dort, wo wir hingehen, sondern das, was wir gestalten.[30] Wenn dem so ist, brauchen wir all die menschliche Kreativität, die wir mobilisieren können, um diese Zukunft zu gestalten: Wissenschaft, Wirtschaft und die menschliche Phantasie. Niemand kann die Zukunft vorhersagen, aber wenn die Menschheit mit Rücksicht und Achtung vor der nicht-menschlichen Natur leben soll, müssen wir all unser Wissen und all unseren Einfallsreichtum in die Zukunftsgestaltung einbringen.

Übersetzung: Helmuth Trischler

1 Steffen, Will: Commentary on the »Anthropocene«. In: Robin, Libby; Sörlin, Sverker; Warde, Paul (Hrsg.): The Future of Nature. Documents of Global Change. New Haven 2000, S. 486.

2 Hulme, Mike: Reducing the Future to Climate. In: Osiris 26 (2011), S. 245–266.

3 Robin, Libby: Histories for Changing Times. Entering the Anthropocene? In: Australian Historical Studies 44 (2013), S. 329–340.

4 Griffiths, Tom: Seeing the Forest and the Trees. In: Clark, Anna; Ashton, Paul (Hrsg.): Australian History Now. Sydney 2013, S. 266.

5 Newell, Jennifer; Robin, Libby; Wehner, Kirsten (Hrsg.): Collecting the Future. London 2014.

6 Snow, C.P.: The Two Cultures. Cambridge 1959, S. 6.

7 Eiseley, Loren: The Invisible Pyramid. Lincoln 1998 [1970], S. 105.

8 Steffen, Will u.a.: Global Change and the Earth System. A Planet under Pressure. Berlin 2004.

9 Robin u.a., The Future of Nature, S. 10.

10 Robin, Libby; Steffen, Will: History for the Anthropocene. In: History Compass 5 (2007), S. 1694–1719; DOI:10.1111/j.1478-0542.2007.00459.x.

11 Appadurai, Arjun: The Future as Cultural Fact. Essays on the Global Condition. London 2013, S. 286–287.

12 Die Jahrestagung des International Consortium of Humanities Centers and Institutes im Juni 2012 wurde zum Thema »Anthropocene Humanities« abgehalten, http://chcinetwork.org/anthropocene-humanities/.

13 Whitlock, Gillian: Posting Lives. In: Biography 35 (2012), S. v–xvi, bes. S. xiii.

14 Braudel, Fernand: Das Mittelmeer und die mediterrane Welt in der Epoche Philipps II. 3 Bde. Frankfurt/Main 1990; Griffiths, Tom: A Humanist on Thin Ice. Science, Humanities and Climate Change. In: Griffith Review Nr. 29: Prosper or Perish (August 2010), S. 67–88, Zitat S. 85, übersetzt von Helmuth Trischler.

15 Christian, David: A Single Historical Continuum. In: Cliodynamics 2 (2011), S. 6–26; Christian, David: Maps of Time. An Introduction to Big History. Berkeley 2004, http://www.ted.com/talks/david_christian_big_history.html. TED (Technology, Entertainment, Design) Talks gehen auf die Sapling Foundation zurück, in denen seit 1984 unter dem Slogan »ideas worth spreading« prominente Wissenschaftler, aber auch Politiker wie Bill Clinton und Unternehmer wie Bill Gates in jeweils 18 Minuten ihre Ideen einem Millionenpublikum im Internet nahebringen.

16 Gould, Stephen J.: Questioning the Millennium. 2. Aufl. New York 1999, S. 20.

17 Anon. The Human Period in Geology. In: Burra Record, 24.02.1882, p. 2 supplement. http://trove.nla.gov.au/ndp/del/article/35946089#pstart4741192. Das von William Chambers 1832 begründete Chambers's Journal war eine der populärsten Zeitschriften für Literatur, Wissenschaft und Kunst im Großbritannien des 19. Jahrhunderts, vergleichbar mit der »Gartenlaube« in Deutschland.

18 McNeill, John R.: Something New under the Sun. An Environmental History of the Twentieth-Century World. New York 2001; dt.: Der Blaue Planet. Die Geschichte der Umwelt im 20. Jahrhundert. Frankfurt/Main 2003.

19 Warde, Paul: The Environment of Pre-Industrial Agriculture in Europe. In: Sörlin, Sverker; Warde, Paul (Hrsg.): Nature's End. History and the Environment. London 2009, S. 73.

20 Wodak, Josh: When I was Buoyant. Community art project, Newcastle, Australia, 2012. http://www.livingdata.net.au/content/DataExchange/JoshWodak/WhenIWasBuoyant.php (Abruf: 04.05.2014)

21 Porter, Theodore M.: Trust in Numbers. Princeton 1995.

22 Fox, William L.: Aereality. On the World from Above. Berkeley 2009.

23 Beck, Ulrich: Die Risikogesellschaft. Auf dem Weg in eine andere Moderne. Frankfurt/Main 1986.

24 Rockström, Johan u.a.: A Safe Operating Space for Humanity. In: Nature 461 (2009), S. 472–475, bes. S. 472.

25 Siehe Fußnote 24.

26 Eno, Brian: The Big Here and Long Now. http://longnow.org/essays/big-here-and-long-now/ (Abruf: 05.03.2014). Übersetzung Helmuth Trischler.

27 Nixon, Rob: Slow Violence and the Environmentalism of the Poor. Cambridge, MA 2011.

28 Siehe Fußnote 11, S. 285.

29 Siehe Fußnote 11, S. 287.

30 Lowe, Ian: Bigger or Better. Australia's Population Debate. Brisbane 2012, S. 187.

Das Anthropozän in technikhistorischer Perspektive

von Helmuth Trischler

Technik ist längst prägend für das Leben auf der Erde. Billionen von technischen Objekten bevölkern die Welt. Von der Medizin über die Ernährung bis zur Energieversorgung ist Technik aus unserem Alltag nicht mehr wegzudenken. Für die Zukunft der Zivilisation ist es entscheidend, welche Technologien wie eingesetzt und welche neu entwickelt werden. In zunehmendem Maß wird Technik selbst zu einem Lebensraum, zum Technotop.

Foto: Stephan Vens

Kaum mehr als ein gutes Dutzend von Jahren »auf der Welt«, hat das Anthropozän bereits eine steile Karriere angetreten. Als interdisziplinärer Denkrahmen verknüpft es natur- und ingenieurwissenschaftliche Theorien und Methoden mit sozial- und geisteswissenschaftlichen Konzepten, und als transdisziplinäres Projekt ist es auf dem Weg, das Verhältnis von Natur und Kultur, von Umwelt und Gesellschaft neu zu bestimmen. So vielfältig dazu inzwischen gearbeitet wird, so wenig Einigkeit besteht einstweilen in grundsätzlichen Fragen, etwa derjenigen, wie die auf das Holozän folgende Epoche des Anthropozäns zu datieren ist. In einer Hinsicht aber herrscht Konsens, nämlich dass Technik und technischem Wissen in doppelter Weise eine Schlüsselrolle für das Anthropozän zukommt: Technik ist einerseits Ursache für viele der Probleme, mit denen wir uns heute konfrontiert sehen; ohne Technik aber, ohne einen intelligenten Einsatz von Technik, werden wir es nicht schaffen, zukunftsfähige Lösungen für Kardinalprobleme der Menschheit zu finden, jedenfalls nicht für eine Erde, die von sieben und mehr Milliarden Menschen bevölkert wird. Wir werden uns also auch künftig mit Technik befassen müssen, und umso mehr lohnt es sich, mit den Augen des Technikhistorikers, der die Gegenwart mit der Vergangenheit verbindet, durch die Linse der Technik auf das Anthropozän zu schauen.

Werfen wir zunächst einen Blick auf die Schlüsselrolle der Technik in der zeitlichen Bestimmung des Anthropozäns. Drei Datierungsvorschläge liegen auf dem Tisch: Da ist erstens der Übergang von den mobilen Gesellschaften der Jäger, Sammler und Fischer zu sesshaften, Ackerbau und Viehzucht betreibenden Gesellschaften, der nach heutiger Kenntnis vor rund 10 700 Jahren im Nahen Osten im Gebiet des Fruchtbaren Halbmonds begann und mit dem Begriff der neolithischen Revolution bezeichnet wird. Eine Revolution im Sinn eines abrupten Wandels war dieser Prozess, der rund fünf Jahrtausende dauerte, keineswegs, wohl aber im Sinne einer umwälzenden Veränderung. Erstmals veränderte der vorzeitliche Mensch großflächig Landschaften und griff durch die von ihm kultivierten Nutzpflanzen und domestizierten Wildtiere tief in den Genpool der Natur ein. Die »Erfindung« der Sesshaftigkeit, des Ackerbaus und der Tier- und Pflanzenzucht ging mit neuen Techniken einher, in moderner Terminologie mit Produkt- und Prozessinnovationen gleichermaßen: Das Brennen feuerfester Tongefäße erlaubte die Vorratshaltung von Agrarprodukten. Verbesserte Steinwerkzeuge und bautechnische Innovationen ermöglichten die Anlage fester Siedlungsplätze. Die Erfindung des Pfluges schließlich erleichterte das Aufbrechen der Ackerkrume und steigerte die Produktivität. Der serielle Charakter der technischen Neuerungen unterscheidet das Neolithikum grundlegend von früheren Phasen der Menschheitsentwicklung.

Bereits die neolithische Revolution hat nachweisbare Spuren in der Erdgeschichte hinterlassen. Zahlreiche Befunde aus Pollenforschung, Archäologie, Geologie, Geschichte und Kulturanthropologie stützen die These, dass menschliche Eingriffe in die Landschaft Eurasiens im späten Steinzeitalter begannen und in der Bronze- und Eisenzeit eine neue Qualität gewannen. Nur durch diese menschlichen Eingriffe lässt sich erklären, warum die Konzentration von Kohlendioxid (CO_2) und Methan (CH_4) in der Erdatmosphäre während des mittleren Holozäns (6. bis 3. Jahrtausend v. Chr.) auf anomale Werte anstieg, welche die Schwankungen während der vorausgegangenen Hunderttausende von Jahren erheblich übertrafen.[1]

Auch der zweite Datierungsvorschlag wird mit einer Revolution belegt: die industrielle Revolution, die um die Mitte des 18. Jahrhunderts ihren Ausgang nahm. Ganze Bibliotheken füllt die Debatte darüber, inwieweit man den Prozess einer umfassenden, technikgestützten Industrialisierung von Gesellschaften, der sich im Pionierland Großbritannien über fast ein Jahrhundert erstreckte, sinnvollerweise noch als Revolution bezeichnen könne. Im Ergebnis aber wurden die von der Industrialisierung erfassten Gesellschaften auf eine Weise transformiert, die in der Tat umwälzend wirkte. Treiber waren wiederum technische Innovationen. Im Kern wirkten dabei drei Prozesse zusammen: erstens die Maschinisierung der Handarbeit, zweitens die mechanische Energieerzeugung und -umwandlung durch die Dampfmaschine und drittens die massenhafte Förderung bzw. Erzeugung und Verwendung von Kohle und Eisen.[2]

Was es bedeutete, Handarbeit zu mechanisieren, lässt sich besonders gut anhand des Textilsektors zeigen, von dem die Industrialisierung ihren Ausgang nahm. Nachdem James Hargreaves 1764 mit der *Spinning Jenny* die technische Basisinnovation gelegt hatte, wurde die Spinnmaschine Schritt für Schritt weiter verbessert. Fünf Jahre später baute Richard Arkwright die wasserkraftgetriebene *Waterframe* und Samuel Crompton konnte 1779 mit seiner weiterentwickelten Maschine *Spinning Mule* bereits besonders feines Garn produzieren. Durch den Einsatz der Dampfmaschine wurde die Produktion in den Textilfabriken weiter gesteigert, so dass ein Fabrikarbeiter zu Beginn des 19. Jahrhunderts ebenso viel Garn erzeugen konnte wie zuvor 200 Spinner in Heimarbeit. Auch das Weben wurde von der Handarbeit auf Maschinen umgestellt. Der Londoner Pfarrer Edmond Cartwright erfand 1784 den mechanischen Webstuhl, und Joseph-Marie Jacquard arbeitete in Paris mitten in der Französischen Revolution daran, das Weben von Mustern zu mechanisieren. Es dauerte jedoch fast ein halbes Jahrhundert, bis sich der mechanisierte Webstuhl gegen den verzweifelten Widerstand der um Lohn und Brot gebrachten Handweber durchsetzen konnte. In der Folge sank der Preis für Baumwolltextilien drastisch und der Absatz stieg enorm an. Aus Luxusartikeln höfischer Repräsentation wurden bürgerliche Konsumgüter, die um 1830 die Hälfte des gesamten britischen Exports ausmachten. Der Wirtschaftsnobelpreisträger Douglass C. North hat darauf verwiesen, dass Großbritannien dabei auch zugutekam, seit dem frühen 17. Jahrhundert über ein funktionierendes Patentwesen zu verfügen. Patente sicherten die Rendite von Innovationen und beschleunigten damit den technischen Wandel.[3]

Technische Neuerungen basierten in der industriellen Revolution selten auf systematischer naturwissenschaftlicher Forschung. Der Historiker Joel Mokyr hat nachgewiesen, dass Großbritannien ein Nettoimporteur von Basisinnovationen war, zugleich aber ein Nettoexporteur von kleinteiligen, sogenannten inkrementellen Innovationen kreativer Erfinder und Bastler.[4] Im Verlauf des 19. Jahrhunderts bildete sich ein tief in die Gesellschaft hineinreichendes technisches Bildungssystem aus, das versierte Instrumentenbauer wie Jesse Ramsden und vielseitige Ingenieure wie Marc Isambard Brunel hervorbrachte, den Konstrukteur der *Great Western Railway*, der Dampfschiffe *Great Western* und *Great Eastern* sowie der damals weltgrößten Brücke *Clifton Suspension Bridge*. In diesem Sinne schuf bereits diese erste Welle der industriellen Revolution auf wissenschaftlich-technischem Wissen basierende Ökonomien, ehe die zweite Welle der Hochindustrialisierung gegen Ende des 19. Jahrhunderts mit der Chemie und Elektrotechnik als Leitsektoren vollends den Durchbruch moderner, auf wissenschaftlich-technischer Expertise beruhender Innovationssysteme brachte.

Wesentlicher, tiefer und »nachhaltiger« als die neolithische Revolution wirkte die Industrialisierung auf Umwelt und

Die Industrialisierung hat sich von England aus rund um die Welt verbreitet, und das mit aller Macht. Die »Große Beschleunigung«, von der Paul J. Crutzen spricht, ist ganz wesentlich ihr Ergebnis. Heute ist der Himmel über Deutschland nicht mehr so verdunkelt wie auf dieser Darstellung des Burbacher Hüttenwerks bei Saarbrücken aus dem 19. Jahrhundert. Das verdanken wir dem Ausbau des Umweltschutzes, aber auch der Tatsache, dass ein Teil der Produktion nach Asien verlagert wurde.

Leipziger Illustrirte Zeitung, 09.12.1876, S. 490. Foto: DMA, CD68850

Gesellschaft ein. Nicht von ungefähr findet sich ein seit den 1830er Jahren mit wachsender Intensität geführter Umweltdiskurs. Die Zeitgenossen begannen zu registrieren, dass sich durch die neue Technik Landschaft und Umwelt und nicht selten die eigenen Lebensgrundlagen tiefgreifend veränderten. Im Umweltdiskurs des 19. und 20. Jahrhunderts geht es um die Wahrnehmung des Wandels von Natur im Verhältnis zur Gesellschaft, aber auch ganz handfest um Konflikte über die Verteilung von natürlichen Ressourcen wie Wasser, Holz, Luft und Boden. Besonders drastisch wirkte dabei der enorme Anstieg des Verbrauchs fossiler Energieträger, der aus dem massenhaften Einsatz von kohlebefeuerten Arbeitsmaschinen resultierte. Schon im 19. Jahrhundert erwarben sich britische Industriestädte wie Manchester, Glasgow und auch London den zweifelhaften Ehrentitel *Big Smoke*. Hier fielen Rußflocken »wie Regen nieder« und hüllten die Häusermeere in dichte Wolken von Kohlenrauch, wie der Umwelthistoriker Frank Uekötter bemerkt.[5] Die Entwicklung der kohlebefeuerten, dampfgetriebenen Eisenbahn war dabei nur eines von zahlreichen Technikfeldern, das auf der Nutzung fossiler Energie basierte. Die rasche Verbreitung der Eisenbahn verlieh ihrerseits der Eisen- und Stahlindustrie einen kräftigen Schub und beschleunigte so die Industrialisierung. Die industrielle Revolution, die um die Mitte des 18. Jahrhunderts begann, hatte bereits ein Jahrhundert später England auf breiter Front tief umgewälzt und breitete sich danach über den europäischen Kontinent und Nordamerika aus. Wenn wir wiederum den Kohlendioxidanteil in der Atmosphäre als ebenso einfachen wie plastischen Indikator nehmen, so stieg dieser von einem vorindustriellen Niveau von 270–275 ppm (parts per million) auf 310 ppm um die Mitte des 20. Jahrhunderts an.[6]

Der dritte Periodisierungsvorschlag schließlich, die »Große Beschleunigung« um die Mitte des 20. Jahrhunderts, verzichtet zwar auf den Revolutionsbegriff, lässt sich aber in ihrer zeitlichen Verdichtung am ehesten als eine solche fassen. Wie ein internationales Team von Klima- und Anthropozänforschern unter der Leitung von Will Steffen gezeigt hat, gingen im Verlauf der 1950er Jahre die Kurven für zahllose Parameter von einem linearen in ein exponentielles Wachstum über. Diese charakteristische, an einen Hockeyschläger erinnernde Kurve lässt sich auf der globalen Ebene für den Verbrauch von Ressourcen wie Erdöl, Wasser und Kunstdünger ebenso nachweisen wie für den Bau von Staudämmen, Automobilen, Telefonen und McDonalds-Restaurants und auch für ökonomische Indikatoren wie den Anstieg des internationalen Tourismus, ausländischer Direktinvestitionen und des Bruttosozialprodukts.[7] Zuvor bereits hatte der Historiker Christian Pfister die Mitte des letzten Jahrhunderts als tiefe umweltgeschichtliche Zäsur ausgemacht und als das »1950er Syndrom« bezeichnet.[8] Mit dem rasant steigenden Energieverbrauch setzte sich in Verbindung mit der Massenmotorisierung in großen Teilen der Welt die Konsumgesellschaft durch und damit eine Gesellschaft, die

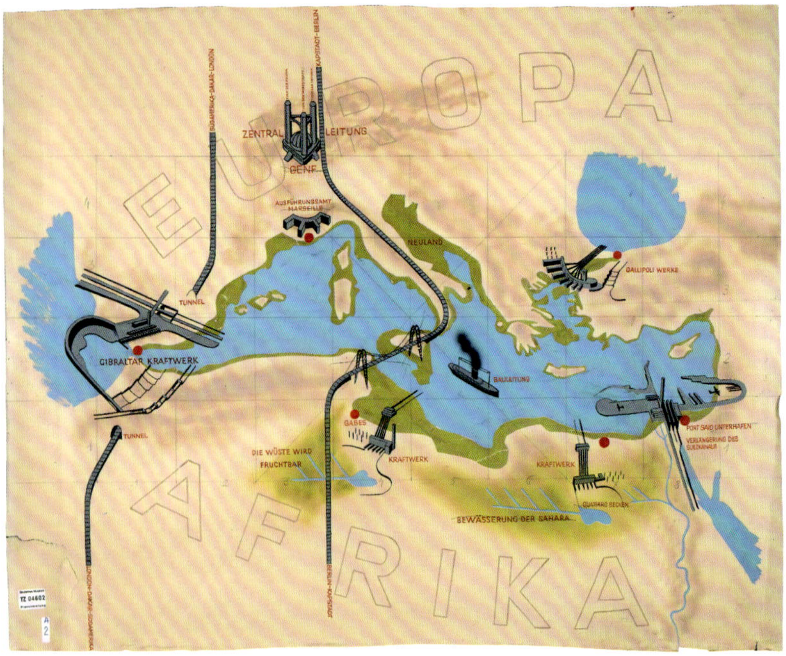

Zu den abenteuerlichsten technischen Utopien zählt das Atlantropa-Projekt von Herman Sörgel. Der deutsche Architekt trat ab 1928 dafür ein, an der Straße von Gibraltar einen Staudamm zu errichten, den Wasserpegel des Mittelmeers abzusenken sowie Italien und Afrika durch eine Landbrücke zu verbinden. So sollten neue Agrarflächen und Wirtschaftsräume entstehen und Europa mit Energie versorgt werden. Während diese Utopie unerfüllt blieb, sind andere Realität geworden.

Schaubild zum Atlantropa-Projekt, 1932. Foto: DMA, BN27248

auf einem nicht abreißenden Strom technischer Innovationen aufbaut. Seit der »Großen Beschleunigung« gelten technische Neuerungen, die durch Investitionen in Forschung und Entwicklung ausgelöst werden sollen, weltweit als unverzichtbares Schmiermittel wirtschaftlichen Wachstums und sozialen Wohlstands.

Die Technikgeschichte hat längst nachgewiesen, dass Innovationen nicht dadurch zustande kommen, dass einfach mehr Geld in Wissenschaft und Forschung fließt. Basisinnovationen vor allem verlangen ein mehrfach gekoppeltes Zusammenspiel von Grundlagenforschung, angewandter Forschung, experimenteller Entwicklung, Produktion und Nutzung. Wissenschaft und Technik sind Tanzpartner, die in einem mal langsamen, mal schnellen Tanz ihre Schritte an den Bewegungen des jeweiligen Partners ausrichten, ohne dass erkennbar wäre, wer wen führt.[9] Dass die Wechselwirkung von Wissenschaft, Technik und industrieller Umsetzung häufig nicht gelingt, ist der Komplexität von Innovationsprozessen geschuldet. Der Friedhof der nichtgenutzten technischen Erfindungen sei zum Platzen voll, hat der französische Techniksoziologe Bernard Réal einmal treffend formuliert.[10] Wie aber lässt sich das ungebrochene Vertrauen von Politik und Wirtschaft in die innovationsfördernde Wirkung von Forschung erklären? Zwei Antworten sind hier vor allem anzuführen.

Die erste Antwort verweist auf das Erbe des Kalten Kriegs. Vannevar Bush, der amerikanische Ingenieur, Architekt der US-Rüstungsindustrie im Zweiten Weltkrieg und Wissenschaftsberater des Präsidenten, prägte unmittelbar nach Ende des Krieges die Formel »science: the endless frontier«. Wissenschaft sei ein weitgehend unerforschtes Terrain und stelle den »essential key to our security as a nation, to our better health, to more jobs, to a higher standard of living, and to our cultural progress« dar.[11] Grundlagenforschung (basic science) führe zu technischen Anwendungen, zu wirtschaftlichem Wachstum und schließlich zu nationalem Wohlstand. Ergo: Je mehr Mittel für die Wissenschaft, desto besser für die Nation. So unhaltbar dieses lineare Modell des wissenschaftlich-technischen Fortschritts in der Praxis ist, so wirkungsvoll erwies es sich. Ganz im Sinne der Bush'schen Formel pumpten die USA und unter dem Druck der globalen Systemauseinandersetzung dann auch die Sowjetunion immer mehr Mittel in die universitäre und außeruniversitäre Forschung. Der militärisch-industrielle Komplex, vor dem US-Präsident Dwight D. Eisenhower bei seiner Abschiedsrede 1961 warnte, erweiterte sich beiderseits des Eisernen Vorhangs zu einem militärisch-akademisch-industriellen Komplex. Das lineare Fortschrittsmodell hat selbst den Kalten Krieg überlebt und bestimmt als vielbeschworenes Credo auch heute noch weltweit die Wissenschafts- und Technikpolitik. Die Europäische Union etwa hat mit der im Jahr 2000 beschlossenen Agenda von Lissabon das Ziel formuliert, Europa durch den Ausbau zu einer Wissensgesellschaft zum wettbewerbsfähigsten und dynamischsten Wirtschaftsraum der Welt zu gestalten. Um dieses Ziel zu erreichen müsse, so die zentrale Annahme, Europa seine Aufwendungen für Forschung und Technik auf drei Prozent seiner Wirtschaftsleistung steigern.[12]

Die zweite Antwort führt in den Beginn der Hochmoderne zurück, als sich im späten 19. Jahrhundert – jedenfalls in westlichen Gesellschaften – ein breit verankerter Wissenschafts- und Technikenthusiasmus entfaltete. Der Glaube an den wissenschaftlich-technischen Fortschritt ersetzte nachgerade die religiöse Heilsgewissheit. Mit dem Vertrauen in die Fähigkeit der Technik, wirtschaftliche, soziale und kulturelle Probleme zu bewältigen, wuchsen Status und soziales Selbstbewusstsein der Ingenieure als neue, dem Gemeinwohl verpflichtete Elite. Das säkularisierte Heilsversprechen der Technik befeuerte eine technokratische Hybris, die das 20. Jahrhundert durchzieht. Das Atlantropa-Projekt des deutschen Ingenieurs und Architekten Herman Sörgel, das durch den Bau eines gewaltigen Staudamms an der Meerenge von Gibraltar die Absenkung des Mittelmeeres um bis zu 200 Meter bedeutet hätte, um Europa mit beinahe unbegrenzter Energie zu versorgen, ist ein besonders plakatives Beispiel für ingenieurtechnische Visionen großmaßstäblichen Stils. Die Karawane »weißer Elefanten«, gescheiterte technische Großprojekte, ist beinahe beliebig lang, und die technische Hybris der Hochmoderne fand im Kalten Krieg schließlich ihren Höhepunkt, wie der amerikanische Politikwissenschaftler und Anthropologe James C. Scott herausgearbeitet hat.[13] Scott führt die Kollektivierung der Landwirtschaft in der Sowjetunion, den »Großen Sprung nach vorne« im maoistischen China und den Bau von Brasilia nach den Plänen Oscar Niemeyers als Beispiele für zentralistische Großprojekte an, in denen Technik mit Brachialität eingesetzt wurde, um im Namen gesellschaftlicher Modernisierung ideologische Ziele durchzusetzen. Um zu verdeutlichen, wie sehr diese Art von Größenwahn uns auch heute noch weltweit begleitet, mag der Hinweis auf den Drei-Schluchten-Staudamm am Jangtse genügen. Experten befürchten, dass die gewaltige Last der aufgestauten Wassermassen zu einer Zunahme von Erdbeben führen wird und sich im Falle eines Dammbruchs gar die Erdachse verschieben würde.

Die Problemdimension von Technik im Anthropozän zeigt sich freilich nicht nur in technokratischer Hybris, die auch heute noch längst nicht ausgeräumt ist. Ebenso problematisch ist, dass Technik ungleich verteilt ist. Während große Teile westlicher Gesellschaften Zugang zu technischen Konsumgütern haben, bleiben Milliarden von Menschen im Globalen Süden davon ausgeschlossen. Zudem übt, worauf der US-amerikanische Literaturwissenschaftler Rob Nixon in einer ebenso eindrucksvollen wie einfühlsamen Studie verwiesen hat, die Anwendung westlicher Technik in anderen Teilen der Welt eine langsame Gewalt aus.[14] Der Klimawandel, die Abholzung von Regenwäldern, die Ölverschmutzung und die ökologischen Folgewirkungen von Kriegen gefährden, häufig schleichend und geradezu unsichtbar, die Lebensgrundlagen indigener Gesellschaften.

Kommen wir zu unserem Ausgangspunkt zurück: Dank seiner ingeniösen technischen Kreativität hat sich der Mensch im Anthropozän neue Räume und Ressourcen erschlossen, in weiten Teilen der westlichen Welt den Hunger und viele Krankheiten besiegt, an Lebenszeit und Lebensqualität gewonnen. Mit dem Einsatz von Technik gehen aber auch die Aufheizung der Erdatmosphäre und damit der anthropogene Klimawandel einher, der wachsende Verlust an Biodiversität, die Ausplünderung natürlicher Ressourcen sowie eine sich öffnende Schere sozialer Ungleichheit bei nach wie vor anhaltendem globalem Bevölkerungswachstum – um nur die größten Probleme zu benennen, mit denen die Menschheit sich schon heute konfrontiert sieht und künftig noch stärker konfrontiert sein wird. Um diese gewaltigen Herausforderungen des Anthropozäns meistern zu können, bedarf es auch künftig wissenschaftlicher Kreativität und technischer Innovationen. Es bedarf aber auch eines Wandels der Technik- und Innovationskultur, die auf vielen Ebenen die zentralistisch-großtechnischen Konzepte der Hochmoderne ablöst zugunsten dezentraler Lösungen, die auf die Vielfalt lokal variierender Kulturen abzustimmen sind. Ein kluger Einsatz von Technik (jenseits singulärer Lösungen wie der des *Smart Metering* zur bloßen Reduzierung und Verlagerung unseres Energieverbrauchs in die kostengünstigeren Tageszeiten) bedeutet freilich auch, technische Innovationen in systemische Zusammenhänge einzubetten, welche die komplexen Folgewirkungen von Technik stets mitbedenken. Der Wissenschaftliche Beirat der Bundesregierung Globale Umweltveränderungen (WBGU) hat in seinem Bericht »Welt im Wandel« auf die systemischen Zusammenhänge technischer Lösungen verwiesen, vor allem wenn es darum geht, das Ziel einer weltweiten Transformation zu einer klimaverträglichen Gesellschaft ohne Nutzung fossiler Brennstoffe zu erreichen. Der WBGU vergleicht die Bedeutung dieser Wende mit der neolithischen Revolution und der industriellen Revolution und diskutiert sie im Kontext des Anthropozäns. Er macht aber auch klar, dass es für diese globale Kraftanstrengung eines neuen »Gesellschaftsvertrags« bedarf, der eine »Kultur der Achtsamkeit (aus ökologischer Verantwortung) mit einer Kultur der Teilhabe (als demokratische Verantwortung) sowie einer Kultur der Verpflichtung gegenüber zukünftigen Generationen (Zukunftsverantwortung)« verknüpft.[15] Der Verweis auf das Erfordernis eines neuen Gesellschaftsvertrags unterstreicht, dass technischer Wandel ohne kulturellen Wandel schlichtweg nicht denkbar ist. Denn Technik – dies ist die nur scheinbar triviale Lehre der Technikgeschichte – entwickelt sich nicht aus einer inhärenten Eigenlogik des Technischen heraus, sondern sie ist sozial konstruiert, vom Menschen gemacht. Es sind vor allem wir als einzelne Individuen, in unserer Rolle als Konsumenten zuvorderst, die darüber entscheiden, welche technischen Innovationen sich letztlich durchsetzen und Wirkung entfalten. Diese individuelle Verantwortung ernst zu nehmen, heißt die Zukunft des Anthropozäns aktiv zu gestalten.

1 Ruddiman, William F.: The Anthropogenic Greenhouse Era Began Thousands of Years Ago. In: Climatic Change 61 (2003), S. 261–293.
2 Landes, David S.: The Unbound Prometheus: Technological Change and Industrial Development in Western Europe from 1750 to the Present. New York 2003; Landes, David S.: The Wealth and Poverty of Nations: Why Some Are So Rich and Some So Poor. New York 1998.
3 North, Douglass C.: Institutions, Institutional Change, and Economic Performance. Cambridge 1990.
4 Mokyr, Joel: The Gifts of Athena. Historical Origins of the Knowledge Economy. Princeton 2002.
5 Uekötter, Frank: Von der Rauchplage zur ökologischen Revolution. Eine Geschichte der Luftverschmutzung in Deutschland und den USA 1880–1970. Essen 2003, S. 29.
6 Steffen, Will; Crutzen, Paul J.; McNeill, John R.: The Anthropocene. Are Humans Now Overwhelming the Great Forces of Nature? In: Ambio 36 (2007), S. 614–621, sowie Steffen, Will; Grinevald, Jacques; Crutzen, Paul J.; McNeill, John R.: The Anthropocene: Conceptual and Historical Perspectives. In: Philosophical Transactions of the Royal Society Academy A 369 (2011), S. 842–867. Vgl. allgemein zur Datierung des Anthropozäns Ellis, Erle C. u. a.: Dating the Anthropocene: Towards an Empirical Global History of Human Transformation of the Terrestrial Biosphere. In: Elementa: Science of the Anthropocene 1 (2013), DOI: 10.12952/journal.elementa.000018.
7 Steffen, Will u. a.: Global Change and the Earth System. A Planet under Pressure. New York 2004.
8 Pfister, Christian: Das 1950er Syndrom. Der Weg in die Konsumgesellschaft. Bern 1995.
9 Rip, Arie van: Science and Technology as Dancing Partners. In: Kroes, Peter; Bakker, Martijn (Hrsg.): Technological Development and Science in the Industrial Age. New Perspectives on the Science-Technology Relationship. Dordrecht 1992, S. 231–270.
10 Zitiert nach Wengenroth, Ulrich: Vom Innovationssystem zur Innovationskultur. Perspektivwechsel in der Innovationsforschung. In: Abele, Johannes; Barkleit, Gerhard; Hänseroth, Thomas (Hrsg.): Innovationskulturen und Fortschrittserwartungen im geteilten Deutschland. Köln 2001, S. 23–32.
11 Bush, Vannevar: Science, the Endless Frontier: A Report to the President on a Program for Postwar Scientific Research. Washington D.C. 1945, S. 2.
12 Siehe dazu Kohlrausch, Martin; Trischler, Helmuth: Building Europe on Expertise. Innovators, Organizers, Networkers. London 2014, S. 320–324.
13 Scott, James C.: Seeing Like a State: How Certain Schemes to Improve the Human Condition Have Failed. New Haven 1998; siehe auch Laak, Dirk van: Weiße Elefanten. Anspruch und Scheitern technischer Großprojekte im 20. Jahrhundert. Stuttgart 1999.
14 Nixon, Rob: Slow Violence and the Environmentalism of the Poor. Cambridge, MA 2011.
15 Wissenschaftlicher Beirat der Bundesregierung Globale Umweltveränderungen: Welt im Wandel – Gesellschaftsvertrag für eine Große Transformation. Berlin 2011, S. 2. Für eine kritische Betrachtung der impliziten Annahmen des WBGU vgl. Kersten, Jens: The Enjoyment of Complexity. A New Political Anthropology for the Anthropocene? In: Trischler, Helmuth (Hrsg.): Anthropocene. Envisioning the Future of the Age of Humans. München 2013, S. 39–55.

»Wir sind nicht dem Untergang geweiht«

Ein Interview mit Paul J. Crutzen

Das Gespräch führte Christian Schwägerl

Paul J. Crutzen, 2013.
Foto: Christian Schwägerl

Herr Crutzen, Sie wuchsen in schrecklichen Umständen in Amsterdam während des Zweiten Weltkrieges auf …

Oh ja, ich habe einige schlimme Erinnerungen an den Krieg. Im Mai 1940 waren die Niederlande von den deutschen Truppen besetzt. Unser Schulgebäude wurde in eine deutsche Kaserne umgewandelt. Für meine Mutter war die Situation besonders schwierig. Alle Verwandten, ihre eigene Mutter eingeschlossen, waren in Deutschland. Jeden Abend hörten wir, wie die Bombenflugzeuge der Alliierten über die Niederlande Richtung Deutschland flogen, um ihre Bomben auf die Städte zu werfen. Wir hatten also nicht nur Angst um unser eigenes Leben, sondern auch um das unserer Familienmitglieder in Deutschland. Aber aus Sicht eines Kindes kann der Krieg auch ein wenig anders aussehen als aus der eines Erwachsenen. Wir spielten viel und unter anderem am liebsten Kriegsspiele, was aus heutiger Perspektive eigenartig erscheint. Einige Erfahrungen waren sehr traurig; ich hatte zum Beispiel einen Kater namens Peter, der wie ein guter Freund von mir war. Jeden Nachmittag saß er auf dem Fensterbrett und wartete darauf, dass ich von der Schule nach Hause kam, lief dann zur Tür und sprang auf meine Schultern, um mich zu begrüßen. Eines Tages war Peter weg und ich war sehr traurig. Erst nach dem Krieg erzählte mir meine Mutter, dass die Nachbarn ihn gegessen hatten. Viele meiner Schulfreunde verhungerten. Der *Hongerwinter* (Hungerwinter) in Amsterdam war furchtbar! Der Unterricht konnte nur einige Stunden pro Woche stattfinden und die meisten Kinder waren mindestens ein Jahr hinterher. Mit Hilfe des Schulleiters, der bei sich zu Hause zusätzlichen Unterricht für die drei besten Schüler gab, war es mir möglich, das höhere Schulniveau zu erreichen.

Gab es in dieser dunklen Zeit etwas, das auf Ihre spätere Karriere als Wissenschaftler hindeutete?

Mir gefiel es besonders, die Welt um mich herum zu beobachten und zu versuchen, sie mir zu erklären. Meine Eltern erzählten mir komische Geschichten darüber. Eines Abends betrachtete ich den Mond, der nicht rund war, wie ich dachte, dass er sein sollte, und ich sagte: »Maan is stuk« – der Mond ist kaputt. Bei einem Spaziergang entlang einer Gracht, wie wir die Kanäle in Amsterdam nennen, sah ich einen Kopf auf dem Wasser. Ich wusste nicht, dass Menschen schwimmen können, deshalb dachte ich, dass dort ein Mann ohne Körper im Wasser war. Eines Nachts im Winter fanden mich meine Eltern, wie ich vor dem Fenster meines kalten Schlafzimmers stand und den ersten Schnee meines Lebens bewunderte. Ich zitterte vor Kälte, aber das kümmerte mich nicht. Ich liebte außerdem Wörterbücher. Als ich lesen gelernt hatte, wollte ich Fremdsprachen lernen, indem ich die Wörterbücher studierte. Ich konnte die Wörter lesen, aber natürlich wusste ich nicht einmal, wie sie auszusprechen waren.

Wonach sehnten Sie sich in Ihrer Jugendzeit?

Abgesehen von Grundbedürfnissen wie Nahrung und Frieden sehnte ich mich nach schneebedeckten Bergen. Aber es gibt keine Berge in den Niederlanden. Während des Krieges konnten wir nicht aus den Niederlanden ausreisen. Stattdessen betrachtete ich die Wolken und stellte mir vor, dass sie Berge waren.

Nach dem Krieg widmeten Sie sich nicht sofort den Naturwissenschaften. Wie kurvenreich war es auf Ihrem Weg zum Chemie-Nobelpreisträger?

Chemie war bei weitem nicht mein Lieblingsfach in der *Hogere Burgerschool,* dem Gymnasium; ich interessierte mich viel mehr für Physik, Astronomie und Mathematik. In meiner Freizeit las ich Bücher über Astronomie und Weltreisen. Ich spielte Fußball und Schach und lief Schlittschuh, wenn es auf den Kanälen möglich war. Nach dem Gymnasium wäre ich gerne auf die Universität gegangen, aber ich bekam kein Stipendium, weil ich während der Aufnahmeprüfung fieberkrank war und meine Noten nicht gut genug waren. Ich konnte auch meine Eltern nicht nach den benötigten Studiengeldern fragen. Wir waren keine besonders reiche Familie. Meine Mutter hielt die Familie in schwierigen Zeiten zusammen, während mein Vater oft arbeitslos war, sowohl während des Krieges als auch danach. Meine Mutter arbeitete als Reinigungskraft in einer Krankenhausküche. Ich schrieb mich in die Fachschule für Maschinenbau ein und arbeitete im Brückenbau für die Stadt Amsterdam. Dazwischen leistete ich noch zwei Jahre meinen Wehrdienst ab. Das war eine angespannte Zeit wegen der Aufstände gegen das kommunistische Regime in Ungarn.

Wie bekamen Sie dann eine Stelle im Bereich der Meteorologie und wie kamen Sie zur Atmosphärenchemie?

Während eines kurzen Urlaubs reiste ich per Anhalter durch Deutschland und Frankreich. Ich fuhr auch in die Schweiz, wo ich endlich die Berge sehen konnte, von denen ich in meiner Kindheit geträumt hatte. Am Gipfel des Pilatus traf ich eine finnische Studentin, die als Au-pair-Mädchen in Luzern arbeitete. Als mein Wehrdienst vorüber war, fuhr ich nach Helsinki, um sie wiederzusehen. Für zwei Jahre hielten wir Kontakt, indem wir Briefe schrieben. So lernten wir uns recht gut kennen. Terttu und ich heirateten im Februar 1958 und ich zog ins schwedische Gävle, wo ich eine Anstellung bei einer Hausbaufirma bekam. Aber ich wollte etwas Interessanteres machen. Glücklicherweise sah ich in der Zeitung, dass die Universität Stockholm nach einem Computerexperten suchte. Ich bewarb mich und bekam den Job, obwohl ich überhaupt kein Experte war. Wir zogen nach Stockholm und neben der Arbeit konnte ich Mathematik und Meteorologie an der Universität Stockholm studieren. Das war der erste Schritt in meine akademische Karriere. Meine Frau Terttu war immer für mich da, von der Zeit an, als ich Werkstudent war, und sie kümmerte sich auch um unsere zwei Töchter. Sie gab ihre Studien in finnischer Geschichte und Literatur auf, damit ich meiner wissenschaftlichen Arbeit nachgehen konnte. Also nein, ich hatte keinen geradlinigen beruflichen Weg.

Sie stiegen dann in die Atmosphärenforschung ein. Ging es Ihnen dabei um die reine Wissenschaft oder sorgten Sie sich bereits damals um die Umwelt?

Um 1970 herum – ich hatte gerade eine Post-Doktoranden-Stelle in Oxford – stand die Umwelt nicht weit oben auf meiner Liste von Interessen. Wissenschaftler interessierten sich damals generell nicht so sehr für die Umwelt. Das allgemeine Gefühl zur damaligen Zeit war, dass die »Natur so groß und die Menschheit so klein« war. Vielleicht machte mich die Erkenntnis, dass diese Annahme falsch war, 40 Jahre später zu einem »Anthropocenist« – einem »Anthropozäniker«, wie man im Deutschen vielleicht sagen könnte. Tatsächlich war es mein Engagement als Programmierer beim Supersonic Transport Programme (SST), dem Programm für Überschallflugzeuge, das mich allmählich an Umweltbelange heranführte. Harold Johnston und ich untersuchten die Gefahren einer großen Flotte von Überschallflugzeugen, die in der Stratosphäre unterwegs waren, weil sie Stickstoffmonoxid (NO) ausstoßen und die Ozonschicht abbauen, die die Erde vor ultravioletter Sonneneinstrahlung schützt. Gott sei Dank wurden die großen Flotten der Überschallflugzeuge nie gebaut, hauptsächlich wegen der hohen Kosten. Aber das bedeutete dennoch nicht, dass das stratosphärische Ozon geschützt war.

Vor Ihren Forschungsarbeiten war es gar nicht bekannt, dass die Ozonschicht beschädigt werden könnte …

In der Tat hatte niemand gedacht, dass kleine, von Menschen verursachte Substanzen so eine große Auswirkung auf das stratosphärische Ozon haben könnten. Mein größter Unterstützer war Professor Bert Bolin, Leiter der Stockholmer Fakultät für Meteorologie und weltweiter CO_2-Experte. Er gab mir viele Freiheiten, um meine eigene unabhängige Recherche anzufangen. Meine frühen Arbeiten beschäftigten sich alle mit der natürlichen Chemie der Stratosphäre, mit Fokus auf das Ozon. Aber ich fand schnell heraus, dass der Boden ein großer Ursprungsort von Distickstoffmonoxid (N_2O) sein kann, welches in der Stratosphäre zu Stickstoffmonoxid umgewandelt wird, was dann als Katalysator für die Zerstörung des Ozons wirkt. So fand ich heraus, wie die Biosphäre einen Einfluss auf das Ozon ausübt.

Realisierten Sie, wie gefährlich diese Auswirkung sein könnte?

Ja, absolut. Und kurz darauf wurde eine noch größere Gefahr in Form von chemisch nahezu inertem Chlor in organischen Molekülen bekannt, die sogenannten Fluorchlorkohlenwasserstoffe (FCKW), die von der ultravioletten Sonneneinstrahlung in einer Höhe von ungefähr 25 Kilometern aufgespalten werden. Sie wurden in Sprühdosen und Kühlschränken verwendet, ohne dass die Auswirkungen durch Chlor auf das Ozon analysiert wurden. Tatsächlich glaubte man, dass sie absolut sicher waren. Wie falsch man lag! Als ich 1974 den Aufsatz von Rowland und Molina las, wusste ich sofort, dass sie richtig lagen, und ich entwickelte ein fotochemisches Modell, um dies zu beweisen.[1]

Infolge der Ozonforschung begann ein weltweiter politischer Kampf darüber, die meisten gefährlichen FCKW zu verbieten. Was veranlasste Sie dazu, an diesem kontroversen Diskurs teilzunehmen?

Die Chemieindustrie verleugnete die Verbindung zwischen ihren Substanzen und der Ozonschicht, weil sie sie weiterhin verkaufen wollte. Ich empfand es als meine Pflicht, meine wissenschaftlichen Untersuchungen auf diesem Gebiet bekannt zu machen. Der Verlust des Ozons in der Stratosphäre ermöglicht mehr ultravioletter Strahlung weiter in die Oberfläche der Erde vorzudringen und Hautkrebs zu verursachen. Die Konsequenzen eines beträchtlichen Ozonabbaus wären daher verheerend gewesen. Das Auftreten des Ozonlochs über der Antarktis im Frühling war die größte Überraschung in der atmosphärischen Chemie. Es bedeutete eine nahezu vollständige Zerstörung des Ozons in der Stratosphäre über der Antarktis, an einer Stelle, an der es am wenigsten erwartet wurde. Seitdem frage ich mich oft, was für andere Überraschungen uns noch erwarten.

1988 verboten die UN im Montrealer Protokoll die meisten gefährlichen FCKW. Ist die Ozonschicht jetzt außer Gefahr?

Das Protokoll macht seine Arbeit. Aber die Ozonschicht wird eine lange Zeit brauchen, bis sie wieder vollständig regeneriert ist. Wir können im Moment nicht viel anderes unternehmen, als auf die positiven Wirkungen zu warten. Es ist unmöglich, die FCKW aus der Atmosphäre herauszubekommen – ebenso wie die vielen anderen Substanzen, die nicht wirklich dorthin gehören.

Jahre nach Ihren Ozon-Funden prägten Sie den Begriff Anthropozän. Wie würden Sie diese Idee einem Schulkind erklären?

Das ist tatsächlich eine schwierigere Aufgabe, als einen wissenschaftlichen Vortrag darüber zu halten. Aber lassen Sie es mich versuchen: Anthropozän bedeutet, dass bereits heute und auch in absehbarer Zukunft die Geschehnisse auf der Erde stark von dem geprägt sind, was die Menschen machen. Menschen wie du und ich verändern unseren Heimatplaneten stärker als natürliche Prozesse. Das ist eine große Verantwortung.

Wann und wie genau trat die Idee des Anthropozäns in Ihr Leben?

Bei dem Internationalen Geosphäre-Biosphäre-Programm (IGBP), das 2000 in Mexiko stattfand und an dem ich teilnahm, brachte der Vorsitzende immer wieder das Holozän als unsere gegenwärtige geologische Erdepoche zur Sprache. Nachdem ich diesen Begriff mehrmals gehört hatte, verlor ich die Geduld, unterbrach den Redner und merkte an, dass wir nicht mehr im Holozän wären. Ich sagte, dass wir bereits im »Anthropozän« seien. Meine Äußerung hatte eine große Auswirkung auf das Publikum. Zunächst war Stille, dann begannen die Leute zu diskutieren. In der Kaffeepause kam jemand auf mich zu und sagte, ich solle den Ausdruck patentieren lassen. Nach meinem Vortrag recherchierte ich, ob der Begriff Anthropozän schon einmal verwendet worden war. In der Tat war dies der Fall: von einem Limnologen der University of Michigan, Eugene F. Stoermer.

Also übernahmen Sie den Gedanken nicht von Stoermer, der ihn zuvor verwendet hatte, sondern Sie hatten die Idee, von einem Anthropozän zu sprechen, unabhängig von ihm?

Ja, ich hatte die Idee unabhängig von ihm und ich denke, dass mein Anstoß es ermöglichte, dass es die Idee des Anthropozäns in die öffentliche und wissenschaftliche Arena schaffte. Ich kontaktierte Stoermer und gemeinsam veröffentlichten wir einen Aufsatz im IGBP-Rundschreiben. Ich weiß nicht wirklich, wie Stoermer auf die Idee gekommen war, wir haben uns nie getroffen.

Halten Sie das Anthropozän mittlerweile für eine wissenschaftliche Realität oder sehen Sie große unbeantwortete Fragen, ob es wirklich gleichbedeutend mit einem neuen geologischen Zeitalter ist?

Ja, so wie frühere Erdperioden aus Fossilüberlieferungen hergeleitet wurden, ist dies der Fall für das Anthropozän. Der Druck, der vom menschlichen Leben und Treiben ausgeübt wird, ist deutlich angestiegen. Das beinhaltet das Herstellen von vielen synthetischen Mischungen, die dauerhafte Spuren hinterlassen werden, die auch dazu verwendet werden können, unseren Einfluss zu ermessen.

Ist die Idee des Anthropozäns eine rein wissenschaftliche Hypothese oder ist sie mehr?

Sie entwickelt sich auch zu einer Metapher für die Beziehung zwischen Natur und Mensch. Letzterer war dabei anfangs der Natur ausgeliefert. Dies änderte sich mit dem Wachstum der Weltbevölkerung aufgrund von medizinischen und technischen Fortschritten. Die Menschheit vergrößerte

Paul Crutzen als Baby mit seiner Großmutter Elisabeth Gurk in Gelsenkirchen-Buer, ca. 1933.

Foto: privat

Bei der Einschulung in Amsterdam, 1940.

Foto: privat

Der junge Paul liebte es, Fußball zu spielen. Amsterdam, 1942.

Foto: privat

Dissertation, Stockholm, 1973, mit Richard P. Wayne (links) und Sir John Theodore Houghton (Mitte).

Foto: Richard P. Wayne

Forschungsarbeit über Abgase aus brennendem Regenwald, Brasilien, 1978.

Foto: Tony Delany

Paul Crutzen gewinnt seine Erkenntnisse am liebsten vor Ort. Brasilien, 1979.

Foto: Patrick Zimmermann

Auch die Luftverschmutzung in Städten interessiert den Forscher. Chicago, 1989.

Foto: Jos Lelieveld

Empfang in Mainz nach der Verleihung des Nobelpreises für Chemie, 1995.

Foto: Alfred Klemm

Ein lebenslanger Liebhaber der Berge. Am Wilden Kaiser, 2000.

Foto: privat

Auf der Frankfurter Buchmesse bei der Präsentation des Anthropozän-Buchs »Menschenzeit«, 2010.

Foto: Riemann-Verlag

Empfang zum 80. Geburtstag in Mainz, 2013.

Foto: Carsten Costard

Paul Crutzen bei seiner Festrede: »Wir leben im Anthropozän«, 2013.

Foto: Carsten Costard

Paul J. Crutzen: »Mister Anthropozän«

1933 in Amsterdam geboren, studiert er zunächst Ingenieurswesen, um sich dann der Atmosphärenforschung zuzuwenden. Zu seinen Forschungsgebieten zählen das Ozonloch, der nukleare Winter und globale Umweltveränderungen.

In den 1970er Jahren entdeckt Crutzen Substanzen, die der Ozonschicht schaden. Er engagiert sich für ein weltweites Verbot aller Stoffe, die der Schutzhülle der Erde gefährlich werden können. Das Montreal-Protokoll, der bislang erfolgreichste internationale Umweltvertrag, ist auch sein Verdienst.

1995 bekommt Crutzen zusammen mit Mario J. Molina und Frank Sherwood Rowland den Nobelpreis für Chemie für die Verdienste um den Schutz der Ozonschicht.

Im Jahr 2000 prägt Crutzen bei einer Tagung in Mexiko die Anthropozän-Idee, die seither eng mit seinem Namen verbunden ist.

Crutzen hat an zahlreichen renommierten Forschungseinrichtungen gearbeitet, darunter der Scripps Institution of Oceanography an der University of California, San Diego, und der Seoul National University in Südkorea. Am intensivsten ist er dem Max-Planck-Institut für Chemie in Mainz verbunden, wo er als Direktor tätig war.

Der Nobelpreisträger ist Schirmherr des »Anthropozän-Projekts« von Haus der Kulturen der Welt, Deutsches Museum, Rachel Carson Center for Environment and Society und Max-Planck-Gesellschaft.

ihre Macht über die Natur; das ist das Erkennungszeichen der Ära des Anthropozäns. Aber wenn wir unsere Macht einfach nur weiter vergrößern, werden sowohl die Natur als auch die Menschheit zu Verlierern.

Betrachten Sie die Idee des Anthropozäns als eine schöne Idee?

Schönheit oder Hässlichkeit sind keine scharf konturierten Eigenschaften, sie hängen von Ort und Zeit ab. Das Anthropozän ist keine einheitliche Identität, die schön oder hässlich sein kann, sondern eine große Vielzahl an Möglichkeiten, die nicht in eine Rangfolge eingeordnet werden können.

2002 haben Sie einen Artikel im Magazin »Nature« geschrieben, »Die Geologie der Menschheit«, in dem Sie Wissenschaftlern und Ingenieuren eine zentrale Rolle zuschreiben, was das Lösen der Probleme der Menschheit angeht. Sind sie wichtiger als Politiker?

Letzten Endes werden Politiker einige gewagte Entscheidungen treffen müssen, um den Kurs zu ändern. Wissenschaftler und Ingenieure können dabei helfen, aber deren richtige Leistung liegt darin, positive Innovationen zu ermöglichen, nicht Entscheidungen zu treffen. Doch diese Innovationen sind essenziell für unsere Zukunft – und ob es Ihnen gefällt oder nicht, einige davon werden von Technokraten oder sogar dem Militär stammen.

Könnte die Geo-Technologie so ein Fall sein? Sollte sie entwickelt und eingesetzt werden?

Im Moment würde ich die Geo-Technologie nicht anwenden, aber Forschung sollte betrieben werden, und ich bin schon jetzt überrascht, wie viele diesem Thema in der Forschung nachgehen. Ich teile jedoch die Angst, dass das Erforschen der Geo-Technologie zu der Haltung führen wird, dass CO_2-Reduzierungen aufgeschoben werden können, weil uns die Technologie der Schwefelinjektionen vor dem gefährlichen Klimawandel retten wird. Das wäre völlig verkehrt. Ich bezweifele, dass die Geo-Technologie angewandt wird, aufgrund ihrer Kosten und Nebenwirkungen. Wir sollten definitiv nicht damit rechnen.

Gegen Ende des Jahres 2013 hat der IPCC, der Weltklimarat der UN, einen neuen, umfassenden Bericht über den Klimawandel veröffentlicht. Kritiker argumentieren, dass die Erderwärmung seit 15 Jahren pausiert. Ist es möglich, dass die grundlegenden Annahmen des IPCC falsch sind?

Das Klimasystem der Erde ist sehr komplex, daher bin ich keineswegs überrascht, dass es eine Abweichung zwischen der Wirklichkeit und den Modellen gibt. Aber es gibt bereits eine ziemlich gute Erklärung dafür, warum die Erwärmung langsamer vonstatten geht als prognostiziert, und das hat mit Abkühlungsprozessen im tropischen Pazifik zu tun. Aber solche Phänomene werden die Erderwärmung nicht dauerhaft aufhalten, was auf ansteigende Mengen von CO_2 und Methan in der Atmosphäre zurückzuführen ist. Es wäre ein großer Fehler, sich jetzt zurückzulehnen und zu denken, dass der Klimawandel nur ein kleineres Problem sei. Das wäre höchst riskant. Was das anbelangt, bin ich voll auf der Seite des IPCC.

Wie sollten Politiker auf die Warnungen des IPCC reagieren?

Jeder Politiker wäre gut beraten, sich der Sache wirklich anzunehmen, die Veröffentlichungen des IPCC gründlich zu untersuchen und dann entsprechend zu handeln und die Vorgehensweise der Politik anzupassen. Es ist mir zum Beispiel unverständlich, dass Regierungen noch immer weltweit den Verbrauch von fossilen Brennstoffen mit schwindelerregenden 500 Milliarden US-Dollar pro Jahr subventionieren. Dieses Geld könnte so viel besser investiert werden.

Wenn Sie Vorträge über das Anthropozän halten, präsentieren Sie oft eine lange Liste von erschreckenden Problemen wie der Klimawandel, der Verbrauch von Ressourcen und der Verlust der Artenvielfalt. Ist in Ihren Augen das Anthropozän ausschließlich negativ?

Nein, es ist nicht nur negativ. Ich sehe auch viele positive Veränderungen. Solarenergie wird gerade erschwinglicher für viele Leute, der Gesundheitszustand der Menschheit verbessert sich und es gibt weniger Armut in Entwicklungsländern. Es gab noch keinen Atomkrieg. Deswegen habe ich die Hoffnung noch nicht verloren. Aber die Menschheit sieht großen Problemen entgegen. Das Anthropozän wird nicht leicht.

Wie könnte die Idee des Anthropozäns selbst zu einer besseren Welt beitragen?

Wir müssen die enormen Errungenschaften der Menschheit hervorheben, damit wir ein besseres Gefühl dafür bekommen, dass wir nicht dem Schicksal ausgeliefert sind, sondern kluge Entscheidungen für eine kluge Zukunft treffen können.

Welches sind die politischen und ökonomischen Schlüsselveränderungen, die für das Bestehen eines »klugen Anthropozäns« eintreten müssen?

Ich denke noch immer, dass es eine der wichtigsten Aufgaben ist, ABC-Waffen, die atomaren, biologischen und chemischen Waffen, abzuschaffen oder wenigstens ihre Ausbreitung zu verhindern. Wenn das nicht passiert, werden sie eines Tages auch benutzt. Gemeinsam mit Kollegen stellte ich intensiv Forschungen darüber an, wie katastrophal ein nuklearer Winter sein würde, wenn große Mengen schwarzen Rauchs aus den vielen Kriegsfeuern aufsteigen und das Sonnenlicht blockieren würden. Diese Forschungsergebnisse suchen mich immer wieder heim. Ein anderes Thema, das weitgehend ignoriert wird, ist die sich anbahnende Verknappung des Elements Phosphor. Wir benötigen dieses Element, um Dünger herzustellen und auch in Zukunft Menschen mit Nahrung zu versorgen. Um Verteilungskrisen und Aufstände zu vermeiden, müssen Wiederverwertungsverfahren für Phosphor und auch für die anderen seltenen Erdmetalle, die in der Elektronikindustrie verwendet werden, entwickelt und global umgesetzt werden. Es müssen so viele Ziele erreicht werden: Nationale und internationale Staatshaushalte müssen unter Kontrolle gebracht werden, damit die Schulden sich nicht erhöhen und zukünftige Generationen noch stärker belasten. Zudem können wir nie genug tun, um die Meinungs- und Pressefreiheit und die Gleichberechtigung zu betonen und die Rassendiskriminierung zu beenden.

Wir müssen viel mehr Respekt in unser aller Leben bringen. Respekt für Menschen, die Natur und alle Tiere, für Kunst, Kultur und Bildung. Wir müssen Respekt in den Mittelpunkt unserer Kultur stellen.

In der heutigen Zeit leben immer noch mehr als eine Milliarde Menschen in absoluter Armut, und gleichzeitig haben die UN ihre Prognose korrigiert und rechnen jetzt mit elf Milliarden Menschen im Jahr 2100. Was muss getan werden, um sich beiden Problemen zu widmen?

Das ist ein wirkliches Dilemma, und leider muss ich sagen, dass es keine einfache Lösung gibt. Viele Länder sehen sich sowohl mit Hunger als auch mit Überbevölkerung konfrontiert. China zeigt mit seiner von der Regierung durchgesetzten Ein-Kind-Politik eine Möglichkeit auf. Ebenso haben die Demokratien mit hohen Einkommen es geschafft, ihre Geburtenraten zu reduzieren, weil das Wohlstands- und Konsumniveau ansteigt. Ich habe dazu keine eindeutige Antwort.

Das Anthropozän wird in Umweltdebatten immer häufiger erwähnt – sind Sie überrascht darüber, wie weit verbreitet die Idee nun ist?

Ja. Ich dachte wirklich, dass die Idee nur etwas für die Wissenschaftsgemeinde wäre, weil es so ein unüberschaubares und komplexes Thema ist. Aber offensichtlich unterschätzte ich die Stärke dieser Idee. Sie regt nun auf neue Art und Weise viele Leute an vielen Orten an, und ich bin darüber sehr glücklich.

Es gibt die Kritik, dass die Idee des Anthropozäns anthropozentrisch sei. Kritiker wie Andreas Weber sagen, dass es den Menschen das Gefühl geben wird, wichtiger zu sein als sie sind, und dass sie die Natur noch mehr vernachlässigen werden. Was ist Ihre Antwort darauf?

Ich war mir der Kritik nicht bewusst. Wenn man untersucht, ob der Begriff des Anthropozäns ein Symptom der menschlichen Selbstüberschätzung ist oder des anthropozentrischen Denkens, freue ich mich, in die Debatte einzusteigen, denn dies sind gute Diskussionspunkte. Aber was die Menschheit während dieser geologisch sehr kurzen Zeit erreicht hat, ist so einzigartig, dass es eine besondere Stellung in jeder Diskussion verdient, die dieser ähnlich ist. Wir Menschen haben nur unsere menschlichen Gehirne, und mit diesen verstehen wir die Welt. Also selbst wenn man sich um die Perspektive anderer Spezies Gedanken macht, benutzt man dafür sein menschliches Gehirn. Die Lage wäre eine ganz andere, wenn es eine weitere Spezies auf der Erde gäbe, die »Ich« sagen könnte. Dann würden wir einer ganz anderen – sehr interessanten – Situation ins Auge sehen.

Wenn die Menschen über die große geologische Zeitskala nachdenken, könnte das dazu führen, dass die heutigen Probleme kleiner aussehen?

Das ist ein sehr wichtiger Punkt, der noch weiter diskutiert werden muss. Wie groß ist der zeitliche Rahmen, in dem wir denken und handeln können? Im Moment tragen die Wissenschaftler und Ingenieure Jahr für Jahr katalytisch etwas zum Wissensvorrat der Erde bei.

Zum Beispiel könnte man sagen, dass der Klimawandel jetzt womöglich schlecht ist, aber dass er die nächste Eiszeit aufhalten und daher auf lange Sicht positiv sein wird …

Für die meiste Zeit in der Geschichte der Menschheit waren viel größere Teile der Erde mit Eis bedeckt als heute. Aber jetzt ist unsere Zivilisation auf das nach-eiszeitliche Klima eingestellt, in dem es ihr gut ging und sie florierte. Wenn eine neue Eiszeit beginnen würde, würden unsere Nachkommen wahrscheinlich alles in ihrer Macht stehende tun, um sie aufzuhalten. Und das könnte sogar in Ordnung sein. Aber ich denke nicht, dass man die heutige Erderwärmung mit dem Argument rechtfertigen kann, dass sie eine weitere Eiszeit aufhalten wird. Die Erderwärmung wird sich wahrscheinlich in einem solch langen zeitlichen Rahmen auswirken, aber wir sind noch nicht in der Lage, bewusste und fundierte Entscheidungen über derartige Fragen zu treffen.

Wenn Sie die Möglichkeit hätten, Ihre wissenschaftliche Karriere noch einmal beginnen zu können, welches Feld würden Sie heute wählen?

Mir hat es recht gut gefallen, Brücken zu bauen, als ich jung war, und wenn ich in Amsterdam bin, gehe ich manchmal zu den Brücken, bei deren Bau ich mitgeholfen habe. Also komme ich vielleicht in Versuchung, wieder Brücken zu bauen. Aber ich glaube, dass ich Astronomie wählen würde. Ich liebe es, das Universum zu bestaunen und zu wissen, dass diese Entfernungen viele Lichtjahre weit sind. Und ehrlich gesagt gefällt mir die Idee, Leben von der Erde auf andere Teile des Kosmos zu verbreiten, eigentlich ganz gut.

Was ist Ihre Schlüsselbotschaft für die heutigen jungen Leute, die als Pioniere im Anthropozän leben?

Entdeckt die Schönheit unseres Planeten, denn es gibt so viel davon auf unserer Erde. Seid stolz auf die einzigartigen, bedeutenden Errungenschaften der Menschheit. Setzt eure innovative Kraft ein. Fragt euch, was ihr tun könnt, um Armut zu beseitigen, und wie ihr die Schönheit und den Wohlstand unseres Planeten Erde mit anderen teilen könnt.

Glauben Sie, es ist notwendig, den Konsum zu verringern, zum Beispiel indem man Vegetarier wird oder sein Auto weniger fährt? Oder werden wir uns aus den Problemen mit neuen Technologien und mehr Effizienz herausmanövrieren?

Wir müssen definitiv unseren Konsum verringern. Wie Mahatma Gandhi schon betonte, hat die Welt genug für jedermanns Bedürfnisse, aber nicht für jedermanns Gier. Um dem derzeitigen westlichen Lebensstil gerecht zu werden, bräuchten wir mehrere Planeten Erde, die wir aber nie haben werden.

Bitte spekulieren Sie. Wie lange, denken Sie, wird das Anthropozän andauern?

Wenn Sie das Anthropozän als Summe allen menschlichen Ausmaßes betrachten, werden die geologischen Signale, die lange anhalten werden, sicherlich mit der Zeit stärker werden, wenn die Weltbevölkerung auf zehn oder elf Milliarden wächst und sich das Konsumniveau des Westens weltweit verbreitet. Wenn Sie das Anthropozän als Gelegenheit für eine kluge Entwicklung betrachten, dann hängt alles davon ab, wie weise und gerecht wir die Ressourcen der Erde verwenden und wie gut wir darin sind, intelligente Technologien und die Medizin zu entwickeln. Wenn die Menschheit nicht ihren Modus Operandi ändert, könnte die Zukunft des Anthropozäns sehr kurz sein.

Stellen Sie sich vor, Sie sind ein Geologe in einer Million Jahren. Welche geologischen Zeichen würden Sie in unserem gegenwärtigen Modus Operandi sehen und welche anderen geologischen Zeichen würden Sie gerne von dem besseren Modus Operandi sehen, den Sie fordern?

In einer Million Jahren? Sie nehmen an, dass intelligentes Leben hier sein wird, um die Zeichen zu sammeln und zu interpretieren. Das ist eine sehr optimistische Vermutung, wenn man sich die momentane Situation vor Augen führt.

Sind Sie ein Optimist geblieben?

Habe ich gesagt, ich sei ein Optimist?

Aber was lässt Sie optimisch sein?

All die schönen Dinge um uns herum, wie zum Beispiel Kunst und Literatur, die uns glücklich machen. Es gibt so viele schöne Dinge, die der Mensch erschafft, dass ich mich frage, wann wir die Erde wieder schöner machen werden, anstatt alles aufzubrauchen. Was mich noch beruhigt, ist, dass unsere negativen Einwirkungen uns vielleicht sogar dabei helfen könnten, die Welt zu verstehen. Meine Forschungsarbeiten zu unserer anfälligen Atmosphäre haben mich wirklich schockiert. Aber letztlich habe ich gedacht: Was hätten wir über die Atmosphäre gewusst, wenn wir sie nicht verschmutzt hätten? Denn die Luftverschmutzung gab uns den Impuls, Mittel aufzubringen und zu untersuchen, wie die Umwelt funktioniert.

Übersetzung: Constanze Sabathil

1 Crutzen bezieht sich hier auf den Artikel von Mario Molina und F.S. Rowland: Stratospheric Sink for Chlorofluoromethanes: Chlorine Atom-Catalysed Destruction of Ozone. In: Nature 249 (June 1974), S. 810–812.

Weinberge, Huelva, Spanien.
Foto: Daily Overview / DigitalGlobe

Berührte Natur

Posthumanismus: Den Menschen neu denken

von Ursula Heise

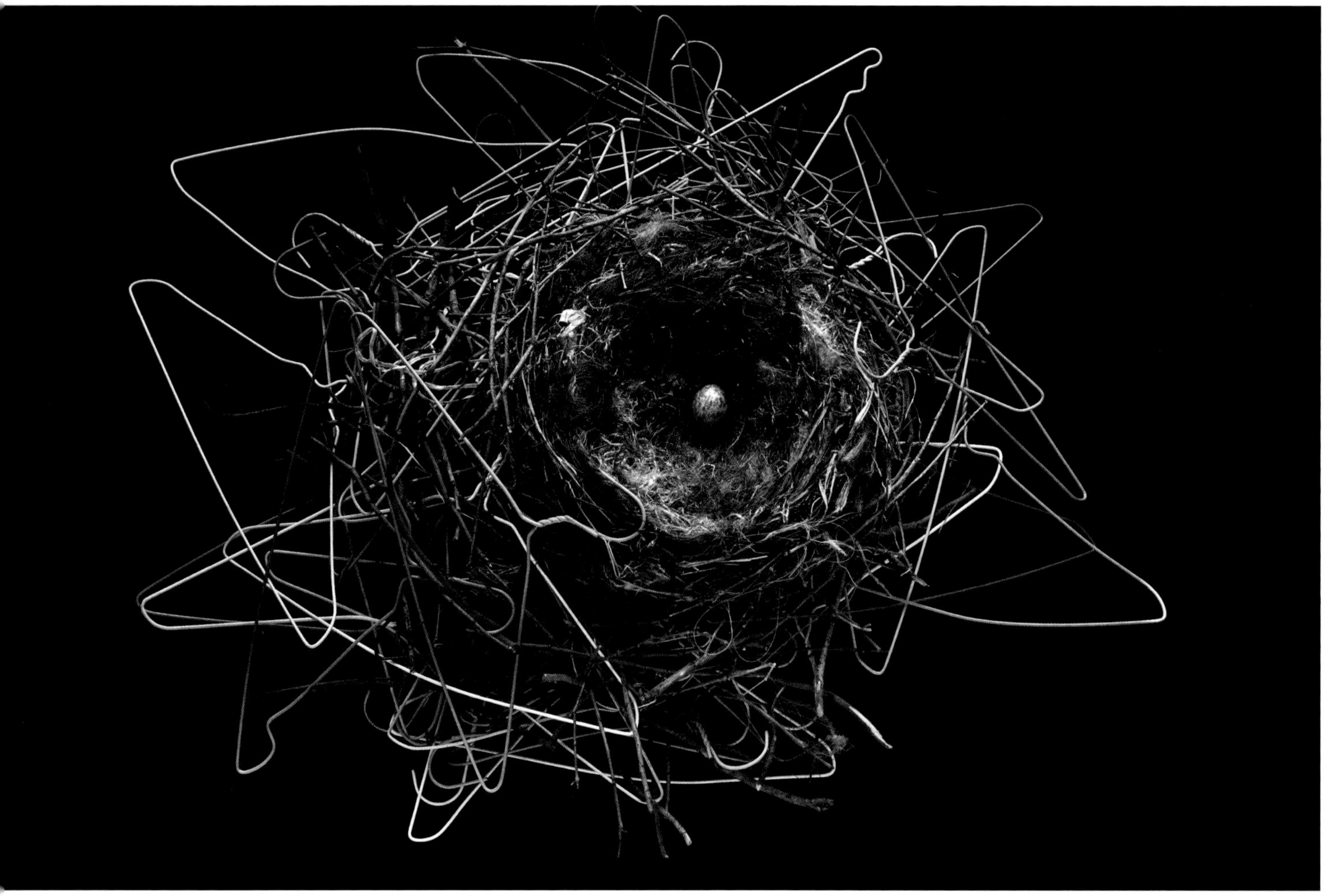

Wenn Natur zu Kultur wird, entstehen neue Phänomene. In Tokio holen sich Krähen Kleiderbügel und Plastikseile von Balkonen, um sich daraus Nester zu bauen. Der Fotograf Yosuke Kashiwakura wurde von Anwohnern darauf aufmerksam gemacht, wie »kunstvoll« die Krähen dabei vorgehen. Er sieht das Nest, in dessen Zentrum ein einzelnes Ei liegt, als »Symbol für die Herausforderungen und die Schönheit des Lebens« an.

Foto: Yosuke Kashiwakura

Im aktuellen Roman »2312« des Science-Fiction-Autors Kim Stanley Robinson gibt es eine Szene, in der zahllose Tiere wieder auf der Erde angesiedelt werden, nachdem sie dort längst ausgestorben sind. Sie werden in mit Aerogel gefüllten Blasen auf die Oberfläche geschickt und dabei von menschlichen Aktivisten begleitet, die den Lebewesen nach ihrer Landung helfen sollen. Darunter ist auch die auf dem Planeten Merkur geborene Swan Er Hong:

Swan blickte sich um, in dem Versuch, in alle Richtungen gleichzeitig zu sehen: Der ganze Himmel war übersät von durchsichtigen Samenkörnern, von denen man aus einer gewissen Entfernung nur den Inhalt sehen konnte, so dass sie inmitten von Tausenden von fliegenden Wölfen, Bären, Rentieren und Berglöwen ostwärts und abwärts trieb. Dort sah sie ein Fuchspaar; ein paar Kaninchen; einen Luchs oder etwas Ähnliches; ein

Knäuel Lemminge; einen Reiher, der in seiner Blase angestrengt flatterte. Es sah aus wie in einem Traum, aber sie wusste, dass es die Wirklichkeit war, und dass es derzeit überall auf der Erde genauso aussah: Delfine und Wale, Thunfische und Haie klatschten ins Meer. Säugetiere, Vögel, Fische, Reptilien, Amphibien; all die verlorenen Geschöpfe waren mit einem Mal im Himmel, in allen Ländern, an jeder Flussgabelung. Viele der sich herabsenkenden Tiere hatte es seit zwei oder drei Jahrhunderten nicht mehr auf der Erde gegeben. Nun kehrten sie alle auf einmal zurück.[1]

Für einen Schriftsteller, der ansonsten für seinen nüchternen, wissenschaftlich orientierten Utopismus bekannt ist, scheint diese Szene merkwürdig surrealistisch und lässt an René Magrittes Gemälde »Gloconda« denken, auf dem ein Regen aus Männern in schwarzen Mänteln und Hüten auf die Erde niedergeht. Im Roman wird dieses Ereignis später »Reanimierung« genannt, bei der Millionen Tiere, die in sogenannten Terrarien auf anderen Planeten des Sonnensystems gezüchtet wurden, wieder auf die Erde entlassen werden, ihre ursprüngliche Heimat. Robinson entscheidet sich hier für ein absichtlich fantastisches Szenario im frühen 24. Jahrhundert, um eines der größten mit dem Anthropozän verbundenen Umweltprobleme zu lösen, mit dem wir heute, zu Beginn des 21. Jahrhunderts, zu kämpfen haben: den Verlust der Biodiversität.

Dass Tier- und Pflanzenarten aussterben, ist zwar ein ganz normaler Teil der Evolution, doch derzeit geht dieser Prozess viel schneller als normal vor sich: Bei angenommenen fünf Millionen Spezies auf der Erde reichen die Schätzungen von einem niedrigen Wert zwischen 0,001 und 0,1 Prozent pro Jahr (50 bis 5000 Arten) bis zu 0,72 Prozent pro Jahr (36 000 Arten).[2] Die Lebensraumzerstörung, die Einführung von Neozoen und Neophyten, die Umweltverschmutzung, das menschliche Bevölkerungswachstum und die übermäßige Nutzung bestimmter Tier- und Pflanzenarten sind die größten Risikofaktoren für nichtmenschliche Arten,[3] und der Klimawandel verstärkt diese Bedrohungen möglicherweise noch. Manche Biologen sehen im Verlust der Biodiversität sogar eine noch größere Gefahr als im Klimawandel.[4] Paul Crutzen betont in seinem Essay »Die Geologie der Menschheit«, der auf die Einführung des Anthropozänbegriffs durch Eugene Stoermer und Crutzen selbst folgte, ebenfalls die Abholzung des Regenwalds und das Artensterben als charakteristische Eigenschaften des »Menschenzeitalters«.[5]

Die Biologen sind sich zwar über die menschlichen Ursachen des augenblicklichen Artensterbens einig, aber viele Fragen bleiben weiterhin offen: Wie viele Tier- und Pflanzenarten gibt es eigentlich auf dem Planeten? Wie viele von ihnen werden dem derzeitigen Artensterben anheimfallen? Inwiefern wird es möglich sein, diesen Prozess mit Hilfe von Biotechnologie umzukehren?[6] Wie die Antworten auf diese Fragen auch ausfallen mögen, es steht fest, dass die negativen Auswirkungen der menschlichen Lebensweise auf Tiere und Pflanzen grundlegende philosophische und praktische Fragen über unsere Beziehung zu anderen Arten aufwerfen. Das Konzept des Anthropozäns dient in diesem Zusammenhang oft als eine Art Kurzform für revisionistische Ansätze zur Lösung von Umweltproblemen: Es geht dabei nicht mehr primär um die Wiederherstellung von Ökosystemen, wie sie vor dem menschlichen Eingriff waren, sondern um das Management zukünftiger »anthropogener Biome«, in denen Ökosysteme eng mit menschlichen Systemen verwoben sind.[7] Die wissenschaftliche Grundlage für diese Ansätze bieten Peter Kareivas Konzept der »domestizierten Natur« und der Vorschlag von Richard Hobbs u. a., die »Renaturierungsökologie« durch eine »Interventionsökologie« zu ersetzen, mit dem Schwerpunkt auf von Menschen beeinflussten »neuen Ökosystemen«.[8]

In einigen populärwissenschaftlichen Publikationen kippt dieser Ansatz in eine Art Umweltoptimismus um. In einem Artikel unter dem Titel »Hope in the Age of Man« (Hoffnung im Zeitalter des Menschen), der 2011 in der »New York Times« veröffentlicht wurde, drückten die Autoren Peter Kareiva, sein Biologenkollege Joseph Mascaro, der Geograf Erle Ellis und die wissenschaftliche Journalistin Emma Marris ihre Gedanken wie folgt aus:

Das Anthropozän bedeutet nicht das Scheitern des Umweltschutzes. Es ist die Grundlage für die Entwicklung einer neuen, positiveren und zukunftsorientierten Umweltbewegung. Wir haben die Erde geschaffen, wie sie jetzt ist, und als Spezies haben wir die Pflicht, sie zu schützen und sie liebevoll und intelligent zu pflegen. Sie ist nicht zerstört. Sie ist noch immer schön und kann sogar noch schöner werden, wenn wir zusammenarbeiten und uns um sie kümmern.[9]

Es fällt schwer, eine solch zuversichtliche Botschaft abzuweisen, die sich positiv vom weit verbreiteten Umweltpessimismus abhebt. Doch wird hier aus dem deskriptiven Konzept des Anthropozäns ein normativer Gedanke, wenn die Autoren aus der Beobachtung, dass »wir« die Erde geschaffen haben, wie sie ist, schlussfolgern, dass wir sie auch in Zukunft managen sollen.

Es mag eine Ironie der derzeitigen Wissensaufteilung über verschiedene Disziplinen sein, dass solch universelle Aussagen über »den Menschen« eher von Natur- als von Geisteswissenschaftlern getroffen werden. Für Geisteswissenschaftler ist ja »der Mensch« gerade keine biologische Vorannahme, sondern ein offenes Konzept, das aus dem Bewusstsein weitreichender Differenzen im sozioökonomischen, kulturellen und sprachlichen Bereich zusammengesetzt werden muss. In dieser Hinsicht liegt das Problem des Anthropozän-Begriffs darin, dass er wichtige Unterschiede außer Acht lässt, die unbedingt berücksichtigt werden müssen: Wer genau war es denn, der den Planeten verändert hat, wer profitiert von diesen Veränderungen, und wem schaden sie? Noch schwieriger ist, dass die Idee des Anthropozäns im Allgemeinen auf der Annahme fußt, der Mensch könne komplexe globale Ökosysteme managen und sollte dies auch tun. Was bei »der Erde, die wir geschaffen haben« in Vergessenheit gerät, ist die Tatsache, dass diese schöpferischen Ereignisse häufig ohne unser Wissen und auch entgegen unseren Absichten eingetreten sind: Beispielsweise sind Klimawandel, Umweltvergiftung, Bodenerosion und Artensterben allesamt keine gewollten Endergebnisse, sondern unvorhergesehene Nebenwirkungen unserer Unternehmungen. Und dies sind oft Unternehmungen, an denen mehrere Millionen Menschen gleichzeitig teilhatten, so dass die Gesamtfolgen vorher nicht absehbar waren (oder in einigen Fällen von denjenigen nicht bekannt gemacht wurden, die aus der Verheimlichung der Folgen Vorteil ziehen konnten).

Das Anthropozän kann zur Epoche werden, in der sich die menschliche Zivilisation selbst zerstört, aber es kann genauso gut bunt und vielfältig ausfallen. Das Festival »Burning Man«, bei dem sich Umweltschützer, Futuristen und Feierfreudige alljährlich in der Wüste von Nevada treffen, gibt eine Ahnung von einer neuen Kultur, in der Technik und Natur sich nicht mehr als Antipoden gegenüberstehen.
Foto: Mike Hedge

Das Profil der Erde, das Crutzen 2002 zeichnete, eine Aufzählung aus dem Ruder gelaufener globaler Prozesse, stimmt nicht gerade vertrauensvoll hinsichtlich des Menschenbildes der humanistischen Aufklärung und der Idee, dass Menschen die Natur zu verstehen und zu beherrschen vermögen:

In den letzten 300 Jahren hat die menschliche Population um das Zehnfache zugenommen, sie liegt derzeit bei knapp sieben Milliarden und soll noch im Laufe des 21. Jahrhunderts die Zehn-Milliarden-Marke erreichen. Die Anzahl der methanproduzierenden Rinder ist auf 1,4 Milliarden gestiegen. Zwischen dreißig und fünfzig Prozent der Erdoberfläche werden heute bereits von Menschen ausgebeutet. Die tropischen Regenwälder verschwinden sehr schnell, dadurch wird CO_2 *freigesetzt und das Aussterben von Arten wird beschleunigt. Das Errichten von Dämmen und die Regulierung von Flussläufen sind an der Tagesordnung. Über die Hälfte des verfügbaren Süßwassers wird von der Menschheit genutzt. Die Fischerei entnimmt den Auftriebsgebieten der Ozeane über 25 Prozent der primären Produktion, in den gemäßigten küstennahen Zonen sind es sogar 35 Prozent. Der Energieverbrauch hat sich im Verlauf des 20. Jahrhunderts versechzehnfacht, der Ausstoß an Schwefeldioxid liegt heute bei etwa 160 Millionen Tonnen im Jahr – mehr als das Doppelte der Summe der natürlichen Emissionen. In der Landwirtschaft kommt eine größere Menge an Stickstoff als Dünger zum Einsatz, als auf natürliche Weise in den Ökosystemen der Erde gebunden ist. Auch die Produktion von Stickstoffmonoxid im Rahmen der Verbrennung fossiler Energieträger und von Biomasse übersteigt die natürlichen Emissionen. Der Einsatz fossiler Brennstoffe und die Landwirtschaft haben zu einem substanziellen Anstieg der »Treibhausgase« in der Atmosphäre geführt – beim Kohlenstoffdioxid um dreißig und beim Methan gar um über einhundert Prozent. Ihre Konzentration ist heute höher als zu irgendeinem Zeitpunkt während der letzten 400 Jahrtausende – und wir haben den Höhepunkt noch lange nicht erreicht.* [10]

Vielleicht kann man diese Passage als Auflistung erfolgreicher menschlicher Schöpfung interpretieren, aber es ist sicher ebenso plausibel, sie als Protokoll des menschlichen Versagens – oder bestenfalls eines mäßigen Erfolgs – in der Steuerung und dem Management unserer Umwelt zu lesen.

Stewart Brand machte in den 1970er Jahren in seinem »Whole Earth Catalog« die berühmte Aussage: »We are as gods and we might as well get good at it« – Wir sind wie Götter, da sollten wir es wenigstens richtig machen.[11] In seinem Werk »Whole Earth Discipline« von 2009 schwächt er die Hybris seiner Aussage ab und betont unsere moralische Verantwortung stärker: »We are as gods and HAVE to get good at it« – Wir sind wie Götter, da MÜSSEN wir es richtig machen. Er mag recht haben, dass wir unter den gegebenen Umständen kaum mehr eine Wahl haben und diese Verantwortung übernehmen müssen. Aber es kann auch helfen, den Begriff des Anthropozäns, der zu einem nicht übermäßig zuversichtlichen Anthropozentrismus einlädt, wenn nicht gar zwingt, mit posthumanistischen Gedanken in Verbindung zu bringen, die in den letzten zwanzig Jahren in der Philosophie und Literatur entwickelt worden sind. Damit meine ich nicht den technik-optimistischen Transhumanismus von Ray Kurzweil, der davon überzeugt ist, dass uns die digitale Technologie in naher Zukunft von der physischen Existenz erlöst und wir in ein körperfreies Reich unsterblichen Bewusstseins eingehen[12] – die »Entrückung der Nerds«, wie diese Idee oft ein wenig spöttisch genannt wird. Gemeint ist hier vielmehr die Frage nach der Einzigartigkeit des Menschen, die in den Arbeiten von Anthropologen, Historikern, Philosophen und Literaturwissenschaftlern wie Bruno Latour, Donna Haraway, Cary Wolfe und vielen anderen gestellt wird.

Diese Arbeiten leiten sich oft von neuen Erkenntnissen in der Tierforschung ab, vor allem über Wahrnehmung, Kommunikation, Werkzeuggebrauch und über soziale Strukturen und örtliche Verhaltensvarianten, in deren Beschreibung der Begriff der »Kultur« schwer zu umgehen ist. Vor diesem Hintergrund argumentieren die Posthumanisten, dass eines der größten Probleme bei der Bewältigung aktueller ökologischer Krisen darin liegt, dass sich die Menschen als systematisch anders im Vergleich mit allen anderen Spezies verstehen, ganz unabhängig davon, wie unterschiedlich diese selbst voneinander sind. So gestehen sich die Menschen nur (oder fast nur) selbst Handlungsmacht und -kompetenz zu. Die Tierrechtsbewegung hat ja bereits versucht, einige wenige Spezies mit quasi-menschlichen Rechten auszustatten, da sie in gewisser Weise den Menschen ähneln. Aber Posthumanisten versuchen, den Menschen selbst auf andere Art zu begreifen, als Teil von Netzwerken verteilter Handlungsträger, die auch Tiere, Pflanzen, Substanzen und Gegenstände einschließen.

Den Menschen posthumanistisch neu zu denken bedeutet zum Beispiel, dass man berücksichtigt, wie die Haut und die Gedärme des Menschen als Lebensraum für Millionen von Mikroorganismen funktionieren oder wie sich bestimmte landwirtschaftliche Pflanzen durch ihre Interaktionen mit dem Menschen evolutionäre Vorteile zunutze machen[13],

Das rasante Tempo, in dem die Technik voranschreitet, eröffnet eine Zukunft der Intelligenz jenseits des Menschen. Ob humanoide Roboter (hier »Reem B #6« von Pal Robotics) künftig Kinder betreuen werden, wie Vincent Fournier in seinem Fotoessay »The Man Machine« nahelegt, ist offen. Dass autonome Maschinen die Zukunft prägen werden, ist allerdings so gut wie sicher.

Foto: Vincent Fournier

aber auch wie unser Fleischkonsum das Leben und Sterben der 55 Milliarden Tiere bestimmt, die wir jährlich verspeisen. Es bedeutet ein Bewusstsein darüber, dass selbst eine einfache Aussage über meine eigene Handlungsfähigkeit wie »Morgen fahre ich nach Berlin« von einer Vielzahl an Gegenständen, Substanzen, Prozessen und Einrichtungen abhängig ist, die ich nur teilweise oder gar nicht selbst steuere – Koffein, Weizen, Aspirin, Benzin, Gummi, Asphalt, Autobahnen, Autohersteller, Flugsicherung, Gepäckabfertigung, Handynetze, um nur einige Elemente zu nennen. Die Politikwissenschaftlerin Jane Bennett hat gefragt:

Wie würden sich politische Reaktionen auf öffentliche Probleme ändern, wenn wir die Lebendigkeit nichtmenschlicher Körper ernst nähmen? [...] Wie würden sich beispielsweise Konsumstrukturen ändern, wenn wir uns nicht Müll, Abfall oder Recycling vorstellten, sondern eine wachsende Ansammlung lebendigen und potenziell gefährlichen Materials? Welchen Unterschied würde es in der öffentlichen Gesundheitsversorgung machen, wenn man Essen als Begegnung zwischen verschiedenen und vielfältigen Körpereinheiten verstünde, von denen manche zu mir gehören und viele andere nicht, und keiner von uns gewinnt immer die Oberhand?[14]

Nichts an dieser Art Überlegung ist prinzipiell mit der Idee des Anthropozäns unvereinbar, ganz im Gegenteil: Es ist recht einfach, sich wirksame Synergien vorzustellen. Doch posthumanistische Denker mit ihrem Fokus auf den vielfältigen nichtmenschlichen Handlungsträgern, mit denen jede individuelle oder kollektive menschliche Aktivität verbunden ist, würden zögern, Aufzählungen wie die von Crutzen zuversichtlich als »menschliche Aktivitäten« zusammenzufassen. Sie würden fragen, welche Menschen diese Handlungen unter welchen Umständen durchgeführt haben und mit Hilfe welcher nichtmenschlichen Handlungsträger. Und sie wären noch skeptischer, dass »wir« als »die Menschen«, die in der Vergangenheit ökologische Prozesse verändert haben, selbstsicher voranschreiten und die Zukunft der Erde managen können. Zwar würden sie bereitwillig anerkennen, dass die Natur bereits radikal und auf vielerlei Weise vom Menschen verändert wurde, aber sie würden auch auf die Bereiche hinweisen, in denen der Mensch ein integraler Bestandteil natürlicher Prozesse und Handlungen ist, die ihn selbst verändern, von denen der selbst abhängig ist und die er nicht kontrollieren kann – von Bakterien bis hin zu Sonneneruptionen.[15]

Science-Fiction hat sich – in Büchern und Filmen und in ihren philosophischen populären Formen – als das ästhetische Genre entwickelt, das sich am häufigsten mit dem Schicksal des gesamten Planeten Erde, mit der Beziehung der Menschen zu anderen Spezies und mit den langen Zeiträumen von Evolution und Geologie auseinandersetzt. Das Thema des »Terraforming«, also der Umwandlung ganzer Planeten, Monde oder Asteroiden in Lebensräume für den Menschen, antizipiert und reflektiert in vieler Hinsicht die zentrale Idee des Anthropozäns: die menschengemachte Natur. In den letzten Jahrzehnten sind viele Romane erschienen, die sehr differenziert ökologische Komplikationen, begrenzte Ressourcen, Begegnungen zwischen verschiedenen Arten und die sozialen, ökonomischen und kulturellen Konflikte darstellen, die massive Umwandlungen der natürlichen Umgebung begleiten. Dazu gehören Ursula K. Le Guins »Planet der Habenichtse« (1974), Bruce Sterlings »Schismatrix« (1985), Orson Scott Cards »Ender-Tetralogie« mit »Enders Spiel« (1985), »Sprecher für die Toten« (1986), »Xenozid« (1991) und »Enders Kinder« (1996) sowie Kim Stanley Robinsons »Mars-Trilogie« mit »Roter Mars« (1993), »Blauer Mars« (1994) und »Grüner Mars« (1996). Gleichzeitig betonen diese Romane auch – und das macht sie posthumanistisch –, wie die veränderten Naturräume dem menschlichen Körper und Geist widerstehen und ihrerseits den Menschen verwandeln. Manchmal absichtlich und manchmal unabsichtlich werden Menschen in diesen und vielen anderen Werken so durch Strahlung, Schwerkraft, Viren, neue Lebensmittel, Materialknappheit, Hybridisierung mit fremden Spezies und die Verwendung von Gentechnologien umgewandelt, dass sie nicht mehr im traditionellen Sinne menschlich sind. Vielmehr verwandeln sie sich in posthumane Varianten des Menschenartigen oder Menschenähnlichen. Natürlich möchten diese Romane mit ihren klug ausgedachten Welten die Leser unterhalten, doch gleichzeitig funktionieren sie als Allegorien auf unseren Planeten und unsere Art, ihn zu bewohnen, mit ihren Erfolgen, Fehlschlägen und Kursänderungen.

Der einfallsreichste Autor ist dabei sicher Bruce Sterling, der in »Schismatrix« eine Vielzahl künstlicher – und häufig schlecht funktionierender – Habitate im Sonnensystem für seine zukünftige Menschheit erfindet. Mit Hilfe von Genmaterial, das von der Erde importiert ist, und fortschrittlichen Biotechnologien spalten sich die Menschen am Ende des Romans in verschiedene posthumane Spezies (ein Begriff, den seine Charaktere oft selbst benutzen). Die Erde wird von den Menschen kaum noch frequentiert und ist nur noch Heimat für einige kleine Gruppen, die der Technik misstrauen und daher nicht in den Weltraum abwandern, doch ist die irdische Natur nach wie vor eine wichtige Quelle biologischer Diversität beim Bau neuer Habitate. Im Gegensatz dazu ist in Robinsons Roman »2312«, der bereits zu Beginn dieses Essays erwähnt wurde, die Erde dicht von Menschen besiedelt. Sie sehen sich sowohl mit schweren Umweltproblemen wie Klimawandel, Ansteigen des Meeresspiegels und Artensterben konfrontiert als auch mit den Sozialkrisen der Armut und politischer Machtkämpfe. Auch hier haben die Menschen Planeten, Monde und Asteroiden durch Terraforming umgestaltet, so dass es sich auf den ersten Blick um eine Art Anthropozän zu handeln scheint, das auf das gesamte Sonnensystem ausgeweitet wurde. Die Menschen selbst haben sich mit Hilfe der Biotechnologie Körper geschaffen, die von frosch- bis zu pygmäenähnlichen Formen reichen, von Tieren übernommene Gene und Fähigkeiten besitzen und deren Geschlecht sich nach Belieben umfunktionieren lässt. Sie sind also ebenso verwandelt wie ihre neuen Lebensräume. Doch die häufig scheiternden Versuche, den verelendeten Bevölkerungsgruppen auf der Erde und ihren angeschlagenen Ökosystemen zu helfen, weisen besonders deutlich darauf hin, dass Robinsons zukünftige Menschen trotz ihrer technologischen Zauberei alles andere als Herrscher über die Natur sind. Die klimatologische, ökologische und soziale Komplexität der Erde macht immer wieder gut gemeinte Projekte zunichte, weil sich Technologien und politische Prozesse, die für die einfacheren Biosphären und kleineren Bevölkerungen auf Merkur, Venus, Titan oder Io entwickelt wurden, einfach nicht auf diese Welt übertragen lassen.

Robinsons »2312« ist humorvoll, einfallsreich und optimistisch, betont aber auch auf recht realistische Art und Weise die Grenzen des Anthropozäns. Auf dem Heimatplaneten der Menschheit sehen sich die posthumanen Romanfiguren immer wieder mit dem Widerstand der irdischen Natur konfrontiert, ein Widerstand, der schon in der reinen Surrealität des oben zitierten Reanimierungsprozesses deutlich wird: Wie auch immer die Umkehr des Artensterbens aussehen wird, so doch bestimmt nicht wie in dieser Szene. Und Swan Er Hong vom Planeten Merkur, die Terrarien für verschiedene Tierarten entwickelt hat, findet sich nach ihrer spektakulären, berauschenden Landung auf der Erde in einer Schlammgrube mit einem jungen Wolf wieder. So sind Mensch und Tier am Ende gleichermaßen auf ein Netzwerk anderer Lebewesen angewiesen, um mit ihrer irdischen und irdenen Lage zurechtzukommen.

Übersetzung: Petra Hucke und Ursula Heise

1 Robinson, Kim Stanley: 2312. Übers. Jakob Schmidt. München 2013, S. 415.

2 Zur aktuellsten Diskussion der Statistiken, siehe Costello, Mark J.; May, Robert M.; Stork, Nigel E.: Can We Name Earth's Species before They Go Extinct? In: Science 339 (Januar 2013), S. 413–416; ebenfalls Mora, Camilo; Rollo, Audrey; Tittensor, Derek P.: Comment on »Can We Name Earth's Species Before They Go Extinct?« In: Science 341 (Juli 2013), S. 237.

3 Baillie, Jonathan E. M.; Hilton-Taylor, Craig; Stuart, Simon N. (Hrsg.): 2004 IUCN Red List of Threatened Species: A Global Species Assessment. Gland 2004, S. xxi-xxii; Wilson, Edward O.: Die Zukunft des Lebens. Übers. Doris Gerstner. Berlin 2002, S. 74ff.

4 Barney, Bryan: Ecology of the Undead. Life and Death in the Age of Mass Extinction. http://grist.org/animals/ecology-of-the-undead-life-and-death-in-the-age-of-mass-extinction (Abruf: 14.06.2012); Wilson, Zukunft des Lebens.

5 Crutzen, Paul J.: Die Geologie der Menschheit. Übers. Heinrich Geiselberger. In: Crutzen, Paul J. u.a. (Hrsg.): Das Raumschiff Erde hat keinen Notausgang. Energie und Politik im Anthropozän. Berlin 2011, S. 7–10.

6 Eine Einführung in Stewart Brands Idee der Umkehrung des Aussterbens findet sich unter http://longnow.org/revive/ (Abruf: 10.04.2014).

7 Ellis, Erle C.; Narmankutty, Navin: Putting People in the Map. Anthropogenic Biomes of the World. In: Frontiers in Ecology and the Environment 6 (2008), S. 447.

8 Kareiva, Peter u.a.: Domesticated Nature. Shaping Landscapes and Ecosystems for Human Welfare. In: Science 316 (Juni 2007), S. 1866–1869; Hobbs, Richard J. u.a.: Intervention Ecology. Applying Ecological Science in the Twenty-First Century. In: BioScience 61 (2011), S. 442–450; Hobbs, Richard J.; Higgs, Eric S.; Hall, Carol: Novel Ecosystems. Intervening in the New Ecological World Order. Chichester 2013.

9 Marris, Emma u.a.: Hope in the Age of Man. http://www.nytimes.com/2011/12/08/opinion/the-age-of-man-is-not-a-disaster.html (Abruf: 20.10.2013).

10 Siehe Fußnote 5, S. 8–9.

11 Siehe den Kommentar Andrew Revkins in seinem Blogeintrag Embracing the Anthropocene. http://dotearth.blogs.nytimes.com/2011/05/20/embracing-the-anthropocene/ (Abruf: 20.10.2013).

12 Kurzweil, Ray: The Singularity Is Near. When Humans Transcend Biology. New York 2005.

13 Pollan, Michael: Die Botanik der Begierde. Vier Pflanzen betrachten die Welt. München 2002.

14 Bennett, Jane: Vibrant Matter. A Political Ecology of Things. Durham 2010, S. viii.

15 Nigel Clark hat diesen Punkt ausführlich in »Inhuman Nature« besprochen. Clark, Nigel: Inhuman Nature. Sociable Life on a Dynamic Planet. London 2011.

Die Erde, ein Garten[1]

von Emma Marris

Jahrzehntelang hat der »Eiserne Vorhang« West- und Osteuropa getrennt. In dieser Zeit war der Grenzstreifen weitgehend ungestört, seltene Tiere und Pflanzen wurden heimisch. Seit 1989 sorgen Umweltorganisationen und Anrainerstaaten dafür, dass vom Nordkap bis zum Schwarzen Meer ein »Grünes Band« erhalten bleibt. Es soll, wie hier in Sachsen-Anhalt, verbinden statt zu trennen – ein »neuartiges Ökosystem« par excellence.

Foto: Klaus Leidorf

Ein Garten ist ein mit den unterschiedlichsten Arten von Pflanzen und Tieren angefüllter Ort. Da gibt es Lilien und Tomaten und Goldfischteiche. Alles ist sauber und geordnet. Menschen kommen darin nicht vor, aber sie gestalten den Garten. Ist unsere Erde so ein Garten? Für manche Regionen mag das gelten. Die in übersichtlichen Reihen angeordneten Sojabohnen in Mississippi, die durchdacht bewirtschafteten Wälder in Deutschland haben tatsächlich etwas Gartenartiges. Aber wie sieht es mit den borealen Wäldern im hohen Norden aus und mit den Steppen und Wüsten der Mongolei und mit den tropischen Dschungeln? Auf den ersten Blick erscheinen diese nicht wie Gärten. Und doch tragen auch sie viele Zeichen menschlichen Einflusses. Jedes Ökosystem auf der Erde muss sich darauf einstellen, dass es immer mehr Kohlendioxidpartikel in der Luft gibt und steigende Tempe-

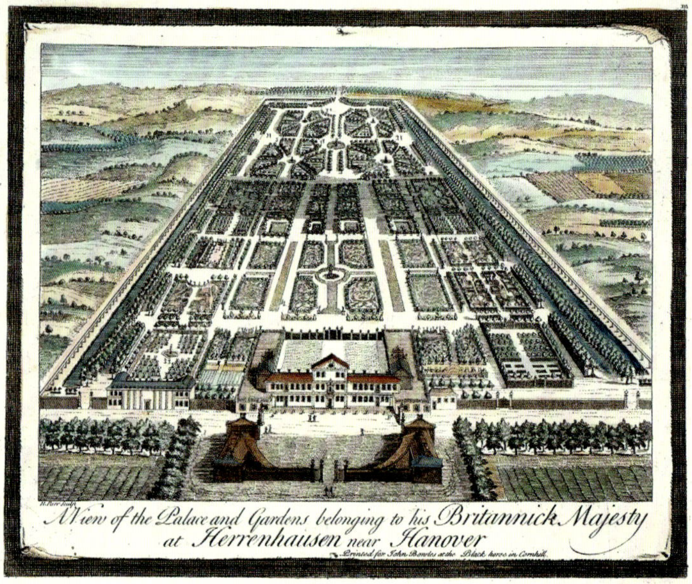

Gärten sind Orte, an denen Natur und Kultur fusionieren. Sie bringen die Naturbilder einer Zeit zum Ausdruck – von den streng reglementierten Barockgärten über die romantisierenden englischen Landschaftsgärten bis hin zu modernen Dachgärten. Die Herrenhäuser Gärten in Hannover, an deren Gestaltung der Universalgelehrte Gottfried Wilhelm Leibniz mitwirkte, gehören zu den wichtigsten Anlagen Europas. Die Ansicht zeigt sie um das Jahr 1745.

Foto: Historisches Museum Hannover

raturen. Aber trotz des menschlichen Einflusses in diesen Gebieten: Wir haben sie nicht angelegt; wir planen sie nicht, unser Einfluss ist kein bewusster, sondern ein zufallsbedingter.

Deshalb nenne ich die Erde im Zeitalter des Anthropozäns einen »wilden Garten«.[2] Damit ist ein Ort gemeint, der von Menschen gepflegt wird, aber einen Teil seiner Wildheit bewahrt hat. »Wildheit« meint eine gefällige Art der Unordnung und verweist darauf, dass wir nicht alles in unserer Gewalt haben. Ich glaube, der »wilde Garten« ist ein gutes Bild dafür, wie die Erde künftig gesehen werden könnte.

Wenn wir das Gartenartige der Erde verstehen wollen, ist das Konzept des Beeinflussens oder Beherrschens von Bedeutung. Nun löst aber die Rede vom Beeinflussen, derer sich die Verfechterinnen und Verfechter der Anthropozän-Idee bedienen, wenn sie über die menschlichen Einwirkungen auf den Planeten sprechen, beträchtliche negative Reaktionen aus.[3] Die Kritiker finden diese Vorstellung arrogant und albern. Es sei pure Hybris, sagen sie, wenn wir behaupten, wir könnten die Erde beeinflussen. Dabei haben sie recht, wenn sie unter »Beeinflussung« eine bewusste und unmittelbare Steuerung der Geschehnisse verstehen. Im Spektrum vom Drahtzieher bis zum blindlings Handelnden sind wir dem blindlings Handelnden um vieles näher. Im kleinen Maßstab mag es uns gelingen, die Natur nach unserem Willen zu verändern. Wir können aus dem gleichen Acker immer größere Erträge herausholen, wir können Wolkenkratzer errichten, gigantische Staudämme konstruieren und Meilen um Meilen von Straßen bauen. Im globalen Zusammenhang aber agieren wir planlos. Und die mehr oder weniger gelungene Kontrolle einzelner Parzellen von Land stellt nicht selten eine Gefährdung für Millionen von Pflanzen und Tieren dar, mit denen wir den Erdball teilen.

Aber dies ist nur eine Art der Beeinflussung. Es gibt auch andere Arten, etwa wenn wir davon sprechen, dass Meeresströme das Klima beeinflussen oder dass der Insulinspiegel den Blutzucker beeinflusst. Und in diesen Fällen gehen wir nicht von einer bewussten Einflussnahme aus. Wir meinen lediglich eine kausal bedingte Wirkung. X hat großen Einfluss auf Y. Mehr nicht. Der menschliche Intellekt ist daran nicht beteiligt. Und genau so verstehen viele von uns die Grundgedanken des Anthropozäns. Wir meinen, dass wir Menschen die globalen Systeme beeinflussen: den Kohlenstoffkreislauf, den Stickstoffkreislauf, das Klima, die Änderungen in der Landnutzung und so weiter. Wir wollen damit nicht sagen, dass wir wissen, was wir tun. Wir beeinflussen diese globalen Erdsysteme vielmehr auf die gleiche Art und Weise, wie das Wetter die Ernte beeinflusst. Wir beeinflussen die Auswirkungen, ohne dass unser Verstand daran beteiligt wäre. Vielmehr entwickelt sich alles spontan und unkontrolliert.

Jeder passionierte Gärtner wird uns sagen, dass die Kontrolle über einen Garten niemals umfassend sein kann. Die Pflanzen, die wir pflanzen, sterben; Unkraut macht sich breit; der Regen kommt zu spät und der Frost zu früh, der Salat schießt und die Tomaten verfaulen und Katzen verscharren ihre Scheiße zwischen den Zwiebeln. Gärtnerinnen haben verschiedene Methoden, um mit solchen Entwicklungen umzugehen. Einige kämpfen, um die Kontrolle zu behalten. Der Barockgarten, etwa in Versailles, mit seinen symmetrisch angelegten, säuberlich beschnittenen Buchsbaumhecken und den Schotterwegen ist Ausdruck dieser Reaktion. Andere geben die Kontrolle in einigen Teilen ihrer Gärten bedenkenlos auf, wie es William Robbinson 1870 in seinem Buch »The Wild Garden« empfohlen hat.[4]

Niemand würde behaupten, dass die Grünanlagen in den Städten oder die Gärten hinter den Häusern nicht hauptsächlich von Menschen gestaltet sind. Aber nur derjenige, der noch nie auf seinen Knien Unkraut gejätet hat, wird behaupten, dass Menschen diese Orte umfassend beherrschen. In einem noch jungen Erkenntnismodell, das sich mit »komplexen Systemen« beschäftigt, werden das Internet, das Stromnetz, Zellen oder Gemeinschaften analysiert und erforscht. Ohne Zweifel sind sowohl die Erde als auch der Garten hinter dem Haus komplexe Systeme – Systeme nämlich mit emergenten Eigenschaften und mit komplexen Rückkoppelungen.

Und deshalb denke ich, dass der Garten alles in allem eine nützliche Metapher für die Erde im Anthropozän ist. Denn so wie es auf einem Landgut ordentlich gehegte Küchengärten gibt und weiter weg vom Haus Wildblumenwiesen und Wälder, so besteht auch die Erde nicht nur aus ordentlichen Reihen.

Dies bringt uns zu einer anderen Frage: Ist »Gärtner« oder »Gärtnerin« ein treffendes Bild für das Verhältnis der Menschen zur Erde? Ganz sicher, so denke ich, ist der Begriff besser als einige der naheliegenden Alternativen. Wir sind keine »Herrscher« über die Welt. Wir haben gesehen, dass unser Verhältnis zur Erde, gegenwärtig wie auf lange Sicht, viel zu komplex ist, als dass man uns als »Ingenieure« bezeichnen könnte, die eine Maschine zum Laufen bringen. Selbst wenn uns dies gelänge, wäre unsere Dominanz zutiefst unbefriedigend und würde uns am Ende einsam machen.

Aber wir sind mehr als nur »Bewohnerinnen« oder »Passagiere«. Die Vorstellung, dass wir alle Wirkung auf die Erde von uns weisen könnten, ist gänzlich absurd. Unser Einfluss ist eine Realität, die bleiben wird – für Hunderte, ja für Tausende von Jahren. Es gibt wohl Umweltdenker, die darauf insistieren, dass die einzig moralische Position der »Rückzug« sei.[5] Ich behaupte, dass es so etwas wie einen ehrenhaften Rückzug gar nicht mehr geben kann. Die Arten, die durch den von uns verursachten Klimawandel vom Aussterben bedroht sind, müssen durch unser aktives Eingreifen gerettet werden. Viel zu sehr haben wir die Erde verändert, als dass wir uns jetzt aus dem Staub machen und sie dem von uns verursachten Übel überlassen könnten. Es mag sein, dass es nicht unsere Absicht war, die Erde so stark zu verändern. Aber jetzt, wo es so weit gekommen ist, haben wir, so denke ich, die Pflicht, den anderen Arten beizustehen. Wir beeinflussen ein komplexes System, das wir weder beherrschen noch vollständig verstehen können – dabei ist es unsere moralische Pflicht, zu versuchen es zum Gedeihen zu bringen und seine Vielfalt und Schönheit zu fördern.

Das bedeutet auch, dass unsere Rolle eine liebevolle, pflegende und fürsorgende sein sollte, freilich ohne Beiklang von Besitz und Herrschaft. Nun gibt es hierfür bereits eine Metapher: das »Verwalteramt« (stewardship).[6] Ein Verwalter ist eine mit der Verwaltung einer Sache – etwa eines Guts oder eines großen Anwesens – betraute Person, die selbst nicht der Besitzer ist. Ein Verwalter oder eine Verwalterin der Erde wäre demnach jemand, der für andere Sorge trägt – zum Beispiel für alle anderen Arten oder für zukünftige Generationen von Menschen. Welcher Begriff ist nun besser: »Verwalter« oder »Gärtner«? Mir gefällt die Ergebenheit, die der Begriff Verwalter widerspiegelt, aber ich mag auch das Biologische, den Sinn für Wachsen und Gedeihen, der dem Gärtnerbegriff anhaftet.

Was mir an der Gärtnermetapher gefällt, ist, dass sie etwas Greifbares und Unmittelbares im Verhältnis zur Natur evoziert – jemanden, der die Hände im Dreck hat. Ein Verwalter könnte irgendein Typ sein, der ein Konto führt oder über den Schlüssel zum Weinkeller verfügt. Gärtnerinnen und Gärtner dagegen sind Männer und Frauen, die sich bücken, die sich hinknien, die in der Hocke sitzen, dicht an der Erde und dreckig, immer dreckig, in die Natur vertieft und von ihr in Beschlag genommen; jemand der eng mit der Natur verbunden ist, der arbeitet, der die Dinge anfasst.

Das Anfassen ist ein Instinkt. Zu dieser Überzeugung bin ich gelangt, seit ich mit meinem kleinen Töchterchen Spaziergänge mache. Jedes Mal, wenn wir das Haus verlassen, bringt sie in ihren Taschen etwas heim: Nüsse, Blätter, Stöcke, manchmal auch eine Handvoll Dreck. Dieses Sammeln ist ihre Art zu gärtnern. Denn was ist Gärtnern anderes, als Teile der Naturwelt so zu arrangieren, dass wir Gefallen daran finden? Was ist ein Garten anderes als eine Sammlung von Musterstücken aus der Natur?

Meine Tochter gärtnert im freien Raum. Sie gärtnert, während sie herumschlendert, sie gärtnert den ganzen Tag lang. Sie gärtnert, indem sie aussucht und pflückt und Dinge in die Tasche steckt und mit sich herumträgt. Nur etwa die Hälfte der Musterstücke schaffen es bis nach Hause. Einige bleiben auf öffentlichen Bänken liegen, andere übergibt sie an Fremde und wieder andere fallen, zwecklos geworden, aus ihren Händchen. Sie unterscheidet nicht zwischen einheimischen und invasiven Arten, zwischen Unkräutern und Edelrosen. Selbst Artefakte sammelt sie: Fahrradrückstrahler, gefärbte Federn, Plastikblumen.

Bomben und Granaten schlugen bis 1990 in der Döberitzer Heide bei Berlin ein. Seit dem 18. Jahrhundert hatten zuerst deutsche und dann sowjetische Truppen das Gebiet als Übungsplatz genutzt. Heute ist die Heide ein Naturschutzgebiet, in dem zwischen Bunkern Pferde und Wisente grasen. Przewalski-Pferde, die ursprünglich aus der Mongolei stammen, werden dazu eingesetzt, Gehölze zu verbeißen und die artenreiche Heidelandschaft zu erhalten.
Foto: Christian Schwägerl

Wenn ich sie frage, warum sie diese Dinge aufhebt, sagt sie, sie tue es, weil sie schön sind. Ich glaube wir alle haben diesen Impuls – der Natur Ehre zu erweisen und an ihrer Schönheit teilzuhaben, indem wir sie mit unseren Händen berühren. Wir tun dies, wenn wir gärtnern, wenn wir sammeln, wenn wir jagen. Wir tun es, wenn wir Pilze sammeln, wenn wir trocknen, wenn wir arrangieren, wenn wir pressen und wenn wir Sträuße binden. Wir tun es, wenn wir Bäume pflanzen und Blockhäuser bauen und Pfade anlegen, wenn wir fischen oder wenn wir uns als Kinder geheime Verstecke schaffen.

Ich habe das Gefühl, dass diese physische Teilhabe an der Natur uns besser dazu befähigt, mit den umfangreichen Problemen umzugehen, die in einer Zeit großen Wandels im Verhältnis zum Planeten Erde anstehen. Zumindest aber erhöht es die Wahrscheinlichkeit, dass wir uns um die Erhaltung anderer Arten sorgen.

Genau deshalb denke ich, dass Gebiete, in denen die Natur geschützt ist, nicht der einzige Fokus von Umweltschützern sein sollten. In Parks mit strengen Regeln darf man nicht jagen, nicht fischen, nichts abhacken und auch keine Steine sammeln. Man darf nur spazieren gehen, mit den Händen in den Taschen. Auch das hat seinen Reiz, und eine Kamera mag den Mangel an Betätigung aufwiegen, aber schlussendlich ist es nicht wirklich zufriedenstellend. In der Regel sind es doch nur westliche Eliten, die die Natur passiv genießen können. Und ich habe den Verdacht, dass sie den Mangel an Stofflichkeit kompensieren, indem sie sich exquisite Wanderstiefel, Campingkocher, Wasserreiniger und Ähnliches kaufen. Auf meinen Wanderungen durch die Wildnis der Rockies in Colorado sind mir viele Anzeichen von Langeweile und Frustration begegnet. Ich habe zum Beispiel Kiesel gesehen, die akkurat zu Kolossen aufgetürmt waren. Ich habe Rosenquarz gesehen, der kreis- oder spiralförmig am Fuße von Kiefern angeordnet war, und tibetische Gebetsfahnen, die von Bäumen herunterhingen.

So haben wir Menschen einen tiefsitzenden Drang, die Natur nicht nur zu würdigen, sondern uns an ihr auch zu schaffen zu machen. Einige Umweltschützer meinen, wir sollten diesem Drang widerstehen und die Hände in unseren Taschen lassen. Ich denke, dies wäre unbefriedigend und im Grunde unmoralisch. Wir müssen uns an der Natur zu schaffen machen. Wir müssen für die Arten, die vom Klimawandel betroffen sind, neue Lebensräume finden, selbst wenn dies Orte sein sollten, in denen sie früher nie ansässig waren. Wir müssen Zuchtprogramme entwickeln und die Erhaltung von Arten aktiv betreiben, um die genetische Diversität seltener Pflanzenarten zu erhöhen. Wir müssen neue Tierarten in Ökosysteme importieren, so dass sie dort verloren gegangene Funktionen übernehmen können – Samenverbreitung zum Beispiel oder Beweidung. Wir müssen die Möglichkeiten genetischer Manipulation erforschen, denn möglicherweise bergen sie das Geheimnis, wie man zehn Milliarden Menschen ernähren kann, ohne die Erde in einen unendlichen Acker zu verwandeln. Wir müssen die Gene aller Tier- und Pflanzenarten in unseren Computern speichern und auf Eis einlagern, denn wir könnten sie verlieren – und dann, eines Tages, vielleicht wieder zurückbringen.

All dies erinnert ans Gärtnern. Denn hier wie da geht es ums Gestalten, ums Bewahren, ums Vermehren, ja ums Züchten neuer Sorten. Und es geht um die Erhöhung der Diversität: Gärten sind oft vielfältiger als die umliegende »Natur«.[7]

Nun bin ich allerdings auch ein bisschen romantisch, wie so viele – wenn nicht alle – Umweltschützerinnen. Ich liebe und bewundere das Wilde, aber ich finde es an anderen Orten: Für mich existiert es nicht in jenen geschützten Gebieten, wo Wissenschaftlerinnen und Landpflegerinnen jahraus, jahrein daran arbeiten, den Garten einem historischen Vorbild akkurat nachzugestalten. Wo dies geschieht, wo man versucht, einen fiktiven, vom Menschen vermeintlich unberührten Postkartenzustand wiederherzustellen, arbeitet der Gärtner gleichsam gegen sich selbst.

Wer das »Unkraut« invasiver Arten fieberhaft zu entfernen versucht, unterliegt der Illusion, dass eine intensive Landpflege den Einfluss des Menschen auf die Natur magisch wegwischen könnte. Aber je mehr der Klimawandel seine Wirkungen zeitigt und je mehr Arten von einem Ort zum anderen wandern, desto mehr endlose Arbeit kommt auf die Landpfleger zu. So dass in den Parks bald schon die Zahl der Gärtnerinnen und Gärtner die Zahl der Wildnis-Enthusiasten übertrifft. Yellowstone wird so künstlich sein wie Versailles, und die Zitterpappeln und Wölfe müssen einzeln genährt und aufgezogen werden.

In »unkonventionellen Ökosystemen« – an ungepflegten, ungezähmten, wilden Orten, an denen sich Arten aus allen Teilen der Welt miteinander vereinen – finden wir die neue Wildnis. Diese Orte reagieren, wie andere Orte auch, auf die sich wandelnden Bedingungen im Anthropozän. Aber anders als Parks werden sie vom Menschen nicht aktiv in Schranken gehalten, für ihr Aussehen sind sie selbst verantwortlich. Wir wirken nicht auf sie ein (auch wenn unser Tun Auswirkungen auf sie hat) und sie bleiben uns unbekannt. Wie viel mysteriöser sind doch die exotischen Dschungel von Hawaii mit ihren Mangobäumen aus Indien, ihren Farnen aus Asien und ihren Erdbeerguaven aus Brasilien als das Lamar Valley im Yellowstone Park, von dem jeder Quadratmeter unzählige Male fotografiert worden ist.

Derart unkonventionelle Ökosysteme werden künftig die wilden und ungezähmten Nischen unseres Erdgartens ausmachen. Sie bergen Überraschungen in sich und werden uns womöglich, in einer ständig sich wandelnden Welt, neue Wege zum Überleben aufzeigen und neue Vorstellungen von Schönheit schaffen. Wenn wir den Unkraut-Königreichen ihren Raum lassen, werden wir nicht dem Irrtum jener Gärtnerinnen erliegen, die sich von den Vorstellungen eines rigiden Formalismus leiten lassen.

Eine Erdgärtnerin sein ist eine gute Sache: Sie oder er macht sich an der Natur zu schaffen und experimentiert, zeigt Demut im Angesicht der Komplexität der Welt, lässt die wilden Nischen ungezähmt, widmet sich dem Gedeihen, der Schönheit, dem Grünen, und bleibt doch immer physisch mit der Natur verbunden. Alles in allem wäre es nur gut, wenn wir in Zukunft mehr auf Erdnähe und weniger auf Sauberkeit bedacht wären. Unsere Kinder sollten dreckigere Fingernägel haben. In unseren Häusern sollte es mehr Zweige und Steine geben. Vielleicht wird uns dann ein Interesse und ein Gespür dafür erwachsen, dass wir unsere Tätigkeit als Gärtner verbessern können – auf der ganzen Welt, und zum Nutzen aller Arten.

Übersetzung: Christof Mauch

1 Dieser Beitrag geht auf einen Vortrag zurück, der im Januar 2013 im Rahmen der Eröffnungsveranstaltung des Anthropozän-Projekts im Haus der Kulturen der Welt in Berlin gehalten wurde.

2 Marris, Emma: Rambunctious Garden. New York 2011.

3 Soulé, Michael: The »New Conservation«. In: Conservation Biology 27 (2013), S. 895–897, DOI: 10.1111/cobi.12147; Hettinger, Ned: Valuing Naturalness in the »Anthropocene«. Now More than Ever. Manuskript, Februar 2012. http://hettingern.people.cofc.edu/Hettinger_Valuing_Naturalness_in_the_Anthropocene_Now_More_than_Ever.pdf (Abruf: 10.04.2014).

4 Robinson, William: The Wild Garden. A New Illustrated Edition. Wilton 2010 [1870].

5 Kingsnorth, Paul: Dark Ecology. Searching for Truth in a Post-Green World. In: Orion (Jan/Feb 2013), http://www.orionmagazine.org/index.php/articles/article/7277 (Abruf: 04.05.2014).

6 Steffen, Will; Crutzen, Paul J.; McNeill. J. R.: The Anthropocene. Are Humans Now Overwhelming the Great Forces of Nature? In: Ambio 36 (2007), H. 8, S. 614–621; Steffen, Will u. a.: The Anthropocene. From Global Change to Planetary Stewardship. In: Ambio 40 (2011), H. 7, S. 739–761.

7 Thompson, Ken u. a.: Urban Domestic Gardens (I): Putting Small-Scale Plant Diversity in Context. In: Journal of Vegetation Science 14 (2003), S. 71–78. DOI: 10.1111/j.1654-1103.2003.tb02129.x.

Die anthropozäne Explosion

von Koert van Mensvoort und Allison Guy

Wie werden die Naturkundemuseen der Zukunft aussehen? Bei der Entwicklung neuer Maschinen orientieren sich Ingenieure heute an der Natur. Zum Beispiel haben Forscher der Universität Harvard eine »Robobee« hergestellt, eine Mikrodrohne in Gestalt einer Biene. Sie soll dafür eingesetzt werden, Blüten zu bestäuben, Areale zu überwachen oder Bilder aus schwer zugänglichen Unglücksgebieten zu liefern. Auch militärische Anwendungen stehen zur Debatte.

Foto: Travis Rathbone

Biologisch gesehen ist die Tatsache, dass Menschen Verursacher des ökologischen Wandels und von Umweltstörungen sind, nicht außergewöhnlich. Jede Spezies verändert ihre Umwelt. Die schwindelerregende Komplexität der irdischen Landschaften ist nicht nur dem glücklichen Zufall von Geologie und Klima zu verdanken, sondern das Ergebnis von Organismen, die Milliarden von Jahren über weideten, scharrten, ihre Notdurft verrichteten und verwesten. Es ist nicht ungewöhnlich, dass bestimmte, mit Glück gesegnete Arten es schaffen, andere Arten aus dem Feld zu schlagen und letztlich völlig zu verdrängen. Der Große Amerikanische Faunenaustausch, als die nordamerikanische Fauna den neu geformten Isthmus von Panama überquerte, um vor drei Millionen Jahren Südamerika zu erobern,[1] ist nur eines von unzähligen Beispielen schnellen, großangelegten Aussterbens durch Jagd und Wettbewerb.

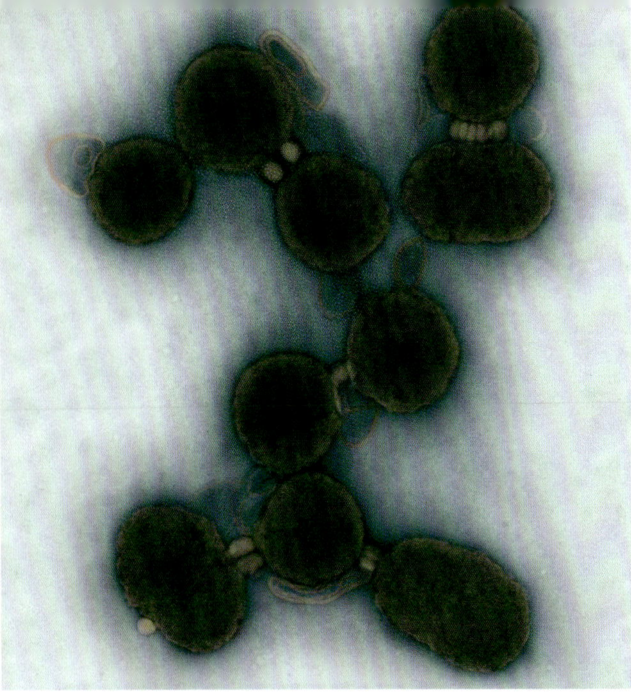

Systembiologen wie Craig Venter machen sich daran, künstliche Lebewesen herzustellen. Diese Organismen entstehen nicht durch natürliche Fortpflanzung, sondern nach menschlichen Bauplänen Molekül für Molekül. Zu den ersten Lebensformen dieser Art zählt Mycoplasma mycoides JCVI-syn1.0, ein Bakterium, dessen Erbgut im Labor zusammengefügt wurde. Die Evolution tritt damit in eine neue Phase – sie folgt nicht mehr nur autonom Darwins Gesetzen, sondern wird vom Menschen bewusst gelenkt.

Foto: Tom Deerinck und Mark Ellisman, National Center for Microscopy and Imaging Research, University of California at San Diego / J. Craig Venter Institute

Bemerkenswert ist dagegen die erstaunliche Geschwindigkeit der menschlichen Anpassung im Vergleich mit anderen Spezies, und dass unsere Anpassung selbstgesteuert ist. Vom Sonargerät zum Fliegen bis zur Immunität gegen Krankheiten: Die Menschen können innerhalb einer einzigen Generation außerordentliche neue Eigenschaften entwickeln. Das Anthropozän repräsentiert das katastrophale Ungleichgewicht zwischen dem Tempo des menschlichen Technikfortschritts und der genetischen Evolution beinahe aller übrigen Spezies auf der Erde. Wie viele andere geologische Epochen auch wurde das Anthropozän mit einem Massensterben eingeläutet, das als das sechstgrößte angesehen wird, das jemals auf der Erde stattgefunden hat.[2]

Doch auf Massensterben folgte schon immer eine Erholung der Biodiversität. Das Massensterben im Perm schuf Raum für die blühende Entwicklung der Dinosaurier; das Aussterben der Kreidezeit ermöglichte die wunderbare Diversifizierung der Säugetiere und Vögel. Diese massiven adaptiven Radiationsereignisse, in denen die überlebenden Arten sich rasant auffächerten, wirkten sich Zehntausende bis zu Millionen von Jahren aus, abhängig vom Ausmaß des anfänglichen Sterbens und von der jeweiligen Stabilität des irdischen Klimas.[3] Jedoch gleichgültig wie schwerwiegend das Aussterben war, freie ökologische Nischen werden letztlich immer besetzt und neue entstehen, während das Leben sich einer veränderten, leeren Erde anpasst.

Wenn man das im Hinterkopf behält, ist es möglich zu argumentieren, dass nicht alle menschliche Aktivität sich schädlich auf die Biodiversität auswirkt. Unsere zerstörerischen Tendenzen könnten in Wahrheit eine Art schöpferische Zerstörung sein,[4] die das Spielfeld für marginalisierte Spieler räumt, damit diese dominieren können. Um es noch strittiger zu formulieren: Menschliche Aktivität könnte tatsächlich neue Spezies und Lebensformen erschaffen, so wie die kambrische Explosion vor 530 Millionen Jahren von biologischen Durchbrüchen wie der Entwicklung aktiver Raubtier-Beute-Beziehungen, harter Außenskelette und der sich herausbildenden körperlichen Merkmale der Wirbeltiere gekennzeichnet war.[5]

Was wäre, wenn wir uns bereits inmitten einer Phase der adaptiven Radiation befänden, einer »anthropozänen Explosion«, die bislang von keinem bemerkt wurde? Wo sollten wir nach Spuren dieses evolutionären Ereignisses suchen? Aus unserer Sicht befinden sich drei Entitätsgruppen am Scheitelpunkt eines wahrnehmbaren Artenbildungsereignisses: menschen-assoziierte Spezies, gentechnisch veränderte Organismen und menschengemachte, sowohl physikalische als auch digitale Technologien.

Erstens sind die offensichtlichsten Profiteure der anthropozänen Explosion jene, die in vergangenen adaptiven Radiationen die einzigen Akteure waren, und zwar lebende Organismen. Synanthropen – Organismen, die mit menschlichen Siedlungsbereichen verbunden sind – haben sich an die menschliche Umwelt als ihren arteigenen Lebensraum angepasst und daher wahrscheinlich eine glänzende Zukunft vor sich. Unsere kulturelle Evolution spiegelt sich in ihrer genetischen Evolution. Pflanzenschädlinge und Krankheitserreger zum Beispiel entwickeln sich im Zusammenspiel mit Pestiziden und Arzneimitteln. Viele städtische Tiere lassen bereits spezifische Anpassungsmerkmale an die laute, hektische und künstlich helle urbane Wildnis erkennen.[6] Je mehr das Anthropozän voranschreitet, desto mehr sind spekulative Naturalisten vielleicht versucht zu hoffen, dass Ratten, Katzen, Koyoten und Kakerlaken sich zu neuen und glanzvollen Arten weiterentwickeln. Im Reich der »wahren« Wildnis florieren bestimmte Kreaturen, während menschliche Aktivität andere dezimiert. Dafür ist vielleicht der Ozean das beste Beispiel. Von Treib- und Grundschleppnetzen leergefegt und von einer kohlenstoffschweren Atmosphäre übersäuert, steht den Ozeanen eine »gelatinöse Zukunft« bevor, dominiert von Quallen und Mikroben,[7] die in den vom Fisch geräumten ökologischen Nischen wachsen und gedeihen werden. Nur ein hochgradig nihilistischer Beobachter könnte jedoch die Ansicht vertreten, dass ein von Quallen und Mikroben beherrschter Ozean den gleichen Wert hat wie einer, in dem sich Korallen, Haie und Wale tummeln, oder dass eine Allee voller Ratten und Müll die gleiche ökologische Ergiebigkeit besitzt wie ein bewaldetes Tal.

Obwohl das Züchten von Haustieren zur Förderung ausgewählter Eigenschaften den genetischen Wandel beschleunigt, wird es dem Anthropozän keine fantastischen neuen Spezies bescheren. Wir sind genetisch an die Grenzen dessen gegangen, wie viel Milch eine Kuh produzieren oder wie weit ein Chihuahua geschrumpft werden kann, ohne seine Funktionalität als lebender Organismus einzubüßen. Trotz ihres außergewöhnlichen Aussehens unterscheiden sich diese Tiere nicht von ihren wilden Artgenossen. Es werden Tausende, wenn nicht gar Millionen von Jahren vergehen, bevor wahrhaftig neue Spezies aus der Diversifikation von Synanthropen und anderen hartnäckigen Dranbleibern entstehen.

Es fällt daher zweitens der Gentechnik zu, der »anthropozänen Explosion« wirklich neue Organismen hinzuzufügen. Der transgene *GloFish* zum Beispiel ist eine der bekanntesten und ansprechendsten »charismatischen Mikrofaunen« in der Welt genveränderter Organismen, eine Kreatur, die in vielen Hinsichten genauso wundervoll ist wie der gewöhnliche Zebrafisch. Der *GloFish* ist der erste Schritt zur Erschaffung einer neuen, gültigen Spezies.

Eine Kreatur, die technisch sogar noch herausragender konstruiert, vielleicht sogar Gen für Gen zusammengestückelt wurde, um einen Organismus von Grund auf neu zu erschaffen, würde uns gleichermaßen gültig und unserer Einschätzung und unseres Schutzes würdig erscheinen wie eine durch natürliche Selektion entstandene Spezies.

Drittens müssen wir uns die Technik genauer anschauen, um das Potenzial für einen neuen Typ des evolutionären Geschehens zu erkennen. Es liegt etwas Poetisches in der Tatsache, dass die weitgehende Akzeptanz des Anthropozäns mit dem Moment zusammenfällt, in dem unsere Technik kurz davor steht, so komplex und autonom zu werden wie organisches Leben. Die Sphäre menschlichen Denkens, menschlicher Kultur und Technologie – manchmal auch als Noosphäre oder Technium bezeichnet[8] – ist nicht nur von der Biosphäre abhängig, sondern auch eng mit ihr verbunden und umgekehrt. Obwohl wir nach wie vor eine hartnäckig mechanische Auffassung von Technik haben, könnte die Technosphäre in Wahrheit eine vollgültige Naturform sein oder werden, bevölkert von Wesen, die in jeder Hinsicht, außer namentlich, eine »Spezies« sind.

Was bis zum jetzigen Zeitpunkt die Menschen davon abgehalten hat, individuelle Technologien organismischer zu sehen, sind ihre Vorhersagbarkeit und ihre Einfachheit. Ein Hammer ist völlig und nicht zu leugnen unbelebt. Weder manipuliert noch transformiert er Materie. Ein Smartphone oder ein einfacher Roboter sind halbbelebt. Ihre Wahrnehmung der Welt entspricht der einer Zecke. Sie legen ziemlich stereotype Verhaltensweisen an den Tag, die, im Fall der Zecke, nur durch Evolution verändert werden können, oder, im Fall des Telefons oder des Roboters, durch einen menschlichen Designer. Wir tun uns schwer damit, ein Smartphone als unabhängiges Wesen zu definieren, da seine Handlungen offenbar so stark von den unseren abhängen. Wie ein Virus, so sind auch Smartphones von einem Vektor abhängig, einem menschlichen Konsumenten, um sich zu reproduzieren. Vor dem Beginn der Ära der digitalen Geräte und der Biotechnologie hat die Technik weitgehend die Rolle eines einfachen Parasiten oder Symbionten eingenommen: Sie braucht die Fürsorge, die Reparatur und die handwerkliche Umgebung der menschlichen Gesellschaft, um zu gedeihen.

Wir befinden uns gerade in den sehr frühen Stadien der menschengemachten Technologien, die eines Tages vielleicht genauso hochgradig komplex sein werden wie DNS-basierte Organismen. Sollte die Technik eines Tages wahre Autonomie beweisen und fähig sein, sich selbst Energie zu beschaffen, sich selbst zu reparieren und zu reproduzieren, dann wäre es schwierig, im guten Glauben dafür zu argumentieren, dass ihre Existenz weniger »natürlich« wäre als die eines Grashüpfers oder einer Anemone.

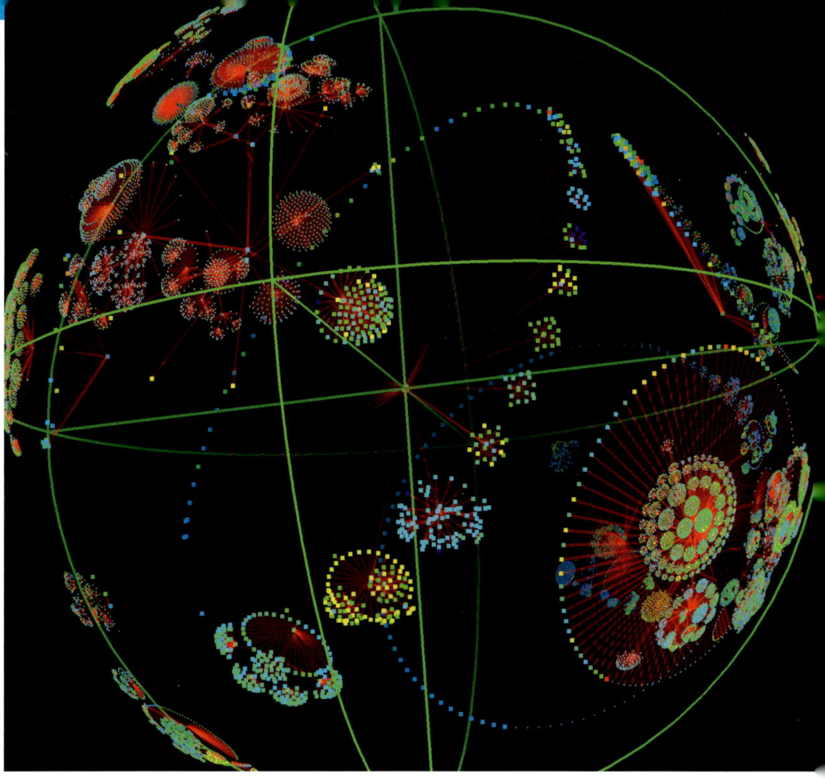

In der digitalen Welt wimmelt es von Naturbegriffen wie Mäusen und Viren, Server-Farmen und Verzeichnisbäumen. Das ist nicht ganz zufällig. Längst sprechen Experten von der Entstehung »digitaler Ökosysteme«. Ihre Gesetzmäßigkeiten und Bewohner sind noch weitgehend unverstanden. Die *Cooperative Association for Internet Data Analysis* hat einen ihrer Unix-Verzeichnisbäume in 3-D dargestellt.

Foto: 2003 The Regents of the University of California. All Rights Reserved

Eine technologische Spezies muss nicht eine organische nachahmen, um existenzfähig zu sein. Tatsächlich wird eine digitale oder gentechnisch veränderte Kopie des Originals im Vergleich schlechter dastehen. Um das berühmte Zitat von Ludwig Wittgenstein zu missbrauchen: »Wenn ein Roboter sprechen könnte, wir könnten ihn nicht verstehen.«[9] Anstatt eine künstliche Empfindung zu erschaffen, die der vom Mensch oder vom Tier nahekommt, könnte es viel interessanter sein, neue, nie dagewesene Formen des Verstandes und der Gestaltung ins Leben zu rufen, Formen, die von unseren so verschieden sind wie unsere von einem Thunfisch.

Allerdings können Individuen gleich welcher Spezies in Isolation keine Natur entstehen lassen. »Natur« ist eine hochkomplexe, unvorhersagbare Anordnung interagierender Individuen. Es spielt keine Rolle, wie übermächtig die Erinnerung an die Wildnis ist, ein Eisbär im Zoo ist immer eher ein kulturelles Artefakt als ein Teil der Natur. Egal wie sehr er uns an einen großen Hund erinnert, der *BigDog-Roboter*[10] ist dennoch eher kulturell als natürlich. Um ein zeitgenössisches Beispiel wirklicher menschengemachter Natur zu finden, müssen wir uns etwas zuwenden, das auf den ersten Blick vollkommen künstlich wirkt: der Aktienbörse. Wirtschaftswissenschaftler und Programmierer haben dieses geheimnisvolle System Handel treibender Algorithmen ins Leben gerufen, von denen wir nicht mehr wirklich wissen, wie sie genau interagieren.[11] Künstlich geschaffene Naturen werden, besonders wenn sie mit der Fähigkeit ausgestattet sind, sich zu reproduzieren und zu entwickeln, schnell noch weit undurchschaubarer sein.

Obwohl Menschen die natürliche Welt oft fälschlicherweise durch die technologische Brille betrachten – der Körper ist eine Maschine, ein Wald ist eine Fabrik –, gibt es durchaus eine starke Entsprechung zwischen dem Digitalen und dem Genetischen. Die »Hardware« eines Organismus ist in seiner Software codiert: der DNS und der RNS. Das Leben, in all seiner offensichtlichen Pracht, existiert einzig und allein, um die genetische Information weiterzugeben. Unsere Körper sind hoch entwickelte (und abbaubare) Vehikel für unsere Genome, die sich von Körper zu Körper und von Spezies zu Spezies über die letzten vier Milliarden Jahre weiterentwickelt haben.[12] Von dieser Warte aus gesehen besteht die gesamte Natur nur in der Interaktion von Milliarden von genetischen Programmen. Wenn das stimmt, dann könnten interagierende, von Menschen gemachte digitale Technologien die Äquivalente physikalischer Ökosysteme sein. Dann könnte auch dahingehend argumentiert werden, dass die Summe aller Informationsflüsse der Erde im Anthropozän nicht geschrumpft ist, sondern dass die Biodiversität nur das Medium gewechselt hat, vom Nukleotid zum elektronischen Schaltkreis. Es kann sein, dass wir eines Tages einen Computer erfinden, der bestens in der Lage ist, ganze Ökosysteme zu simulieren, von einem Mammutbaum bis hin zum allerletzten Neuron im Gehirn einer Schnecke, und dass wir diese Simulation immer und immer wieder durchführen können. Menschliche Technik könnte dann für viel mehr Manifestationen der »Natur« verantwortlich sein, als die frühere Erde jemals imstande war zu erhalten.

Falls diese »anthropozäne Explosion« tatsächlich passieren wird, falls wir uns je als Auslöser einer explosionsartigen Diversifikation von Leben betätigen, sowohl in biologischer als auch in technologischer Hinsicht, stellt sich als nächstes die logische Frage, ob unsere gesellschaftliche Klage über das Verschwinden von allem, von der Wandertaube zum Panda, berechtigt ist. Wenn letztlich die Evolution mit der gleichen Geschwindigkeit voranschreiten kann wie das Aussterben, gibt es wenig Anlass zur Sorge um jene Akteure, die auf der Strecke bleiben. Schöne neue Systeme werden ihren Platz einnehmen.

Doch es wäre riskant, weiterzumachen, ohne die Verluste und Gefahren des gegenwärtigen Wandels zu bedenken. Die Kräfte, welche die organischen Ökosysteme abschwächen und zerstören, entsprechen denjenigen, die das menschliche Leben arm machen und gefährden.

Ökonomische und ökologische Prozesse und Krisen sind zutiefst miteinander verbunden. »Öko-Öko-Katastrophen« entziehen sich nicht nur weitgehend unserer Kontrolle, sondern sie sind unvorhersagbar und absolut verheerend. Wir haben unseren Technologien erlaubt, mit einem beinahe vollständigen Mangel an Vordenken und Präzision über die Flora und Fauna der Erde zu herrschen. Wie folgsame Haustiere haben Menschen zum Beispiel den Gebrauch des Autos akzeptiert und nicht hinterfragt, Millionen von Kilometern an Straßen dafür gebaut und dabei städtische Zentren planiert und neu erbaut, um ihre Durchfahrt bequemer zu gestalten. Im Gegenzug haben wir unser ersehntes »schnelleres Pferd« erhalten,[13] zusammen mit suburbaner Kultur und globaler Erwärmung. Wir alle sind die Knechte unserer Technologien. Demzufolge könnte das Anthropozän sich in etwas verwandeln, was man besser als das »Technozän« bezeichnen könnte: die Ära, in der unmenschliche Technologien das organische Leben beherrschen.

Ist ein alternativer Ablauf vorstellbar? Eine Welt unter dem direkten oder indirekten Einfluss der Menschheit muss nicht zwangsweise zu einer leblosen Einöde verkommen. Es bedarf keiner großen Anstrengung der Vorstellungskraft, um sich eine praktische Utopie auszumalen, in der Menschen nicht als linkische Erbauer riskanter Maschinen in Erscheinung treten, sondern als wohlwollende Antreiber der Evolution. Wir können sowohl organisch als auch technologisch die Erschaffung neuer Nischen und neuer Lebensformen anschieben, während wir die noch existierenden bewahren.

Die Menschen haben eine technologische Wildnis erschaffen, ob wir das nun anerkennen wollen oder nicht. Unsere Aufgabe im nächsten Jahrhundert wird sein, dem katastrophalen Gebrauch unserer Technologien Herr zu werden und die gegenseitige Abhängigkeit der Biosphäre, der Technosphäre und der menschlichen Noosphäre herauszuarbeiten – oder zu erkennen, dass alle drei verschiedene Facetten ein und derselben Sache sind. Erst jetzt treten wir in eine Entwicklungsphase unserer Spezies ein, in der wir über die Fähigkeit zur Erkenntnis und vielleicht zur Kontrolle der planetaren Auswirkungen unserer Technologien verfügen. Der weltweit erste Nationalpark entstand vor gut einem Jahrhundert. Die Umweltbewegung ist erst einige Jahrzehnte alt. Inzwischen ist das Konzept des Anthropozäns in der breiten Öffentlichkeit angekommen. Falls unsere junge Periode der Selbstreflexion in eine des Handelns übergeht, könnten wir die Chance bekommen, technische Phänomene wirklich zu meistern, so wie wir einst wilde Pferde und Rinder zähmten.

Übersetzung: Susanne Darabas

1 Webb, David S.: The Great American Biotic Interchange: Patterns and Processes. In: Annals of the Missouri Botanical Garden 93 (2006), S. 245–257.
2 Barnosky, Anthony D. u.a.: Has the Earth's Sixth Mass Extinction Already Arrived? In: Nature 471 (2011), S. 515–517.
3 Chen, Zhong-Qiang; Benton, Michael J.: The Timing and Pattern of Biotic Recovery Following the End-Permian Mass Extinction. In: Nature Geoscience 5 (2012), S. 375–383.
4 Ein 1942 von Joseph Schumpeter geprägtes wirtschaftliches Konzept.
5 Conway, Morris Simon; Caron, Jean-Bernard: Pikia gracilens Walcott, a Stem-Group Chordate from the Middle Cambrian of British Colombia. In: Biological Review 87 (2012), S. 480–512.
6 Snell-Rood Emilie C.; Wick, Naomi: Anthropogenic Environments Exert Variable Selection on Cranial Capacity in Mammals. In: Proceedings of the Royal Society Biological Sciences 280/1769 (2013), DOI: 10.1098/rspb.2013.1384; Nemeth, Erwin u.a.: Bird Song and Anthropogenic Noise. Vocal Constraints May Explain Why Birds Sing Higher-Frequency Songs in Cities. In: Proceedings of the Royal Society Biological Sciences 280/1754 (2013), DOI: 10.1098/rspb.2012.2798; Brown, Mary B.: Natural Selection and Age-Related Variation in Morphology of a Colonial Bird. In: ETD Collection for University of Nebraska, Lincoln, Paper AAI3449889, 2011, http://digitalcommons.unl.edu/dissertations/AAI3449889.
7 Richardson, Anthony u.a.: The Jellyfish Joyride. Causes, Consequences and Management Responses to a More Gelatinous Future. In: Trends in Ecology and Evolution 24 (2009), S. 312–322.
8 Kelly, Kevin: What Does Technology Want?, New York 2010.
9 Wittgenstein, Ludwig: Philosophische Untersuchungen. Frankfurt/Main 1958, S. 568: »Wenn ein Löwe sprechen könnte, wir könnten ihn nicht verstehen.«
10 http://www.bostondynamics.com/robot_bigdog.html.
11 Johnson, Neil u.a.: Abrupt Rise of New Machine Ecology beyond Human Response Time. In: Scientific Reports 3 (September 2013), DOI:10.1038/srep02627.
12 Dawkins, Richard: Das egoistische Gen. Reinbeck 1996.
13 »Hätte ich meine Kunden gefragt, was sie wollen, hätten sie gesagt: ein schnelleres Pferd.« Henry Ford zugeschriebenes Zitat.

Schwimmende Fischfarmen, Formosastraße.
Foto: Daily Overview / DigitalGlobe

Die gebrauchte Erde
Der Mensch als Gestalter der Erdgeschichte

von Erle C. Ellis

Wenn der Mensch in die Natur eingreift, heißt das nicht automatisch Zerstörung. Rund um die Welt sind in den vergangenen Jahrtausenden artenreiche und ästhetisch hochwertige Kulturlandschaften entstanden – von den japanischen Satoyamas über Weinberge in Frankreich und Streuobstwiesen in Deutschland bis hin zu den weltberühmten Reisterrassen auf der indonesischen Insel Bali. An solchen Orten wird das Potenzial sichtbar, die Erde positiv zu transformieren.

Foto: sculpies / Shutterstock.com

Mit zunehmender Geschwindigkeit zerstören Industriegesellschaften die Umwelt und bringen die Menschheit und den Planeten in einen Krisenzustand. Die einzige Hoffnung besteht nun darin, unser Vertrauen in Spitzentechnologien aufzugeben und zu früheren Formen des Lebens zurückzukehren, in denen die Menschen in Harmonie mit den natürlichen Ökosystemen lebten. Dies ist die typische Darstellung der Umweltschutzbewegung – geprägt von Krisen und Verzicht. Aber ist das tatsächlich die beste Alternative für unseren Planeten? Ist das überhaupt historisch korrekt? Eine jüngste Beurteilung der menschlichen Landnutzung im Holozän, an der ich teilgenommen habe, erzählt eine andere Geschichte. Neueste Anhaltspunkte zeigen, dass die Menschen die terrestrische Biosphäre nicht erst seit dem letzten Jahrhundert, sondern seit mehr als dreitausend Jahren in global signifikantem

Maße verändern – und dass der menschliche Verbrauch von Land pro Kopf die meiste Zeit, wenn nicht sogar die ganze, abgenommen hat.[1]

Wir leben jetzt schon auf einem gebrauchten, einem Secondhand-Planeten. Doch wie es scheint, verdeckt der Fokus auf die dramatischen Veränderungen der Umwelt in den jüngsten Jahrzehnten die historische Rolle der Menschen als dauerhafte Gestalter und Verwalter der Biosphäre. Statt den Krisen- und Verzichtdiskurs zu übernehmen, sollten diejenigen, denen Mensch und Natur wichtig sind, weit zurückschauen, um einen besseren Weg nach vorne zu skizzieren – besonders jetzt, wo die globale Urbanisierung uns neue Möglichkeiten für den Schutz der Umwelt aufzeigt.

Natürlich verursachen industrielle Prozesse massive Veränderungen im Erdsystem.[2] Aber zu verstehen, wie unsere Spezies die terrestrische Biosphäre schon seit Jahrtausenden umgestaltet, ist nicht weniger bedeutsam. Durch die Erforschung dieser globalen Veränderungen mittels neuer räumlich expliziter Methoden, die die historischen Muster der menschlichen Bevölkerung und ihrer Nutzung der Erdböden im Holozän rekonstruieren, lässt sich heute erstmals die langfristige Dynamik der globalen menschlichen Umgestaltung der Erde einschätzen.

Diese Rekonstruktionen können auf globaler Ebene noch nicht endgültig mit empirischen Daten belegt werden. Trotzdem lassen sich durch einen Vergleich mit Erkenntnissen aus der Archäologie, Palökologie, Geografie und Umweltgeschichte maßgebliche Einblicke in die Mechanismen gewinnen, die die langfristige menschliche Umgestaltung der Ökosysteme vorantrieben. Dasselbe gilt für die Konsequenzen dieser Dynamiken für den derzeitigen sowie zukünftigen Zustand unseres Planeten.

Die Gesamtbilanz? Seit langer Zeit verändern wir eine Vielzahl von Lebensräumen über viele Kontinente hinweg. So waren beispielsweise schon vor fünftausend Jahren die Ökosysteme auf mehr als 20 Prozent der Landfläche Europas und Asiens umgestaltet: Die Prozesse der Biodiversität und der Ökosysteme wurden durch die intensive Nutzung des Landes durch den Menschen verändert. Dieselbe Menge der gemäßigten Waldgebiete war zu diesem Zeitpunkt ebenfalls umgewandelt. Vor mehr als eintausend Jahren waren tropische Waldgebiete und Savannen ähnlich stark betroffen, gefolgt von Graslandschaften, Buschsteppen und Trockensavannen. In der Tat erholen sich viele große Landflächen, die gegenwärtig nicht in hohem Maße von Menschen genutzt werden, von früherer intensiver Landnutzung; dazu gehören Südostasien nach der Zeit von Angkor und diverse vergangene Herrschaftsgebiete in den Amerikas vor und nach der Zeit von Kolumbus.

Aber wie konnten so wenige Menschen (1000 v. Chr. waren es in etwa 80 Millionen) solch massive Veränderungen in Landschaften bewirken?

Der Grund ist, dass Menschen – wie andere Spezies – nicht mehr Aufwand als nötig in ihre Selbsterhaltung investieren. Wir übernehmen produktivere Landnutzungssysteme nur als Reaktion auf die Nachfrage der wachsenden Bevölkerung oder auf anderen sozialen und wirtschaftlichen Druck in einem nachhaltigen adaptiven Verfahren, das als Intensivierung der Bodennutzung bezeichnet wird. Dieser Druck und die Reaktionen der Landnutzer existieren selbst bei niedriger Bevölkerungsdichte, etwa wenn der Bedarf an Nahrung steigt und Jäger dazu bringt, sich effektiverer Waffen oder Jagdmethoden zu bedienen, oder wenn Bauern ihre Böden häufiger bearbeiten müssen, anstatt sie zur Erholung für einige Zeit brachliegen zu lassen.

Die Intensivierung der Bodennutzung begann schon lange vor dem Holozän. Prähistorische Jäger- und Sammlerkulturen beruhten auf einer wachsenden Bandbreite ur- und frühagrarischer Verfahren und konnten so auf derselben Landfläche größere Bevölkerungszahlen versorgen. Zu den Praktiken gehörten die Erweiterung des Nahrungsspektrums (die Ausweitung der Ernährung auf eine größere Anzahl der Spezies bei Aussterben oder Bedrohung bevorzugter Megafauna) oder auch gezielte Vegetationsbrände zur Verbesserung der Jagd und der Nahrungssuche (Ökosystemingenieurwesen) sowie die Verbreitung nützlicher Spezies. Während diese Verfahrensweisen weniger produktiv waren als die Agrartechnologien, die später aufkamen, steigerten sie die Nahrungsproduktion doch weit über die natürlichen Kapazitäten der Ökosysteme hinaus. Intensivierung bewirkt grundsätzlich einen an das Bevölkerungswachstum gekoppelten Produktivitätszuwachs, obwohl die Produktivität selten kontinuierlich zunimmt. Vielmehr verfolgt sie die komplexen Muster der vorherrschenden Regierungs- und Landnutzungssysteme.

Mit der Zunahme der Weltbevölkerung wuchsen auch die Gebiete der Landintensivierung und des Rohstoffabbaus. Als intensivere Landnutzungspraktiken die Populationen nicht mehr erhalten konnten, übersiedelten sie in Gebiete, die weniger intensiv genutzt wurden, wie etwa unbewohntes Waldland. Im Frühholozän waren Jäger- und Sammlergesellschaften weltweit etabliert und benötigten frühe Formen der Landnutzungsintensivierung, um zu überleben und zu wachsen. Sie besiedelten überwiegend Ökosysteme, die schon durch ihre Vorfahren bearbeitet worden waren, um die natürliche Produktivität der Böden zu steigern.

Der Rest ist Geschichte. Agrartechnologien entstanden weltweit in nicht weniger als 24 unabhängigen Zentren der Domestikation. Die Populationen, die landwirtschaftliche Nutzungssysteme annahmen, wuchsen schneller als die Jäger- und Sammlerkulturen und verdrängten diese schließlich von den ertragreichsten Böden der Erde. Die Intensivierung setzte sich fort, wobei der Wanderfeldbau dem dauerhaften Anbau und anderen zunehmend produktiven Methoden wich, wie etwa dem Pflügen, der Bewässerung und dem Düngen.

Durch diese Veränderungen konnten zunächst dicht besiedelte Dörfer ernährt und schließlich auch die städtischen Populationen mit Nahrungsmitteln beliefert werden. Die wachsende Nachfrage der Stadtbevölkerung erzwang ein größeres Ausmaß an landwirtschaftlichen Betrieben, Handelssystemen und technologischen Institutionen. Diese führten schließlich zu den ertragreichen Landnutzungssystemen der grünen Revolution und zum globalisierten Warennetzwerk, das durch die beträchtliche Menge fossiler Energien und andere Formen industrieller Zufuhr aufrechterhalten wird.

Aber sind wir schon an dem Zeitpunkt angekommen, an dem die Landintensivierung nicht nur der Umgestaltung, sondern auch dem Erhalt unseres Planeten dient?

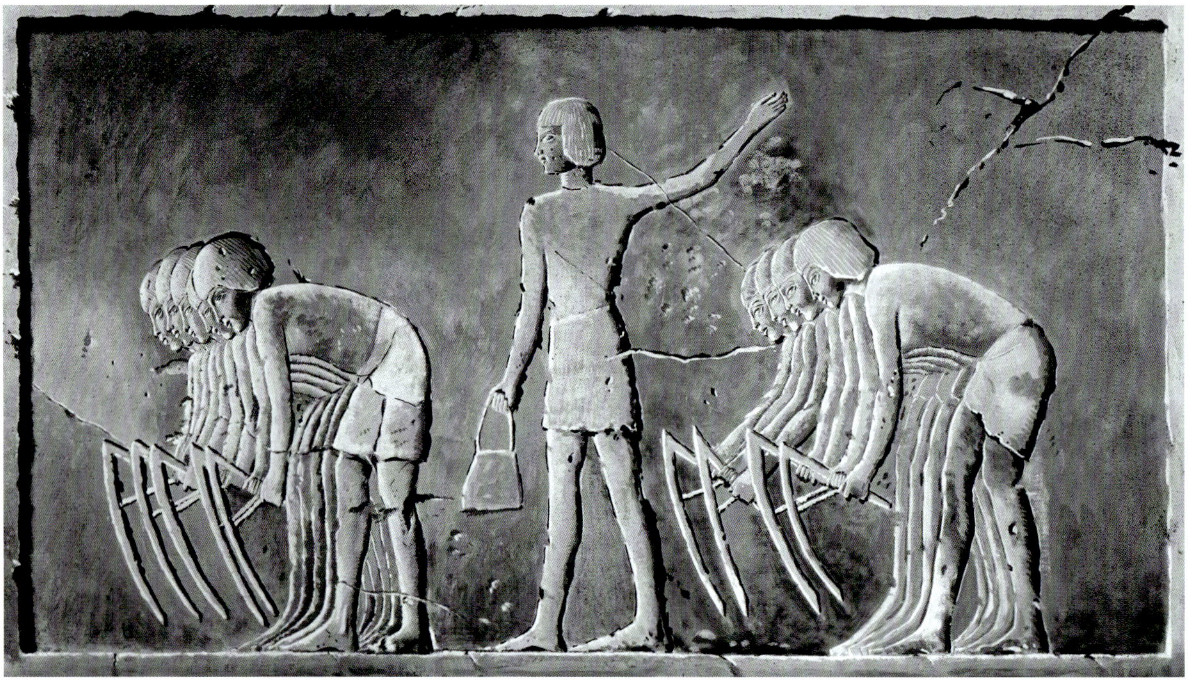

Die menschliche Transformation der Erde hat nicht erst mit der Industrialisierung begonnen, sie hat eine lange Vorgeschichte. Schon in der Steinzeit rotteten Menschen durch Jagd Tierarten aus. Nach dem Ende der letzten Eiszeit setzte in Mesopotamien und dann auch in Ägypten die Landwirtschaft ein. Aus den Hand-Hacken, mit denen die ägyptischen Arbeiter in diesem Wandrelief mühsam den Boden bearbeiteten, sind inzwischen PS-starke Traktoren geworden. Alle Agrarflächen zusammen nehmen ein 7000 mal 7000 Kilometer großes Gebiet ein.
Foto: DMA, BN09409

Ertragreiche industrielle landwirtschaftliche Systeme ermöglichen erstmals, dass die Mehrheit der Bevölkerung in Stadtgebieten lebt.[3] Mit dem Wachstum der Städte und der zunehmenden Intensivierung der Landwirtschaft kommt es in vielen Regionen zur Entvölkerung der ländlichen Räume. So werden Böden, die für landwirtschaftliche Zwecke auf industrieller Basis weniger geeignet sind, verlassen. In manchen dieser Gebiete werden Waldgebiete wiederaufgeforstet, sofern dies von der Wirtschaft und Politik unterstützt wird, wie etwa in den USA, Europa oder auch in vielen Teilen Chinas.

Zu Beginn des 21. Jahrhunderts nimmt die landwirtschaftliche Produktivität zu.[4] Das Wachstum der Weltbevölkerung pendelt sich ein.[5] Weltweit wächst das Interesse für den Erhalt der Artenvielfalt. Die große Frage ist: Wie können wir uns diese nachhaltigen Entwicklungen zunutze machen, um die Menschheit und die Umwelt im Anthropozän florieren zu lassen?

Die Antwort könnte in der Geschichte zu finden sein. Wie Winston Churchill einmal sagte: »Je weiter man zurückschauen kann, desto weiter nach vorne wird man wahrscheinlich sehen können.«[6]

Die Vorstellung von modernen Technologien als inhärent schädlich sollte durch die Feststellung ersetzt werden, dass die Entwicklung der Menschheit schon immer auf dem Fortschritt der Technologien basierte. Das bedeutet nicht, dass alle Technologien für gut befunden werden oder dass die Abhängigkeit von Technologien unproblematisch ist. Fast jede Technologie, die wir benutzen, zieht eine ganze Reihe von Problemen nach sich. Treibhausgasbelastung könnte alle Perspektiven für eine wünschenswerte Zukunft entgleisen lassen. Dennoch können diese Probleme durch umsichtige Bestrebungen, Governance und bürgerliche Ermächtigung reduziert und bewältigt werden. Es gibt kein Zurück mehr. Die Erde kann keine sieben Milliarden Jäger und Sammler oder selbst sieben Milliarden Landwirte erhalten. Wir müssen das Beste aus dem Planeten machen, den wir erschaffen haben.

Seit der Vorzeit wurden immer fortschrittlichere und intensivere Landnutzungstechnologien eingesetzt, um die Versorgung der Menschen zu gewährleisten. Dadurch haben unsere Vorfahren die genutzte und doch gedeihende menschliche Biosphäre geschaffen, von der wir heute abhängig sind: die städtischen, agrarischen und seminatürlichen anthropogenen Biome (auch Anthrome genannt), die nun mehr als drei Viertel der Landmasse außerhalb des Eisschildes umfassen. Fast 40 Prozent der Landoberfläche dienen der Landwirtschaft und Besiedlung, lediglich weniger als ein Viertel der Landmasse ist unbebaut.[7]

Ein Blick aus dem Flugzeug zeigt jedoch, dass Landschaften selten entweder gänzlich ausgelastet oder völlig ungenutzt sind. Anthrome sind komplexe Mosaike aus Landwirtschaft und Siedlungen, verflochten durch Teilstücke übrigen Landes und nur schwach genutzter Ökosysteme.

Dadurch, dass vielerorts die Bevölkerung in Städte zieht und Landwirtschaft intensiviert wird, können sich viele Landflächen von der Nutzung erholen. Die Chance für eine globale Entfaltung neuer Ökosysteme ist durchaus real und bietet eine beispiellose Gelegenheit für den Planeten, das ökologische Erbe der Welt wiederherzustellen.[8]

Können diese Entwicklungen beschleunigt werden? Können multifunktionelle Strategien zum Landmanagement die Bodenproduktivität erhöhen und gleichzeitig die natürliche Artenvielfalt und Funktionen der Ökosysteme wieder aufbauen? Können lokale Interessenträger befähigt werden, diese komplexen und manchmal widersprüchlichen Strategien er-

Im 18. Jahrhundert schuf der britische Naturforscher Joseph Priestley ein erstes künstliches Ökosystem, indem er eine Maus und eine Pflanze unter einer Glashaube einschloss. Inzwischen experimentieren wir mit komplexeren künstlichen Ökosystemen. Bei »Biosphere 2« in Arizona geht es darum, ökologische Prozesse zu simulieren. Beim hier gezeigten »Eden Project« in Wales steht im Vordergrund, das Umweltbewusstsein der Öffentlichkeit zu stärken.
Foto: David Quixley / Shutterstock.com

folgreich umzusetzen? Können Bemühungen zum Umweltschutz gegen die dynamischen und mächtigen Interessen des globalen Marktes bestehen? Können kleinere Lebensräume so erhalten werden, dass die natürlichen Prozesse in größerem Zusammenhang bestehen bleiben?

Eines ist sicher: Die Vorstellung, dass die Menschen ihr Leben innerhalb der natürlichen Grenzen unseres Planeten gestalten müssen, erfasst nicht die tatsächlichen Gegebenheiten unserer gesamten Geschichte und höchstwahrscheinlich auch nicht die unserer Zukunft. Menschen sind Schöpfer von Nischen. Zur Selbsterhaltung gestalten wir die Ökosysteme um. Dies war schon immer der Fall. Die Kapazitäten der Erde für uns Menschen hängen eher vom Potenzial unserer sozialen Systeme und unserer Technologien ab als von ökologischen Grenzen.

Unsere Geschichte begann vor 200 000 Jahren. Die Erde wird nie wieder so sein, wie sie vorher war. Nun ist es für uns an der Zeit, die Grenzen zu erkennen, denen wir wirklich entgegensehen: Die gesellschaftlichen und technologischen Systeme, die uns tragen, benötigen Verbesserung. Es gibt keine ökologischen Gründe für Hunger, weder jetzt noch in der Zukunft. Wir brauchen nicht mehr Landmasse, um die Menschheit zu ernähren. Schon existierende Technologien können die Bodenproduktivität steigern und nicht nur die weltweiten Vorräte erhöhen, sondern auch mehr Land für die Natur übrig lassen – ein Ziel, das attraktiver und erreichbarer ist denn je.

Die einzigen Grenzen, die uns dabei gesetzt sind, den Planeten sinnvoll zu verändern, sind unsere Vorstellungskraft und unsere gesellschaftlichen Systeme. In einem besseren Anthropozän wird die Umwelt das sein, was wir aus ihr machen. Um eine Erde zu gestalten, auf die unsere Nachfahren stolz sein werden, müssen wir zunächst unsere Geschichte und unsere Identität als ständige Wandler und Verwalter der Biosphäre schätzen lernen.

Übersetzung: Sabine Buchczyk

1 Ellis, Erle u. a.: Used Planet. A Global History. In: Proceedings of the National Academy of Sciences 110 (2013), S. 7978–7985, DOI:10.1073/pnas.1217241110.
2 Steffen, Will; Crutzen, Paul J.; McNeill, J. R.: The Anthropocene. Are Humans Now Overwhelming the Great Forces of Nature. In: Ambio 36 (2007), S. 614–621.
3 Seitzinger, Sybil P. u. a.: Planetary Stewardship in an Urbanizing World. Beyond City Limits. In: Ambio 41 (2012), S. 787–794.
4 Tilman, David u. a.: Global Food Demand and the Sustainable Intensification of Agriculture. In: Proceedings of the National Academy of Sciences of the USA 108 (2011), H. 50, S. 20260–20264.
5 United Nations Department of Economic and Social Affairs: Population Trends. 2012. http://www.un.org/en/development/desa/population/theme/trends/index.shtml (Abruf: 05.03.2014).
6 https://www.nationalchurchillmuseum.org/wit-wisdom-quotes.html (Abruf: 07.04.2014).
7 Ellis, Erle u. a.: Anthropogenic Transformation of the Biomes, 1700 to 2000. In: Global Ecology and Biogeography 19 (2010), S. 589–606.
8 Ellis, Erle: Sustaining Biodiversity and People in the World's Anthropogenic Biomes. In: Current Opinion in Environmental Sustainability 5 (2013), S. 368–372.

Meere im Anthropozän – und die Regeln des Holozäns

von Davor Vidas

Die Meere bedecken mehr als zwei Drittel der Erdoberfläche – und werden durch Fischerei, Rohstoffextraktion, Abwässer sowie den Klimawandel intensiv vom Menschen verändert. Doch nicht alle Eingriffe sind negativ. Schiffswracks, wie hier ein früherer Kutter der US-Küstenwache bei Key Largo, Florida, entwickeln sich vielerorts schnell zu artenreichen künstlichen Riffen.

Foto: David Doubilet / National Geographic Creative

Es war ein kurzes Buch von nur 66 Seiten. Aber es hatte eine langanhaltende Wirkung. 1609 veröffentlicht, stellte »Mare Liberum« von Hugo Grotius ein Schlüsselprinzip vor: die Freiheit der Meere.[1] Eine auf den ersten Blick sehr positive und fortschrittliche Botschaft.

Aber das Buch hatte auch einen Untertitel: »Das Recht der Holländer auf Teilnahme am Ostindischen Handel«. Es ging nicht um die Freiheit der Meere als solche. Grotius' wirkliches Anliegen war hochpragmatisch: internationale Handelsrechte für sein Land zu sichern – und für ein spezielles Unternehmen, die Niederländische Ostindien-Kompanie (*Vereenigde Oostindische Compagnie* oder VOC), gegründet 1602.[2]

Der transozeanische Handel entwickelte sich im Laufe der Jahrhunderte; heute finden 90 Prozent des internationalen Warentransports auf See statt. Jenes kleine Buch aus einer längst vergangenen Zeit blieb, trotz vieler ideeller Abwandlungen, ein wichtiger Teil der Fundamente, auf denen nach und nach ein anderes »Buch« aufbaute.

Dieses andere Buch ist ein wesentlich längeres Werk. Insgesamt 294 Seiten, in kleiner Schriftgröße eng bedruckt und aufgeteilt in 320 Artikel und 9 Anlagen: das Seerechtsübereinkommen der Vereinten Nationen von 1982 (UNCLOS – UN Convention on the Law of the Sea), oft auch als »Verfassung der Meere« bezeichnet.[3] Bis heute haben sich 166 Parteien darauf geeinigt (165 Staaten und die EU), aber es wird beinahe universell angewandt, denn viele seiner Vorschriften spiegeln internationales Handelsrecht wider und sind somit auch für Staaten bindend, die keine Abkommenspartner sind.

Das Seerechtsübereinkommen der Vereinten Nationen handelt nicht nur von der Freiheit der Hochsee; es geht vor allem um territorial begründete Rechte. Das Abkommen regelt, wie Meere und Ozeane unter etwa 150 Küstenländern in verschiedene maritime Zonen aufgeteilt werden. In diesen Zonen haben Küstenstaaten die Oberherrschaft oder sie verfügen über einige souveräne Rechte und die exklusive Rechtshoheit. Überall sonst genießen alle Staaten (also inklusive derer, die von Land umschlossen sind) – und alle Schiffe, die unter ihrer Flagge segeln – Freiheit auf See. Einer See, die sowohl Fischerei als auch Schifffahrt und Transport sowie ihr Überfliegen zulässt; die freien wissenschaftlichen Forschungen genauso offensteht wie dem Verlegen von unterseeischen Kabeln und Leitungen sowie verschiedensten anderen Vorhaben. Darüber hinaus existieren innerhalb der maritimen Küstenzonen, wie in den ausschließlichen Wirtschaftszonen, einige Freiheiten für alle.

Während sich die beiden Bücher – Grotius' »Mare Liberum« aus dem frühen 17. Jahrhundert und das Seerechtsübereinkommen der Vereinten Nationen UNCLOS aus dem späten 20. Jahrhundert – in vielen Hinsichten unterscheiden, haben sie doch eine Gemeinsamkeit. Beide wurden unter dem Eindruck unserer »offiziellen« zeitgenössischen geologischen Epoche geschrieben: des Holozäns. Obwohl sie 373 Jahre auseinander liegen und von vielen wechselhaften Umständen getrennt werden, sind UNCLOS und das »Mare Liberum« durch diese (implizite) übergreifende Annahme der unveränderlichen Gegebenheiten des Holozäns vereint. In Kapitel 7 von Grotius' »Mare Liberum« lesen wir:

Denn es ist sicher, daß, wenn viele auf dem Lande jagen oder im Flusse fischen, leicht der Wald seiner Tiere und der Fluß seiner Fische beraubt wird, was im Meere nicht der Fall ist.[4]

Aufgrund dieser Annahme argumentierte Grotius seinerzeit für die Freiheit der Fischerei auf hoher See. Und tatsächlich: Als das Buch geschrieben wurde, strotzten die Meere nur so vor Leben. Heute jedoch sind wir uns alle über die Zustände der weltweiten Fischbestände im Klaren. Schon seit vielen Jahren zeigen die Statistiken der Welternährungsorganisation FAO, dass etwa 75 Prozent der weltweiten Fischbestände entweder unter Raubbau leiden oder vollständig ausgebeutet sind – und die Anzahl der stark gefährdeten Bestände wächst kontinuierlich.[5]

Und doch schreibt Artikel 87 des Seerechts die Freiheit der Fischerei groß – wenn auch geknüpft an bestimmte Bedingungen, die im UNCLOS Seerechtsübereinkommen und anderen internationalen Einigungen festgelegt wurden. Der Missbrauch dieser Freiheit durch illegale, unangemeldete und unregulierte Fischerei (IUU) gibt zunehmend Anlass zur Sorge.

Zum Konzept der Navigationsfreiheit findet sich die Grundlegung in Kapitel 5 des »Mare Liberum«:

Und wenn es [das römische Reich] irgend etwas hätte verbieten dürfen, wie z. B. den Fischfang, unter dem Vorgeben, die Fische würden vertilgt – die Schifffahrt konnte es nicht verbieten, durch die nichts auf dem Meere geschädigt wird.[6]

Im Zuge der Globalisierung und moderner maritimer Technologien können Einwirkungen an einem Ort auch schnell woanders spürbar werden. So hat zum Beispiel das Wachstum der Schifffahrtsindustrie im letzten Jahrhundert eine dramatische Zunahme beim Transport von Ballastwasser bewirkt. Es kam zum Transfer nichteinheimischer, potenziell gefährlicher und invasiver Spezies und aquatischer Organismen im Ballastwasser und in den Ablagerungen an Schiffshüllen. Tausende verschiedener Spezies werden allein in Ballasttanks ständig zwischen bio-geografischen Regionen hin- und hertransportiert. Diese beispiellose Entwicklung übersteigt jede natürliche Migrationsbewegung in der Geschichte der Erde.[7]

Die Weltozeane sind auch anderen menschenverursachten Veränderungen ausgesetzt, die eine Überfischung, den Transport invasiver Spezies oder die Ölverschmutzung durch Schiffe bei weitem übersteigen. Viele Faktoren haben negative Auswirkungen, die synergetisch interagieren.[8] Die komplexe Rolle der Ozeane im Klimasystem ist heute breit anerkannt: Die Meere sind ein essenzieller Hitzedämpfer und absorbieren einen bedeutenden Anteil des in die Atmosphäre entweichenden CO_2. Aber im Zuge wachsender CO_2-Emissionen führt dies auch zu einer steigenden Übersäuerung der Ozeane. Tatsächlich hat der scheinbar unbedeutende Anstieg der Meerestemperatur in den wenigen letzten Jahrhunderten schon zur globalen Erwärmung der obersten Meeresschicht geführt. Wasser dehnt sich aus, wenn es sich erwärmt, was so zum Anstieg des Meeresspiegels beiträgt.

Das Anthropozän setzt menschliche Eingriffe auf die geologische Zeitskala. Als Staaten über das Seerechtsübereinkommen UNCLOS verhandelten, spielte die Geologie eine herausragende Rolle – tatsächlich sogar als Auslöser. Es war das auf geowissenschaftlichen Erkenntnissen basierende Konzept des Festlandsockels (über potenzielle Öl- und Gasfelder im Untergrund des Sockels, abseits der territorialen Seegrenzen), das die zunehmenden Ansprüche auf souveräne Rechte über abgelegene unterseeische Gebiete auslöste. Dieser Prozess begann 1945, kurz nach dem Ende des Zweiten Weltkriegs – und dauert noch an. Jetzt arbeiten viele Küstenstaaten daran, die äußeren Grenzen ihres (gesetzlich festgelegten) Festlandsockels über 200 Seemeilen ab der Basislinie hinauszuschieben.

Kann eine neue Einsicht der Geowissenschaften – dass wir in die Ära des Anthropozäns eintreten – wieder als Inspiration dienen, diesmal aber für ein Nachdenken über neue Regeln, die einer neuen Epoche unserer Erdgeschichte angemessen sind?

Die Ideologie der freien Meere, wie sie erstmalig im »Mare Liberum« entwickelt wurde, hat uns in den zurückliegenden Jahrhunderten weit gebracht. Ungefähr nach der Hälfte der Zeit, die zwischen Grotius und der Gegenwart liegt, begann die industrielle Revolution. Und in unseren Tagen ist massiver überseeischer Handel für das Funktionieren der industriellen Gesellschaften von entscheidender Bedeutung.

Grotius verteidigte den freien Handel – ohne Rücksicht auf etwas anderes als ökonomischen Gewinn. Gegenwärtig steht aber nicht nur die Verteidigung oder die Einschränkung der Freiheit der Meere zur Debatte, sondern es geht auch darum, dass wir uns gegen den Missbrauch dieser Freiheit wehren. Ein Missbrauch, der auf der Jagd nach Maximalprofit betrieben wird – ohne Rücksicht auf die Umwelt, die Nachhaltigkeit mariner Populationen, die Biodiversität oder die Auswirkungen auf das Klima. Natürlich ist weiterer Handel wichtig. Heutzutage müssen wir aber auch die Meere schützen – vor uns selbst.

Neue Herangehensweisen und neue Maßnahmen sind eindeutig notwendig. Es besteht ein umfassender Bedarf nicht an Freiheit, sondern an Verantwortung für die Meere.

Diese Verantwortung ist Teil von Konzepten, die weder das Souveränitätsausmaß territorialer Staaten und ihre souveränen Rechte infrage stellen noch einen nachhaltigen maritimen Handel und die Vorteile der Industrie. Vielmehr geht es darum, beiden ein Schlüsselelement hinzuzufügen, das heutzutage unverzichtbar ist. Dieses Element kann uns in die Lage versetzen, mit den menschlichen Auswirkungen auf den ozeanischen Teil des Systems Erde umzugehen – und das hängt nicht in erster Linie von politischen Grenzen oder den sie formenden Triebkräften ab.

Die heutigen Richtlinien regeln mit einigen wenigen Ausnahmen die menschlichen Einwirkungen auf die Ozeane mit Hinblick auf die politische Begrenzung von Souveränität und Jurisdiktion, übertragen in Gesetze. Diese finden in den maritimen Zonen und in der grundsätzlichen Aufteilung der Rechtsprechungskompetenzen unter den Küstenstaaten ihren Ausdruck.

Die Leere der Meere: Ein erheblicher Teil der weltweiten Bestände an Speisefischen ist der Welternährungsorganisation FAO zufolge übernutzt oder gar erschöpft. Dazu haben auch deutsche Konsumenten und die deutsche Hochseefischerei-Flotte beigetragen, zu der die hier dargestellten Trawler »Kiel« und »Thüringen« gehören. Weltweit leeren solche »Fangfabrikschiffe« die Ozeane, um die Nachfrage nach Fisch zu stillen.

Aquarell »Deutsche Hochseefischerei vor Grönland«, Hans Peter Jürgens, 1999, DMO, 2003-561. Foto: DMA, BN52911

Aber viele reale Anliegen sind von globalem oder grenzübergreifendem Charakter: Weder sind sie von einer solchen Aufteilung abhängig noch können sie darauf beschränkt werden.

Regulierende Herangehensweisen wie ein ökosystembasiertes und ein Küsten und Ozeane integrierendes Management müssen in Gebieten angewendet werden, die sowohl unter nationale Rechtsprechung fallen als auch diese überschreiten. Neue Vorgehensweisen werden Meeresgebiete immer öfter als Ganzes ins Auge fassen müssen, innerhalb und außerhalb nationaler Rechtsprechung. Damit das möglich wird, brauchen wir einen koordinativen Mechanismus.

Von einer weiteren Warte aus gesehen richtet das Anthropozän noch viel größere Herausforderungen an die gegenwärtige Architektur des Seerechts. Die Basis aller maritimen Küstenzonen, wie sie im UNCLOS festgelegt ist, ist eine Linie. Eine Linie, die in jedem Fall in Orientierung auf die bestehende Küstengeografie gezogen wurde. Diese Linie ist die Basislinie.

Sie folgt entweder unmittelbar der Küste, in diesem Fall wird sie auch die »normale Basislinie« genannt, oder sie ist von der spezifischen Konfiguration der Küstenlinie und anderer Küstenbeschaffenheiten (eine Inselkette, Fjorde oder Ähnliches) abhängig, in diesem Fall wird sie als »gerade Basislinie« bezeichnet. Alles, was sich innerhalb Letzterer befindet, wird als interne Gewässer eines Küstenstaates verstanden. Ausgehend von den Basislinien (ob nun »normal« oder »gerade«) werden verschiedene maritime Zonen abgemessen. Dieser objektive Beurteilungsmaßstab, der sich auf eine gegebene Küstengeografie stützt, bildet nicht nur die Basis für die verschiedenen maritimen Zonen eines Küstenstaates: Er ist auch für das Abstecken maritimer Grenzen zwischen Staaten ausschlaggebend.

Das Vertrauen auf eine bestehende Küstengeografie – als objektive natürliche Beschaffenheit, die feststeht und vorhersehbar ist – ist der Grundpfeiler der heutigen Architektur des Seerechts. Die komplexe Struktur maritimer Zonen ruht jedoch auf der Erfahrung relativer Stabilität: ein Hauptmerkmal des späten Holozäns. Auf dieser Basis nahmen wir an, dass Küsten für immer weitgehend unverändert bleiben und ihre heutige Form behalten. Oder genauer gesagt: dass der Meeresspiegel weitgehend unverändert bleibt.

Das könnte sich ändern.[9] Während die tatsächliche Höhe des Meeresspiegelanstiegs im Einzelnen noch ungewiss ist, sogar für das zeitgenössische Jahrhundert, stimmen die Wissenschaftler darin überein, dass ein globaler Anstieg der Meeresspiegel eine der am sichersten anzunehmenden Folgen einer wärmeren Welt ist. Ansteigende Meeresspiegel werden nicht nur das Seerecht beeinflussen: Sie können sich auch viel weiter auf das gesamte internationale Recht auswirken, da seine fundamentalen Konzepte, wie z. B. das konstitutive Element der Eigenstaatlichkeit, ein definiertes Territorium voraussetzen. Diesem Verständnis liegt eine stabile Geografie zugrunde.

Die internationale Gesetzgebung sieht die Bedingungen des Holozäns als gegeben an – und unter dieser Prämisse wurde über die Jahrhunderte ein riesiges Gebäude des internationalen Rechts errichtet. Sicher herrscht demgegenüber heute keine unmittelbare Gefahr. Die geologische Zeit ist etwas gänzlich anderes als die Zeit aus politischer oder ökonomischer oder aus der lebensweltlichen Perspektive der Menschen.

Dennoch sollten wir uns einer Einsicht bewusst sein, die uns die Geologie ermöglicht. Der Anstieg des Meeresspiegels wird weitgehend als langsames, stufenweises und sich linear entwickelndes Phänomen angesehen, eine Sache von Millimetern im Ablauf von Jahrtausenden. Doch die geologischen Beweise lassen Schlussfolgerungen zu, dass einige Meeresspiegelanstiege der Vergangenheit sich in anderen Schritten vollzogen, mit signifikanten Sprüngen in relativ kurzen Zeitspannen von Jahrhunderten – vielleicht sogar Jahrzehnten,[10] gefolgt von längeren Perioden des Stillstands oder der langsameren Zunahme. Es ist sehr schwierig, die Zeitpunkte künftiger Sprünge vorherzusagen. Im letzten Jahrhundert ist der Meeresspiegel um ca. 20 cm angestiegen, in den letzten wenigen Jahrzehnten sogar mit Beschleunigung. Es wird angenommen, dass diese beschleunigte Zunahme das laufende Jahrhundert über andauern und der Meeresspiegel vielleicht bis 2100 auf bis zu 1 m anwachsen wird (Tendenz weiterhin zunehmend).[11]

Wie könnte das Anthropozän die Art ändern, wie wir unsere Ozeane betrachten und behandeln? Heutzutage sollten wir angesichts eines jeden Meeresgebietes – ob nun unter territorialer Souveränität oder Rechtsprechung stehend oder nicht – von den gleichen, geteilten Interessen angetrieben werden. In ihnen sollten wir zuallererst nach Lösungen suchen, zum Beispiel durch Maßnahmen, die auf ökosystemischen Herangehensweisen beruhen.

Zudem werden wir angesichts der ernsten Herausforderungen – in nicht allzu ferner Zukunft – erkennen müssen, dass die territoriale Souveränität (oder ihre Abwesenheit) nicht die einzig relevante Dimension darstellt. Tatsächlich ist sie nicht einmal die Hauptsache.

Lange haben wir die See als etwas betrachtet, das uns, die wir uns an ihren Ufern befinden, einfach zur Verfügung steht. Wir verlegten unsere Rechtsansprüche auf See. Und dort genossen wir auch unsere Freiheiten. Wir müssen allmählich zu dem Verständnis gelangen, dass eine andere Perspektive überwiegen muss: dass wir nur auf diesem Blauen Planeten leben können, weil es das Meer gibt – ein Meer, das zugleich eine stabile und gesunde Umwelt darstellt.

Millionen Tonnen Plastikabfall gelangen jedes Jahr in die Weltmeere und sammeln sich dort an. Sie bilden, wie im Pazifik, gigantische Müllstrudel. Der Fotograf Chris Jordan hat am Beispiel der Pazifikinsel Midway die Folgen dieser Plastikverschmutzung dokumentiert. Möwen und andere Seevögel verwechseln das Plastik mit Nahrung oder nehmen es über Fische auf. Viele Tiere verenden qualvoll an dem Abfall. Ihre Kadaver zeugen davon, wie weiträumig Ursache und Wirkung im Anthropozän verteilt sein können.

Foto: Chris Jordan

Wenn die Anerkennung des Anthropozäns einen Zugang zu diesem Verständnis ermöglichen kann, dann ist sie ein wichtiger Schritt. Sie als Gesetz zu verfassen, wird dann der Folgeschritt sein. Mit einer Erde, die sich im Anthropozän befindet, werden die Ozeane durch Gesetze regiert werden müssen, die für die Bedingungen einer neuen geologischen Epoche geschaffen wurden. Das Fundament für das geltende Seerecht wurde unter den Prämissen des Holozäns gelegt. Um den gänzlich verschiedenen Annahmen des Anthropozäns zu entsprechen, müssen wir über die Anpassung der Regeln hinausgehen – wir müssen die Grundlagen neu errichten.

Übersetzung: Susanne Darabas

1 »Die Freiheit der Meere« (»The Freedom of the Seas«) ist der heute geläufige Ausdruck. Er stammt aus der Übersetzung ins Deutsche von Richard Boschan (F. Meiner, Leipzig 1919). Eine erste Übersetzung ins Englische wurde bereits im 17. Jahrhundert von Richard Hakluyt dem Jüngeren angefertigt, der den Begriff »The Free Sea« (Das freie Meer) verwendete. Die bekanntere englischsprachige Übersetzung ist jedoch von Ralph van Deman Magofinn (Scott, J. B. (Hrsg.): The Freedom of the Seas. New York 1916).

2 Die Britische Ostindien-Kompanie wurde 1600 gegründet, während der Herrschaft von Queen Elizabeth I.

3 Vertragssammlung der Vereinten Nationen, Band 1833, S. 3; Text erhältlich unter http://www.un.org/Depts/los.

4 Grotius, Hugo: Von der Freiheit der Meere. Übers. Richard Boschan. Leipzig 1919, S. 72.

5 Aktuell siehe FAO: The State of the Fisheries and Aquaculture 2012. Rome 2012. Der erste Bewertungsbericht der FAO wurde 1974 abgegeben.

6 Siehe Fußnote 4, S. 59.

7 Zalasiewicz, Jan: Die Erde nach uns. Der Mensch als Fossil der fernen Zukunft. Heidelberg 2009, S. 183.

8 Überblick in Vidas, Davor; Schei, Peter Johan: The World Ocean in Globalisation. Challenges and Responses for the Anthropocene Epoch. In: Vidas, Davor; Schei, Peter Johan (Hrsg.): The World Ocean in Globalisation. Leiden 2011, S. 3–15.

9 Eine Besprechung wissenschaftlicher Literatur zum Meeresspiegelanstieg (Nicholls, Robert J. u. a.: Sea-Level Rise and Its Possible Impacts Given a »Beyond 4°C World« in the Twenty-First Century. In: Philosophical Transactions of the Royal Society – A 369 (2011), S. 161–181) gibt 2011 an, dass in einer Welt, die im Jahr 2100 um 4 Grad wärmer sein wird, der weltweite Meeresspiegel um etwa 0,5 bis 2 Meter ansteigen würde, dabei sind Anstiege unter 1 Meter weniger wahrscheinlich. Schätzungen, die der Weltklimarat (IPCC) 2013 veröffentlichte (Meeresspiegelanstieg um bis zu 98 cm), sind, verglichen mit den Prognosen von 2007 (bis zu 59 cm), bedeutend nach oben gegangen.

10 Blanchon, Paul; Shaw, John: Reef Drowning during the Last Deglaciation. Evidence for Catastrophic Sea-Level Rise and Ice-Sheet Collapse. In: Geology 23 (1995), S. 4–8; siehe auch O'Leary, Michael J. u. a.: Ice Sheet Collapse Following a Prolonged Period of Stable Sea Level during the Last Interglacial. In: Nature Geoscience 6 (2013), S. 796–800.

11 Woodruff, Jonathan D. u. a.: Coastal Flooding by Tropical Cyclones and Sea-Level Rise. In: Nature 504 (2013), S. 44–52.

Ackern für den Klimaschutz
Von der Nebenwirkung zum Gestalten

von Julia Pongratz

Wälder sind nicht nur ein wichtiger Lebensraum für Tiere und Pflanzen, sie speichern in Blättern, Stämmen, Wurzeln und Boden auch große Mengen Kohlenstoff. Aufforstungsprojekte, wie hier in Costa Rica, können dazu beitragen, der Atmosphäre Kohlendioxid zu entziehen und so dem Klimawandel entgegenzuwirken.

Foto: BaumInvest / Querdenker GmbH

Als der Chemiker Charles David Keeling 1958 begann, auf dem Vulkan Mauna Loa in Hawaii die Konzentration von Kohlendioxid (CO_2) in der Atmosphäre zu messen, ermittelte er einen Jahresdurchschnitt von 315 Kohlendioxidmolekülen pro Million Luftmolekülen (ppm). Von da an ist dieser Wert nicht nur mehr oder weniger beständig gestiegen, sondern der Anstieg hat sich außerdem beschleunigt – sorgenvoll beobachtet von vielen, denn die atmosphärische Kohlendioxidkonzentration ist ein bestimmender Einflussfaktor für die globalen Temperaturen. Im Mai 2013 erreichten die Messungen zum ersten Mal die Marke von 400 ppm.[1] Das Überschreiten dieses Wertes bedeutete nichts anderes als jede der Messungen der Jahre zuvor: dass nämlich die atmosphärische Kohlendioxidkonzentration, getrieben von den Aktivitäten einer wachsenden Weltbevölkerung, ein Niveau erreicht hat, auf dem sie seit mindestens 800 000 Jahren nicht mehr lag.[2]

Die Tatsache jedoch, dass wir diese Zahl so genau messen können, den Zeitpunkt des Erreichens dieser Marke sogar mit einiger Gewissheit vorhersagen konnten, unterstreicht, wie weit unsere Kenntnis darüber gereift ist, welche Konsequenzen unser Tun auf das globale Klimasystem hat. Nie zuvor in der Geschichte der Erde hat eine einzelne Art das Erdsystem in so kurzer Zeit so stark und in so vielen Teilbereichen verändert wie der Mensch in der modernen Zeit. Emblematisch zeigen dies die von Paul Crutzen und Will Steffen zusammengetragenen Kurven, die in immer gleicher Form das rasante Wachstum darstellen, vom Anstieg der Weltbevölkerung über Kohlendioxid- und Temperaturzunahme bis hin zum Artensterben.[3] Die Zusammenhänge zwischen menschlicher Aktivität und den Teilbereichen des Erdsystems sind zwar komplex, aber in weiten Teilen gut erforscht – hinlänglich jedenfalls, dass weitreichendes politisches Handeln zur Eindämmung des Klimawandels gerechtfertigt wäre.

Gewinnbringender, als den menschlichen Einfluss grundsätzlich zu verteufeln, wäre es aber, darüber nachzudenken, wie wir diese Wissensgrundlage für eine gesteuerte Einflussnahme verwenden können, und zwar in den Bereichen, in denen es sowieso nicht mehr möglich ist, unseren Einfluss auf die Natur wieder rückgängig zu machen. Ein solcher Bereich ist die Landnutzung.

Die Nutzung des Landes durch den Menschen in Landwirtschaft, Forstwirtschaft und Besiedelung ist nach der Verbrennung fossiler Energieträger die größte Quelle anthropogener Treibhausgasemissionen.[4] Kohlendioxidemissionen entstehen vor allem bei der Umwandlung von Wald zu landwirtschaftlichen Flächen. Zwar werden manche Teile des geschlagenen Holzes über Jahre genutzt (z.B. in Papier), andere sogar über Jahrzehnte oder Jahrhunderte (wie in Gebäuden); letztlich landet der darin enthaltene Kohlenstoff aber über kurz oder lang immer als Kohlendioxid in der Atmosphäre, entweder durch Müllverbrennung oder durch langsame Verrottung. Aber auch andere Treibhausgase entstehen bei der Nutzung von Land durch den Menschen, etwa Lachgas bei Düngung oder Methan bei Viehhaltung und Nassreisanbau. Betrachtet man alle Prozesse zusammen, stammen derzeit etwa ein Drittel aller anthropogenen Treibhausgasemissionen aus Landnutzung.[5] Landnutzung ist allerdings auch in anderer Hinsicht klimarelevant: Den Treibhausgasen stehen sogenannte biogeophysikalische Effekte gegenüber, die sich vor allem auf das lokale und regionale Klima auswirken. Aus der Vogelperspektive ist ein Acker deutlich heller als ein Wald, reflektiert also mehr Solarstrahlung und erwärmt sich weniger. Allerdings verdunstet ein dichter Wald oft mehr Wasser als ein flachwurzelnder Acker – diese Selbstkühlung durch Transpiration wirkt dem erwärmenden Effekt eines dunklen Waldes entgegen.

Die Vorstellung, dass Vegetation und Klima in Wechselwirkung miteinander stehen, reicht weit in die Wissenschaftsgeschichte zurück. Anfang des 19. Jahrhunderts beschrieb Alexander von Humboldt den Einfluss von Klima auf die Vegetation, als er bei seinem Aufstieg in die Anden untersuchte, wie sich mit der Höhe und damit dem vorherrschenden Klima die Artzusammensetzung und das Wachstum der Vegetation änderte. Zahlreiche Quellen beschreiben auch die Wechselwirkung in die andere Richtung, also den Einfluss von Vegetation auf das Klima: Plinius der Ältere etwa beobachtete den Effekt des Abholzens von Bergwäldern auf den lokalen Wasserkreislauf, und Christoph Kolumbus vermutete, dass die starken Niederschläge in der Karibik der Existenz des üppigen Regenwalds zuzuschreiben seien.[6] Die Schlussfolgerung, dass der Mensch durch eine Änderung der Vegetationsdecke Einfluss auf das Klima nehmen kann, lag somit nahe. Diese Vorstellung fand einen Höhepunkt in der Hypothese »rain follows the plow«, die Mitte des 19. Jahrhunderts die Urbarmachung der Great Plains Nordamerikas vorantrieb, im Glauben, die landwirtschaftliche Expansion würde dazu führen, dass die Niederschläge zunehmen (was sich später als einfache Koinzidenz entpuppte). Heute sind diese Prozesse sehr viel besser erforscht. Einen großen Fortschritt brachten nicht nur systematische Messkampagnen, sondern in den letzten Jahrzehnten auch die Entwicklung von Computermodellen, die die Wechselwirkung von Vegetation und Klima in vereinfachter Weise nachbilden können. Sie ermöglichen es, die Effekte vergangener Vegetationsveränderungen zu simulieren, vor allem aber auch verschiedene Szenarien für die Zukunft auf mögliche Effekte und Nebeneffekte zu testen.

Das Wissen, dass der Mensch das Klima durch Landnutzung beeinflussen kann, reicht also weit zurück – ähnlich wie unser Wissen, dass der Mensch das Klima durch die Verbrennung fossiler Energieträger beeinflusst. Doch dabei besteht ein interessanter Unterschied. Als Svante Arrhenius 1896 die Kohlendioxidemissionen der aktuellen Kohleproduktion ausrechnete und auf den Treibhauseffekt von Kohlendioxid aufmerksam machte,[7] hatte die Menschheit seit Beginn der Industrialisierung etwa Hundert Jahre zuvor gerade einmal um die 36 Milliarden Tonnen Kohlendioxid durch die Verbrennung fossiler Energieträger freigesetzt. Das ist so viel wie heute in einem einzigen Jahr. Die Emissionen zu Beginn der Industrialisierung waren vernachlässigbar gegenüber den mächtigen natürlichen globalen Austauschprozessen von Kohlendioxid. Mit der massiven Verbrennung fossiler Energieträger begann die Menschheit also erst, nachdem die wissenschaftlichen Grundlagen gelegt waren, die den Einfluss industrieller Aktivität auf das Klima beschrieben – das Wissen um die Folge lag grundsätzlich bereits vor.

Ganz anders war die Lage bei der Landnutzung, die auf eine deutlich längere Geschichte zurückblickt als die Verbrennung fossiler Energieträger. Jahrtausendelang hatten Jäger und Sammler bereits Feuer eingesetzt, um dichte Vegetation offen zu halten,[8] bevor Ackerbau und Viehzucht, die vor etwa 10 000 Jahren aufkamen, begannen, die Erdoberfläche nach und nach auf globaler Skala zu verändern. Zu Arrhenius' Zeit wurde schon mindestens ein Fünftel der Landoberfläche als Acker- oder Weideland genutzt. Die atmosphärische Kohlendioxidkonzentration war bereits im Mittelalter um Werte gestiegen, die nicht mehr durch natürliche Schwankungen erklärt werden konnten. Erst in den 1950er Jahren überschritten die Emissionen aus fossilen Energieträgern die aus der Landnutzung.[9] Modellsimulationen legen nahe, dass die Umwandlung von Wald in landwirtschaftliche Flächen durch veränderte Aufnahme von Solarstrahlung auf lokaler Skala eine Abkühlung um ein Grad bewirkt haben könnte.[10]

Trotz vielfacher Warnungen geht die globale Entwaldung weiter. Allein zwischen den Jahren 2000 und 2012 sind weltweit 2,3 Millionen Quadratkilometer Wald abgeholzt worden. Von der Internationalen Raumstation aus haben Astronauten der NASA festgehalten, wie am Xingu-Fluss im Nordosten des brasilianischen Bundesstaates Mato Grosso großflächig Wald in Flammen steht. Ein weiterer Schwerpunkt heutiger Entwaldung ist Indonesien.
Foto: NASA

Doch keiner der beschriebenen Effekte auf den Kohlenstoffkreislauf und die Temperaturen auf der Erde war unseren Vorfahren bewusst, als sie begannen, Grassamen zu sammeln und Tiere zu domestizieren. Ihnen kam es nur darauf an, inmitten eines sich nach Ende der letzten Eiszeit rapide verändernden Klimas neue Lebensgrundlagen zu finden. Jahrtausendelang blieb der Einfluss des Menschen auf das Klima auf unbewusste Nebeneffekte beschränkt. Nicht zuletzt war es, folgt man Jared Diamonds Argumentation, erst die Landwirtschaft, die eine sesshafte, sozial differenzierte Gesellschaft ermöglichte, die ihrerseits Voraussetzung für die Entwicklung von wissenschaftlicher Forschung war.[11] Landnutzung hat also das Gesicht der Erde verändert und, wie sich heute zeigt, das Klimasystem beeinflusst, weit bevor dies überhaupt ins Blickfeld der Wissenschaft rücken konnte. Das zunehmende Verständnis für diese Prozesse eröffnet einen neuen Blick auf die Frage nach der Verantwortung für die Folgen des anthropogenen Klimawandels. Es eröffnet aber auch die Möglichkeit, Effekte menschlichen Handelns nicht länger als Nebeneffekte hinzunehmen, sondern sie zur absichtlichen Einflussnahme einzusetzen.

Dies ist umso wichtiger, als Landnutzung sich zur treibenden Kraft hinter den Veränderungen der Erdoberfläche entwickelt hat. Lediglich ein Viertel der Landoberfläche ist heute noch naturbelassen, zumeist in Subpolarregionen und den Trockenwüsten der Erde, und selbst diese Regionen werden durch den Klimawandel nun indirekt vom Menschen umgestaltet. Der übrige Teil der Landoberfläche besteht zu etwa gleichen Teilen aus landwirtschaftlichen Flächen und aus anderweitig vom Menschen beeinflusster Vegetation. So sind etwa drei Viertel aller Wälder weltweit genutzt.[12] Die Transformation solch riesiger Flächen hat dazu geführt, dass sich die Menschheit ein Viertel der globalen Pflanzenproduktion zunutze macht, indem sie produktive Wälder vernichtet, Forstprodukte entnimmt und landwirtschaftliche Flächen aberntet.[13] Diese starke Einflussnahme des Menschen auf die Landoberfläche wird auch in Zukunft nicht nachlassen: Die prognostizierte Zunahme von Bevölkerung und Wohlstand und die zunehmende Bedeutung von Bioenergie wird den Bedarf an Nahrungsmitteln und Rohstoffen in den nächsten Jahrzehnten weiter ansteigen lassen. Während fossile Energieträger, zu einem gewissen Preis, durch kohlenstoffneutrale Alternativen ersetzt werden können, werden wir für Nahrungsmittel und Rohstoffe immer auf die Nutzung der Vegetation angewiesen sein. In Zukunft geht es deshalb darum, sie in viel klügerer Weise zu nutzen.

Auch wenn weitere Ökosystemleistungen wie Biodiversität mitberücksichtigt werden müssen, ist es möglich, Strategien zu entwickeln, um die Lebensbedürfnisse von Menschen zu befriedigen und gleichzeitig dem Klimawandel entgegenzuwirken. Erfolgreiche Anwendung findet diese Idee in Ackerbaumethoden wie etwa der Mulchsaat, einem Saatverfahren ohne Pflug, das durch Vor- und Zwischenfrüchte die Bodendecke intakt hält. In zahlreichen Fällen führt diese Methode nicht nur zu höheren Ernteerträgen durch verbesserte Wasser- und Nährstoffverfügbarkeit, sondern auch dazu, dass Kohlendioxid aus der Atmosphäre aufgenommen und gespeichert wird.[14]

Auch das Wissen um Nebeneffekte kann Wege eröffnen, den menschlichen Einfluss zu minimieren: Seit Jahren wird es als Klimaschutzmaßnahme diskutiert, landwirtschaftliche Brachflächen, wie sie aus ökonomischen Gründen zum Beispiel in Europa und Nordamerika entstehen, aufzuforsten. Modellsimulationen zeigen jedoch, dass Aufforstung in mittleren und hohen Breiten das Klima wahrscheinlich nicht wie damit beabsichtigt abkühlen, sondern eher erwärmen würde.[15] Zwar würde die Aufnahme von Kohlendioxid durch die nachwachsenden Bäume die atmosphärische Treibhausgaskonzentration reduzieren und das Klima kühlen, doch die verstärkte Aufnahme von Solarstrahlung der im Schnitt dunkleren Wälder würde diesen Effekt mehr als wettmachen. In den Tropen hingegen ist die Situation anders. Dort spielt die hohe Verdunstung der Wälder eine große Rolle und wirkt, wie die Kohlendioxidaufnahme, kühlend. Die tropische Entwaldung zu stoppen wird deshalb wohl die wirkungsvollere Maßnahme gegen den Klimawandel darstellen als die Aufforstung der nördlichen Breiten. Dieses Beispiel zeigt, wie wichtig es ist, wissenschaftliches Prozessverständnis in Landnutzungsentscheidungen einzubeziehen, um negative Nebeneffekte zu vermeiden und positive gezielt zur Eindämmung des Klimawandels einzusetzen. Ähnliches gilt für Projekte zur Anpassung an den Klimawandel. So können Wissenschaftler inzwischen ermitteln, welche Art von Vegetation in Mitteleuropa besser gegen Hitzewellen schützt, die infolge des Klimawandels häufiger auftreten könnten. Bei einer Hitzewelle erwärmt sich Grasland zunächst weniger

Weil immer mehr Menschen Fleisch essen, muss auch immer mehr Tierfutter angebaut werden, vor allem Soja und Weizen. Für den Sojaanbau werden in Südamerika große Flächen Regenwald gerodet. In den USA (Bild) findet Landwirtschaft bereits länger in industriellem Maßstab statt, was dazu führt, dass die Böden erodieren und wenig Kohlenstoff speichern.

Foto: Fotokostic / Shutterstock.com

schnell als Wald, ein Effekt, der sich aufgrund unterschiedlich starker Verdunstung nach einigen Tagen jedoch umkehrt.[16] Je nach prognostizierter Länge typischer Hitzewellen kann somit die eine oder die andere Art von Landnutzung die extremen Temperaturen stärker mindern.

Die Effekte von Landnutzung auf das Klima waren über Jahrtausende unbekannt und unbeabsichtigt. Doch selbst bei heutigem Kenntnisstand dominiert der Verbrauch von Kohle, Öl und Gas aus Industrie, Energieerzeugung und dem Transportsektor weiterhin die öffentliche und politische Diskussion zum Klimaschutz. Dies ist teilweise auf die kleinere Rolle von Landnutzung als Quelle von Treibhausgasen zurückzuführen, teilweise wohl aber auch auf die Komplexität und Vielzahl ihrer Effekte auf das Klima. Doch basierend auf Fallstudien wie den hier beschriebenen ist es möglich, bei zukünftigen Landnutzungsmaßnahmen schrittweise die relevanten Effekte zu berücksichtigen. Darunter fallen der Einfluss auf Biodiversität und Nahrungsmittelsicherheit, die Veränderung der Kohlenstoffbilanz und der sich daraus ergebende Einfluss auf die globalen Temperaturen sowie die »biogeophysikalischen« Auswirkungen auf den Wasserkreislauf und lokale Temperaturen. Nicht alle diese Effekte sind in ihrer Stärke im Einzelfall bekannt. Die Berücksichtigung wenigstens derjenigen Effekte, die abschätzbar sind, wäre aber ein Schritt, um Landnutzungsmaßnahmen danach zu bewerten, wie stark sie zu Ökosystemleistungen beitragen, den globalen Klimawandel abmildern und es der Bevölkerung ermöglichen, sich an lokale Klimaänderungen anzupassen.

Die bewusste Einflussnahme auf das Klimasystem durch Landnutzung wird oft als »Geoengineering« bezeichnet. Landnutzung hebt sich jedoch qualitativ stark von den meisten anderen Geoengineering-Maßnahmen ab. Vieldiskutiert sind Methoden wie das Einbringen von Staubteilchen in die Atmosphäre, um so einen Teil der Solarstrahlung von der Erde weg zu reflektieren; oder eine Veränderung der Ozeanchemie, um verstärkt Kohlendioxid aus der Atmosphäre aufzunehmen. Diese Methoden sind jedoch teuer in der Umsetzung und mit hohen Risiken verbunden, was die biologischen und klimatischen Folgen unvorhersehbarer Nebeneffekte oder eines plötzlichen unkontrollierten Abbruchs der Maßnahmen angeht. Anders ist die Lage bei Landnutzung: Durch ihre lange Geschichte sind viele Landnutzungsaktivitäten, direkt oder indirekt, hinsichtlich ihrer Klimawirkung bereits getestet; ihre Effekte können in fast allen Regionen der Erde beobachtet werden, so dass die Folgen zukünftiger Landnutzungsänderungen besser abgeschätzt werden können. Darüber hinaus haben wir, anders als beim großflächigen Einbringen von Aerosolen in die Atmosphäre oder einer Veränderung der Ozeanchemie, zur Landnutzung keine Alternative. Die Alternative zu ersteren, radikalen Eingriffen in das Klimasystem ist eine substanzielle Reduktion der Verbrennung fossiler Energieträger, was unsere oberste Priorität zur Verringerung des menschengemachten Klimawandels sein muss. Doch daneben sollten wir den menschlichen Einfluss dort, wo er unvermeidlich ist, verstehen und akzeptieren – und ihn klug gestalten.

1 Scripps Institution of Oceanography: The Keeling Curve, http://keelingcurve.ucsd.edu (Abruf: 04.11.2013).
2 Stocker, Thomas u.a. (Hrsg.): Summary for Policymakers. In: Climate Change 2013. The Physical Science Basis. Contribution of Working Group I to the Fifth Assessment Report of the Intergovernmental Panel on Climate Change. Cambridge 2013.
3 Crutzen, Paul J.; Steffen, Will: How Long Have We Been in the Anthropocene Era? In: Climatic Change 61 (2003), S. 251–257.
4 Le Quéré, Corinne u.a.: The Global Carbon Budget 1959–2011. In: Earth System Science Data 5 (2013).
5 Metz, Bert u.a. (Hrsg.): Climate Change 2007. Mitigation. Contribution of Working Group III to the Fourth Assessment Report of the Intergovernmental Panel on Climate Change. Cambridge 2007.
6 Bonan, Gordon: Ecological Climatology. Cambridge 2002, S. 1–5.
7 Arrhenius, Svante: On the Influence of Carbonic Acid in the Air upon the Temperature of the Ground. In: Philosophical Magazine and Journal of Science 41 (1896), S. 237–276.
8 Bowman, David M.J.S. u.a.: Fire in the Earth System. In: Science 324 (2009), S. 481–484.
9 Pongratz, Julia u.a.: Effects of Anthropogenic Land Cover Change on the Carbon Cycle of the Last Millennium. In: Global Biogeochemical Cycles 23 (2009), H. 4, DOI: 10.1029/2009GB003488.
10 Betts, Richard A. u.a.: Biogeophysical Effects of Land Use on Climate. Model Simulations of Radiative Forcing and Large-Scale Temperature Change. In: Agricultural and Forest Meteorology 142 (2007), S. 216–233.
11 Diamond, Jared: Guns, Germs, and Steel. New York 1999.
12 Food and Agriculture Organization of the United Nations: Global Forest Resources Assessment 2010. Rom 2010.
13 Haberl, Helmut u.a.: Quantifying and Mapping the Human Appropriation of Net Primary Production in Earth's Terrestrial Ecosystems. In: Proceedings of the National Academy of Sciences 104 (2007), S. 12942–12947.
14 Lal, Rattan: Soil Carbon Sequestration Impacts on Global Climate Change and Food Security.
In: Science 304 (2004), S. 1623–1627.
15 Claussen, Martin u.a.: Biogeophysical versus Biogeochemical Feedbacks of Large-Scale Land Cover Change. In: Geophysical Research Letters 28 (2001), S. 1011–1014.
16 Teuling, Adriaan J. u.a.: Contrasting Response of European Forest and Grassland Energy Exchange to Heatwaves. In: Nature Geoscience 3 (2010), S. 722–727.

Städte bauen, die wie Planeten denken ...[1]

von Marina Alberti

Staus machen in vielen Metropolen Menschen krank, führen zu erheblichen CO_2-Emissionen und schaden der Wirtschaft. Weltweit versuchen Städte, umweltfreundlichere Verkehrssysteme zu entwickeln. Dazu gehört eine Stärkung des Fahrradverkehrs. Für London hat der Architekt Sir Norman Foster einen Vorschlag für Fahrrad-Hochstraßen entwickelt. Auf dem »ScyCycle« sollen Pendler sicher und umweltfreundlich zur Arbeit und zurück gelangen.

Foto: Exterior Architecture / Foster+Partners / space syntax

Vor mehr als einem halben Jahrhundert konfrontierte Aldo Leopold seine Leser mit der programmatischen Aufforderung, »wie ein Berg zu denken«: Er wollte die räumlichen und zeitlichen Maßstäbe des Landschaftsschutzes erweitern, indem er die Dynamik eines Berges mit einfließen ließ.[2] Die Definition einer Landschaftsethik war der erste Schritt zu Anerkennung der Tatsache, dass wir alle Teil einer größeren Gemeinschaft sind, die Boden, Wasser, Pflanzen, Tiere und alle Komponenten und Prozesse des Landes einschließt, die Beute- ebenso wie die Raubtiere.

Auf ganz ähnliche Weise formulieren heute Paul Hirsch und Bryan Norton eine neue Umweltethik, indem sie uns auffordern, »wie ein Planet zu denken«.[3] Ausgehend von Hirschs und Nortons Idee bin ich der Meinung, dass wir den dimensionalen Raum unserer mentalen Modelle in Stadtplanung und -gestaltung auf den planetaren Maßstab ausdehnen müssen.

Im Anthropozän sehen sich Städte einer wichtigen Herausforderung gegenüber: Sie müssen sich selbst im Kontext planetaren Wandels neu überdenken. Welche Rolle spielen Städte in der Entwicklung der Erde? Aus planetarer Sicht könnte die Entstehung von Städten und ihre rapide Ausbreitung über den Globus einen weiteren Wendepunkt im Leben unseres Planeten darstellen. In einer Welt, in der mehr als die Hälfte der Menschheit in Städten lebt, in der das dichte Netzwerk menschlicher Siedlungen ein Hauptmerkmal nächtlicher Ansichten der Erde aus dem All darstellt, dürfen wir keine Städte bauen, die nur sich selbst dienen; wir müssen Städte bauen, die wie ein Planet denken.

Eine planetare Perspektive auf die Planung und den Bau von Städten, die wir uns wünschen – Städte, die lebenswert, widerstandsfähig und aufregend sind –, hält viele Herausforderungen und Chancen bereit. Zuerst verlangt es, dass wir das Spektrum unserer Archetypen ausbauen. Gegenwärtige Archetypen spiegeln verzerrte und oft extreme Vereinfachungen wider, von biologischem Determinismus bis hin zu einem gleichermaßen engstirnigen wissenschaftlich-technischen Optimismus. Bestenfalls handelt es sich dabei um korrekte, aber unvollständige Beschreibungen der Funktionsweise der Welt. Für mich lautet die zentrale Frage: Können wir uns Städte als Orte vorstellen, an denen sich Menschen mit natürlichen Systemen in Koevolution entwickelt haben und weiterhin entwickeln werden?

Gekoppelte Mensch-Natur-Systeme werden weder allein von natürlicher Auslese noch ausschließlich von menschlicher Erfindungskraft beeinflusst, sondern von hybriden Prozessen und Mechanismen. Diese hybride Natur macht sie instabil und gibt ihnen gleichzeitig die Fähigkeit zur Innovation. Dieses Novum hybrider Systeme ist entscheidend für Reorganisation und Erneuerung. Urbanisierung modifiziert die Schwankungen von Ressourcen über Raum und Zeit, schafft neue Störgrößen und erzeugt neuartige, kompetitive Interaktionen zwischen verschiedenen Spezies. Dies ist deshalb besonders wichtig, weil die Verteilung ökologischer Funktionen innerhalb einer Ebene und über unterschiedliche Ebenen hinweg entscheidend für die Fähigkeit des Systems zur Selbstregeneration und Selbsterneuerung ist.[4]

Ein einzelnes Individuum kann keine vollständige Antwort auf die Frage geben, wie eine Stadt aussehen würde, die wie ein Planet denkt. Die Antwort liegt in der kollektiven Vorstellungskraft und dem sich wandelnden Bewusstsein von Menschen unterschiedlicher Kulturen, die eine Vielfalt von Orten auf dem Planeten bewohnen. Die Menschheit hat die Fähigkeit, langfristig zu denken. Im Laufe der gesamten Geschichte haben Menschen, wenn sie sich mit Abholzung oder anderen Umweltveränderungen konfrontiert sahen, erfolgreich auf langfristiges Denken zurückgegriffen, wie uns Jared Diamond in Erinnerung ruft: Genannt seien etwa die Tokugawa Shogune, die Inka-Herrscher, die Hochlandbewohner von Neuguinea oder die Grundbesitzer im Deutschland des 16. Jahrhunderts.[5] Oder, in jüngerer Zeit, die Chinesen. Viele europäische Länder wie auch die Vereinigten Staaten haben dramatisch ihre Luftverschmutzung reduziert, während sie gleichzeitig Nutzung und Verbrauch von Energie und fossilen Brennstoffen erhöhten. Menschen haben die intellektuelle und moralische Befähigung, sogar noch mehr zu tun, wenn sie sich auf schwierige Probleme einlassen und sich ernsthaft um eine Lösung bemühen.

Eine Stadt, die wie ein Planet denkt, baut man nicht mit vorgefertigten gestalterischen Lösungen oder Planungsstrategien. Genauso wenig können wir davon ausgehen, dass die beste Lösung überall auf der Welt, unabhängig von Ort und Zeit, gleich gut funktioniert. Stattdessen wird eine solche Stadt auf Prinzipien aufgebaut sein, die das Blickfeld dergestalt erweitern, dass es planetare Prozesse und Maßstäbe mit einschließt und den Menschen innerhalb des Evolutionsprozesses der Erde verortet. Solch eine Sichtweise erkennt die Geschichte des Planeten in jedem Element oder Baustein des urbanen Geflechts wieder, vom Gebäude zum Gehsteig, vom Hinterhof zum Park, von der Wohnstraße bis zur Autobahn. Es ist eine Sichtweise, die neugierig darauf ist zu verstehen, wer wir sind, und darauf, wie wir uns die neuen Strukturen, Prozesse und Rückkopplungen nutzbar machen können, die sich aus der Interaktion von Mensch und Natur ergeben. Es ist eine Stadt verankert im Hier und Jetzt und zugleich in den ganz unterschiedlichen zeitlichen und räumlichen Dimensionen menschlicher und natürlicher Prozesse, denen die Erde unterworfen ist. Eine Stadt, die denkt wie ein Planet, ist gleichzeitig widerstandsfähig und wandlungsfähig. Wie kann solch eine Perspektive Entscheidungsprozesse in der Praxis leiten?

Stadtplaner und Entscheidungsträger, die für strategische Entscheidungen und Investitionen in öffentliche Infrastruktur verantwortlich sind, wollen wissen, ob es allgemeine Eigenschaften oder Charakteristika in der Architektur und Verwaltung einer Stadt gibt, die auf deren adaptive und transformative Fähigkeiten schließen lassen. Kann uns ein solcher Perspektivwandel helfen, die Evolution menschlicher Siedlungen, ihre Anpassung an Wandel und ihren Erfolg richtig zu betrachten und zu interpretieren? Die Erforschung komplexer Systeme liefert Hinweise darauf, dass Systeme mit größerer Heterogenität – etwa Wirtschaftssysteme mit vielfältigen ökonomischen Aktivitäten und Ökosysteme mit einer Vielfalt von Arten – und Modularität (in denen einige Komponenten voneinander unabhängig sind) tendenziell größere Anpassungsfähigkeit besitzen als diejenigen, die durch eng verbundene homogene Elemente gekennzeichnet sind.[6] Andere Eigenschaften komplexer Systeme, die die Anpassungsfähigkeit erhöhen und Innovation ermöglichen, sind Frühwarnsysteme, Selbstorganisation und *cross-scale interaction* (Aktivitäten, die Angebote oder Maßnahmen unterschiedlichster Größenordnungen und Zuständigkeiten miteinander verknüpfen). Inwiefern finden sich diese Eigenschaften in Städten wieder?

Diversität ermöglicht einem System Flexibilität und macht es auch einer Stadt möglich, unter einer Vielzahl von Bedingungen zu funktionieren (beispielsweise durch mehrere unterschiedliche Verkehrsträger). Als der Hurrikan Sandy im Oktober 2012 unerwartet die New Yorker U-Bahn überflutete und für eine Woche außer Betrieb setzte, brachte dies viele miteinander verbundene Aktivitäten zum Erliegen. Gerade unter solchen Umständen erleben wir jedoch die größten Überraschungen. Was in New York erfolgreich funktionierte, war die Flexibilität einer imperfekten und redundanten städtischen Infrastruktur, die Alternativen und Ausweichmöglichkeiten bereithielt.

Jeder zweite Mensch lebt heute bereits in einer Stadt, und der Trend zur Urbanisierung hält unvermindert an. Der »Boston-Atlanta-Metropolitan-Sprawl«, von dem in den 1980er Jahren der Science-Fiction-Autor William Gibson sprach, ist heute zu einem guten Teil Realität, wie die Aufnahme der US-Ostküste aus der Internationalen Raumstation zeigt. In Asien entstehen unterdessen »Mega-Regionen« mit mehr als hundert Millionen Einwohnern.
Foto: NASA

Modularität ermöglicht autonome Funktionalität und macht es einem System wie der baulichen Infrastruktur einer Stadt möglich, Beeinträchtigungen in Grenzen zu halten und Dominoeffekte zu vermeiden, etwa durch ein modulares Stromnetz. Das Stromnetz ist ein gutes Beispiel unabhängiger Netzwerke, bei denen ein Zusammenbruch an einem Ort zum Zusammenbruch an anderen Orten führt. Ein Zusammenschluss stabilisiert zwar manche Prozesse durch die Verbesserung von Leitungspfaden für den Stromerzeuger, kann aber auch instabile Energiesysteme schaffen, in denen sich ein Ausfall über die hoch interdependenten Netzwerke verbreiten kann. Modulare Elektrizitätsnetze machen es möglich, Teile des Systems zu isolieren, die selbstständig weiterarbeiten und substitutive Funktionalität unter Extrembedingungen gewährleisten können.

Cross-scale interactions ermöglichen funktionale Redundanz über verschiedene Größenordnungen hinweg und erlauben dem System, auf Störungen durch die Nutzung innovativer Alternativen zur Substitution von Versorgungsleistungen zu reagieren (beispielsweise im Hinblick auf Energie, Nahrung, Herkunft und Bezugswege von Wasser). Ähnlich wie Spezies einer funktionalen Gruppe, die in verschiedenen Zeit- und Raumdimensionen agieren, Widerstandsfähigkeit erzeugen, so verstärken auch urbane Infrastruktursysteme, die mit verschiedenen Versorgungsleistungen operieren, die Funktionalität des Systems und verbessern seine Widerstandsfähigkeit.

Frühwarnsysteme sind entscheidend bezüglich Anpassung und Transformation. Die Antizipation katastrophaler Ereignisse und die Möglichkeit eines gefahrlosen Systemversagens hängen von der Einrichtung von Frühwarnsystemen ab, die es erlauben, dass wesentliche Funktionen weiter ausgeführt werden, auch wenn ein Teil des Systems ausfällt. Frühwarnsysteme sorgen für Rückmeldungen in Echtzeit und sehen Katastrophen voraus, so dass das System »sicher ausfallen« kann (beispielweise Frühwarnindikatoren, Echtzeitwarnungen, Küstenschutzzonen).

Selbstorganisation ist ein Prozess, in dem Strukturen auf der allgemeinen Ebene eines Systems aus den zahlreichen Interaktionen zwischen Komponenten auf niedrigeren Ebenen desselben Systems entstehen. Selbstorganisation ermöglicht es natürlichen und sozialen Systemen – etwa Sandrippeln oder Börsenmärkten – ihre innere Struktur und Funktion in Reaktion auf äußere Umstände zu ändern. Neuartige Formen sozialer Organisationen und sozioökologischer Funktionen entstehen aus Interaktionen zwischen einer Vielzahl von Kräften auf unteren Ebenen, wodurch Chancen zur Transformation erzeugt werden.

Die Prinzipien der Widerstandsfähigkeit in die Praxis übersetzen

Eine koevolutionäre Perspektive verschiebt den Planungsfokus hin zur Interaktion zwischen Mensch und Natur, zu anpassungsfähigen Feedback-Mechanismen und zu flexiblen institutionellen Rahmen. Statt Gemeinden auf die Umsetzung starrer »Lösungen« festzulegen, konzentriert sich ein solcher Ansatz auf das Verständnis der »Spielregeln«, um Selbstorganisation zu erleichtern sowie *Top-down-* und *Bottom-up*-Managementstrategien vorsichtig auszubalancieren. Der Planungsprozess wird dann auf Prinzipien aufbauen, die die Heterogenität von Formen und Funktionen urbaner Strukturen vergrößern, und auf Infrastrukturen, die die Stadt stützen. Diese Infrastrukturen fördern Modularität (die anstelle einer allgemeinen Konnektivität gewählt wird), um interdependente dezentralisierte Systeme zu schaffen, die ein gewisses Maß an Autonomie entwickeln. Lokale Behörden müssen in naher Zukunft wichtige Entscheidungen über Flächennutzung und Infrastrukturinvestitionen treffen, die die Richtung städtischer Entwicklung in der nahen Zukunft bestimmen können. Erfolg oder Misserfolg zukünftiger Politik und Verwaltungspraxis wird von der Fähigkeit abhängen, der Komplexität und Unsicherheit dieser Systeme Rechnung zu tragen.

Um die inhärente Unsicherheit gekoppelter Mensch-Natur-Systeme anzugehen, müssen wir die Mythen der Stabilität und Optimalität infrage stellen, von denen die Stadtplanung lange geprägt wurde. Die Idee eines »optimalen Modells« stützt sich auf die Annahme, dass Grenzwerte über die Zeit hinweg konstant bleiben, dass sie erkannt und vorhergesagt werden können und dass Widerstandsfähigkeit in einem Bereich und in einer räumlichen und zeitlichen Größenordnung auch Widerstandsfähigkeit in anderen Bereichen und anderen Maßstäben bedeutet. Darüber hinaus gründet anpassungsfähige Planung auf der Idee, dass wir Widerstandsfähigkeit bewahren können, indem wir unsere gegenwärtigen institutionellen Rahmenbedingungen anpassen. Im Anschluss an die neuesten Erkenntnisse aus der urbanen Ökologie ist die Annahme infrage zu stellen, dass ein Wandel in der Struktur der Urbanisierung zugunsten eines einzigen »optimalen« Modells ein wünschenswertes Ziel ist, welches Widerstandsfähigkeit garantiert.[7] Kein einzelnes Modell ist, wie ich meine, durchgehend widerstandsfähiger als andere. Widerstandsfähigkeit hängt von verschiedenen biophysischen und sozioökonomischen Bedingungen in einzelnen Regionen und Größenordnungen ab.

Ich schlage fünf Prinzipien für die Planung unter Unsicherheitsbedingungen vor, um Widerstandsfähigkeit und Innovationsfähigkeit in urbanen Ökosystemen zu aktivieren:

- Bewahrung vielfältiger sozialer und ökologischer Strukturen und Prozesse, die vielfältige soziale und ökologische Funktionen aufrechterhalten;

Die Städte der Zukunft sind so weitläufig, dass sie selbst als Ökosysteme funktionieren müssen. Zur Infrastruktur der Verkehrs- und Versorgungswege kommt die grüne Infrastruktur hinzu. Sie sorgt dafür, dass Stadtbewohner sich entspannen, frische Luft atmen, sauberes Wasser bekommen und inmitten von Häusern Vogelstimmen hören können. Städten, die nicht als Ökosysteme funktionieren, droht dagegen der Kollaps.
Foto: Alison Hancock / Shutterstock.com

- Konzentration auf die Bewahrung von Selbstorganisation und Verbesserung der Anpassungsfähigkeit statt des Versuchs, Wandel zu kontrollieren und Ungewissheit zu reduzieren;
- größere Berücksichtigung von Ungewissheit und Überraschung durch die Entwicklung von Strategien, die über einen möglichst weiten Bereich denkbarer Zukunftsszenarien robust bleiben;
- Schaffung von Freiräumen für Experimentier-, Lern- und Anpassungsmöglichkeiten durch flexible Richtlinien und Strategien, die die Diversität natürlicher und menschlicher Gemeinschaften nachahmen;
- Ausbau der Kapazität zum Wandel anhand von transformativem Lernen durch die Infragestellung von Prämissen und die aktive Neukonfiguration von Problemstellungen und politischem Handeln.

In Städten auf der ganzen Welt gehen Menschen mit gutem Beispiel voran, wodurch die Überprüfung solcher Hypothesen möglich werden wird. Menschliche Zeitwahrnehmung und menschliche Erfahrung von Wandel treten zunehmend als ein zentraler Aspekt im Wechsel zu einer neuen städtebaulichen Perspektive hervor. Wir brauchen Testfälle, um zu erkunden, was funktioniert und was die zeitliche Abfolge individuellen und kollektiven Verhaltens verschieben kann. Mehrere nordeuropäische Städte haben erfolgreiche Strategien zur Reduktion von Treibhausgasen verabschiedet und diese mit innovativen Ansätzen kombiniert, die ihnen die Anpassung an die unvermeidlichen Konsequenzen des Klimawandels ermöglichen wird. Ein Beispiel ist der »Klimaplan Kopenhagen 2025«.[8] Er zeigt der Stadt einen Weg auf, bis 2025 durch effiziente kohlendioxidfreie Verkehrs- und Baukonzepte zur ersten CO_2-neutralen Stadt der Welt zu werden. Die Stadt ist dabei, ein U-Bahn-System zu bauen, das für 85 Prozent ihrer Bewohner den Weg zur nächsten U-Bahn-Station auf maximal 600 Meter verkürzen wird. Fast drei Viertel der geplanten Emissionssenkungen sollen durch den Umstieg auf eine weniger kohlendioxid-intensive Wärme- und Stromversorgung mit einem Mix aus sauberen Energieträgern erzielt werden: Biomasse, Wind, Geothermie und Solarenergie. Kopenhagen gehört außerdem zu den ersten Städten, die einen Plan für die Anpassung an den Klimawandel verabschiedet haben, um das Schadenspotenzial der in den nächsten 100 Jahren zu erwartenden extremen Stürme und steigenden Pegelstände zu verringern.

Andere Strategien, die den Menschen ein Leben mit den unvermeidbaren Überflutungen ermöglichen, werden in den Niederlanden untersucht. Diese Strategien beinhalten das Bauen auf dem Wasser zur Entwicklung schwimmender Gemeinden wie auch die Konstruktion und Implementation von anpassungsfähigen Strandschutzvorrichtungen, die sich natürliche Prozesse zunutze machen. Das »Sandmotor«-Versuchsprojekt verwendet eine Kombination von Wind, Wellen, Gezeiten und Sand, um erosionsgeschädigte Küsten zu regenerieren.[9] Der niederländische *Rijkswaterstaat* und die Provinzregierung Südholland schufen aus einer großen Menge Sand eine künstliche Halbinsel von einem Kilometer Länge und zwei Kilometern Breite; Wind und Strömung werden diesen Sand mit der Zeit umverteilen und in Sanddünen und Strände verwandeln, die die Küste schützen.

New York bietet ein gutes Beispiel für langfristige Planung, indem es Anpassungs- und Transformationsstrategien in seinem Plan zur Errichtung einer widerstandsfähigen Stadt kombiniert. Der frühere Bürgermeister Michael Bloomberg skizzierte einen 19,5 Milliarden US-Dollar schweren Plan zur Verteidigung der Stadt gegen den Anstieg des Meeresspiegels. Viele der schnell wachsenden Städte des globalen Südens beginnen auf ähnliche Weise eine Führungsrolle zu übernehmen. Johannesburg verabschiedete zum Beispiel einen der ersten Pläne zur Anpassung an den Klimawandel, ebenso wie Durban und Kapstadt (Südafrika), Quito (Ecuador) und Ho-Chi-Minh-Stadt (Vietnam), wo man zur Entwicklung einer Resilienz-Strategie eine Partnerschaft mit Rotterdam (Niederlande) eingegangen ist.[10]

Um zu denken wie ein Planet und alle Möglichkeiten auszuloten, müssen wir möglicherweise andere Fragen stellen. Statt zu fragen, was gut für den Planeten ist, müssen wir fragen, was gut für einen von Menschen bewohnten Planeten ist. Was ist ein guter menschlicher Lebensraum auf der Erde? Und statt optimale Lösungen zu suchen, sollten wir Prinzipien identifizieren, die die diversen Gemeinden auf der Welt prägen werden. Die besten Lösungsansätze könnten vorläufiger Natur sein, da wir weder alle Mechanismen des Lebens verstehen noch die Konsequenzen menschlicher Handlungen vorhersagen können.

Übersetzung: Stefan Esselborn

1 Bei diesem Aufsatz handelt es sich um eine adaptierte Fassung eines Kapitels meines in Kürze erscheinenden Buches, Cities as Hybrid Ecosystems.
2 Leopold, Aldo: A Sand County Almanac. New York 1949.
3 Hirsch, Paul; Norton, Bryan: Thinking Like a Planet. In: Thompson, Allen; Bendik-Keymer, Jeremy (Hrsg.): Ethical Adaptation to Climate Change. Human Virtues of the Future. Cambridge, MA 2012, S. 317–334.
4 Peterson, Garry; Allen, Craig R.; Holling, C. S.: Ecological Resilience, Biodiversity, and Scale. In: Ecosystems 1 (1998), S. 6–18.
5 Diamond, Jared: Kollaps. Warum Gesellschaften überleben oder untergehen. Übers. Sebastian Vogel. Frankfurt/Main 2005.
6 Scheffer, Marten u.a.: Anticipating Critical Transitions. In: Science 338 (2012), S. 344–348.
7 Alberti, Marina: Cities as Hybrid Ecosystems. Erscheint 2015.
8 http://cityclimateleadershipawards.com/copenhagen-cph-climate-plan-2025/ (Abruf: 24.03.2014).
9 http://www.dezandmotor.nl/en-GB/ (Abruf: 24.03.2014).
10 http://cityclimateleadershipawards.com/johannesburg-climate-change-adaptation-plan-ccap/ (Abruf: 24.03.2014).

Belebte Schichten
Indigene und die Reichweite von Ressourcen

von Luke Keogh

In the middle of nowhere? Was aussieht wie eine leere Ödnis, ist in Wahrheit eine reichhaltige Kulturlandschaft. Seit vielen Zehntausend Jahren leben Aborigines in Gegenden wie der Simpsonwüste im Herzen Australiens. Die Landschaft ist durchdrungen von ihren Mythen, Geschichten und Lagerplätzen. Primitiv waren in Wahrheit die Weißen, die diesen kulturellen Reichtum nicht verstanden haben.

Foto: Angus Emmott

Wohnanlagen in Boca Raton, Florida, USA.

Foto: Daily Overview / DigitalGlobe

Alle paar Hundert Meter tauchen in der Wüste wellenartige Sandhügel auf. Der Sand bleibt am Kamm des Hügels in immer dünner werdenden Schichten liegen und rieselt dann an den Seiten herunter. Es gibt Hunderte, Tausende von diesen Sandhügeln, die sich durch die Simpsonwüste in Zentralaustralien ziehen. Sie ist eines der Gebiete, die am schwierigsten zu bereisen sind, und noch dazu einer der am weitesten entfernten Orte dieser Erde. Die Reifen des Allradantriebs drehten durch und fanden schließlich Halt, als das Fahrzeug über einen weiteren Hügel donnerte. Ich saß im Beifahrersitz neben Donald, der der einzige Parkaufseher des Simpson Desert Nationalparks ist und ein Rangältester der in Australien heimischen Gruppe der Wangkangurru. Wir suchten nach einem kulturellen Ort, den er *Rainbow Snake Rocks* nannte – hier häutete sich einst die Regenbogenschlange,

Als Europäer die Welt eroberten, bedeutete dies für Hunderte Millionen Indigene Tod und Sklaverei. Im Cerro Rico, einem 4800 Meter hohen Berg bei Potosí in Bolivien, setzten die spanischen Kolonialherren im 16. Jahrhundert Indios zur Förderung von Silber und Zink ein – unter brutalen Bedingungen. Die Vorkommen des Berges sind bis heute nicht erschöpft.

Historische Zeichnung Goldbergwerk, 15. Jahrhundert
Foto: ullstein bild – imageBroker / H.-D. Falkenstein

nachdem sie die Quellen in der Wüste erschaffen hatte. Donald hatte die großen weißen Felsen früher schon einmal gesehen, aber damals, vor mehr als zehn Jahren, war keine Zeit, um den Standort aufzuzeichnen, weswegen er ihn sich nur geistig eingeprägt hatte.

Im Fahrzeug waren ein GPS-Gerät, eine Kamera und ein Notizbuch, in das ich alles eintrug, damit ich bei unserer Rückkehr sofort die Lage im Verzeichnis für Kulturerbe festhalten konnte. Australische Ureinwohner bezeichnen das Land als *country:* eine spirituelle Heimat. Die Anthropologin Deborah Bird Rose beschreibt es so: »*Country* ist eine lebendige Einheit mit einem Gestern, einem Heute und einem Morgen, mit einem Bewusstsein und einem Lebenswillen.«[1] Heute wünschen sich viele australische Ureinwohner, in die Zukunft ihrer *countries* eingebunden zu sein, und pflegen weiterhin die ihnen innewohnenden Geschichten. Die Stätten der Vorfahren zu finden und in einem Verzeichnis zu registrieren, ist eine Möglichkeit, dies zu tun.

Es gab keine Straße. Wir hatten den sandigen Weg bereits verlassen und fuhren über Gebüsch und trockene Grashügel, durch Vertiefungen im Gelände, die durch Wüstenbeuteltiere entstanden waren, und je weiter wir kamen, desto holpriger wurde es. »Schnall dich an«, sagte Donald einmal zu mir, obwohl er selbst keinen Sicherheitsgurt anlegte. Er schaltete einen Gang zurück und jagte das Fahrzeug über einen weiteren Sandhügel. So ging es eine Stunde lang weiter und wir drangen immer tiefer in eine von Australiens trockensten und rauesten Wüsten vor. Und dann sahen wir sie. Die Zementblöcke und die rostenden Pfeiler rissen mich mit einem Mal aus meinen Gedanken. Das waren nicht die *Rainbow Snake Rocks* – das war ein verlassener Gasbrunnen.

Der Ethabuka-1-Gasbrunnen wurde 1974 aufgegeben. Die Erdgasexploration begann in den späten 1950er Jahren im zentralaustralischen Wüstenstaat. Innerhalb eines Jahrzehnts wurden auf dem Land der Ureinwohner große Hauptleitungen durch die Wüste gebaut, die die Erdgasvorkommen mit den Hauptstädten vernetzten. Ergiebige Funde führten zu einer noch größeren Suche nach Erdgas und man drang in immer rauere und ökologisch anfälligere Gebiete vor. Im Ethabuka-Brunnen gab es beträchtliche Gasvorkommen, aber der abgelegene Standort machte ihn unrentabel. Mit der abnehmenden konventionellen Gasversorgung und neuen Fracking-Technologien ist die Erdgassuche inzwischen in die abgelegensten Wüstenregionen Australiens zurückgekehrt. Viele davon liegen auf dem Land der Ureinwohner, wo die Menschen noch immer eine enge Verbindung zum *country* haben.

Die Reise in die australische Wüste führte mich an den am weitesten entfernten Ort, an dem ich je war. Jetzt, da ich in München lebe und arbeite, einer schönen, gepflegten europäischen Stadt, vergeht kaum ein Tag, an dem meine Gedanken nicht von meinem Büro zu der rauen Wüstenregion wandern – zu dem roten Sand, den Wasserstellen am Ende der Welt, zu den Pelikanen und Eukalyptusbäumen, dem Wüstengras und den verfallenen Zäunen. Aber durch das viele Nachdenken über das Anthropozän und den Gasbrunnen erkannte ich, dass es womöglich keinen einzigen Fleck auf der Erde gibt, der nicht durch Industrialisierung und Abbau in Mitleidenschaft gezogen ist. Die Suche nach Ressourcen und die damit verbundene Ausbeutung der jeweiligen Umgebung hat signifikante Auswirkungen sowohl auf die biologische als auch auf die kulturelle Vielfalt.

Die erstickte Erde

Zwei der verschiedenen Zeitpunkte, die für den *golden spike* vorgeschlagen werden, der den Beginn des Anthropozäns markieren soll, sind entweder das späte 18. Jahrhundert mit der Entwicklung der Dampfmaschine und dem Anfang der Industrialisierung oder die 1940er Jahre mit dem Beginn der Atombombenexplosionen. Beide Zeitangaben stellen eine bedeutende Wende für die Ausbeutung des Planeten durch den Menschen dar und beinhalten wichtige Aspekte von Vernetzung, Geschwindigkeit und Größenordnung. Die Dampfzüge verbanden Menschen und Ressourcen über Kontinente hinweg auf eine Weise, die für immer unser Verständnis von Entfernungen verändern sollte. Atombomben, die radioaktiven Niederschlag über das Land und in die Atmosphäre brachten, breiteten sich schließlich über die ganze Erde aus.

Die Wissenschaftler, die nach den Zeichen für diese neue geologische Ära suchen, müssen Spuren menschlicher Aktivität im Gestein finden. Aber wir müssen aufpassen, dass eine Bezeichnung wie »Anthropozän« nicht die Vorstellungskraft und die kulturelle Vielfalt verdeckt oder gar erstickt. Es ist leicht, aus dem Anthropozän einen kolonisatorischen Begriff zu machen, wenn man unvorsichtig damit umgeht und sich nur wenig Gedanken über die Feinheiten und Unterschiede der vielen Kulturen der Welt gemacht hat. In etlichen frühen Museumsausstellungen zum Beispiel wurden Ureinwohner als »primitiv« oder als »edle Wilde« dargestellt.[2] Das Konzept des »edlen Wilden« beschrieb eine bestimmte Art und Weise, die indigenen Kulturen zu verstehen, die es den Europäern erlaubte, im Namen des Fortschritts andere Völker aufzusuchen und zu verdrängen. Dieses Verständnis schlich sich auch in das bisweilen recht naive Denken der früheren Umweltschutzdebatten ein.

Wenn niemand auf die weltweite Stimmenvielfalt hört, können das Anthropozän und die Ansichten, die ihm zugrunde liegen, die Erde – eine stratigraphische Schicht, die es uns ermöglicht, zu vergessen und uns einzumischen – in vielfacher Weise ersticken. Wenn es bei der Idee um die Ausbreitung der Menschen in alle Ecken der Erde geht, ist es wichtig, sich an das zu erinnern, was die Anthropologin Anna Tsing sagt: »Kulturelle Vielfalt beschert den weltweiten Beziehungen kreative Spannungen.«[3]

Sprache der Ressourcen

Für die ersten Europäer, die die australische Wüstenlandschaft sahen, durch die Donald und ich reisten, erschien sie ebenso trostlos wie bedeutungslos. Aber für die australischen Ureinwohner war das Land voller Leben. Vor und während der Zeit der ersten Kontakte gab es in der Wüste ausgiebigen Handel mit heimischen Ressourcen, der sich über Tausende von Kilometern erstreckte, darunter Ocker, Steinäxte und Pituri. Letzteres ist eine psychoaktive Substanz, die aus Pflanzen gewonnen wurde, die auf genau den von mir bereisten Sandhügeln wuchsen. Der Handel fand an unterschiedlichen Orten statt, an denen verschiedene Gruppen zusammen kamen und ihre Ressourcen und Geschichten miteinander tauschten. Für die Ureinwohner hatten die Orte, an die man in dieser Wüste kam, viele Bedeutungsebenen, nicht nur für praktische Zwecke, sondern auch für die Geschichten, die dort verwurzelt sind. Die Geschichten der Aborigines erschaffen eine Schicht, die sich über die ganze Wüste legt, die man aber nicht anfassen oder greifen kann. Die Linguistin Luise Hercus beschreibt es so: »Im Australien der Ureinwohner wird die gesamte Landschaft als ein Netzwerk aus Geschichten betrachtet: Der Geschichtenerzähler kann keinen Ort erwähnen, ohne sofort eine Vision dessen zu haben, was dort in der Vergangenheit passiert ist.«[4] Meistens werden sie Traumgeschichten oder Traumpfade genannt. Die Menschen aus dem Osten Zentralaustraliens, wie die Wangkangurru, die Wangkamadla und die Wangka-Yutyurru, die Zugang zur Pituri-Quelle hatten, beschrieben sie als Geschichten. Sie belebten das *country* und schenkten ihm Bedeutung. Aber man kann die Geschichten nicht verstehen, ohne die Sprache zu kennen. Als Donald und ich in den Sandhügeln unterwegs waren, wartete Luise Hercus gespannt im Lager auf uns und wollte hören, was wir gefunden hatten. Hercus ist 85 Jahre alt und hat einen großen Teil ihres Lebens damit verbracht, indigene Sprachen aus der Wüstenregion aufzuzeichnen. Jetzt im Alter ist sie eine der wenigen, die noch Wangkangurru sprechen, neben einer Reihe anderer Sprachen. Sie wurde in München geboren, aber flüchtete während des Zweiten Weltkriegs nach Australien. Die letzten fünfzig Jahre brachte sie damit zu, die Geschichten der Aborigines aufzuzeichnen und zu übersetzen. In der Wüstenregion, in der Pituri wächst, gibt es niemanden, der noch Wangka-Yutyurru spricht – die Sprache ist ausgestorben. Den anderen beiden Sprachen, Wangkamadla und Wangkangurru, könnte das auch passieren. Die fortdauernde Existenz einer Sprache ist ein wichtiger Indikator für die Einschätzung der kulturellen Vielfalt.

Letzte Worte aus der Ethnosphäre

Viele Wissenschaftler diskutieren den Verlust der Artenvielfalt und sehen ihn als wesentliche Herausforderung für das Anthropozän. Jan Zalasiewicz und Will Steffen stellten fest, dass mit dem größer werdenden Einfluss der Menschen auf die Erde es diejenigen Tiere besser haben, die mit ihnen gut auskommen, wie Hunde und Katzen, während andere Spezies schlechter abschneiden. Dabei ist die Argumentation simpel und überzeugend: Wenn die Artenvielfalt geringer wird, verlieren wir. Aber nur wenige Leute sprechen über den Verlust von Kulturen.

Es gibt schätzungsweise über 6000 Sprachen auf der Erde, nur etwa die Hälfte davon wird Kindern gelehrt. Es wird prognostiziert, dass innerhalb eines Jahrhunderts zwischen 50 und 90 Prozent dieser Sprachen verschwunden sein werden.[5] In der Sprache geht es nicht nur um Worte und Satzbau. Eine Sprache beinhaltet Geschichten und Rhythmus und auch Weltanschauungen. Wie Luise Hercus mir einmal erklärte, wollte sie, als sie mit ihrer Arbeit begann, zunächst die Sprache der Aborigines dokumentieren, aber sie merkte schnell, dass sie die Geschichten der Aborigines festhalten musste, weil man das eine nicht vom anderen trennen konnte. Als wir bei anderer Gelegenheit im Auto unterwegs waren, erklärte sie mir, dass einer ihrer wichtigsten Ansprechpartner für linguistische Fragen *Irinyili* hieß, ein Wort, das auf Wangkangurru »Raum zwischen den Wolken« bedeutet. Wir haben weder im Englischen noch im Deutschen ein Wort für eine solche Beschreibung. Statistiken lassen den Schluss zu, dass ein dramatischer Rückgang an kultureller Vielfalt schwerer wiegt als die zahlreichen Prognosen bezüglich des Verlusts der Artenvielfalt. Eine Reihe von Wissenschaftlern und einige Museen haben begonnen, die Idee der »biokulturellen Vielfalt« zu fördern, um die Umwelt- und Kulturwissenschaften miteinander in Dialog zu bringen. Ein Beispiel dafür war das Symposium »Über den Erhalt von kultureller und biologischer Vielfalt in einer sich schnell ändernden Welt: Lektionen für die globale Politik« des *American Museum of Natural History* im Jahre 2008. Einer der interessanten Beiträge, die aus diesem Ansatz resultierten, zeigt, dass manchmal Orte mit sogenannter »Megadiversität« (außerordentlich hoher Artenvielfalt) gleichzeitig auch Orte mit hoher kultureller Vielfalt sind. Eine Idee, die noch aufrüttelnder ist und möglicherweise Berücksichtigung im Anthropozän findet, ist das Konzept der sogenannten Ethnosphäre. Nachdem der Ethnobotanist Wade Davis weltweit mit verschiedenen Kulturen gearbeitet hat, unter anderem aus Haiti, dem Amazonasgebiet, Kenia und der Arktis, merkt er an: »Allein zu wissen, dass solche Kulturen existieren, erinnert uns daran, dass die menschliche Vorstellungskraft unermesslich, fließend und grenzenlos in ihrer Leistungsfähigkeit für gesellschaftliche und geistige Erfindungen ist.«[6] Davis ist für den Begriff »Ethnosphäre« eingetreten, um die vielfältigen Beiträge indigener Kulturen aufzuzeigen. Er sagt: »Gemeinsam bilden die Kulturen der Welt ein intellektuelles und spirituelles Netz des Lebens, [...] das den Planeten umhüllt und isoliert und genauso unverzichtbar für unser kollektives Wohlbefinden ist wie die Biosphäre.« Er verwendet die passende Analogie, dass Sprache ein »alter Waldbestand des Geistes« ist. Die Ethnosphäre ist keine nostalgische Sichtweise auf den »edlen Wilden«, sondern das Bewusstsein, dass Veränderungen und Anpassung ein lebensnotwendiger Teil einer jeden Kultur sind. Bei dem drastischen Verlust kultureller Vielfalt geht es in Davis Augen nicht um Veränderung, sondern um Macht:

Die Tragödie ist letztlich nicht, dass altmodische Gesellschaften verschwinden, sondern dass dynamische lebendige Kulturen durch konkrete politische und wirtschaftliche Entscheidungen mächtiger Außenstehender aus der Existenz verdrängt werden.[7]

Ein gleicher Anteil?

Im Anthropozän ermöglichte die Technologie einen besseren Zugang zu Bodenschätzen. Dieser ermöglichte wiederum besseren Zugang zu Gütern wie Nahrung und Energie und erlaubte es diesen, weltweit einen Markt zu finden. Aber die Erzeugung, der Verbrauch und die Verteilung von Ressourcen und Reichtum erfolgten nicht gleichmäßig. Moderne Projekte, die gescheitert sind und Ruinen hinterlassen haben, dienen als Beispiel für die Ausmaße dieser Ausbeutung.

In der argentinischen Region Gran Chaco gab es ein gescheitertes Projekt von Geschäftsmännern und Regierungsangestellten, die in den 1860er Jahren Dampfer auf dem Bermejo-Fluss laufen ließen, um eine Handelsroute zu errichten. Sie verlief durch ein Gebiet, das damals unter der Kontrolle einheimischer Gruppen war. Eine intensive Phase kapitalistischer Expansion, die mit der Schifffahrt einherging, brachte Unheil und Zerstörung über die Lebensräume der Einheimischen. In den 1870er Jahren scheiterte das Projekt schließlich, aber die rostenden Trümmer der Dampfer blieben übrig. Heute sind diese Trümmer eine Quelle für Geschichten der Einheimischen, die von der Abwesenheit des Fortschritts erzählen. Auf gewisse Weise sind sie »illusorische Traumbilder«, wie der Anthropologe Gaston Gordillo im Rückgriff auf Susan Buck-Morris schreibt.[8] Für Gordillo, der mit den Menschen im Gran Chaco gearbeitet hat, liefern die Ruinen einen Einblick in die aktuelle Situation in Südamerika, wo Industriezweige wie die Agrarwirtschaft die Menschen von ihrem Land vertrieben und Herrschaftsverhältnisse etabliert haben – alles im Namen des Fortschritts. Wie Gordillo schreibt: »Unzählige Orte auf der Welt liegen in den Trümmern des Fortschritts und können sich nicht davon trennen.«[9] Diese Trümmer werden in die gesellschaftliche Praxis übernommen – in diesem Fall in die Geschichten – und werden so ein bleibendes Element dessen, wie die Menschen weiterhin ihre Kultur leben und mit der Ausbeutung umgehen.

Es gibt auch andere Beispiele. Auf den Philippinen wütete ein Konflikt zwischen Bergarbeitern und Einheimischen aufgrund der Landnutzungsrechte und Umweltauswirkungen. 1996 ereignete sich ein Vorfall, bei dem der Damm des Marcopper Kupferbergwerks brach, wodurch riesige Mengen an säurehaltigen Abflüssen in den Boac-Fluss liefen. Nach diesem Unfall erklärten die Vereinten Nationen den Fluss für »biologisch tot«. Der Anthropologe William Holden, der den Vorfall analysierte, schilderte, dass eine der größten Folgen psychologischer Natur war. Die Menschen haben eine hartnäckige Angst vor dem Bergbau entwickelt, während sie die Vorteile, die es bringen könnte, diesen Industriezweig vor der Tür zu haben, nicht nutzen.[10] In anderen Fällen suchten die Bergbauunternehmen auf den Philippinen, ähnlich wie die Holzfällerunternehmen, enge Verbindungen zu paramilitärischen Kräften, um Proteste der Einheimischen abzuwehren. Es gibt eine Reihe solcher Probleme auf den Philippinen und in vielen anderen Ländern, die die Förderung von Ressourcen verfolgen. Zum einen ist da das Recht der Ureinwohner zu wählen, was mit ihrem Land passiert; zum anderen die Überbewertung der biologischen Auswirkungen des Rohstoffabbaus, ohne die kulturellen Folgen zu berücksichtigen.

In seinem kurzen, aber schreckenerregenden Roman »Die Brücke im Dschungel« (1929) erzählt B. Traven vom Tod eines jungen mexikanischen Einheimischen, der von einer Brücke fällt und ertrinkt, und von dem Effekt, den dies auf seine Gemeinschaft hat, besonders auf seine Mutter, die die schreckliche Aufgabe bewältigen muss, ihr Kind zu beerdigen. Untergründig handelt diese Geschichte aber auch vom Fortschritt: Ein Ölkonzern baute die Brücke, damit er seine Maschinen in die Region bringen konnte; um Geld zu sparen, befestigte er keine Geländer. Traven schreibt: »Wäre die Brücke nicht gebaut worden, wäre diese Geschichte vielleicht nicht erzählt worden.«[11] Viele Brücken wurden gebaut, viele Brunnen gegraben und viele Geschichten erzählt.

Zuhören

Zum Konzept des Anthropozäns gehört auch die Diskussion darüber, die Trennung zwischen Natur und Kultur aufzuheben. Indigene Verbindungen zwischen Geschichten und Landschaft bieten dem Anthropozän wichtige Einblicke, nicht nur in die Komponente der Ausbeutung, sondern auch in die sich ständig weiterentwickelnde Beziehung zwischen Natur und Kultur. Als ich zum ersten Mal in die zentralaustralische Wüste kam, um mit den Einheimischen zu arbeiten, wurden mir Geschichten erzählt, die jenseits meiner Vorstellungskräfte lagen; aber dennoch waren sie Wirklichkeit und wahr und das stellte meine Weltanschauung infrage. Zwei Jungen werden zu Vögeln und dann zu Schlangen, während sie durch die Wüste reisen. Die beiden machen auf ihrem Weg an besonderen Orten Halt – und diese Orte waren nicht nur Schauplatz für bedeutende kulturelle Feierlichkeiten, sondern sie waren auch die einzigen Stellen, an denen Reisende Wasser fanden. Für viele Einheimische sind Natur und Kultur nicht voneinander getrennt. Für die Leute, die mir ihre Geschichten erzählten, waren die *dreaming ancestors* so real wie die freigelegten Gesteinsschichten in der Wüste. Einheimische Kulturen, die Natur und Kultur nicht explizit voneinander trennen, bieten Einblicke, die uns helfen können, über die Grenzen hinauszudenken, die im westlichen Denken so lange hochgehalten worden sind.

Das Geschichtenerzählen bleibt den Menschen, aber die Fähigkeit, zuzuhören und Erfahrungen mitzuteilen, geht immer mehr verloren. Dabei dreht es sich nicht um geistige Höhenflüge hinsichtlich Natur, Kultur oder Mythologie, sondern um einfache Geschichten, die gehört werden wollen und gehört werden sollten. Infolge des verheerenden Tsunamis, der Ende 2004 über den Pazifik fegte, stellte sich heraus, dass eine Gruppe von Leuten wusste, dass sie vom Ufer fliehen musste, weil sie zugehört hatte: Die traditionelle Bevölkerung der Moken, die die Surin-Inseln des Mergui-Archipels zwischen Myanmar und Thailand bewohnen, hatte nach der Katastrophe keine Menschenleben zu beklagen. Die Geschichten der früheren Generationen erzählten von *la boon*, der größten von sieben Wellen, die die Kraft besaß, viele Menschen zu töten. Diese Geschichten besagten, dass die Menschen sich in die Berge flüchten sollten, wenn sich das Wasser entlang der Küste plötzlich zurückzieht. Die Sozialwissenschaftlerin Narumon Arunotai sagt: »Ihr Wissen und ihr Fassungsvermögen für scharfe Beobachtungen verschafften ihnen ein höchst effektives Warnsystem für Naturkatastrophen, ohne jegliche Hilfe moderner Technologien.«[12]

In vielen Gegenden der Welt kollidiert heute die westliche Lebensweise mit den Interessen indigener Völker. So kämpfen in Brasilien Angehörige des Kayapo-Stammes seit vielen Jahren vehement gegen den Bau eines der weltweit größten Wasserkraftwerke, das weite Teile ihrer Territorien unter Wasser setzen soll. Trotz der Proteste, mit denen sich führende Vertreter der katholischen Kirche und westliche Prominente wie der Musiker Sting und der Regisseur James Cameron solidarisieren, hält die brasilianische Regierung am Projekt »Belo Monte« fest.
Foto: Antonio Araujo / AP Photo

Gesteinsschichten

Zurück in der Wüste ließen Donald und ich den Gasbrunnen hinter uns und reisten weiter durch die Sandhügel auf der Suche nach wichtigen Stätten der Einheimischen. Als die Felsen von Donald und einer Reihe anderer Kollegen schließlich wiederentdeckt wurden, nannten sie sie *Rainbow Snake Rocks*. Nicht Sandsteinfelsen oder Sedimentgesteine, sondern sie benannten sie nach einer mythischen Geschichte aus dieser Gegend. In diesem Augenblick gab es eine Annäherung zwischen dem Wissen der Einheimischen und dem der Geologie. An irgendeinem Punkt gehen sie in die Geschichten der Kultur der Einheimischen ein wie auch in die Erkenntnisse der westlichen Wissenschaft. Wenn wir uns des Wertes indigenen Wissens bewusst und ihm gegenüber aufmerksam sind, werden diese Gesteinsschichten immer lebendig bleiben – solange wir bereit sind, zuzuhören.

Obwohl der Gasbrunnen ein Beispiel der beinah überall stattfindenden Industrialisierung ist, müssen wir uns daran erinnern, dass es zahlreiche vielschichtige Orte auf indigenem Land gibt. Gleichberechtigter Zugang zu Ressourcen und ein Verständnis von den indigenen Bindungen zum Land müssen ein Teil jeder Herangehensweise an das Anthropozän sein. Obwohl es einen Gasbrunnen in dieser Gegend gab und es dort vielleicht sogar einen Gasbrunnen in der Zukunft geben wird, ist es dennoch das Land der Einheimischen. Es ist in den Geschichten abgebildet. Wenn man die Gesteinsschichten betrachtet, erkennt man das vielleicht nicht, aber diese ausgebeuteten Orte sind auch lebende Orte. Und man sollte gewarnt sein, wie Donald mir sagte, denn: »Es ist ein großartiges Bild quer durch die Landschaft. Es ist widerstandsfähig gegen Wasser, aber nicht gegen Planierraupen.«

Ich habe mit einer kleinen Anzahl von Wüsteneinheimischen in Australien gearbeitet, die das Pituri-Land der Simpsonwüste bewohnen. Viele von ihnen mühen sich damit ab, jeden Tag über die Runden zu kommen und an den Bruchstücken ihres kulturellen Erbes festzuhalten, ganz zu schweigen davon, dass sie gegen die Firmen kämpfen, die nach Ressourcen auf ihrem Land suchen.

Gemeinsam haben wir Geschichten aufgezeichnet, Zeugnisse ihrer Kultur in Archiven ausfindig gemacht und ihre Bindung zum *country* mittels Feldforschung dokumentiert. Das meiste unserer Arbeit ist in Berichten oder in Filmmaterial festgehalten, das für die Öffentlichkeit nicht zugänglich ist; denn die Kontrolle über ihre eigene Identität ist einer der wichtigsten Aspekte, auf die wir hingearbeitet haben. Langsam üben sie wieder eigene Macht über ihr Land aus. Wenn wir an kulturelle Vielfalt im Anthropozän denken, müssen wir ein Bewusstsein haben für die Feinheiten, die Selbstbestätigung der Einheimischen, ihr Recht auf das Land und ihren Wunsch, aktiv an der Zukunft ihres Landes beteiligt zu sein. Ein Konzept mit so ehrgeizigen Zielen wie denjenigen des Anthropozäns muss die Anstrengung unternehmen, auf diese sehr regionalen und spezifischen Herausforderungen einzugehen.

Übersetzung: Constanze Sabathil

1 Bird Rose, Deborah: Nourishing Terrains. Australian Aboriginal Views of Landscape and Wilderness. Australian Heritage Commission, Canberra 1996, S. 7.
2 Auch im Deutschen Museum ist die aus dem Jahr 1992 stammende Dauerausstellung zum Thema Umwelt nicht frei von diesem »kulturellen Gepäck«.
3 Tsing, Anna Lowenhaupt: Friction. An Ethnography of Global Connection. Princeton 2005, S. x
4 Hercus, Luise: In the Simpson Desert. In: Donavan, Val; Wall, Colleen (Hrsg.): Making Connections. Brisbane 2004, S. 54.
5 Evans, Nicholas: Dying Words. Endangered Languages and What They Have to Tell Us. West Sussex 2010.
6 Davis, Wade: The Naked Geography of Hope. Death and Life in the Ethnosphere. In: Whole Earth 2002, S. 57.
7 Siehe Fußnote 6, S. 60.
8 Buck-Morris, Susan: The Dialectics of Seeing. Walter Benjamin and the Arcades Project. Cambridge, MA 1989, S. 159.
9 Gordillo, Gaston: Ships Stranded in the Forest. In: Current Anthropology 52 (2011), S. 158.
10 Holden, William N.: Indigenous Peoples and Non-Ferrous Metals Mining in the Philippines. In: Pacific Review 18 (2005), S. 417–438.
11 Traven, B.: Die Brücke im Dschungel. Berlin 1929.
12 Arunotai, Narumon: Moken Traditional Knowledge. An Unrecognised Form of Natural Resource Management. In: International Social Science Journal 58 (2006), S. 143.

Eine neue Ökonomie für das Anthropozän

von Pavan Sukhdev und Kavita Sharma

Hunderte Milliarden Euro fließen jeden Tag zwischen den Finanzzentren rund um die Welt. Doch wiederkehrende Finanzkrisen zeigen, welche zerstörerischen Kräfte diesem Geschehen innewohnen. Erschwerend kommt hinzu, dass das kapitalistische Wirtschaftssystem blind ist für die Werte und Dienstleistungen, die die Umwelt bietet.
Der Fotograf Andreas Gursky hat in seinem berühmten Werk »Chicago Board of Trade II« von 1999 das Treiben der Finanzmärkte in Szene gesetzt.

Foto: Andreas Gursky / VG Bild-Kunst, Bonn 2014, Courtesy Sprüth Magers Berlin London

In seinem Aufsatz »Die Ökonomie des zukünftigen Raumschiffs Erde«[1] von 1966 wählt Ken Boulding zur Beschreibung der Ökonomie eine äußerst passende Formulierung: »Cowboy-Ökonomie«. In dieser Art von Ökonomie werden Verbrauch und Produktion als positiv angesehen. Der Erfolg der Ökonomie wird am Durchsatz der Produktionsfaktoren (Arbeit, Boden und Kapital) gemessen und es stehen endlose Reserven für den Abbau von Rohstoffen und die Aufnahme von Abfällen zur Verfügung. Dann beschreibt Boulding eine Alternative, die er für deutlich besser erachtet: die »Raumfahrer-Ökonomie«. Hier soll der Durchsatz so gering wie möglich bleiben und der Erfolg wird nicht an der Produktion oder dem Verbrauch gemessen, sondern an der Form, dem Ausmaß, der Qualität und der Komplexität des gesamten Kapitalbestands, einschließlich des geistigen und gesundheitlichen Zustands der Menschen.

Seit Boulding seine Erkenntnisse und kühnen Empfehlungen für eine neue Ökonomie veröffentlicht hat, sind fast fünf Jahrzehnte verstrichen. Doch bis heute hat sich nicht viel verändert. Die »Cowboy-Ökonomie« ist das vorherrschende ökonomische Modell unserer Zeit. Was sich verändert hat, und zwar auf drastische Weise, ist die Fähigkeit der Biosphäre der Erde, unverändert zu bleiben. In anderen Worten: Die Naturgesetze konnten unserer ökonomischen Fiktion nicht gerecht werden, die unendliche Rohstoffvorräte und unendliche Kapazitäten für die Absorption von Abfällen oder Treibhausgasemissionen voraussetzte. Die Biosphäre der Erde nimmt es einfach nicht hin, dass wir uns von diesen »unbequemen Wahrheiten« distanzieren, abschotten und sie als »Externalitäten« abstempeln. Stattdessen hat sie begonnen, auf unser Verhalten wie auf jede andere bedeutende geologische Kraft zu reagieren. Damit tritt sie in ein neues Zeitalter ein: das Anthropozän.

Der Beginn des Anthropozäns ist von bitterer Ironie gekennzeichnet. Wir haben in Bezug auf Wohlstand, Gesundheitswesen, Lebensmittelproduktion und technologische Innovationen mehr erreicht als je zuvor, doch es ist uns immer noch nicht gelungen, für einen nennenswerten Teil der Menschheit Wohlergehen, gerechte Behandlung oder Mitbeteiligung zu gewährleisten. Unsere gemeinsame Zukunft ist durch erhebliche ökologische Knappheiten und fatale Umweltrisiken bedroht.

Die unzähligen Auswirkungen des Klimawandels sind bereits sichtbar und Millionen von Küstenbewohnern bekommen sie schmerzlich zu spüren. Die zunehmenden Einkommensunterschiede führen häufig zu sozialen Unruhen. Es gibt immer noch Millionen von Menschen, die in Hunger leben und sterben. Viele wurden vertrieben, enteignet und entmachtet. Unser Zeitalter ist vom Mangel gekennzeichnet.

Wie konnte es dazu kommen? Welch ein Wachstumskurs konnte zu solchen Umweltrisiken und zu solch einer Verknappung ökologischer Ressourcen führen? Und warum weigern wir uns trotz all dieser alarmierenden Signale, die Ken Boulding und andere bereits vor einem halben Jahrhundert erkannt haben, immer noch, uns zu ändern? Es gibt Faktoren, die wir verstehen und angehen müssen, wenn wir einen Ausweg aus dieser besorgniserregenden Situation finden wollen. Im Folgenden möchte ich die Grundzüge einer neuen Ökonomie für das Anthropozän vorstellen und auf eine Reihe hoher Prioritäten eingehen, die wir erfüllen müssen, um sie zu verwirklichen, bevor es zu spät ist.

Das Wesen unserer Ökonomie – ihr intensiver Ressourcenverbrauch, ihre Abhängigkeit von fossilen Brennstoffen und die von ihr erzeugten Abfälle, die fehlende Anerkennung und Beachtung öffentlicher Güter wie des Naturkapitals, die fehlende Berücksichtigung von Umwelt- und Sozialbelangen – ist der Hauptgrund für unsere Nachhaltigkeitsprobleme.

Die wichtigste Lehre, die wir aus der »Green Economy Initiative« der UN ziehen konnten, war, dass weitreichende Reformen unseres ökonomischen Modells erforderlich sind, wenn wir die Grundpfeiler einer nachhaltigen Entwicklung – in wirtschaftlicher, sozialer und ökologischer Hinsicht – aufbauen möchten.[2] Die Transformation der nicht nachhaltigen Ökonomie von heute zu der »grünen Ökonomie« von morgen – einer Ökonomie, die für eine Verbesserung des menschlichen Wohlergehens und der sozialen Gerechtigkeit sorgt und dabei die Umweltrisiken und die Verknappung ökologischer Ressourcen reduziert – ist keine einfache Aufgabe. Dies wird noch dadurch erschwert, dass der Hauptakteur der Ökonomie von heute – das Unternehmen – für alles andere als eine grüne Ökonomie konzipiert wurde.

Regierungen, die in der Theorie für Kontrollmechanismen und den Schutz des öffentlichen Wohls sorgen, sind stattdessen dieser falschen Art von Unternehmen dankbar, dass sie für das Wachstum des Bruttoinlandproduktes (BIP), eine hohe Beschäftigung und Steuereinkünfte sorgen, und wagen es in der Regel nicht, sie infrage zu stellen. Diese Widerwilligkeit wird durch Wahlkampfspenden an politische Parteien noch gestärkt. Die Zivilgesellschaft konzentriert sich mit ganzer Leidenschaft auf ihre Prioritäten, doch tut sie dies unsystematisch und geht häufig nur die Symptome und nicht die eigentlichen Ursachen für die gesellschaftlichen Probleme an. Einer Umgestaltung der Unternehmen wird keine Bedeutung beigemessen. Das Ergebnis ist, dass wir alles andere als eine grüne und gerechte Ökonomie der Dauerhaftigkeit haben und uns mit großer Geschwindigkeit in die falsche Richtung bewegen. Aus diesem Grund befürworte ich eine unter dem Namen *Great Transition* bekannte Initiative, die nach einer Ökonomie der Dauerhaftigkeit strebt.[3] Sie zeigt vier wichtige Akteure des Richtungswechsels auf: multinationale Unternehmen, zwischenstaatliche Organisationen, die Zivilgesellschaft, die durch Nichtregierungsorganisationen und spirituelle Gemeinschaften agiert, und schließlich die allgemeine Öffentlichkeit, die dazu in der Lage ist, die Notwendigkeit des Wandels ins Bewusstsein zu rücken und eine Änderung der Werte zu fördern.

Welche Änderungen sollten diese Akteure des Richtungswechsels anstreben, um die für das Anthropozän erforderliche Ökonomie zu schaffen, und warum sollten sie dies tun?

Die Umgestaltung des Unternehmens

Die Antriebskraft der modernen »Cowboy-Ökonomie« ist das multinationale Unternehmen.[4] Unternehmen sind die größten Akteure der Ökonomie. Auf den privaten Sektor entfallen weltweit rund 60 Prozent des BIP und 70 Prozent der Beschäftigung. Unternehmen sind so bedeutsam und allgegenwärtig geworden, dass wir sie zu Recht als wichtigste Institution unserer Zeit betrachten. Unternehmen sind für die moderne Ökonomie, was die Menschheit für das Anthropozän ist.

Doch das Unternehmen von heute ist die falsche Antriebskraft für die Ökonomie der Dauerhaftigkeit von morgen. Es strebt nach Wachstum und Gewinnen und setzt aggressiv Marketing, Werbung und Fremdkapital ein, um diese Ziele zu erreichen. Es ist ein Arbitragehändler in viererlei Hinsicht: in Bezug auf natürliche Ressourcen, die es immer von dort nimmt, wo sie am billigsten und einfachsten zu beschaffen sind, in Bezug auf Arbeitskräfte (je stärker dereguliert und je billiger, desto besser), in Bezug auf Fertigungskapazitäten, insbesondere aus Ländern, die nach Industrialisierung streben, und in Bezug auf Verbrauchermärkte, in denen reiche Käufer bereit sind, für Markenwaren und -dienstleistungen den höchsten Preis zu zahlen.

Unternehmen sind für ihr Wachstum auf Werbung und Fremdkapital angewiesen. Dabei überschreiten sie bereitwillig ethische Grenzen der Werbung und sichere Grenzen des Fremdkapitalanteils. Fremdkapitalisierung und Werbung sind für sich genommen zu mächtigen Kräften geworden, die zur Steigerung der Nachfrage und Förderung der Produktion beitragen, und ihre Exzesse sind ins moderne Unternehmensbrauchtum eingegangen. Diese Merkmale werden noch durch ein weiteres Verhalten der Unternehmen gekrönt: prinzipienloses Lobbying, um sich unlautere Vorteile zu verschaffen, diese aufrechtzuerhalten oder zu verbessern, wobei häufig der Wettbewerb eingeschränkt wird oder ein schädliches Produkt auf Kosten der Bürger länger auf dem Markt bleibt.

Alle diese treibenden Faktoren und Merkmale haben es Unternehmen ermöglicht, zu wachsen und zu florieren, dabei jedoch gleichzeitig zu äußerst negativen externen Effekten im Hinblick auf den ökologischen und sozialen Fußabdruck geführt. So werden der Gesellschaft durch das *business as usual* der dreitausend größten börsennotierten Unternehmen Schätzungen zufolge Kosten in Höhe von 2,1 Billionen USD aufgebürdet (in Form von Treibhausgasen, Umweltverschmutzung, Süßwasserknappheit, der Umwandlung von Naturgebieten usw.). Das entspricht 3,5 Prozent des globalen BIP.[5] Während eine weitere Verknappung der ökologischen Ressourcen und eine Zunahme der Umweltrisiken zu beobachten war, haben die Unternehmen also floriert. Privater Reichtum wurde auf Kosten von Verlusten der Öffentlichkeit angehäuft und der gerechte Wettbewerb wurde beeinträchtigt. Das durch Subventionen, Deregulierung und Zugang zu Fremdkapital angetriebene Wachstum der Unternehmen hat zu Marktbarrieren gegen die Einführung neuer Produkte und dem Ausschluss kleiner und mittelständischer Betriebe geführt. Das Resultat ist eine immense Trägheit des Systems.

Die Neugestaltung des Unternehmens bringt daher komplexe Herausforderungen mit sich. Sie erfordert die Erkennung, Messung und Bilanzierung externer Effekte, verantwortungsbewusste Werbung, die Einführung sicherer Grenzen für den Einsatz von Fremdkapital sowie Kontrollmechanismen, die rücksichtsloses Lobbying verhindern. Alle diese Änderungen sind erreichbar und einige davon (wie z. B. die Bilanzierung externer Effekte) werden bereits in Angriff genommen. Alle zusammen jedoch sind nichts Geringeres als eine Revolution, bei der Unternehmen zu Vorkämpfern und Mikroeinheiten der neuen grünen Ökonomie werden und nach einer Abschweifung von mehr als Hundert Jahren ihren sozialen Zweck wiederentdecken.

Messen, worauf es ankommt

Wie wir den Fortschritt der Ökonomie und der Unternehmen bewerten, hängt von den Kennzahlen ab, die wir für dessen Messung verwenden. Auf nationaler Ebene ist das BIP – sein Wachstum, seine Abnahme und sein internationaler Vergleich – die Lingua franca der politischen Entscheidungsträger. Und da wir das BIP messen, ist es auch das, was wir maximieren möchten. Doch alles, was uns das BIP verrät, ist der in Dollar angegebene Wert, der durch die Herstellung und den Verkauf von Waren und Dienstleistungen in einem Jahr hinzugefügt wird. Aus diesem Grund glauben wir am Ende schließlich, dass es in unserer Ökonomie nur darauf ankommt, Dinge so schnell wie möglich herzustellen und zu verkaufen, ohne darüber nachzudenken, ob wir dadurch eigentlich besser gestellt sind. Es ist eine interessante Tatsache, dass die Erfinder des BIP nie beabsichtigten, damit die Ziele der Gesellschaft zu definieren. Der Nobelpreisträger Simon Kuznets hat zur Entwicklung eines Systems der volkswirtschaftlichen Gesamtrechnung beigetragen, das letztendlich zum BIP führte. Im Jahr 1934 schrieb er in seinem ersten Bericht an den Kongress der Vereinigten Staaten: »Der Wohlstand einer Nation kann [...] nur schwerlich von der Höhe des Volkseinkommens abgeleitet werden.«[6]

Lässt sich Natur als Kapital begreifen? Umweltökonomen treten dafür ein, der Natur einen ökonomischen Wert beizumessen. Das könnte zum Beispiel bedeuten, dass Waldbesitzer für Artenvielfalt und Kohlenstoffspeicherung bezahlt werden und nicht nur dafür, abgeholzte Stämme zu erzeugen. Kritiker wenden dagegen ein, dass so der letzte ungenutzte Winkel der Erde, wie hier der Regenwald in Ecuador, der Logik des Geldes unterworfen wird.
Foto: Science Photo Library

Noch problematischer am BIP ist, dass wir unserem sozialen Kapital und Naturkapital nur wenig Wert beimessen. Institutionelles und soziales Kapital repräsentieren den Wert von Beziehungen, die öffentliche Ordnung und die »Verkehrsregeln« für jede Ökonomie. Alle diese Faktoren bestimmen unter anderem das BIP. Auch das Naturkapital fehlt in der Rechnung. Damit wird völlig außer Acht gelassen, dass die Dienstleistungen der Natur einen Großteil des sogenannten »BIP der Armen« darstellen, das bisher noch nicht gemessen wurde.

Die Rechnungslegung auf der Basis des BIP als Maßstab für Fortschritt kann irreführend sein. So kann das BIP durch Katastrophen gesteigert werden. Die Beseitigung eines Ölteppichs führt zu einem Anstieg des BIP, da nur die für die Reinigung erforderlichen Waren und Dienstleistungen, nicht aber die Entwertung der natürlichen Gemeingüter – oder der »Verschleiß« unseres Naturkapitals – in die Rechnung einfließen. Die Steigerung des BIP hat demnach ihren Preis gefordert: Wir haben das finanzielle und produzierte Kapital erhöht, doch dabei unser Naturkapital stark dezimiert. Wir als Gesellschaft müssen unser gesamtes System neu ausrichten und uns vom BIP lösen, um nationalen Fortschritt zu messen. Wir müssen »umfassenden Wohlstand« als Messgröße für unser Wohlbefinden im Anthropozän verwenden.

Der gleiche Grundsatz gilt auch für Unternehmen. Es kann nicht von der Hand gewiesen werden, dass hier ein besserer Rechnungslegungsrahmen erforderlich ist: In den gesetzlich vorgeschriebenen Jahresberichten der Unternehmen müssen sowohl die positiven als auch die negativen externen Effekte berücksichtigt werden. Dadurch würden nicht nur die ganzheitlichen Auswirkungen des Unternehmens auf die Ökonomie, die Gesellschaft und die Umwelt transparenter werden, sondern es würde auch aufgezeigt, in welchem Maß es dem Risiko der Ressourcenverknappung und -regulierung unterliegt.

Die Errichtung eines solchen Rahmenwerks auf internationaler Ebene ist nicht einfach, aber möglich. Schließlich gelten für alle Großunternehmen die vom *International Accounting Standards Board* (IASB) herausgegebenen internationalen Rechnungslegungsvorschriften, die »International Financial Reporting Standards« (IFRS). Aufgrund der Anzahl bedeutender externer Effekte und der vielfältigen Umstände, unter denen sie auftreten, ist ihre Bilanzierung ein schwieriges Unterfangen.[7] Metastudien wie TEEB (The Economics of Ecosystems and Biodiversity) haben gezeigt, dass die Bewältigung solch komplexer Anforderungen zwar eine Herausforderung, jedoch kein Ding der Unmöglichkeit darstellt. Hierzu können Methoden für die Schätzung und Bewertung untersucht und herangezogen werden.[8] Die Arbeit am Aufbau eines Rahmenwerks und an der Entwicklung von Methoden hat bereits begonnen und es gibt Beispiele für die freiwillige Offenlegung durch Unternehmensleitungen, wie z. B. von Puma (hinsichtlich externer Effekte auf Umwelt und Ökologie) und Infosys (hinsichtlich externer Effekte auf das Humankapital).

Zu messen, worauf es ankommt, ist unbedingt erforderlich, jedoch nicht ausreichend: Eine Ökonomie der Dauerhaftigkeit muss die Ergebnisse liefern, auf die es ankommt. Die Ökonomie des Anthropozäns wird sich an der Schaffung und Aufrechterhaltung von öffentlichem Vermögen – des Natur- und Sozialkapitals – orientieren müssen und nicht nur an weiteren Gelegenheiten für persönlichen Reichtum. Hierzu wird sie transparent und verantwortungsvoll sein müssen und sie wird die richtigen Anreize von den Regierungen benötigen. Mit anderen Worten: Steuern und Subventionen werden sich ändern müssen. Dies gilt auch für das Investitions- und Ausgabeverhalten der Regierungen.

Steuern und Subventionen

Wir besteuern heute die »positiven Effekte«, wie z. B. Gewinne aus unternehmerischer Innovation und Initiative sowie Einkünfte aus harter Arbeit, doch besteuern wir nur selten die »negativen Effekte«, wie den Verbrauch von Ressourcen (einschließlich der Verwendung der Atmosphäre als Abladeplatz für Emissionen) oder den Abbau von Ressourcen (von seltenen Mineralen, fossilen Brennstoffen usw.). Die Besteuerung solcher Ressourcen an der Quelle anstatt der späteren Besteuerung der Gewinne würde die Material- und Energieeffizienz fördern.

Steuerreformen werden für die Ökonomie der Zukunft eine zentrale Rolle spielen. Hier sind meiner Meinung nach Ressourcensteuern von besonders großer Bedeutung, da sie dazu führen, dass Rohstoffunternehmen für bisher externalisierte Kosten aufkommen. Dies führt zu einem Anstieg der Rohstoffpreise, so dass die Entwicklung weniger rohstoffintensiver Technologien gefördert wird. Eine weitere Strategie der Steuerreform ist die Reduzierung oder selektive Eliminierung des Steuervorteils für Kreditaufnahmen und die Finanzierung durch Fremdkapital gegenüber der Finanzierung durch Eigenkapital. Auch ungenutzte Grundstücke – ein Spekulationsinstrument, das Opportunitätskosten für die Gesellschaft bedeutet – sollten besteuert werden.

Wie dies bei jeder bedeutenden politischen Vorschrift der Fall ist, haben Steuern häufig unbeabsichtigte Folgen. So ist es bezeichnend, dass selbst in einer Publikation wie »Taxation, Innovation, and Environment« der OECD, die für den Nutzen von Steuern für die Innovationsförderung argumentiert, in einer Reihe von Fallstudien Steuern zitiert werden, mit denen nicht die erwarteten oder gewünschten Ergebnisse erreicht wurden. Stattdessen ist zu beobachten, dass sich politische Entscheidungsträger ständig an sich ändernde Umstände anpassen müssen und immer wieder von den Ergebnissen überrascht werden.[9] Dies ist jedoch der Preis, den wir für das Streben nach einer tragfähigen Zukunft bezahlen müssen, und kein Grund, uns davor zu scheuen.

Zu guter Letzt ist es äußerst wichtig, die Realität und die Probleme der aktuellen Regierungsausgaben zu erkennen. Einige der ökologischen und sozialen Misserfolge des letzten Jahrhunderts lassen sich am einfachsten mit einem Begriff charakterisieren: der Fehlallokation gewaltiger Mengen an Kapital. Und in keinem anderen Bereich sticht die Fehlallokation unseres Kapitals mehr ins Auge als bei den unsinnigen Subventionen, die aktiv den Fortschritt hemmen. Jedes Jahr wird der Verbrauch bzw. die Produktion fossiler Brennstoffe mit rund 650 Milliarden USD subventioniert. Das ist ungefähr 1 Prozent des globalen BIP. Und in dieser Zahl sind noch nicht einmal sogenannte implizite Subventionen,[10] wie z. B. ein von der Regierung finanziertes Straßennetz für den privaten Autoverkehr enthalten, das eine umfangreiche Subvention der Fortbewegung mit dem Auto und damit auch der fossilen Brennstoffe darstellt.

Das Problem der unsinnigen Subventionen beschränkt sich natürlich nicht nur auf fossile Brennstoffe. In vielen Bereichen, in denen die staatliche Unterstützung am nötigsten wäre, um wirtschaftliche und soziale Interessen aufeinander abzustimmen, ist genau das Gegenteil der Fall. Schon seit langem wurden Agrarsubventionen (in den OECD-Ländern sind dies jährlich insgesamt 273 Milliarden USD[11]) für Marktverzerrungen verantwortlich gemacht, die in den Entwicklungsländern zu dauerhafter Verknappung, Umweltzerstörung und Armut geführt haben.[12] Die Aufgabe und Verantwortung von Gruppen wie den G20 könnte nicht besser definiert werden als durch die dringende Notwendigkeit, diese unsinnigen Subventionen zu messen, berichtlich zu erfassen und zu reduzieren.

Staatliche Investitionen und öffentliche Beschaffung

Auch wenn Investitionen des privaten Sektors den Übergang zu einer grünen Ökonomie fördern können, sind die aktuellen Bedingungen nicht besonders günstig. Bleibende Ängste aus der letzten Rezession, die dazu führen, dass Verbraucher weniger ausgeben und mehr sparen, sowie eine erhöhte Risikowahrnehmung aufgrund veränderter wirtschaft-

Fünfhundert Milliarden Dollar Subventionen zahlen Regierungen weltweit pro Jahr dafür, dass Kohle, Erdgas und Erdöl gewonnen und verbraucht werden. Schon ein Teil dieser horrenden Summe würde reichen, um einen raschen Übergang zu umweltfreundlichen Energiequellen zu organisieren. Mächtige Lobbygruppen sorgen aber dafür, dass das Geschäft mit den fossilen Energieträgern, wie hier in einer Kohlegrube in Kasachstan, weiterläuft.

Foto: JVrublevskaya / Shutterstock.com

licher, politischer und ökologischer Bedingungen beeinträchtigen das Vertrauen und die Investitionstätigkeit der Unternehmen. Daher sind für den Aufbau der neuen grünen Ökonomie staatliche Ausgaben und Investitionen erforderlich.

Änderungen in der Steuerpolitik und neue Standards, die auf die Verbesserung der Transparenz durch Messung und Offenlegung abzielen, sollten von staatlichen Investitionen in eine grünere Ökonomie begleitet werden, und zwar in mehreren Sektoren: von der Landwirtschaft und Fischerei bis hin zu Energie und Transport. Doch die Priorität für staatliche Investitionen liegt im Bereich der Innovation. Wie Ökonomen bereits seit langem wissen, sorgt die freie Marktwirtschaft längst nicht mehr für das optimale Maß an Innovation.[13] Daher ist für Regierungen, die nach einem Übergang zu einer Ökonomie der Dauerhaftigkeit für das Anthropozän streben, die Investition in grüne Innovationen eine Priorität.

Die öffentliche Beschaffung wird auch ein kurzfristiger Katalysator sein, der für langfristige Ergebnisse sorgt: Bei den Regierungen macht die Beschaffung von Waren und Dienstleistungen zusammen mit Gehältern und Subventionen einen bedeutenden Anteil des Jahreshaushalts aus und sie können es sich aussuchen, ob sie umweltbewusst sein möchten oder nicht, wenn sie die Stromversorgung, Materialien, Autos und Gebäude für den Regierungsgebrauch auswählen. Jetzt ist der richtige Zeitpunkt für Regierungen, die für den Übergang zu einer grünen Ökonomie werben, Worten auch Taten folgen zu lassen, indem sie ihre Ausgaben in die richtige Richtung fließen lassen.

Vom Vorreiter zur »Gefolgschaft«

Als der größte Akteur der Ökonomie spielen Unternehmen bei der Schaffung der richtigen Ökonomie für das Anthropozän eine äußerst wichtige Rolle. Aufgrund ihrer negativen Externalitäten waren sie ein Großteil des Problems. Sie können jedoch auch gleichermaßen Teil der Lösung sein. Es gibt viele gute Beispiele für Regierungen und Unternehmen, die in Bezug auf eine grüne Ökonomie die richtigen Entscheidungen getroffen haben. Manche stehen schon heute für Aspekte des Unternehmens von morgen: Puma und Infosys (Bilanzierung von Externalitäten), Unilever (Einsatz für Reformen im Sektor, um die Abholzung des Regenwaldes auf nahezu Null zu reduzieren), Patagonia (umweltfreundliche Produktdesigns und Werbekampagnen) und andere. Mehrere Regierungen haben Maßnahmen zur Durchführung einer ökologischen Steuerreform, zur Reduzierung von Subventionen für fossile Brennstoffe und zu Investitionen in grüne Innovationen ergriffen. Doch diese Vorreiter sind zu vereinzelt und repräsentieren einen zu geringen Anteil der Weltwirtschaft. Offensichtlich ist die Gefolgschaft nicht groß genug. Wir sind immer noch weit davon entfernt, uns auf eine grüne und gerechte Ökonomie des Anthropozäns zuzubewegen.

Um Vorreiter und Gefolgschaft zusammenzubringen, muss sich der Fokus der Zivilgesellschaft grundlegend verändern und die breite Öffentlichkeit aufgeklärt werden. Dies ist jedoch noch nicht gegeben. Da die Zivilgesellschaft größtenteils unkoordiniert ist und sich stark auf ihre eigenen Probleme konzentriert, übersieht sie, wie viele gemeinsame Anliegen sie hat und wie viele der Hauptursachen für ihre Probleme auf die Externalitäten von Unternehmen und ein paar übliche politische Fehler zurückzuführen sind. Die Bürger müssen diese gemeinsamen Hauptursachen ernst nehmen und sich hinter ihnen vereinigen, damit sie effizientere Lobbyarbeit bei den Regierungen gegen Interessengruppen und die falschen makro- und mikroökonomischen Modelle leisten können. Die allgemeine Gleichgültigkeit der Öffentlichkeit ist wahrscheinlich der Hauptgrund, warum die komplexen, aber lösbaren Probleme von heute Gefahr laufen, die kritischsten Probleme von morgen zu verursachen: die Überschreitung der Grenzen der Erde, ohne wahre Lösungen in Sicht zu haben. Die Überwindung dieser weit verbreiteten Gleichgültigkeit ist die wahre Herausforderung für die Transformation der »Cowboy-Ökonomie« von heute zu der Ökonomie, die wir für das Anthropozän brauchen.

Übersetzung: Jennifer Guinot

1 Boulding, Kenneth E.: Die Ökonomik des zukünftigen Raumschiffs Erde. In: Höhler, Sabine; Luks, Fred (Hrsg.): Beam us up, Boulding! 40 Jahre »Raumschiff Erde«, Vereinigung für Ökologische Ökonomie. Beiträge und Berichte 7, (2006 [1996]) S. 9–29.
2 United Nations Environmental Programme: Towards a Green Economy. Pathways to Sustainable Development and Poverty Eradication. A Synthesis for Policy Makers. 2011. http://www.unep.org/greeneconomy (Abruf: 07.04.2014).
3 http://www.greattransition.org/ (Abruf: 07.04.2014).
4 Siehe Sukhdev, Pavan: Corporation 2020. Warum wir Wirtschaft neu denken müssen. München 2013.
5 Trucost Plc.; TEEB for Business Coalition: Natural Capital at Risk. The Top 100 Externalities of Business. 2013. http://www.teebforbusiness.org/js/plug-ins/filemanager/files/TEEB_Final_Report_v5.pdf (Abruf: 07.04.2014).
6 Kuznets, Simon: National Income, 1929–1932. 73rd US Congress, second session, Senate document 124, S. 7.
7 Verschiedene Branchen haben unterschiedliche Auswirkungen auf die menschliche Gesundheit oder die Ökosysteme, verschiedene Ökosysteme und ihre Standorte bieten Vorteile unterschiedlichen Ausmaßes für die Öffentlichkeit und der wirtschaftliche Umfang des Verlusts dieser Vorteile hängt unter anderem von den sozioökonomischen Umständen der Betroffenen ab. Siehe Fußnote 5, Kap. 5.
8 Im TEEB-Bericht für Unternehmen werden komplexe Analysen vorgestellt, wie z. B. die wirtschaftlichen Auswirkungen der Entwaldung in China durch die Bauindustrie des Landes oder die wirtschaftlichen Auswirkungen der Süßwasserverluste des Aralsees durch die Baumwollindustrie in Zentralasien. Siehe http://www.teebweb.org.
9 Organization for Economic Co-operation and Development (OECD): Taxation, Innovation and the Environment. 2010. Beispiele und Analyse in Sukhdev: Corporation 2020.
10 International Energy Agency: World Energy Outlook. 2008.
11 The World Bank: World Development Report 2008. Agriculture for Development.
12 Siehe Fußnote 9.
13 United Nations Environment Programme (UNEP): Towards a Green Economy. Pathways to Sustainable Development and Poverty Eradication. 2011.

Energietransformationen zwischen Kaffee und Koevolution

von Jürgen Renn, Manfred D. Laubichler und Helge Wendt

Windräder sind eines der Symbole der deutschen »Energiewende«. Der Versuch, eine große Industrienation wie Deutschland bis 2050 weitgehend mit regenerativen Energiequellen zu versorgen, ist weltweit einmalig. Es ist aber nicht nur ein technisches Unterfangen, sondern auch ein gesellschaftliches. Für Windräder, Stromtrassen und die nötigen zusätzlichen Investitionen ist ein breiter Konsens in der Bevölkerung nötig.
Foto: Michael Traue

Ein Blubbern. Aber nichts kam heraus. Interdisziplinäre Gespräche können anregend sein. Aber wie oft entsteht aus ihnen wirklich etwas Neues oder sogar ein gemeinsames Forschungsprojekt? Eigentlich war es ja auch nur ein Gespräch am Kaffeeautomaten, im Foyer des Max-Planck-Instituts für Wissenschaftsgeschichte an einem grauen Novembermorgen in Berlin. Die Mensch-Maschine-Interaktion erwies sich als schwierig, der Automat spuckte Plastik, aber keinen Kaffee. Das Gespräch zwischen einem Biologen, einem Physiker und einem Historiker kam auf das Thema Anthropozän. Ein Modethema? Der Versuch, ein beschönigendes Wort für drohende Umweltkatastrophen zu finden? Oder ein Begriff, der Historikern neue Perspektiven eröffnet, vielleicht sogar auch der Wissenschaftsgeschichte? Der Mensch greift heute in einem nie zuvor gekannten Ausmaß in die Abläufe der Natur

Schon Ende des 18. Jahrhunderts wurde Erdöl in kleinen Gruben ausgebeutet. Je mehr Verwendungen für Erdöl entdeckt wurden, desto mehr breitete sich die Förderung aus, wie hier in Texas in den 1950er Jahren. Inzwischen sind viele konventionelle Vorkommen erschöpft, nun werden Teersande herangezogen und zunehmend Reservoirs in der Tiefsee, der Arktis und in Regenwaldgebieten exploriert.
Foto: DMA, BN25643

ein. Der Hunger nach immer mehr Energie und die Ausbeutung natürlicher Ressourcen machen die Menschheit insgesamt, besonders aber die hoch industrialisierten Staaten verantwortlich für die Prozesse, die als Klimawandel bekannt sind und aktuelle Debatten bestimmen. So viel war klar. Aber was kann die Wissenschaftsgeschichte zum Verständnis dieser Prozesse beitragen? Neue Epochen und neue epistemische Objekte definieren? Nur ein Plastikbecher war herausgekommen, kein Inhalt.

Begriffe wie Ressourcen und Nachhaltigkeit haben ihre eigene Geschichte (der deutsche Wald hat hier Pate gestanden!), und auch der Versuch, historische Prozesse aus der Perspektive einer Wechselwirkung mit der Natur zu begreifen, ist nicht neu. Man denke nur an die Umweltgeschichte. Aber wie konnte es zur gegenwärtigen Situation kommen? Ist das Anthropozän wirklich eine jüngere historische Epoche, die erst mit der Großen Beschleunigung der Neuzeit begann, und was hat die Geschichte des Wissens und der Wissenschaft mit ihr zu tun? Was könnten wir aus vorangegangenen Erfahrungen mit Veränderungen unseres Umgangs mit Ressourcen lernen? Dem Physiker fiel auf, dass genau das der Grund für das Versagen der Maschine sein könnte: Der Kaffeevorrat war aufgebraucht. Auch kein wirklich neues Problem.

Im Neolithikum gelang es Menschen an vielen Orten auf der Erde, frühere Wildtiere als Nutztiere zu domestizieren und Pflanzen zu kultivieren. Das machte Energie in Form von Zugkraft und Biomasse verfügbar. Später entwickelten die Menschen Methoden, Lebensmittel zu lagern. Dazu bedurfte es eines ausgeklügelten Systems von Aussaat, Ernte, Speicherbau und Konservierungsformen. Dieses Wissen war stets prekär und eng mit dem Aufkommen neuer Formen des Zusammenhaltens und des Zusammenlebens verbunden. Große Gemeinwesen und Städte konnten entstehen, die ersten staatlichen Organisationen keimten auf. Durch massenhaft erzeugte Energie in Form von Nahrung konnten Menschen sich auf bestimmte Tätigkeiten spezialisieren und Handel über größere Entfernungen hinweg betreiben. Es entstanden auch Sklaverei und Zwangsarbeit als den Menschen selbst ausbeutende Formen der Energienutzung.

Lässt sich die Geschichte der Menschheit als eine Geschichte ihres Umgangs mit Ressourcen schreiben? Aber was heißt schon »Umgang« und was »Ressourcen« und welche Rolle spielten Herrschaftsverhältnisse? Oder sollte man eine solche anthropozentrische, modernistische Sicht nicht vielmehr aufgeben, die Dinge als Dinge in ihrer Eigenmächtigkeit ernst nehmen, und uns, als ein weiterer geologischer Faktor gewissermaßen, einfach unter sie mischen? Geschichte ohne Subjekte! Es blubberte wieder. So war nichts zu machen. Wenn man eingreifen wollte, konnte es nur um eine Geschichte des Handelns und des Wissens gehen, eine Wissensgeschichte des Anthropozäns also. Und wo war die Telefonnummer der Wartungsfirma? Welche Alternativen gab es, ein nahe gelegenes Café? Das würde auf jeden Fall dauern.

Eine Wissensgeschichte des Anthropozäns müsste jedenfalls früh beginnen und lange vor der Großen Beschleunigung der Neuzeit ansetzen. Denn die Umgestaltung der Welt durch Wissen hatte da schon längst begonnen. Und sie müsste in jedem Fall eine globale Geschichte sein: In allen Teilen der Welt schufen Menschen Wasserbauwerke in Form von Kanälen und Ackerbauterrassen. So konnte die Produktion von Nahrungsmitteln erhöht werden, Waren konnten leichter transportiert und die Fließkraft des Wassers in Wassermühlen ausgenutzt werden. Die bronzezeitlichen Ablagerungen der Holzkohleöfen, die für die Massenanfertigung von Waffen und Werkzeugen, Schmuckstücken und Statussymbolen nötig waren, lassen sich noch heute im Gletschereis der Alpen oder Grönlands nachweisen.

Unterschiedliche Produktionsformen stellten neue Anforderungen an die Energienutzung und hatten weitreichende Folgen für die natürliche Umwelt. Der Energiebedarf der Alten Welt erhöhte sich mit dem Aufkommen der Eisenverarbeitung, mit der Fernschifffahrt im Mittelmeer und Indischen Ozean. In Amerika entstanden hoch entwickelte Schmelztechniken für Silber, Gold und Platin, die ebenfalls auf Holzkohle basierten, zu deren Herstellung ganze Landstriche entwaldet wurden. Der Rauchausstoß wirkte sich zudem auf die Luftqualität aus.

Doch eine unaufhaltsame Geschichte der Veränderung der Natur durch den Menschen also, mit immer höheren Ansprüchen an den Energieverbrauch? Vielleicht, aber die eigentliche Entwicklungsdynamik scheint in Wechselwirkungen zwischen der Nutzung verschiedener Umweltressourcen und der damit zusammenhängenden Veränderung von gesellschaftlichen Strukturen und Wissenssystemen zu liegen. Bemerkenswert ist jedenfalls, wie langfristig sich solche Entwicklungen vollziehen. Steinkohle und Eisen wurden bereits im Alten China verwendet und bildeten gewissermaßen ein Ressourcenpaar. Auch der berühmte Damaszener Stahl wurde in Indien auf dieser Grundlage hergestellt. Seit dem Mittelalter nahm die Nutzung von Steinkohle in Europa immer weiter zu. Im großen Stile wurde Steinkohle in England seit dem Spätmittelalter abgebaut, eine wichtige Voraussetzung für die spätere industrielle Revolution, die gerade hier einen ihrer Ausgangspunkte hatte.

Die Entwicklung von Ressourcennutzungen und die mit ihnen zusammenhängenden gesellschaftlichen Veränderungen bilden allerdings keinen Automatismus. Die Menschen machen ihre eigene Geschichte. Sie machen sie zwar nicht aus freien Stücken und unter selbst gewählten Umständen, aber sie haben, unter den jeweils gegebenen und überlieferten Umständen, die Möglichkeit, über ihr Handeln nachzudenken und daraus Konsequenzen zu ziehen. Dieses Nachdenken hat seine eigene Geschichte und seine eigenen Auswirkungen auf das Verhalten der Menschen sowie auf das Verhältnis zu den materiellen und sozialen Grundlagen ihrer Existenz. Ohne diese Wissensgeschichte lässt sich auch die Geschichte des Anthropozäns nicht verstehen. Das Anthropozän ist auch das Ergebnis eines globalen Lernprozesses der Menschheit über ihr Naturverhältnis, einschließlich ihrer eigenen Natur, möglicherweise ein erfolgreicher, aber am Ende zu langsam ablaufender Lernprozess.

Auch die industrielle Revolution lässt sich ohne eine solche Wissensgeschichte nicht verstehen. Bereits in der wissenschaftlichen Revolution der Frühen Neuzeit waren viele ihrer Voraussetzungen entstanden: Grundlagen mechanischen Wissens etwa, die für den Bau späterer Maschinen wirksam werden sollten, eine breite Wissenskultur, an der auch Prak-tiker, wie sie dann als Erfinder neuer Produktionstechniken zu Schlüsselfiguren der industriellen Revolution wurden, einen Anteil hatten, und schließlich eine Verknüpfung wirtschaft-lichen Handelns mit der Erzeugung neuen Wissens, die geradezu die Blaupause lieferte für die rasante technische Entwicklung der industriellen Revolution.[1] Anderseits aber beruhte die wissenschaftliche Revolution der Frühen Neuzeit ihrerseits auf wirtschaftlichen Entwicklungen, insbesondere auf dem Aufstieg der Städte mit ihren ausgedehnten Handelsnetzen seit dem späten Mittelalter.

»Eine Koevolution eben«, bemerkte der Biologe. Wie zur Warnung knurrte jetzt die Kaffeemaschine, als wollte sie auf ihrer inneren Unabhängigkeit bestehen oder gegen eine unverständliche Terminologie protestieren. »Doch«, entgegnete der Biologe, wobei er ihr den Rücken zuwandte, »das ist nicht nur ein anderes Wort für undurchdringliche Komplexität.« Koevolution – das bedeutet, dass Entwicklungen mit ihrer je eigenen Gesetzlichkeit sich gegenseitig bedingen, so wie die Entwicklung der Blütenpflanzen und die der Insekten. Die Biologie als historische Wissenschaft studiert ja schon lange die Geschichte des Lebens als eine Abfolge von komplexen Wechselwirkungen. Und im Lauf der Evolution wird auch ständig Wissen generiert, das wir jetzt, mit immer größerer Geschwindigkeit, entschlüsseln. Genome und andere biologische Informationssysteme stellen das Wissen und die Erfahrung des Lebens dar und steuern die Aktionen der Organismen. »Sind das nun Analogien und steckt da mehr dahinter?«, fragte der Historiker. »Möglicherweise«, antwortete der Biologe. Arbeitsteilung und Spezialisierung, zum Beispiel. Die gibt es schon seit Beginn der Evolution und in höherem Maße in vielzelligen Organismen und sozialen Systemen, gesteuert von Genomen und abhängig von den materiellen und energetischen Bedingungen. »Könnte man vielleicht auch den Zusammenhang von Kohlenutzung und Metallverarbeitung als Koevolution begreifen?«, versuchte der Historiker die Anregung aufzugreifen, während der Physiker sich weiter an der Kaffeemaschine abarbeitete und dabei über den Zusammenhang von wissenschaftlicher und industrieller Revolution nachdachte.

Die Reaktorunglücke von Tschernobyl und Fukushima haben dazu beigetragen, dass die deutsche Öffentlichkeit der Kernkraft eher kritisch gegenübersteht. In anderen Ländern dagegen, etwa in China und Indien, gibt es Pläne für einen Ausbau dieser Stromquelle. Allerdings hat noch kein Land der Welt die Frage gelöst, wie die nuklearen Abfälle, die für Hunderttausende Jahre strahlen, sicher verwahrt werden können. Atommüll gehört mit Abstand zu den langlebigsten geologischen Hinterlassenschaften der Menschheit.

Foto: TTStudio / Shutterstock.com

Vor dem Hintergrund einer in Europa weit verbreiteten Kultur praktischen und technischen Wissens wurden Ende des 18. und Anfang des 19. Jahrhunderts Produktionstechniken so weit verbessert, dass selbstverstärkende Prozesse einsetzten, die die in der Frühen Neuzeit entstandene Matrix von Wissen und Ökonomie zur Entfaltung brachten. In England entwickelten sich zum Beispiel seit dem frühen 18. Jahrhundert nach und nach Eisenschmelztechniken, die es erlaubten, dieses Metall in einer früher unbekannten Weise in nützliche Produkte zu verwandeln. Der Maschinenbau mit Eisenteilen – anstelle von Holz – ermöglichte es, dass Maschine und Feuer in direkten Kontakt miteinander traten, und so entstand die Grundlage für die Entwicklung der Dampfmaschine. Die Kohlenutzung trug zur Steigerung der Eisenproduktion bei und Koks wurde zur Produktion von Stahl eingesetzt. Dies ermöglichte wiederum den Ausbau des Schienennetzes zum Kohlentransport, was dazu führte, dass noch mehr Eisen nachgefragt wurde und produziert werden konnte. Als Folge dieses sich wechselseitig verstärkenden Prozesses veränderte sich das Sozial- und Wirtschaftsgefüge in weiten Teilen Europas und anderen Weltgegenden.[2]

Kohle beeinflusste nicht nur die Entwicklung der Industrie. Aus Steinkohle wurde beispielsweise Nitrat gewonnen. Das konnte zu Kunstdünger weiterverarbeitet werden und ermöglichte die landwirtschaftliche Revolution im 19. Jahrhundert. Nitrat konnte auch zu Dynamit verarbeitet werden, das bei der Sprengung neuer Stollen für den Gewinn von Metallen und Mineralien oder beim Bau von Eisenbahnstrecken eingesetzt wurde. Steinkohle nahm also eine zentrale Stellung ein – nicht allein in der Schmelzindustrie und im Eisenbahnwesen. Kohle als Energieträger beeinflusste auch, wie sich Wissenschaft, Technik, Kultur und Sozialstrukturen weiterentwickelten.

Als im 19. Jahrhundert in Europa Kohle im Vergleich zu Holz stark an Bedeutung gewann, stellten bürgerliche Kohlenbergwerksbesitzer aristokratische Holzhandelsmonopole infrage.[3] Kohle aus England ermöglichte die weltweite Kommunikation und schnelle Verlagerung von Truppen im British Empire, noch bevor in den Kolonien und Domains selbst Kohle gefördert wurde.[4] Der Aufstieg der Kohle linderte das ökologische Problem, dass für Holzgewinnung massiv Raubbau am Wald betrieben wurde. Zugleich entstand ein neues Umweltproblem: die Luftverschmutzung.

Energietransformationen, also die Einführung neuer Formen der Energieproduktion und -nutzung, sind immer ein umfassender, gesamthafter Prozess, der zugleich Technologien, gesellschaftliche Strukturen, Wissenssysteme und Umweltbedingungen betrifft – eine Koevolution eben. Aus dieser Perspektive zeichnen sich überraschende Einsichten ab: Energietransformationen sind zunächst konservativ und entfalten erst langfristig ihr revolutionäres Potenzial. Ein neuer Energieträger wird anfangs, bedingt durch die existierenden gesellschaftlichen Strukturen, typischerweise in derselben Art verwendet wie der alte. Erst im Laufe der Nutzungsentwicklung entstehen – vor allem durch den Erwerb neuen Wissens – neue Nutzungsformen und Sozialstrukturen.

Energietransformationen lassen sich deshalb – historisch wie aktuell – nur im Zusammenhang mit Wissensentwicklungen verstehen. Zu den Einsichten der Wissensgeschichte gehört zum Beispiel auch, dass sich technische Lösungen, die sich an einem Ort unter bestimmten Bedingungen bewährt haben, nicht einfach an einen anderen Ort übertragen lassen. So sah es zunächst nach einer vielversprechenden Strategie aus, als im 20. Jahrhundert internationale Organisationen westliche Lösungen zur Energieversorgung wie Staudämme weltweit umzusetzen versuchten. Traditionelle Sozialstrukturen wurden dabei weitgehend ignoriert.[5] Durch die angebliche Lösung entstanden allerdings neue, noch größere Umweltprobleme, wie die Flutung ganzer Landstriche für Stauseen, denen Millionen Menschen weichen mussten. Auch so können historische Lernprozesse ausgehen.

Auch die gegenwärtige Energiewende in Deutschland ist ein solcher Lernprozess, dessen Ausgang noch offen ist.[6] Die Energiewende begünstigt dezentrale gegenüber zentraler Stromproduktion, was die Versorgungsstrukturen ändert, einen Umbau des Stromnetzes verlangt und neue Konsummuster schafft, weil Stromnutzer nun selbst auch Stromproduzenten geworden sind. Für die etablierten großen Stromanbieter stellen diese Veränderungen eine Herausforderung dar, die ihre wirtschaftlichen Privilegien bedroht. Es scheint unausweichlich, dass die wenigen Großunternehmen im Energiesektor durch eine Vielzahl von Energieerzeugern ersetzt werden müssen. Auch neue Umweltprobleme sind bei der ökologisch motivierten Energiewende nicht ausgeschlossen, wie der Einsatz von Biomasse zur Erdgas- und Stromgewinnung zeigt, wofür artenreiche Feuchtwiesen in monotone Maisflächen verwandelt werden. Viele wissenschaftliche und technische Fragen sind noch offen: Wie kann mit einem stark schwankenden Angebot von Wind- und Sonnenstrom ein stabiles Stromnetz aufrechterhalten werden? Wie kann einmal gewonnener Strom gespeichert werden? Wie kann er an jeder Stelle und zu jeder Zeit verfügbar sein? Wie kann sichergestellt werden, dass regenerativ erzeugte Energie nicht nur regional, sondern flächendeckend zur Verfügung steht? In den kommenden Jahrzehnten besteht die Herausforderung, Milliarden von Menschen so mit Strom und Wärme zu versorgen, dass negative Folgen für das Klima und für Ökosysteme ausbleiben. Dabei stehen grundlegende Trendveränderungen an, die jeweils das gesamte System betreffen.

Seit der Industrialisierung sind Energieressourcen nicht mehr an einen bestimmten Ort oder eine bestimmte Region gebunden.[7] Zum Teil auf denselben Wegen wie ihre organischen Vorgänger, jedoch in einem zunehmend globalen Maße, können die fossilen Brennstoffe Kohle, Öl, Gas dank einer ausgeklügelten Infrastruktur von ihrem Förderort zu einer weit entfernten Nutzung transportiert werden. Der große Aufwand ist aufgrund des hohen Energiegehalts der Brennstoffe und kapitalistischer Marktmechanismen sinnvoll. In der Regel beruht dieser Transport auf einer mit Förderung und Nutzung eng verbundenen Infrastruktur und dient somit auch dem Machterhalt von politischen Kräften. Ölpipelines und Stromnetze gehören zumeist den Firmen, die das Öl fördern und den Strom herstellen und verkaufen. Durch welche gesellschaftlichen Prozesse kann eine solche, eng mit wirtschaftlichen und politischen Interessen verknüpfte Infrastruktur verändert werden? Das ist bisher noch kaum untersucht worden.

Die Realisierung der mit der Energiewende verbundenen gesellschaftlichen Erneuerungsprozesse wird kaum ohne die aktive Beteiligung einer breiten, gut informierten Öffentlichkeit gelingen. Und sie kann auch nicht gelingen, ohne neues Wissen zu gewinnen, gerade auch über die mit Energietransformationen verbundenen gesellschaftlichen Prozesse. Eine historische Erforschung vergangener Energietransformationen ist dafür ebenso wichtig wie die Einbeziehung gegenwärtiger Erfahrungen mit Energietransformationen, selbst wenn sie zunächst nur auf lokaler Skala, in einem Land, in einer Stadt oder in einem Modellprojekt, stattfinden. Was wir offensichtlich brauchen, ist ein neues interdisziplinäres Forschungsgebiet, in dem die Wechselwirkungen zwischen Energieressourcen, Umwelt, Technologien, Wissenssystemen und gesellschaftlichen Strukturen vom Neolithikum über die industrielle Revolution bis in die jüngste Zeit untersucht und auf die gegenwärtigen Herausforderungen und Erfahrungen bezogen werden. Wenn wir das Anthropozän wirklich ernst nehmen als eine von Menschen verursachte geologische Epoche, dann müssen wir auch die historische Verantwortung für unser eigenes Handeln übernehmen – und das heißt zunächst einmal, dieses Handeln überhaupt zu verstehen. Wir waren inzwischen übrigens in den Besprechungsraum des Instituts gegangen und hatten damit begonnen, unsere gemeinsamen Überlegungen aufzuschreiben. Auf dem Tisch stand eine Packung grüner Tee, den uns unsere chinesischen Kollegen hinterlassen hatten, für solche Gelegenheiten.

1 Siehe Mokyr, Joel: The Gifts of Athena. Princeton 2002. Hierzu und zum Folgenden auch den Beitrag von Helmuth Trischler in diesem Band.
2 Landes, David S.: The Unbound Prometheus. Cambridge 1969; Hobsbawm, Eric J.: The Age of Capital 1848–1875. London 1975. Eine Analyse dieses Zusammenhangs in anderen historischen Kontexten findet sich in: Rydén, Göran; Evans, Chris (Hrsg.): The Industrial Revolution in Iron. Aldershot 2005. Siehe auch Bayly, Christopher A.: The Birth of the Modern World. Oxford 2004.
3 Malanima, Paolo: Pre-Modern European Economy. Leiden 2009.
4 Duncan, T. Bentley: Atlantic Islands. Chicago 1972.
5 Mann, Michael: Britische Herrschaft auf indischem Boden. Stuttgart 1992.
6 Siehe Renn, Jürgen; Schlögl, Robert; Zenner, Hans-Peter (Hrsg.): Herausforderung Energie. Max-Planck Research Library in the History and Development of Knowledge, Proceedings 1, Edition Open Access 2011; Schlögl, Robert: The Role of Che mistry in the Global Energy Challenge. In: Renn, Jürgen (Hrsg.): The Globalization of Knowledge in History. Max-Planck Research Library in the History and Development of Knowledge, Studies 1, Edition Open Access 2012.
7 Vgl. Hughes, Thomas P.: Networks of Power. London 1983.

Wie die Landwirtschaft der Zukunft entsteht

von Danielle Nierenberg

Noch immer bekommen mehr als 800 Millionen Menschen nicht ausreichend zu essen. Um daran etwas zu ändern, sind nicht unbedingt neue, große Agrarfabriken nötig. Wichtiger ist Unterstützung für Kleinbauern in ärmeren Ländern. In Burundi hat die Welternährungsorganisation FAO Flüchtlingen dabei geholfen, in ihrem Lager Kleingärten und Äcker anzulegen. Hilfen für Kleinbauern gehören zu den nachhaltigsten Wegen, um zu einer sicheren Welternährung zu gelangen.
Foto: FAO / Giulio Napolitano

Die Zahlen, die unser Nahrungsmittelsystem heute zu Beginn des Anthropozäns beschreiben, sind erschreckend. Fast eine Milliarde Menschen hungern, weitere 1,5 Milliarden sind übergewichtig oder adipös, mindestens 2 Milliarden Menschen leiden an einem Mangel von essenziellen Spurenelementen, 1,3 Milliarden Tonnen an Lebensmitteln werden jedes Jahr verschwendet und Bauern, Landarbeiter und andere, die in der Erzeugung und der Verteilung von Nahrungsmitteln tätig sind, können sich das Essen nicht leisten, an dessen Anbau, Herstellung und Bereitstellung sie so hart arbeiten.[1] Und es wird erwartet, dass sich diese negativen Trends in den nächsten 20, 50 und 100 Jahren fortsetzen.

Während meiner Reisen in den letzten Jahren durch mehr als 35 Länder in Subsahara-Afrika, Asien und Lateinamerika bin ich jedoch auf erstaunliche Beispiele für Erfolg, Innovation, Unternehmergeist und langfristige positive Veränderungen gestoßen: Veränderungen, die nicht nur ein Nahrungsmittelangebot für die nächsten Jahrtausende bieten – also bis mitten in das Zeitalter hinein, das wir Wissenschaftler als »Anthropozän« bezeichnen –, sondern auch Nachhaltigkeit in Bezug auf ökonomische, soziale und ökologische Aspekte sicherstellen. Wie schaffen wir eine Welt im Anthropozän, in der gesunde Menschen in einer gesunden Umwelt leben können? Mein Ansatz ist praktisch orientiert – oder »bodenständig«, um beim Bild der Erde als Nahrungsmittellieferant zu bleiben.

Ich habe Bauern und Bauernverbände, Forscher und Wissenschaftler, politische Entscheidungsträger und Regierungsmitglieder, Akademiker und Studierende, Jugendgruppen und Aktivisten getroffen und mir deren Ideen zur Verbesserung des bestehenden Nahrungsmittelsystems angehört.

Ich konnte beobachten, dass die Bewegung, die sich für bessere Lebensmittel, eine bessere Gesundheit und einen besseren Planeten einsetzt, immer mehr an Bedeutung gewinnt – und zwar nicht nur in den industrialisierten Ländern, sondern auch auf den Feldern, in den Küchen und Klassenzimmern und in den Labors überall auf der Welt.

Anhand von fünf Methoden, so meine Überzeugung, kann geholfen werden, ein Lebensmittelsystem für die Zukunft zu entwickeln, das uns alle ernährt, das sozial und ökonomisch gerecht ist und zum Schutz der Umwelt beiträgt. Dazu gehört, Unterstützung für Bauern, Landarbeiter und alle zu leisten, die im Bereich der Lebensmittelerzeugung und -verteilung beschäftigt sind. Außerdem gilt es, den Verlust und die Verschwendung von Lebensmitteln zu verhindern und verstärkt auf widerstandsfähige Produkte in der Landwirtschaft zu setzen sowie die Bedeutung von städtischer Landwirtschaft und den Bedarf an mehr Vielfalt im Nahrungsmittelsystem anzuerkennen.

Unterstützung bäuerlicher Familienbetriebe

Um das Ziel sicherer, gesunder und nahrhafter Lebensmittel in der Zukunft zu erreichen, müssen wir bäuerliche Familienbetriebe, Landarbeiter und alle, die in der Erzeugung und Verteilung von Lebensmitteln tätig sind, überall auf der Welt, insbesondere in ländlichen Gebieten, unterstützen.

Das Jahr 2014 wurde von der Ernährungs- und Landwirtschaftsorganisation der Vereinten Nationen (United Nations Food and Agriculture Organization, FAO) zum »Internationalen Jahr der bäuerlichen Familienbetriebe« ausgerufen. Und es war höchste Zeit: Die weltweite Bevölkerung wird bis zum Jahr 2050 erwartungsgemäß die Marke von 9 Milliarden übersteigen. Zwischen 842 Millionen und 1,3 Milliarden Menschen müssen jede Nacht hungrig zu Bett gehen.

Weltweit gibt es geschätzte 500 Millionen bäuerliche Familienbetriebe, die zum Lebensunterhalt von mehr als 2 Milliarden Menschen beitragen. Führend sind dabei laut FAO China mit fast 200 Millionen Kleinbetrieben und Indien mit 112 Millionen.[2] Bäuerliche Familienbetriebe produzieren zudem auch den größten Anteil der landwirtschaftlichen Erträge in Subsahara-Afrika, wo etwa 80 % aller landwirtschaftlichen Betriebe Kleinbauern sind.

Mehr als 80 % aller landwirtschaftlichen Betriebe weltweit bewirtschaften eine Fläche von weniger als zwei Hektar.[3] Und im Gegensatz zu früheren Prognosen zahlreicher Experten steigt die Anzahl an Kleinbauern weiter an. Gleichzeitig nimmt auch die Verbreitung von extremer Armut in ländlichen Gebieten zu, wo der Großteil dieser Kleinbauern lebt.

Überall auf der Welt müssen Bauern mit immer weniger Ressourcen auskommen: Die Landwirtschaft allein vebraucht ca. 70 % des globalen Süßwasservorrats, und der Boden wird 10- bis 40-mal schneller erodiert als regeneriert.[4] Allein in den letzten 40 Jahren wurden durch Erosion 30 % an Anbaufläche weltweit zu nicht mehr zu bewirtschaftendem Land.[5] Und während große kommerzielle Landwirtschaftsbetriebe auf Flächen mit hohem Ertragspotenzial dominieren, müssen bäuerliche Klein- und Familienbetriebe häufig auf marginal ergiebigen Flächen wirtschaften. Ihr Wissen und ihre Fähigkeiten sind gefragt, um ihre Produktion unter immer schwierigeren Bedingungen aufrechtzuerhalten.

Auf die Erzeugnisse aus bäuerlichen Familienbetrieben überall auf der Welt stützt sich bereits ein Großteil der Lebensmittelversorgung in Entwicklungs- und Schwellenländern, wo für die nächsten Jahrzehnte das größte globale Bevölkerungswachstum zu erwarten ist.

Um die gesamte Weltbevölkerung zu ernähren, müssen die Bauern nicht notwendigerweise ihren Ertrag erhöhen, sondern effizientere und ökologisch nachhaltigere landwirtschaftliche Verfahren für sich etablieren. Und eine solche Produktion muss sowohl sozial als auch ökonomisch gerecht sein, mit fairen Löhnen für Bauern und Arbeiter und erschwinglichen Preisen für die Verbraucher.

Doch nicht nur mit ihrem Beitrag zur weltweiten Lebensmittelversorgung spielen Kleinbauern eine wichtige Rolle. Die Unterstützung und Förderung von Kleinbauern und bäuerlichen Familienbetrieben ist auch unabdingbar, um die Qualität der Ernährung zu verbessern, Einkommen zu steigern, die biologische Vielfalt zu schützen und zu erhöhen, die Bodenqualität zu verbessern, Wasser zu sparen, den Klimawandel abzuschwächen und zu lernen, sich an die durch den Klimawandel bedingten Veränderungen anzupassen.

Dabei ist es besonders wichtig, sich auf die Frauen in diesen Kleinbetrieben zu konzentrieren. Die FAO kam zu folgendem Ergebnis: Hätten Frauen denselben Zugang zu Ressourcen wie Land, Krediten und Material wie ihre männlichen Kollegen, müssten 100 bis 150 Millionen weniger Menschen Hunger leiden.[6]

Gemäß Olivier De Schutter (UN-Sonderbeauftragter für das Recht auf Nahrung) verbessere sich zwar weltweit die Lage von Frauen in der Landwirtschaft, im Haushalt, in der Gesellschaft und auf nationaler Ebene, dennoch seien in diesem Bereich noch sehr viel mehr Fortschritte nötig – Fortschritte, die letztendlich auch dazu beitragen könnten, die globale Nahrungsmittelversorgung zu gewährleisten.[7]

Außerdem muss anerkannt werden, dass Frauen und Männer, die in der Landwirtschaft tätig sind, nicht nur Bauern sind – sie sind zudem Geschäftsfrauen und -männer, Lehrerinnen und Lehrer und Landverwalterinnen und -verwalter, deren Leistungen im Ökosystem Anerkennung verdienen – Leistungen, die weitreichende Vorteile mit sich bringen.

Vermeidung von Lebensmittelverschwendung

Eine zweite effektive Methode, um das Nahrungsangebot für alle sicherzustellen, besteht in einer Reduzierung der Verschwendung von Lebensmitteln. Heute gehen etwa 40 % des weltweiten Ernteertrags noch vor dem Verzehr verloren.[8] In den USA landet ca. ein Drittel aller Lebensmittel im Müll, weil zu viel eingekauft wird und weil das Ablaufdatum und die Angabe, bis zu welchem Datum ein Produkt verkauft sein muss, falsch ausgelegt werden.

In Subsahara-Afrika und anderen Entwicklungs- und Schwellenländern geht ein entsprechender Anteil an Lebensmitteln aufgrund einer schlechten Infrastruktur, Schädlingen und Krankheiten verloren.[9] Die gesamte harte Arbeit der Bauern, die in das Düngen und Bewässern von verlorenen Ernteerträgen investiert wurde, führt dann in eine noch größere Armut.

Das Nahrungsmittelsystem der Zukunft muss frei von Verschwendung sein, sodass sichergestellt ist, dass die Nahrungsmittel an die Stellen gelangen, für die sie bestimmt sind.

Die Verschwendung von Lebensmitteln erfolgt häufig schleichend – etwas geht auf dem Feld verloren, etwas bei der Lagerung, etwas beim Transport und schließlich ein paar Prozent im Haushalt. Dabei ist es ganz einfach und billig, die Verschwendung von Nahrungsmitteln zu vermeiden. Überall auf der Welt gibt es derzeit entsprechende Initiativen in Haushalten, Gemeinden und internationalen Einrichtungen.

Auf der damals mit Spannung erwarteten Konferenz der Vereinten Nationen über Umwelt und Entwicklung im Jahr 2012, dem Rio+20-Gipfel, kündigte UN-Generalsekretär Ban Ki Moon das »Null-Hunger-Programm« (Zero Hunger Challenge) an. Es ist ein ambitioniertes Ziel, nicht nur den Hunger in der Welt zu beenden, sondern auch die enorme Herausforderung in Bezug auf den Verlust und die Verschwendung von Lebensmitteln weltweit zu bewältigen. Das UN-Umweltprogramm startete kürzlich seine »Think.Eat.Save.«-Kampagne, um Verbraucher, Bauern und Unternehmen dazu zu motivieren, Lösungen zur Vermeidung von Nahrungsmittelverlust und -verschwendung zu entwickeln.

Einige der interessantesten Innovationen finden derzeit in den Entwicklungs- und Schwellenländern statt. Solarbetriebene Trocknungsanlagen beispielsweise bieten Bauern eine preiswerte Methode, um Überschüsse aus der Obst- und Gemüseernte haltbar zu machen. In Gambia und Indien kann mit der Trocknung von Papayas und Mangos dazu beigetragen werden, für Familien die Zufuhr von Vitamin A das ganze Jahr über sicherzustellen. In Bolivien nutzen Bauern Trocknungsanlagen, um verschiedene Feldfrüchte wie Tomaten und Kartoffeln haltbar zu machen.

In Ostafrika hilft die Organisation *One Acre Fund* Bauern dabei, sich nicht nur mit besseren Lagermethoden für ihre Ernte vertraut zu machen, sondern auch aufzuzeichnen, was angebaut wird und wie viel verloren geht. Dafür verwenden die Bauern Protokolllisten, aus denen hervorgeht, wie viel von Saison zu Saison angebaut wird und wie viel davon vor Verlusten bewahrt werden konnte. Die Bauern lernen, dass sie durch bessere Aufbewahrungssäcke, die den Zugang von Schädlingen zur Ernte verhindern, nicht nur über mehr Lebensmittel, sondern auch über mehr Einkommen verfügen, um Milchkühe zu kaufen oder Getreidespeicher im Dorf zu errichten.

In Pakistan hat die UN Bauern dabei unterstützt, Verluste im Getreidespeicher um bis zu 70 % zu reduzieren, einfach indem Jutesäcke und Erdsilos durch Speichercontainer aus Metall ersetzt wurden, die verhindern, dass sich Feuchtigkeit ansammelt und Insekten und Ratten das Getreide fressen.

Auf Handels- und Verbraucherseite gibt es sehr einfache Lösungen zur Verringerung von Lebensmittelverschwendung. Kaufen Sie nie mehr, als Sie essen können. Bewahren Sie Lebensmittel ordnungsgemäß auf. Lassen Sie sich übriges Essen für zuhause einpacken. Werfen Sie Essen nicht weg, solange es noch genießbar ist – und vertrauen Sie auf Ihre Sinne, und nicht auf Ablaufdaten, um zu beurteilen, ob Essen verdorben ist oder nicht.

In Großbritannien informieren Aktivistengruppen wie *Love Food, Hate Waste* und *FareShare* Verbraucher darüber, wie die Verschwendung im Haushalt vermieden werden kann. Sie bieten Verbrauchern Tipps zur Lagerung von Lebensmitteln und Rezepte für Reste oder Lebensmittel, die kurz vor Ablauf des Haltbarkeitsdatums sind. Sie haben außerdem einen Portionsrechner entwickelt, der angibt, wie viel Spaghetti oder Fleisch pro Person gekocht werden sollte. Da viele von uns aufwachsen, ohne das Kochen richtig zu erlernen, kaufen wir oft zu viel ein und kochen zu große Portionen, so dass diese Tipps auch wertvoll für die nächste Generation sein können.

Tristram Stuart, ein Vorreiter bei der Aufklärung über Lebensmittelverschwendung, richtete im Jahr 2013 in Nairobi, Kenia, ein Dinner für Hunderte UN-Minister aus. Das Besondere an diesem Dinner: Tristram Stuart und seine Organisation *Feeding the 5000* verwendeten Lebensmittel, die normalerweise weggeworfen worden wären, da sie, wie Stuart sagte, unschön aussähen. Damit meinte er beispielsweise krumm gewachsene Karotten oder Zuckerschoten, die zu klein für den Export sind. *Feeding the 5000* kochte daraus leckere Gerichte, um den wahren Wert aufzuzeigen, der in solchen Lebensmitteln steckt.

Auch Hersteller und Lebensmittelhändler müssen mehr Verantwortung zeigen. Die international tätige gemeinnützige Umweltschutzorganisation *Natural Resources Defense Council* beispielsweise empfiehlt Lebensmittelläden, von bestimmten Praktiken Abstand zu nehmen, etwa Obst und Gemüse in großen Stapeln zu präsentieren oder unansehnliches Obst und Gemüse wegzuwerfen, nur weil davon ausgegangen wird, diese würden bei den Verbrauchern nicht gut ankommen. Bei einigen der größten Lebensmittelketten gibt es bereits Fortschritte. So nutzt die Kroger Company, die größte Lebensmittelkette in den USA, Lebensmittelabfälle als Energiequelle für ihre Geschäftszentrale in Kalifornien. Das Unternehmen hat eine neue Müllverwertungsanlage zur Energiegewinnung errichtet, die 150 Tonnen Lebensmittel-abfälle pro Tag verarbeitet. Dies reicht aus, um ein Gebäude mit 60 000 m² mit Energie zu versorgen.

Die dritte Methode für ein fruchtbares Anthropozän besteht darin, unsere Städte landwirtschaftlich zu nutzen.

Je mehr Menschen sich die Erde teilen müssen, desto wichtiger wird es, Nahrung auch direkt in den Städten anzubauen. *Urban Gardening* ist ein Trend, der immer mehr europäische und amerikanische Großstädte erfasst. Im Gaza-Streifen, einem der am dichtesten besiedelten Gebiete der Welt, erprobt ein Stadtgärtner ein neues Verfahren, Fischzucht mit Gemüseanbau zu verbinden. In dem aquaponischen System ernähren sich Fische von Pflanzenabfällen und umgekehrt.

Foto: Ashraf Amra APA / Landov

Städtische Landwirtschaft

Insbesondere angesichts der dauerhaft hohen Preise für Lebensmittel in den Entwicklungs- und Schwellenländern kann der Anbau von Nahrungsmitteln nicht auf den ländlichen Raum beschränkt werden. Der mit Abstand größte Bevölkerungszuwachs der nächsten 40 Jahre wird in städtischen Gebieten erfolgen. Nach Angaben der UN wird erwartet, dass die Urbanisierungsraten bis zum Jahr 2050 um 70 % zunehmen werden. Daher müssen Wege gefunden werden, dieser Stadtbevölkerung nicht nur ökonomische Chancen zu bieten, sondern sie auch zu ernähren.[10]

Schätzungen zufolge gibt es weltweit 800 Millionen Menschen, die urbane Landwirtschaft betreiben. Sie produzieren 15 bis 20 % der weltweiten Nahrungsmittel. 200 Millionen dieser urbanen Landwirte erzeugen Lebensmittel für den Verkauf und beschäftigen 150 Millionen Mitarbeiter.[11]

Nirgendwo erfolgt die Urbanisierung schneller als in Afrika, wo Hunger und Armut die akutesten Probleme sind. Hier ziehen 14 Millionen Menschen jedes Jahr in die Städte; dieser enorme Zustrom wird nur von China übertroffen. Bis 2020 werden etwa 35 bis 40 Millionen der afrikanischen Stadtbewohner zur Deckung ihres Bedarfs an Lebensmitteln von urbaner Landwirtschaft abhängig sein.[12]

Der Zugang der Stadtbevölkerung zu gesunden Lebensmitteln ist größtenteils eine Frage des Wohlstands. Hier kann der Einkauf von Lebensmitteln 80 % des Einkommens verschlingen, und Lebensmittelpreise können ohne Vorwarnung rasant nach oben schnellen. In vielen Fällen kann jedoch eine urbane Landwirtschaft mit einem Lebensmittelhandel in der Stadt einen Ausweg aus dieser Abhängigkeit vom globalen Lebensmittelmarkt bieten.

Dafür muss eine Infrastruktur geschaffen werden, die in den Städten einen florierenden, produktiven Landwirtschaftssektor ermöglicht. Stadtplaner, Behörden und Unternehmen müssen urbane Landwirtschaftsbetriebe als wichtige Form der Landnutzung betrachten.

Überall auf der Welt gibt es bereits erstaunlich innovative Nutzungsformen für Gebäude und Stadtgebiete als landwirtschaftliche Nutzflächen. In Chicago wurde eine frühere Industrieanlage zur Polykultur-Nutzung, einer integrierten landwirtschaftlichen Nutzungsform, umgewandelt. In Singapur werden auf einer vertikalen Farm Pak Choi, Kräuter und andere Obst- und Gemüsesorten für eine Stadt angebaut, deren Einwohnerzahl sich in den nächsten 20 Jahren verdoppeln wird. In Zürich werden Speichercontainer in mobile, nachhaltige »Mikrofarmen« umgewandelt, die frische Produkte mit Hilfe des Aquaponik-Verfahrens erzeugen.

Ich hatte die Gelegenheit, das kenianische Kibera zu besuchen, das mit einer geschätzten Bevölkerungszahl von 700 000 bis zu einer Million als größter Slum in Subsahara-Afrika gilt. Innovative Stadtfarmer haben dort sogenannte vertikale Gärten entwickelt: eine innovative Methode, um Nahrungsmittel in großen leeren Reis- und Maissäcken anzubauen, wo Gemüse wie Kohl oder Spinat auf sehr begrenztem Raum und auf verschiedenen Ebenen gezogen wird. Ihre Produkte verkaufen die Stadtfarmer an Nachbarn, einen Teil der Ernte verwenden sie für den Eigenbedarf. Diese Säcke erwiesen sich als eine sehr wichtige Ressource zur Sicherung der Lebensmittelversorgung während der Aufstände von 2007 und 2008, als kein Essen nach Kibera geliefert werden konnte. Die Bevölkerung musste trotz der widrigen Umstände nicht hungern, da sie ihre eigenen Lebensmittel anbauen oder einen Teil davon an Nachbarn verteilen oder verkaufen konnte.

Eine andere Gruppe von Farmern in Kibera macht sich auf einer unbewohnten Parzelle im Slum eine andere innovative Anbaumethode zunutze. In kleinen Doppelbeeten ziehen sie Saatgut für Tomaten, Okra und andere Gemüsesorten, das sie dann an Farmer auf dem Land verkaufen. In Ostafrika gibt es nicht viele lokale Saatguthändler, und so ist es für die Farmer auf dem Land oft sehr schwierig, qualitativ hochwertiges Saatgut zu finden.

Die Samenbeete werfen Gewinn ab. Eine der Farmerinnen, mit der ich in Kibera gesprochen habe, erklärte, die Samenbeete würden ihr nicht nur dabei helfen, die Schule für ihre Kinder zu bezahlen, sondern sie hätte damit bereits genug Geld gespart, um ihr eigenes Stück Land außerhalb von Nairobi zu kaufen. Der Mythos, die urbane Landwirtschaft könnte nur dazu dienen, die Armen und Hungernden in den Städten zu versorgen, könnte damit ausgeräumt werden, da sich zeigt, dass sie zudem auch als wichtige Ressourcenquelle für ländliche Farmer dienen kann.

Menschen überall auf der Welt wünschen sich eine engere Verbindung zum Nahrungsmittelsystem, so dass Nahrungsmittel auf Hausdächern, auf Feuerleitern und in Hinterhöfen angebaut werden. Viele entwickeln innovative Methoden, um urbane Farmer miteinander zu verbinden. Die Organisation *Every Last Morsel* kartiert beispielsweise die Standorte von Stadtgärten und bietet eine Plattform für Gärtner, um ihre Erzeugnisse an ihre Nachbarn zu verkaufen, zu verschenken und zu spenden. Es gibt Farming-Clubs und Organisationen an unterschiedlichsten Orten wie Uganda und Iowa, die Zugezogenen vom Land und Flüchtlingen dabei helfen, den Anbau und die Vermarktung von Lebensmitteln in Städten zu erlernen.

Diese Zunahme der urbanen Landwirtschaft bringt außerdem die häufig so dringend benötigte Vielfalt auf den Speiseplan der Städter.

Wachsende Vielfalt

Die vierte Methode beschäftigt sich mit der Vielfalt im Nahrungsmittelsystem. In den letzten fünf Jahrzehnten hat sich die Nahrungsmittelerzeugung in Afrika, Asien, Lateinamerika und vor allem in Europa und in den USA immer mehr auf Wirtschaftsgüter wie Mais, Soja, Weizen und andere Getreidesorten konzentriert, wobei Nahrungsmittel, die einen höheren Nährwert bieten, wie Hirse, Sorghumhirse, mehrjährige Getreidesorten und Gemüse, in den Hintergrund rückten.[13] Während die arme Bevölkerung in den Entwicklungs- und Schwellenländern ihren Kalorienbedarf vor allem mit stärkehaltigen Feldfrüchten deckt, gibt es nur wenige Untersuchungen – mit nur geringem Budget – zur Genießbarkeit dieser stärkehaltigen Grundnahrungsmittel.

Das Budget der landwirtschaftlichen Forschung, das für Getreide zur Verfügung steht, liegt etwa 13-mal höher als die Ausgaben für die Forschung in Obst- und Gemüsesorten.[14] Und diese fehlenden Investitionen haben ernsthafte Folgen. Dyno Keatinge vom *World Vegetable Center* in Taiwan hat die Auswirkungen untersucht, die eine Unterversorgung mit Gemüse auf Mangelernährung und Kindersterblichkeit hat. Kurz gesagt: Je mehr Gemüse in einem Land verfügbar ist, desto weniger Kinder sterben vor Abschluss ihres fünften Lebensjahrs. Und so gilt im Umkehrschluss: Wenn Kindern der Zugang zu Gemüse verwehrt ist, besteht für sie ein höheres Risiko der Mangelernährung oder Sterblichkeit.

Fehlende Vielfalt in unserer Ernährung führt jedoch nicht nur zu Mangelernährung. Dass der Fokus auf Wirtschaftsgüter statt auf Ernährungsaspekte gesetzt wird, trägt auch zur weltweit verbreiteten Adipositas bei. Mehr als 1,5 Milliarden Menschen sind übergewichtig und mindestens 30 % davon gelten als adipös.[15] Laut Veröffentlichungen des *Centers for Disease Control* sind im US-Bundesstaat South Carolina mehr als 65 % aller Erwachsenen adipös, ebenso wie 16 % der Schüler an den Middle Schools und High Schools.

Dieses Problem beschränkt sich nicht auf die reichen Nationen. In Südafrika sind 40 % der Frauen, in Mexiko 70 % der Gesamtbevölkerung und in Indien 17 % aller Erwachsenen fettleibig. Leider verfügen diese und die meisten anderen Länder nicht über die Mittel, um sich mit den Folgen falscher Ernährung und einer übergewichtigen Bevölkerung auseinanderzusetzen.

Mit einer schlechten Ernährung sind nicht übertragbare Krankheiten sowohl in reichen als auch in armen Ländern auf dem Vormarsch. Dazu gehören Herz-Kreislauf-Erkrankungen, Atemwegserkrankungen und Typ-2-Diabetes. 63 % aller Todesfälle weltweit sind auf nicht übertragbare Erkrankungen zurückzuführen, und diese Zahl wird erwartungsgemäß noch weiter ansteigen.

Nach Untersuchungen des *Chicago Council on Global Affairs* werden uns diese Erkrankungen zwischen dem heutigen Datum und dem Jahr 2030 weltweit 30 Billionen US-Dollar kosten. Dabei ist klar, dass diese vorzeitigen Todesfälle und chronischen Erkrankungen, unter denen die Ärmsten der Welt am meisten leiden, nicht allein durch das Gesundheitswesen verhindert werden können. Leider sind die Systeme weltweit bisher sehr gut darin, Menschen mit Essen zu versorgen, aber weniger gut darin, sie auch wirklich gut zu ernähren.

Wenn weniger Investitionen für stärkehaltige Grundnahrungsmittel und dafür mehr für Gemüse und eiweißreiche Getreidesorten aufgewendet würden, hätte dies erhebliche positive Auswirkungen, sowohl auf unsere Ernährung und Gesundheit als auch auf die Umwelt.

Amarant beispielsweise ist eine in Mexiko heimische Pflanze. Sie ist ein hervorragender Lieferant von Eiweiß, Vitaminen und lebenswichtigen Mineralstoffen, wie Kalzium, Eisen, Magnesium, Kalium und Zink. Mexiko verzeichnet derzeit die höchste Adipositasrate aller Länder weltweit. Dies ist zum Teil auf veränderte Ernährungsgewohnheiten und eine Abkehr von traditionellen Feldfrüchten zurückzuführen.

In Tansania setzt das *World Vegetable Center* (AVRDC) auf partizipatorische Forschungsmethoden, um Bauern beim Anbau robusterer Gemüsesorten mit einem höheren Nährwert zu unterstützen. Die Saatgutbank des AVRDC verwahrt Tausende von Varianten traditioneller einheimischer afrikanischer Feldfrüchte, die nicht nur schmackhaft, sondern häufig auch einfach im Anbau und widerstandsfähig gegen Schädlinge und Krankheiten sind. Die Nachfrage nach solchen Nutzpflanzen steigt auch in den städtischen Bereichen, wo die wachsende Mittelschicht zunehmend an einer engeren Verbindung zum Nahrungsmittelsystem interessiert ist.

In Schulhöfen von Ohio bis Uganda setzt man auf Lebensmittelvielfalt, indem junge Menschen lernen, traditionelle einheimische Feldfrüchte nicht nur anzubauen, sondern auch zu kochen, zu konservieren, zu vermarkten und zu verzehren.

In Uganda hatte ich die Gelegenheit, etwa zwei Stunden außerhalb von Kampala das Projekt *Developing Innovations in School Cultivation* (DISC) zu besuchen. Der Gründer Edie Mukiibi arbeitet mit mehr als zwei Dutzend Schulen zusammen, um Schülern der Grund-, Mittel- und weiterführenden Schulen beizubringen, wie Schulgärten angelegt und gepflegt werden. Darüber hinaus weckt das Projekt DISC das Interesse am Geschmack von Lebensmitteln, die längst in Vergessenheit geraten waren. Vor 20 Jahren wurden im subsaharischen Afrika 4 % der konsumierten Lebensmittel importiert. Heute hat sich diese Zahl mit 12 % verdreifacht. Diese Entwicklung hin zu einer zunehmenden Abhängigkeit von Importen könnte teilweise auf gestiegene Einkommen zurückzuführen sein. Allerdings haben unsere Untersuchungen ergeben, dass schlechtere Bedingungen für lokal ansässige Bauern, insbesondere für junge Bauern, dazu ebenso beitragen.

Neben anderen Projekten arbeitet DISC daran, Investitionen in traditionelle einheimische Nahrungsmittel zu fördern. Es zeigt Schülern in 30 Schulen, dass Landwirtschaft nicht nur gewinnbringend sein kann, sondern auch einen Beitrag zum Umweltschutz leisten kann. Das Projekt bringt Kindern bei, wie traditionelles einheimisches Obst und Gemüse angebaut, verarbeitet und zubereitet wird. Edie Mukiibi meint, wer nichts über den Verzehr von Lebensmittel weiß, hat auch kein Interesse daran, sie anzubauen.

Auch in Schulen in den USA gibt es Bemühungen, landwirtschaftliche und kulinarische Traditionen wieder aufleben zu lassen. Die Organisation *Food Corps* schickt junge College-Absolventen in Schulen. Sie helfen dabei, den Kindern beizubringen, wie Nahrungsmittel angebaut werden, und bringen sie auf den Geschmack von Gemüse wie Okra, Spinat, Kohl und anderen nahrhaften Lebensmitteln, die sie normalerweise zu Hause kaum essen würden, mit dem Ziel, Adipositas und anderen chronischen Erkrankungen vorzubeugen.

Die Programme »Ark of Taste« von *Slow Food* und »Vegetable Genetic Resources Information System« des *World Vegetable Center*[16] stellen derzeit einen Katalog mit verschiedenen traditionellen einheimischen Obst- und Gemüsesorten weltweit zusammen. Ziel ist nicht nur, diese Vielfalt für die Zukunft zu erhalten, sondern auch, dass diese Nahrungsmittel von den Bauern heute tatsächlich noch angebaut werden und sie weiterhin für den Verzehr verfügbar bleiben.

Die Vielfalt von einheimischen und traditionellen Feldfrüchten und Ernährungsweisen bietet Vorteile, die weit über die Gesundheit des Einzelnen hinausgehen.

Optimierung landwirtschaftlicher Verfahren

Die Landwirtschaft stellt eine hohe Belastung für natürliche Ressourcen dar. Dieses große Problem zu Beginn des Anthropozäns bringt uns zur fünften Methode: Widerstandsfähigkeit, also die Fähigkeit eines Systems, unter Stress zu funktionieren. Nach Angaben des Umweltprogramms der Vereinten Nationen (UNEP) wird 70 % des Süßwasserverbrauchs für die weltweite Nahrungsmittelerzeugung aufgewendet – und diese Zahl wird voraussichtlich bis zum Jahr 2050 noch um weitere 19 % ansteigen.[17] Die Landwirtschaft ist außerdem für 80 % der weltweiten Abholzung verantwortlich.[18]

Die Landwirtschaft ist mit einem Anteil von geschätzten 25 bis 30 % an Treibhausgasemissionen zwar einer der Hauptverursacher des Klimawandels, allerdings leidet sie von allen menschlichen Aktivitäten auch am meisten unter den gestiegenen Temperaturen, Überflutung, extremen Wetterereignissen und anderen Folgen des Klimawandels. Der Planet erwärmt sich und die Ressourcen werden knapp, während die Bevölkerungszahlen gleichzeitig weiterhin zunehmen. Eine nachhaltige Landwirtschaft könnte jedoch einen wichtigen Beitrag dazu leisten, den Klimawandel einzudämmen – und zugleich die Sicherung des Nahrungsmittelangebots sowohl in Entwicklungs- und Schwellenländern als auch in Industrienationen zu verbessern.

So führen zum Beispiel Kleinbauern von Mexiko bis Malaysia landwirtschaftliche Verfahren ein, die umweltbewusst sind und mit wenigen Ressourcen auskommen. In Kenia setzen Bauern auf eine Mischkultur aus Gemüse- und Getreideanbau, um eine verbesserte Stickstofffixierung und eine bessere Bodenqualität zu erreichen – und erzielen damit eine Ertragssteigerung von bis zu 300 %.

In Kambodscha werden mit einer neuen Anbaumethode für Reis (System of Rice Intensification) Wasservorräte geschont und eine stabile Bodenqualität erreicht, während die Erträge um bis zu 150 % gesteigert werden konnten.

In Indonesien erzeugen zertifizierte ökologische Landwirte im Bezirk Boyolali 60 000 Tonnen Reis pro Jahr, während ihre Produktionskosten mittels ökologischer Anbaumethoden um 40 % gesenkt wurden.[19]

Die Landwirtschaft der Zukunft wird sich zunehmend auf eine intensivere Wissensbasis stützen müssen – die Bauern müssen wissen, wie mehr produziert werden kann, indem weniger Produkte, die auf fossilen Brennstoffen beruhen, wie etwa Kunstdünger, eingesetzt werden.

Der Agrarwissenschaftler Roland Bunch beschäftigt sich seit langem mit der Situation von Kleinbauern in Subsahara-Afrika und Lateinamerika. Er sagt, dass in Ländern wie Mali oder Niger, wo ein akutes Hungerproblem besteht und eine schlechte Bodenqualität hohe Erträge verhindert, für die meisten Bauern Kunstdünger schon allein aus Kostengründen nie infrage käme. Sie seien daher gezwungen, auf einen ökologischen Anbau zu setzen, um die Bodenqualität zu vebessern. Sie machen sich unter anderem das Verfahren der Gründüngung zunutze. Hierbei werden Nutzpflanzen strategisch sinnvoll gepflanzt, um eine Reihe von Vorteilen zu nutzen. Häufig werden diese Nutzpflanzen zwischen den Erntezyklen in den Boden gepflügt, statt sie abzuernten. Der Anbau von Nutzpflanzen zur Gründüngung kann die Fruchtbarkeit und den Wassergehalt des Bodens verbessern, so dass der Boden weniger empfindlich auf Dürre- oder Hitzeperioden reagiert. Gründüngungspflanzen können zudem Schädlinge und Krankheiten fernhalten, die Feldfrüchte oder Vieh befallen können, wie den Maiswurzelbohrer oder das Rifttalfieber.

Die Massentierhaltung gehört zu den Kennzeichen westlicher Ernährungsweise. Milliarden Nutztiere wachsen alljährlich heran, ohne je das Licht der Sonne zu erblicken. Anschließend werden sie in Fabriken am Fließband verarbeitet. Längst breitet sich die industrialisierte Ernährung auch in Asien aus, wie der amerikanische Fotograf Edward Burtynsky in einer Fabrik für Hühnchenfleisch in China dokumentiert hat.

Foto: Edward Burtynsky Photography

Zusätzlich etabliert sich die Agroforstwirtschaft weltweit immer mehr als hervorragendes Beispiel dafür, wie die Widerstandsfähigkeit bei Nutzpflanzen gefördert werden kann. Ein wichtiger Aspekt dabei ist, dass Bäume Kohlendioxid aus der Atmosphäre aufnehmen. Bäume auf Feldern mit landwirtschaftlichen Nutzpflanzen zu kombinieren könnte also dazu beitragen, den Klimawandel abzuschwächen. Ich habe Bauern in Kenia getroffen, die eine Mischkultur aus Leguminosenbäumen und Mais und anderen Nutzpflanzen einsetzen, um eine natürliche Düngerquelle zu erhalten. Mit der Agroforstwirtschaft kann zudem die Qualität und Widerstandsfähigkeit des Bodens verbessert werden, indem der Anteil an organischen Substanzen, Mikroorganismen und Feuchtigkeit im Boden und für Nutzpflanzen maximiert wird. Außerdem spenden Bäume Schatten für Vieh und Feldfrüchte und können einen Lebensraum für Wildtiere und nützliche Insekten bieten.

In Nigeria habe ich Bäuerinnen getroffen, die solarbetriebene Tropfbewässerungssysteme einsetzen, um in diesem unter häufigen Dürreperioden leidenden Land eine effiziente Wasserzufuhr für ihre Nutzpflanzen sicherzustellen. Diese Gruppe aus 50 Frauen hat einen Gartenbaubetrieb gegründet, um Gemüse, Obstbäume und andere Nutzpflanzen anzubauen, deren Erträge in der nächsten größeren Stadt Nime verkauft werden. Bevor die Frauen diesen Gartenbau betrieben, verdienten sie etwa 300 USD pro Jahr, also weniger als einen USD am Tag. Heute beläuft sich ihr Einkommen auf etwa 1500 USD pro Jahr.

Der Anbau von einheimischen und traditionellen Nutzpflanzen kann das Einkommen steigern und die Ernährung verbessern und zugleich Bauern eine gewisse Absicherung gegen Ernteausfall und Schädlinge bieten. Traditionelle einheimische Nutzpflanzen sind häufig widerstandsfähiger gegen Dürre und Überflutung und können Schädlinge und Krankheiten besser abwehren, denen Monokulturen nichts entgegenzusetzen haben.

Mit diesen Verfahren zur Stärkung der Widerstandsfähigkeit werden nicht nur wertvolle Ökosysteme geschützt, sondern auch gesündere und nahrhaftere Lebensmittel erzeugt und Einkommenssteigerungen erzielt. Sie können für Klein- und Großbetriebe gleichermaßen übernommen, angepasst und erweitert werden, um den Wasservorrat zu verbessern, die Vielfalt zu erhöhen, die Bodenqualität zu verbessern und den Klimawandel abzuschwächen.

Damit sich solche Methoden von der Ausnahme zum Standard etablieren können, ist jedoch die Unterstützung von Forschern und Förderern aus gemeinnützigen Organisationen und der Privatwirtschaft erforderlich.

Diese Lösungen können nicht isoliert voneinander bestehen und müssen in der Landwirtschafts-, Gesundheits-, Wirtschafts- und Nahrungsmittelindustrie verstärkt miteinander verknüpft werden.

Laut Meera Shekar, der führenden Gesundheits- und Ernährungsexpertin des *Human Development Network* der Weltbank, benötigen unsere Initiativen für Ernährungsfragen eine neue Ausrichtung. Sie meint, unsere Investitionen in die Landwirtschaft und in die Bekämpfung von Hungersnöten hätten häufig nicht zu einer verbesserten Ernährung beigetragen, »was für die Landwirtschaft und auch für die Hungernden selbst lange ein unbekanntes Konzept war«.[20] Sich bei der Versorgung von Menschen lediglich auf landwirtschaftliche Erträge oder die Kalorienzufuhr zu konzentrieren, habe häufig verhindert, dass tatsächlich lebenswichtige Nährstoffe zur Verfügung gestellt wurden, worunter vor allem Kinder leiden.

Das Internationale Forschungsinstitut für Agrar- und Ernährungspolitik (IFPRI) kam außerdem zu dem Schluss, dass der Gesundheits- und der Landwirtschaftssektor gemeinsame Anstrengungen vornehmen müssen, um Lösungen für Mangelernährung, Fettleibigkeit und andere ernährungsbedingte Gesundheitsprobleme zu entwickeln. IFPRI-Generaldirektor Shenggen Fan sagte:

> *Wir sind direkt mit mehreren ernsthaften Herausforderungen konfrontiert: Durch Hunger, Mangelernährung und einen schlechten Gesundheitszustand wird Milliarden von Menschen die Chance auf ein gesundes, wohlgenährtes und produktives Leben verwehrt. Alle unsere Anstrengungen – ob im Bereich der Landwirtschaft, der Ernährung oder im Gesundheitswesen – sind untrennbar miteinander verknüpft. Wir können die Erfolgsaussichten bei der Bewältigung dieser Herausforderungen steigern, wenn wir diese Verknüpfungen verstehen und zum Wohle der Menschen nutzen.* [21]

Und diese Verknüpfungen für eine gesündere Landwirtschaft sind tatsächlich bereits Realität, und zwar nicht nur in Labors oder auf Konferenzen, sondern auch auf der grundlegendsten Stufe: in den Küchen und Hinterhöfen überall auf der Welt.

Mit einer besseren und effektiveren Nahrungsmittel-, Ernährungs- und Landwirtschaftspolitik – und einer besseren Kommunikation zwischen Mitarbeitern und Vertretern aus dem Gesundheitswesen und dem Landwirtschaftssektor – können wir erreichen, dass sich unser Horizont über die bloße Steigerung von landwirtschaftlichen Erträgen und die Kalorienzufuhr hinaus erweitert, um ein besseres Lebensmittelsystem zu etablieren. Sinnvolle Verfahren in der Landwirtschaft können die Biodiversität verbessern, die Bodenqualität erhöhen, geschädigtes Land wiederherstellen, die Gesundheit verbessern und sogar den Klimawandel abschwächen.

Ein verändertes Lebensmittelsystem ist in den Städten, Vorstädten und Dörfern überall auf der Welt bereits Realität. Aber es muss noch mehr getan werden. Es reicht nicht mehr aus, nur mit Messer und Gabel abzustimmen – wir alle müssen Veränderungen nicht nur auf der Ebene der Verbraucher, sondern auch auf der der Händler vorantreiben und Forschungseinrichtungen, Finanzierungs- und gemeinnützige Spendenorganisationen dazu bringen, in Initiativen zu investieren, die dabei helfen, die Menschen zu ernähren und den Planeten zu schützen.

Übersetzung: Monika Dauer

1 UN Food and Agriculture Organization (FAO): Save Food. Global Initiative on Food Losses and Waste Reduction, http://www.fao.org/save-food/key-findings/en/ (Abruf: 28.02.2014).

2 FAO: International Year of Family Farming: Main Messages. http://www.fao.org/family-farming-2014/about/main-messages/en/ (Abruf: 23.02.2014).

3 Altieri, Miguel; Koohafkan, Parviz: Enduring Farms. Climate Change, Smallholders and Traditional Farming Communities. Penang, Malaysia 2013, S. 18, http://www.fao.org/nr/water/docs/Enduring_Farms.pdf (Abruf: 10.04.2014).

4 Pimentel, David: Soil Erosion. A Food and Environmental Threat. In: Hens, Luc; Pimentel, David (Hrsg.): Environment, Development and Sustainability. Ithaca, NY 2006, S. 119–137.

5 Siehe Fußnote 4, S. 123.

6 FAO: Women – Key to Food Security. Rom 2011, http://www.fao.org/docrep/014/am719e/am719e00.pdf (Abruf: 10.04.2014).

7 De Schutter, Olivier; Vanloqueren, Gaëtan: The New Green Revolution. How Twenty-First-Century Science Can Feed the World. In: Solutions 2 (2011), H. 4, S. 33–44.

8 International Food Policy Research Institute (IFPRI): 2012 Global Food Policy Report, S. 2, http://www.ifpri.org/sites/default/files/publications/gfpr2012_ch02.pdf (Abruf: 10.04.2014).

9 The World Bank; National Resources Institute; FAO: Missing Food. The Case of Postharvest Grain Losses in Sub-Saharan Africa. Washington, DC 2011.

10 United Nations, Department of Economic and Social Affairs, Population Division: World Urbanization Prospects. The 2007 Revision. New York 2008, S. 2, http://www.un.org/esa/population/publications/wup2007/2007WUP_Highlights_web.pdf (Abruf: 10.04.2014).

11 FAO: Urban and Peri-urban Horticulture. Sustainable Livelihoods, http://www.fao.org/ag/agp/greenercities/en/whyuph/livelihoods.html (Abruf: 23.02.2014).

12 Worldwatch Institute: Farming the Cities, Feeding an Urban Future. Nourishing the Planet (Blog). Pressemitteilung (16.06.2011).

13 Edible Twin Cities: Why The Farm Bill Matters, http://www.ediblecommunities.com/twincities/online-magazine/fall-2006/why-the-farm-bill-matters.htm (Abruf: 28.02.2014).

14 Halweil, Brian; Nierenberg, Danielle: 2011 State of the World. Innovations that Nourish the Planet. The Worldwatch Institute. New York 2011.

15 Patel, Raj: Food for All. How to Respond to Market Excesses. In: Eating Planet – Nutrition Today: A Challenge for Mankind and for the Planet. Mailand 2012, S. 46.

16 World Vegetable Center: AVRDC Vegetable Genetic Resources Information System (AVGRIS), http://203.64.245.173/index.asp (Abruf: 10.04.2014).

17 FAO: Crops and Drops. Rom 2002, S. 10; UNEP: WED Theme, http://www.unep.org/wed/theme/ (Abruf: 01.03.2014).

18 Matthews, Christopher: Deforestation Causes Global Warming. FAO Newsroom, Rom, 4 September 2006.

19 Institute for Agriculture and Trade Policy; Asian Farmers' Association for Sustainable Rural Development: Agroecology and Advocacy. Innovations in Asia. 2011, S. 23–24, http://www.iatp.org/documents/agroecology-and-advocacy-innovations-in-asia (Abruf: 10.04.2014).

20 Shekar, Meera: 15th Annual Worldwatch State of the World Symposium, Washington, DC (19.01.2011).

21 Fan, Shenggen: IFPRI 2020 Conference, Neu-Delhi, Februar 2011.

Geteilte Erde
Eine Epoche globaler Ungerechtigkeit?

von Christian Schwägerl

Am Beginn der Industrialisierung lebten rund eine Milliarde Menschen, bald bewohnen acht Milliarden Menschen die Erde. Das Bevölkerungswachstum verlangsamt sich zwar, doch die Vereinten Nationen gehen davon aus, dass die Weltbevölkerung bis zum Jahr 2100 auf zehn bis elf Milliarden Menschen steigen wird. Es gilt, die Erde und ihre Ressourcen zu teilen – wie diese Badenden in China, die bereits bestens darin geübt sind, auf engstem Raum miteinander auszukommen.
Foto: ChinaFotoPress

Seit Januar 2013 wandert der amerikanische Biologe und Autor Paul Salopek um die ganze Welt. Seine Reise hat er in Äthiopien begonnen, an einem See im Großen Afrikanischen Grabenbruch, wo die Ursprünge des modernen Menschen liegen. Salopeks Ziel ist es, innerhalb von sieben Jahren zu Fuß bis nach Feuerland zu kommen, über den Nahen Osten, Südostasien, China, Nordamerika bis hinab zu der Region, die am weitesten von der Ursprungsregion des Menschen entfernt liegt. Die geplante Wanderroute ist 33 800 Kilometer lang. Mit seinem Projekt will der Amerikaner den Weg nachvollziehen, den die Menschheit zurückgelegt hat, seit sie Afrika verließ. Doch ihm geht es nicht nur um evolutionsbiologische und archäologische Fragen, sondern auch um Gegenwart und Zukunft der Menschheit.

Die Schere zwischen Arm und Reich ist gewaltig. Die 85 reichsten Menschen besitzen laut einer Studie der Entwicklungsorganisation Oxfam so viel Geld wie die 3,5 Milliarden ärmsten Menschen. Zu Letzteren zählt Kwabena Labobe, ein Junge, der in Agbogbloshie in Ghana aufwächst, der weltweit größten Elektroschrotthalde. Dort werden giftige Abfälle aus aller Welt entsorgt.

Foto: Kevin McElvaney – www.derkevin.com

Schon wenige Tage nach seinem Aufbruch kam Salopek in eine Gegend in Äthiopien, in der gerade ein Stück Wüste in eine Zuckerrohrplantage verwandelt wurde. Der Wanderer sah, wie riesige Bagger die Gegend planierten und schnurgerade Kanäle in die Landschaft frästen. Am Straßenrand traf er eine junge Frau vom Nomadenstamm der Afar, die im Text leider namenlos bleibt. Sie erzählte ihm, dass die Nomaden mit Gewalt von diesem Stück Land vertrieben worden waren und sich nun als Tagelöhner verdingen müssen, um zu überleben – für 20 Dollar Monatslohn. Salopek schrieb in sein Notizbuch: »Während wir uns zuerst Richtung Norden und dann nach Osten bewegen, lassen wir die Wüste hinter uns und stoßen unsere Zehen am Anthropozän – dem Zeitalter des modernen Menschen.«[1]

20 Dollar Monatslohn für harte körperliche Arbeit, während einige Tausend Kilometer weiter Menschen dieselbe Summe für eine Stunde im Büro bekommen und an speziellen Orten der Welt wie der Wall Street ein solcher Betrag in einer Millisekunde digitalen Aktienhandels verdient ist – ist diese schreiende Ungerechtigkeit wirklich ein Symbol für das Anthropozän, wie Salopek nahelegt?

Eigentlich wohnt der Anthropozän-Idee die große Idee von der Gleichheit aller Menschen inne. *Anthropos* ist das altgriechische Wort für den Menschen als solchen. Deshalb ist der Mensch, um den es im Wort Anthropozän geht, derselbe Mensch, der mit der biologischen Artbenennung *Homo sapiens* gemeint ist, und derselbe Mensch, von dem es zuerst in der amerikanischen Unabhängigkeitserklärung von 1776, in der Erklärung der Menschen- und Bürgerrechte von 1789 und später auch in der Allgemeinen Erklärung der Menschenrechte durch die Vereinten Nationen von 1948 heißt, er sei von Geburt aus frei und mit gleichen Rechten ausgestattet. Es ist ein abstrahierter und allgemein gefasster Menschenbegriff, der der Idee einer geologischen Erdepoche des Menschen zugrunde liegt.

Doch dieser abstrakte Menschenbegriff kollidiert, wie Salopeks Beispiel zeigt, mit der konkreten Wirklichkeit von bald acht Milliarden menschlichen Individuen. Lassen sie sich mit ihren unterschiedlichsten Kulturen, Sprachen, Lebensweisen, Traditionen, Weltbildern und ökonomischen Wirklichkeiten in einem einzigen Wort subsummieren? Diese Frage stellt sich insbesondere deshalb, weil negative Phänomene, an denen das beginnende Anthropozän festgemacht wird, vor allem der Klimawandel und die industrielle Landwirtschaft, alles andere als gleichförmig von allen Menschen verursacht werden. Sie stellt sich auch deshalb, weil viele Menschen obendrein sogar in kultureller und ökonomischer Hinsicht Opfer anthropozäner Umweltveränderungen sind, wie die Afar, von denen Paul Salopek schreibt. Viele von ihnen wollen weiter als Nomaden leben, wie ihre Vorfahren es getan haben, und sehen sich dabei von exakt jenen Veränderungen bedroht, die Geologen heranziehen, um das Anthropozän als physische Wirklichkeit zu beschreiben. Im afrikanischen Trockengürtel müssen die Afar Angst davor haben, dass ihnen der Klimawandel das letzte frei verfügbare Wasser rauben wird, während der Zucker aus den neuen

Plantagen am Ende in amerikanischen oder europäischen Süßigkeiten landet. Es wäre geradezu zynisch, wenn ausgerechnet diese Menschen über den *anthropos* im Anthropozän-Begriff für die Probleme auch noch mitverantwortlich gemacht würden.

Obwohl die vergangenen Jahrzehnte davon geprägt waren, dass Hunderte Millionen Menschen absolute Armut hinter sich lassen und ihre wichtigsten Grundbedürfnisse decken konnten, ist es bei allen Diskussionen über das Anthropozän wichtig hervorzuheben, wie ungleich der Konsum von Ressourcen und die Verantwortung für globale Umweltprobleme noch immer auf der Welt verteilt sind.

Würde man das, was in einem westlichen Industrieland pro Jahr verbraucht wird, auf seine Bürger aufteilen und direkt bei ihnen zu Hause lagern wollen, wäre dazu sehr viel Platz nötig. Bei einem durchschnittlichen Deutschen müssten 4,4 Tonnen Steinkohle (als Repräsentant aller fossilen Brennstoffe), vier Gramm Atommüll, 25 Kilogramm Elektroschrott, 600 Kilogramm Metalle, 3,1 Tonnen Kiese und Sande sowie 450 Kilogramm Hausmüll eingelagert werden.[2] Hinzu kommen zehn Tonnen Kohlendioxid, die in Deutschland pro Kopf direkt beim Heizen, Autofahren und Produzieren entstehen. Finge man diese Treibhausgase ein, um sie bei Normaldruck zu lagern, müsste in der Wohnung auch noch ein Würfel mit 17 Metern Kantenlänge unterkommen.[3] Der Garten, aus dem die Lebensmittel stammen, müsste ebenfalls sehr groß sein. Für jedes verzehrte Kilogramm Rindfleisch sind 21 Quadratmeter Land nötig, für jeden getrunkenen Liter Milch ist es ein Quadratmeter.[4] Allein 280 Quadratmeter werden im EU-Durchschnitt pro Kopf für den Sojaanbau beansprucht, um europäische Nutztiere zu füttern, und die Fläche eines normalen Wohnzimmers für die Palmölgewinnung.[5] Die Konsumgüter eines Durchschnittsdeutschen herzustellen, erfordert jährlich das Wasser eines 25-Meter-Schwimmbeckens.[6]

Die Zahlen fallen so oder so ähnlich für jedes westliche Industrieland aus. Sie geben wieder, auf welch hohes Niveau das Bruttosozialprodukt gewachsen ist und wie stark sich der Wohlstand in den vergangenen Jahrzehnten vermehrt hat. Milliarden Menschen außerhalb der industrialisierten Wohlstandszonen sind weit von einem solchen Konsumniveau entfernt. So verursachte ein durchschnittlicher US-Amerikaner 2012 rund 16 Tonnen CO_2-Emissionen, ein durchschnittlicher Inder dagegen nur 1,7 Tonnen.[7] Von den 80 Milliarden Tonnen Material, die global jedes Jahr für das Wirtschaftsleben bewegt werden, entfällt ein Großteil auf die Bedürfnisse der reichsten Länder.[8] Historisch betrachtet fällt das Ungleichgewicht noch größer aus: Von den 2110 Milliarden Tonnen Kohlendioxid, die nach Schätzungen des Potsdam-Instituts, der Oxford University und des World Resources Institute zwischen 1800 und 2014 durch menschliche Aktivitäten zusätzlich in Umlauf gekommen sind, entfällt gut die Hälfte auf den kleinen Teil der Menschheit, der in klassischen Industrieländern lebt, während sich der Rest auf rund vier Fünftel der Menschheit verteilt.[9]

Nicht nur die Afar-Nomaden, sondern Hunderte Millionen Menschen leiden unter den brutalen Folgen des westlichen Konsums – indigene Völker im Amazonasbecken oder auf Borneo, vor deren Augen ihr angestammter Regenwald verschwindet, oder Menschen, die Bergwerken und Megaplantagen weichen müssen, nur damit in Europa und den USA Smartphones und Billiglebensmittel auf den Markt geworfen werden können. Dazu zählen auch jene Menschen, etwa in Bangladesch, die für ihre Arbeit Hungerlöhne bezahlt bekommen, damit in Europa die neueste knallbunte Modewelle so billig und profitabel wie möglich verkauft werden kann, während sich dort durch die Abwässer der Textilfabriken die Flüsse gelb, rosa und pink verfärben.[10] All diese Menschen sind auch *anthropos*, aber sie sind nicht für die großen globalen Probleme verantwortlich.

Noch zentraler für die weitere Debatte ist es aber, dass weltweit der Trend trotzdem zu einer gewissen ökonomischen Angleichung geht. Vor allem in China ist eine regelrechte Völkerwanderung in den westlichen Lebensstil im Gang. Dort tauschen Millionen Menschen ihre Fahrräder gegen Autos, so dass China inzwischen zum weltgrößten Automarkt geworden ist. Die Menschen ersetzen Hütten durch Wohnungen, Wohnungen durch Häuser mit Klimaanlagen. Reis pur wird zu Reis mit Gemüse, zu Reis mit Rindfleisch, zu Hamburgern: Der chinesische Fleischkonsum hat sich pro Kopf in zwanzig Jahren vervierfacht.[11] Freizeit im eigenen Umkreis geht in nationale und internationale Fernreisen über – auch das trägt zur starken Zunahme der Kohlendioxid-emissionen bei. Wer wollte das alles den Milliarden Menschen, denen der westliche Lebensstil lange unerreichbar schien, verdenken oder gar verbieten?

China hat zwischen 1985 und 2005 rund 600 Millionen Menschen aus absoluter Armut befreit, ein unvergleichlicher Erfolg.[12] Eine indische Mittelschicht war vor 40 Jahren quasi nicht existent. Heute umfasst sie je nach Definition zwischen 50 Millionen und 200 Millionen Menschen. Binnen 15 oder 20 Jahren könnte sie auf mehr als 500 Millionen gewachsen sein und das Konsumvolumen sich parallel vervielfacht haben, rechnet das McKinsey Global Institute vor.[13] Die Weltbank beschreibt die Zukunft so:

Im Jahr 2030 werden 1,2 Milliarden Menschen in Entwicklungsländern, das sind 15 Prozent der Weltbevölkerung, zur globalen Mittelklasse gehören, im Vergleich zu 400 Millionen Menschen heute. Diese Gruppe wird über eine Kaufkraft zwischen 4000 Dollar und 17 000 Dollar pro Kopf verfügen und wird den Zugang zu internationalen Reisen genießen, Autos und andere hoch entwickelte Konsumgüter kaufen, eine international einsetzbare Ausbildung haben und eine große Rolle dabei spielen, die Politik und die Institutionen ihrer eigenen Länder und der Weltwirtschaft zu gestalten.[14]

Diese Entwicklung bedeutet für Millionen Menschen den Weg aus den Zwängen und Grausamkeiten der Armut. Doch die Angleichung der Lebensstile wirft ein gewaltiges anthropozänes Problem auf: Wenn alle Menschen auf demselben Verbrauchsniveau leben würden, wie es die eine Milliarde Menschen in den klassischen Industrieländern tut, dann wären Probleme wie der Klimawandel und der Artenschwund überhaupt nicht mehr beherrschbar. Dann würde sich der amerikanische Traum von Wohlstand in sein absolutes Gegenteil verkehren und zu einem globalen Alptraum werden.

Bisher galt im Mittelschichtgürtel der Erde die Ausrede, die Überbevölkerung der Erde sei das eigentliche Problem. Es sind in dieser Perspektive immer die anderen, die zu viel

Die Lust am materiellen Konsum ist ungebrochen. Neue Handy- oder Tabletmodelle können Massenbewegungen auslösen, wie diese Warteschlage vor einem Elektro-Laden in Chicago im Jahr 2011. Was aber wäre, wenn alle Menschen so viel Material verbrauchen könnten oder wollten wie Europäer und US-Amerikaner? Beim derzeitigen westlichen Lebensstil wäre ein rascher ökologischer Kollaps wohl unvermeidlich.

Foto: Jessica Kirsh / Shutterstock.com

auf der Erde sind. Diese Rechnung stimmt nur bedingt: Die Erde könnte wohl sieben Milliarden Menschen mit dem Ressourcenverbrauch von Indern gut vertragen. Aber nur eine Milliarde Menschen mit dem Verbrauch von Amerikanern reichen, um globale Probleme zu verursachen.

Nun vermählt sich die Bevölkerungswucht mit der Wohlstandswucht. Es ist klar, dass ein Deutscher, der beim Kohlendioxidausstoß fünf Indern entspricht, diesen Indern weder ihre Existenz vorwerfen noch ihnen einen vergleichbaren Kohlendioxidausstoß wie den seinen verwehren kann. Man muss sich die Zahlen vor Augen führen: Wenn alle Menschen so viel Kohlendioxid emittieren würden wie zum Beispiel die Deutschen, wäre die maximale Menge Kohlendioxid von zwei Tonnen pro Kopf und Jahr, die Klimaforscher bis 2050 für noch tolerabel halten, schon bis 2019 in die Atmosphäre gepumpt.[15] Wenn alle Menschen so viel Fleisch äßen wie Deutsche (80 kg/Jahr), müssten Bauern und Fleischfabrikanten weltweit doppelt so viele Tiere heranfüttern wie heute. Und wenn alle Menschen so viele Autos besitzen würden (rund 550 pro 1000 Einwohner), gäbe es weltweit mehr als vier Milliarden Fahrzeuge, nicht eine Milliarde wie heute.[16]

Ist also der heutige westliche Lebensstil mit der permanenten indirekten Forderung an den Rest der Welt verbunden, möglichst arm zu bleiben?

Ein führender chinesischer Politiker schockiert seine westlichen Zuhörer gern damit, dass er sich bei Vorträgen in München oder New York den Kragen lockert und um Wasser bittet.[17] Es sei so heiß hier im Saal, sagt er dann. Seine Gastgeber geraten in diesem Moment in Panik, weil sie denken, der Mann erleide gleich einen Herzinfarkt. Es ist alles ein Schauspiel. Nachdem er zum dritten Mal gesagt hat, wie heiß es doch sei, rückt der Minister mit der Pointe heraus: Er hat als Kind in einer Wohnung ohne Zentralheizung gelebt und musste sich an Kälte gewöhnen. 500 Millionen Menschen in China müssen noch heute ohne Heizung leben, sagt er dann. Der Westen könne von China nicht verlangen, seinen Verbrauch fossiler Brennstoffe zu drosseln, während in seinen eigenen Städten die Räume überheizt seien.

Historisch betrachtet hat der Minister recht. Auf die Zukunft bezogen hat seine Logik aber Grenzen: Die CO_2-Emissionen Chinas sind inzwischen pro Kopf betrachtet so hoch wie die von Europa. Je mehr sich die Lebensverhältnisse angleichen, desto weniger zieht das Argument, allein der Westen trage Verantwortung. Da sich die chinesischen Emissionen seit dem Jahr 2000 von 3,5 Milliarden Tonnen auf zehn Milliarden Tonnen erhöht haben, rückt auch der Tag näher, an dem die historisch kumulierten CO_2-Mengen in der Atmosphäre hauptsächlich aus Asien und nicht mehr aus Amerika und Europa stammen werden.[18]

Was ist die Konsequenz daraus, dass mindestens eine Milliarde Menschen in absoluter Armut lebt, während der Rest der Menschheit dem Ideal westlichen Wohlstands folgt? Lässt sich in diesem Licht der Anspruch aufrechterhalten, dass auch vor der Anthropozän-Idee alle Menschen gleich sind?

Nicht wirklich, wenn man das Anthropozän als Summe aller Umweltprobleme und allen Umweltfrevels versteht, mit denen es die Menschheit im 21. Jahrhundert zu tun hat. Dann müsste man entweder in misanthropischer Weise denken, dass ausgerechnet im Anthropozän der Mensch an sich tatsächlich das größte Problem ist. Oder man müsste, um nicht brutal Täter und Opfer gleichzusetzen, besser vom »Westozän« sprechen, für den amerikanisch-westlichen Lebensstil, der einen Großteil der anthropozänen Phänomene verursacht.

Ist der Begriff Anthropozän also inhärent ungerecht und irreführend? Aus meiner Sicht Nein. Denn es gibt andere Lesarten, die sowohl der Idee als auch der aktuellen Weltlage besser gerecht werden. In ihrem wegweisenden Artikel »The Anthropocene: Are Humans Now Overwhelming the Great Forces of Nature?« haben Will Steffen, Paul Crutzen und John McNeill eine kommende »dritte Phase« des Anthropozäns (nach der ersten Phase der Industrialisierung und der zweiten Phase der »Großen Beschleunigung«) skizziert, in der Menschen aktiv und bewusst eine Rolle als »stewards of the Earth system« einnehmen.[19]

Wenn man die neue Erdepoche nicht verengt nur als Summe aller Umweltprobleme definiert, sondern in diesem Sinn als ergebnisoffenes Gestaltungsprojekt, das alle Menschen durch eine Vielzahl von potenziell positiven wie negativen Ursachen und Wirkungen miteinander verbindet und so zu einem rücksichtsvollen und weitsichtigen Verhalten verpflichtet, ergibt sich eine neue Perspektive. Das Anthropozän ist dann nicht nur eine rein physische Zustandsbeschreibung, sondern auch Anspruch und Wegweiser. Eine solche offenere Sicht könnte zu einem modernen Kant'schen Imperativ überleiten, zum Auftrag an jeden *anthropos*, unterschiedlichste Lebensstile zu entwickeln, die potenziell allen offenstehen, weil sie die Würde aller anderen Menschen, die Vielfalt der Kulturen wie auch die langfristige Integrität des Erdsystems respektieren.[20] So gesehen wäre die junge Afar-Nomadin, der Paul Salopek bei seiner Wanderung in Äthiopien begegnet ist, nicht Opfer des Anthropozäns, sondern eines unterentwickelten Anthropozän-Bewusstseins. Es gibt viele solcher Schicksale. Jedem von uns begegnen im Alltag die Spuren dieser Lebenswege: extrem billige Kleidung aus Südostasien, deren Abfälle die Flüsse verfärben; Erdöl aus Nigeria, für das ein ganzes Flussdelta zerstört wird; Elektrogeräte, die später als Abfall in Entwicklungsländern landen; Lebensmittel, die aus zerstörerischer Plantagenwirtschaft wie in Äthiopien stammen. Alle diese Produkte haben eine geologische Spur, die zur Anthropozän-Diagnose beiträgt. Sie haben zugleich eine soziale, eine menschliche Dimension, an der wir ablesen können, wie gut oder schlecht es jedem von uns gerade gelingt, sich den Anforderungen der neuen Erdepoche zu stellen.

1 Salopek, Paul: To Walk the World. In: National Geographic, December 2013, http://ngm.nationalgeographic.com/2013/12/out-of-eden/salopek-text (Abruf: 08.01.2014).
2 Steinkohle, Metalle, Kiese, Sande: Deutsche Rohstoffagentur: Deutschland – Rohstoffsituation 2011. DERA Rohstoffinformationen 13. Hannover 2012; Atommüll: umgerechnet laut Bundesamt für Strahlenschutz, persönliche Korrespondenz, Februar 2010; Müll: Umweltbundesamt: Daten zur Umwelt 2009. Dessau 2010; Elektroschrott: Zentralverband Elektrotechnik- und Elektronikindustrie e.V., 2005.
3 PBL Netherlands Environmental Assessment Agency: Trends in Global CO_2 Emissions. 2013 Report. The Hague 2013; Volumen einer Tonne CO_2 bei Normaldruck = 22730moles × 24.47L/mole = 556200l = 556.2m³. Siehe auch http://www.millenniumart.org.
4 Davis, Steven; Caldeira, Ken: Consumption-Based Accounting of CO_2 Emissions. In: Proceedings of the National Academy of Sciences 107 (2010), H. 12, S. 5687–5692; Gerbens-Leenes, Winnie: Consumption Patterns and their Effects on Land Required for Food. In: Ecological Economics 42 (2002), S. 185–199; Gerbens-Leenes, Winnie u.a.: A Method to Determine Land Requirements Relating to Food Consumption Patterns. In: Agriculture, Ecosystems and Environment 90 (2002), S. 47–58.
5 van Gelder, Jan Willem; Kammeraat, Karen; Kroes, Hassel: Soy Consumption for Feed and Fuel in the European Union. Profundo Economic Research 2008, https://milieudefensie.nl/publicaties/rapporten/soy-consumption-for-feed-and-fuel-in-the-european-union; laut Branchenverband Ovid Nettoeinfuhr 0,9 Millionen Tonnen, Ertrag ca. fünf Tonnen pro Hektar.
6 Siehe UNESCO: Water in a Changing World. The United Nations World Water Development Report 3. Paris 2009; sowie http://www.waterfootprint.org.
7 Siehe Fußnote 3.
8 Wiedmann, Thomas u.a.: The Material Footprint of Nations. In: Proceedings of the National Academy of Sciences Early Edition (3 September 2013), DOI: 10.1073/pnas.1220362110.
9 Für eine grafische Darstellung von CO_2-Emissionen siehe das Projekt der Oxford University unter http://trillionthtonne.org; World Resources Institute: Navigating the Numbers – Greenhouse Gas Data and International Climate Policy. Washington, DC 2005, http://pdf.wri.org/navigating_numbers.pdf (Abruf: 08.01.2014).
10 Yardley, Jim: Bangladesh Pollution Told in Colors and Smells. In: New York Times Online, 14.08.2013. http://www.nytimes.com/2013/07/15/world/asia/bangladesh-pollution-told-in-colors-and-smells.html.
11 FAO: World Agriculture – Towards 2015/2030. Rom 2002.
12 Hillebrand, Evan: Poverty, Growth, and Inequality over the Next 50 Years. Expert Meeting on How to Feed the World in 2050. Rom 2009.
13 McKinsey Global Institute: The Bird of Gold. The Rise of India's Consumer Market. 2007, http://birdofgold.com/ (Abruf: 05.05.2014).
14 World Bank: Global Economic Prospects 2007. Managing the Next Wave of Globalization. Press Release No. 2007/159/DEC. Washington, DC 2006.
15 Intergovernmental Panel on Climate Change: Fifth Assessment Report. Genf 2013, http://www.ipcc.ch sowie Allen, Myles R. u.a.: Warming Caused by Cumulative Carbon Emissions towards the Trillionth Tonne. In: Nature 458 (2009), S. 1163–1166.
16 Eigene Berechnungen mit Hilfe von Zahlen FAO, IEA, OECD, Vereinten Nationen.
17 Dank an Andreas Rinke für diese Beschreibung der Münchner Sicherheitskonferenz 2010.
18 Siehe Fußnote 3.
19 Steffen, Will; Crutzen, Paul J.; McNeill, John R.: The Anthropocene. Are Humans Now Overwhelming the Great Forces of Nature? In: Ambio 36 (2007), H. 8, S. 614–621.
20 Schwägerl, Christian: Menschenzeit – Zerstören oder gestalten. Wie wir heute die Erde von morgen erschaffen. München 2012.

Eine neue Perspektive

»Die Zukunft war früher auch besser«
Neue Herausforderungen für die Wissenschaft und ihre Kommunikation

von Reinhold Leinfelder

Auf dem Weg in die Zukunft sind kreative und fantasievolle Lösungen gefragt. Sie werden nicht nur von Ingenieuren und Technikern kommen, sondern vor allem auch von Menschen, die jenseits eingeübter Disziplinen und Denkspuren unterwegs sind – wie diese Gruppe von jungen Öko-Visionären, die beim Festival »Burning Man« in Nevada ein Schiff durch die Wüste rollen lassen.
Foto: Mike Hedge

»Die Zukunft war früher auch besser«[1] – mit diesem Satz formulierte Karl Valentin, Komiker und Meister überraschender philosophischer Weisheiten, eine ironische Einsicht in menschliches Denken, die auch als die wesentliche Kommunikationsherausforderung für das Anthropozän angesehen werden könnte. Unabhängig von der Unüberprüfbarkeit der Aussage, mit der Valentin kokettierte, bringt er mit seiner satirischen Glanzleistung, ausgerechnet die Zukunft in die Vergangenheit zu transferieren, zwei verbreitete Denk- und Verhaltensmuster auf den Punkt: das grundsätzliche Interesse des Menschen an seiner Zukunft einerseits und die lähmende Skepsis rückwärtsgewandter Verklärung andererseits. Widmen wir uns im Folgenden dem ersten Aspekt, um der Gefahr des zweiten bewusst begegnen zu können.

Gemasolar Solarturm-Kraftwerk, Sevilla, Spanien.
Foto: Daily Overview / DigitalGlobe

Schon früh machten sich die Menschen Gedanken darüber, in welchem Maße sich Zukunft gestalten lässt. Immer spielten dabei neue, wissenschaftsbasierte Technologien eine große Rolle. Und immer waren sie mit der Sehnsucht verbunden, Schranken zu überwinden, die speziell dem Menschen auferlegt sind, zum Beispiel, dass er im Gegensatz zu Vögeln nicht fliegen oder im Gegensatz zu Fischen nicht dauerhaft unter Wasser schwimmen kann. Aufschlussreich sind hier futuristische Skizzen an der Wende vom 19. zum 20. Jahrhundert, die sich – sicherlich beeinflusst durch die Romane Jules Vernes – großer Beliebtheit erfreuten. Zukunftsszenarien waren zum Beginn des Anthropozäns vom Vertrauen in Wissenschaft und Technologie geprägt. Noch in den 1950er Jahren schwärmten viele von der Vision nukleargetriebener Eisenbahnen und Autos. Dieses Vertrauen erlebte spätestens seit Beginn der 1960er Jahre starke Einbrüche, als die schädlichen Nebenwirkungen vieler menschengemachter Technologien – etwa beim Insektizid DDT – immer mehr ins Bewusstsein drangen. Menschliches Leiden bestand trotz des großen medizinisch-pharmazeutischen Forschungsaufwandes fort. Die für unerschöpflich gehaltenen Ressourcen der Erde erwiesen sich als begrenzt.[2]

Aktuelle Rollenbilder der Wissenschaft

Heute ist der Stellenwert der Wissenschaft in der Gesellschaft sehr unterschiedlich. Zwar sind die Medien voll von Wissenschaftsberichten, darunter die besonders beliebten naturwissenschaftlichen Themen wie Kosmos, Soziobiologie, Psychologie, Menschheitsgeschichte oder auch Dinosaurier. Doch selten werden Themen wie der aktuelle Klimawandel, Umweltschädigungen oder gar wissenschaftsbasierte Lösungsvorschläge dazu rezipiert. Teilweise vertrauen wir der Wissenschaft blind, vor allem wenn sie uns persönliche Konsumentscheidungen erleichtert, und entsprechend lieben wir Konsumprodukte, die mit dem Prädikat »wissenschaftlich getestet« versehen sind. Dieses übergroße Vertrauen fördert gleichzeitig leider seinen Missbrauch. So werden, zu Werbezwecken mit dem Label akademischer Tests versehen, auch wissenschaftlich völlig unhaltbare Geräte vermarktet, etwa solche zur Kompensation angeblicher Effekte von Erdstrahlen, Wasseradern oder fehlender Strukturierung von Wassermolekülen.[3] Mit Wissenschaftskommunikation in der ursprünglichen Wortbedeutung (communicare: sich besprechen, beraten, jmd. an etwas teilnehmen lassen, etw. m. jmdm. teilen[4]) hat dies nichts mehr zu tun.

Täglich hören wir, dass es um unsere Umwelt schlecht bestellt ist. Uns ist auch mehr oder weniger klar, dass unser menschliches Wirtschaften sowie unser Lebensstil dafür (mit-) verantwortlich sind. Umfragen zeigen, dass eine gesunde Natur und damit verbunden ein naturverträgliches Leben einen überraschend hohen Stellenwert nicht nur in Deutschland, sondern in vielen Ländern der Welt einnehmen.[5] Es macht allerdings einen Unterschied, ob wir die Problematik in ihrer Bedeutung bewerten sollen (dann hat Umweltschutz meist einen hohen Stellenwert) oder ob wir eine Rangfolge der Wichtigkeit des Handelns angeben sollen. Dann rutscht die Bedeutung des Umweltschutzes meist ab und sichere Arbeitsplätze sowie wirtschaftliches Wachstum steigen an höhere Stelle.[6] Die Umweltproblematik reiht sich ein in weitere, nicht oder nur indirekt zusammenhängend erscheinende Probleme: Gesundheit, Beschäftigungslage, Energiepreise, Staatsschulden, Biodiversitätskrise, Hunger, Klimaproblematik, Altenpflege, Spionage, soziale Ungerechtigkeiten, Migrationsbewegungen, Terror, Krieg. Für alles gleichermaßen aufnahmebereit zu sein, scheint viel, ja zu viel verlangt. Außerdem wissen wir, dass es nichts besser macht, wenn man in einer Vielfalt von Problemlagen versinkt, sondern dadurch nur Interesselosigkeit, vielleicht sogar Krankheiten befördert werden.

Hier liegt die große Chance der integralen systemischen Sicht, die mit der Anthropozän-Idee einhergeht. Plötzlich erscheinen alle diese Probleme als miteinander verknüpft. Zwar erleichtert das nicht gerade die Übersicht, aber es ermöglicht die Erfahrung, dass es sich positiv auf viele andere Problemlagen auswirkt, wenn man eine davon an der richtigen Stelle anpackt. Diese Zusammenhänge allerdings erst einmal zu erkennen, ihre Mechanismen und Wechselwirkungen zu verstehen, und dies dann noch in adäquater Weise zu kommunizieren, wird die wesentliche Herausforderung für Wissenschaft und Bildung im Anthropozän werden – also möglichst viele Menschen an der Reflexion und Diskussion der Probleme partizipieren zu lassen, mit ihnen gesellschaftliche Lösungswege zu verhandeln und dabei insgesamt eine kritisch-positive, offene und zukunftsfreudige Sichtweise einzunehmen.[7] Um diesen Weg gehen zu können, müssen wir uns zuallererst bewusst werden, wie wir heute, oft reflexartig, auf neue wissenschaftliche Ergebnisse reagieren, sofern sie mit Problemlagen verbunden sind, die zu ihrer Lösung gesellschaftliches Verhandeln und engagiertes Handeln jedes Einzelnen bedürfen. Werfen wir daher einen Blick auf die Mechanismen gesellschaftlicher und individueller Selbstentschuldigung, die uns heute noch davon abhalten, uns den Herausforderungen des Anthropozäns zu stellen.

Mechanismen der Selbstentschuldigung

Wissen kann sich erst dann in Handeln verwandeln, wenn es nicht nur abstrakt zur Verfügung steht, sondern auch angenommen wird. Doch Befunde der Klima-, Umwelt- und Evolutionsforschung werden gerne relativiert, indem man argumentiert, dass sich die Wissenschaft selbst nicht einig sei, dass das alles nicht direkt beweisbar sei oder dass da noch zu viele offene Fragen bestünden. Eine derartige Ablehnung wissenschaftlicher Befunde verkennt nicht nur den Charakter und die Offenheit des wissenschaftlichen Systems und ist auch nicht ausschließlich auf wirtschaftlich bestimmte Lobbyinteressen zurückzuführen (obgleich diese häufig eine große Rolle spielen). Sie ist – neben zu hohen und dann enttäuschten Erwartungen an die Wissenschaft – vielmehr geprägt von der Angst, die viele Menschen haben, wenn es gilt, unbekannte und manchmal auch wenig gut ausgeleuchtete Wege in die Zukunft einzuschlagen.

Selbst wenn die wissenschaftliche Ergebnislage, etwa beim Klimawandel oder bei anderen Umweltproblematiken, nicht grundsätzlich infrage gestellt wird, finden sich häufig

Das Gehirn bleibt ein Leben lang veränderbar. Neues zu lernen und neue Lebensstile zu erproben, ist keine Sache nur der Jungen, sondern steht auch Älteren. Im Gehirn verbinden sich Nervenzellen ständig neu, vor allem dort, wo bewusste Prozesse stattfinden – in der Gehirnrinde, deren unzählige Verzweigungen der amerikanische Künstler Greg Dunn in seinem Gemälde »Cortex in Metallic Pastels« dargestellt hat. Mit dem Bild gewann er 2013 den Visualisierungswettbewerb des Magazins »Science«.
Foto: Greg Dunn

reflexartige Einschätzungen, die nichts anderes sind als Rechtfertigungen für gesellschaftliches Nichtstun. Diese lassen sich in drei Kategorien einteilen:

a) Technologieutopismus: Ja, wir müssen etwas ändern, aber die Technologien dazu sind heute noch unzureichend, warten wir lieber auf ganz große technologische Durchbrüche, dann kann alles wieder ins Lot gebracht werden.
b) Apokalyptik: Ja, die wissenschaftlichen Befunde stimmen, aber leider ist es schon viel zu spät, um etwas dagegen zu unternehmen, die Apokalypse wird kommen, so oder so.
c) Naturfatalismus: Ja, der Mensch greift in das Geschehen stark ein, dennoch sind wir der Natur ausgeliefert, die viel stärker ist als wir, gegen Tsunamis, Vulkanausbrüche und Meteoriteneinschläge können wir nichts machen, also brauchen wir auch ansonsten nichts zu tun.

Selbst bei Menschen, die eigentlich überzeugt davon sind, dass etwas jetzt getan werden muss, finden sich reflexartige Abwehrmechanismen als Entschuldigung für persönliches Nichtstun. Da sie die Notwendigkeit zum Handeln jedoch sehen, wird der Handlungsauftrag dann häufig an »die Politik« delegiert. Die drei am weitesten verbreiteten Abwehrmechanismen lassen sich folgendermaßen beschreiben:

a) Der Misstrauende oder das Tragik-der-Allmende-Argument: Früher wurde auf Gemeindeweiden (Allmenden) genau geregelt, wie viel Vieh gleichzeitig weiden darf, damit das Gras wieder nachwachsen kann. Jeder Bauer konnte eine daran bemessene Zahl von Vieh auf die Weide stellen. Der bloße Verdacht, dass sich der Nachbar nicht an diese Vereinbarung halten könnte, sondern vielleicht heimlich eine weitere Kuh mit auf die Weide schleust, genügt schon als Entschuldigung, selbst genau das zu tun. Übertragen auf heute bedeutet dies: Ich würde mich ja an die neuen Regeln halten, aber bestimmt halten sich die anderen nicht daran und haben dadurch im Vergleich zu mir finanzielle oder sonstige Vorteile. Also kann ich die Regeln nicht beachten, obwohl ich sie grundsätzlich für richtig halte.
b) Der Mutlose oder das Ohnmachtsargument: Auch wenn ich mich ändere, nützt das angesichts der Weltprobleme doch überhaupt nichts, da kann ich es doch gleich bleiben lassen, was macht schon ein Siebenmilliardstel Menschheit aus.
c) Der Entscheidungsschwache oder das Buridans-Esel-Argument: Buridans Esel ist ein altes philosophisches Gleichnis. Der Esel bekam zwei Heuhaufen vorgesetzt. Da er sich nicht entscheiden konnte, welchen er fressen sollte, verhungerte er. Übertragen auf heute bedeutet dies, dass große Verunsicherung darüber herrscht, wie richtiges Handeln aussehen könnte, zumal wenn man aus finanziellen oder anderen Gründen Präferenzen setzen möchte: Soll ich auf Fernwärme oder Solarenergie setzen, soll ich lieber den Fleischkonsum einschränken oder weniger Auto fahren, soll ich mein Haus dämmen oder einen effizienteren Heizkessel einbauen? Soll ich mich für Klimaschutz oder lieber für Biodiversitätsschutz engagieren? Wenn ich das eine tue, sagt mir mein Gewissen, dass ich mich durch Nichtstun bei anderen Dingen schuldig mache. Vor lauter Entscheidungsschwierigkeiten passiert dann oft gar nichts.

Ob wir trotz dieser Barrieren und Relativierungsmechanismen die notwendigen Zukunftsaufgaben meistern können, wird stark davon abhängen, wie gut es gelingt, gesellschaftliche Entscheidungen auf verfügbaren wissenschaftlichen Erkenntnissen aufzubauen, die dafür sehr gut kommuniziert und vermittelt werden müssen.

Inhaltliche Herausforderungen für die Wissenschaft

Schon das Verständnis und die wissenschaftliche Untersuchung des heutigen Anthropozäns stellen eine große Herausforderung dar. Die quantitativen Befunde zu den menschen-gemachten Eingriffen sind derart beeindruckend und natürlich auch bedrückend, dass ein neues Verständnis von Naturprozessen im Anthropozän zwingend notwendig ist. Um nur einige wenige Zahlen zu nennen: 77 Prozent der eisfreien festen Erde sowie fast der gesamte Ozean sind nicht mehr natürlich, die Biomasse des Menschen und seiner Nutztiere beträgt 90 Prozent der Biomasse aller lebenden Säuge-

Eine der wichtigsten erneuerbaren Ressourcen ist die menschliche Fähigkeit, zu lernen und den eigenen Horizont zu erweitern. In der Studierhalle der Nationalbibliothek von Peking versuchen sich jeden Tag Tausende von Studierenden und Wissenschaftlern daran – nicht wenige übermannt vor lauter Erschöpfung der Schlaf.

Foto: Tian-yu Xiong

tiere, die pflanzliche Primärproduktion der Erde erfolgt zu 90 Prozent durch unsere Nutz- und Zuchtpflanzen, und die Sedimentverlagerungsrate ist heute 30-mal höher als sie es während der letzten 500 Millionen Jahre im Schnitt war. Die Sedimentfracht von Flüssen wird heute nicht mehr rund um Flussmündungen akkumuliert, sondern zuvor in Zehntausenden von Stauseen abgefangen. So können sich Deltas nicht mehr vorbauen. Stattdessen transgrediert das Meer und gefährdet viele Megastädte, die bevorzugt in der Nähe großer Flüsse liegen, ganz besonders.

Auch die Untersuchung und Vermittlung von komplexen Zusammenhängen kann Augenöffner sein, etwa dafür, warum CO_2 den kleinsten Meeresbewohnern zusetzt und dadurch die globale Wolkenbildung unterdrücken kann oder wie unser Fleischkonsum dazu beiträgt, dass natürliche Kohlendioxid-Speicher verschwinden.

Das bessere Verständnis von zeitlichen Dynamiken stellt eine weitere Herausforderung für die Erdsystemforschung im Anthropozän dar, aber insbesondere auch für die Kommunikation dieses Wissens, denn hier scheint es besonders viele Missverständnisse zu geben. Wichtig ist insbesondere die Unterscheidung von Zeitskalen. Geologische Skalen können, je nach Auflösung, zum Verständnis aktueller Problematiken beitragen oder aber auch Missverständnisse auslösen. Nicht nur das Ausmaß, sondern vor allem auch die Geschwindigkeit von Umweltveränderungen stellen die Hauptschwierigkeit für eine eventuelle Anpassung von Tier- und Pflanzenwelt an sich ändernde Umweltbedingungen dar. Zwar haben die Korallenriffe mehrfach in der Evolution Krisen durch natürlichen Klimawandel erlebt, doch es hat eben auch Millionen Jahre gedauert, bis sie sich wieder erholt haben. Viele Umweltveränderungen laufen unvermindert über sehr lange, oftmals geologische Zeiträume weiter, obwohl ihre Ursachen beseitigt sind. Das geht so lange, bis sich wieder neue dynamische Gleichgewichtszustände eingestellt haben. Dies gilt für Klimaänderung und Meeresspiegelanstieg, insbesondere aber natürlich für Artenverlust oder nukleare Verschmutzungen – Wissenschaftler sprechen hier gerne vom Effekt des »Langen Jetzt«.

Die vermutlich größte Herausforderung – nicht nur an die Wissenschaft, sondern an die ganze Gesellschaft – ist der Umgang mit Wahrscheinlichkeiten. Die Wissenschaft kennt Hochrisikogebiete sehr genau. Es ist anzunehmen, dass bei weiterer Klima- und Umweltbelastung wichtige Natursysteme schlagartig verschwinden bzw. sich komplett neu umbauen werden. Dies gilt etwa für Korallenriffe, die Eisschilde auf Grönland und in der Antarktis, für den indischen Monsun oder den atlantischen Golfstrom. Die Wahrscheinlichkeit, dass hier Veränderungen eintreten, ist außerordentlich hoch, exakte Vorhersagen, wann das Umkippen jeweils erfolgen wird, sind jedoch wegen der Komplexität der Systeme und ihres im physikalischen Sinne »chaotischen« Verhaltens nicht möglich. Dies erinnert an Erdbebenwarnungen: Die Risikozonen sind genau bekannt; Wissenschaftler können ausgehend von den letzten Beben, der Häufigkeitszunahme von Kleinbeben oder der direkten Messung von Spannungsänderungen einschätzen, ob das Risiko gerade zunimmt, aber wann genau ein Beben tatsächlich auftritt, ist nicht vorhersagbar.

Neue Forschungs- und Lehrstrukturen für das Anthropozän

Der Anthropozän-Gedanke – also die gut untermauerte Hypothese, dass das Wirken des Menschen zu einem bestimmenden Erdsystemfaktor geworden ist und sich damit die Grenzen zwischen Natur, Kultur und Technik aufheben – erfordert eine neue Art von interdisziplinärer Forschung, um ein integratives Verständnis aller Auswirkungen und Wechselwirkungen unseres derzeitigen und zukünftigen Handelns auf die Natur und die Gesellschaft zu erreichen. Allerdings sind innerhalb der heutigen Wissenschaftsinstitutionen, insbesondere an den Universitäten, die verschiedenen Fachgebiete noch immer viel zu stark voneinander isoliert. Geeignete inter- und transdisziplinäre, regional und international verknüpfende Strukturen wie Netzwerke, Zentren oder Cluster nehmen erfreulicherweise zu. Aber nach wie vor sind bei vielen Fakultäten und Wissenschaftlern Vorbehalte dagegen vorhanden. Gerade in der Lehre müsste eine fächerübergreifende Kombination von Bachelor- und Masterstudiengängen sehr viel stärker möglich sein. Als Gegenargument werden gerne fehlende Berufsbilder für interdisziplinär ausgebildete Absolventen angeführt, obwohl gerade diese Rekombinationen neue Tätigkeitsfelder schaffen könnten. Auch müssten Anreizsysteme zur Förderung inter- und transdisziplinären Arbeitens in der Wissenschaft etabliert werden. Bislang können vor allem junge Wissenschaftler und Wissenschaftlerinnen wegen der fachspezifischen Struktur des Wissenschaftssystems in der Regel nur als Außenseiter und ohne große Karrierechancen interdisziplinär forschen.[8]

Die oben dargestellten verbreiteten Muster der Selbstentschuldigung zeigen auch, dass es wichtig sein wird, verstärkt zu erforschen, wie eine gesellschaftliche Transformation hin zu einem zukunftsfähigen, dauerhaften Anthropozän überhaupt bewältigt werden kann. Steht uns unser Egoismus grundsätzlich im Wege? Oder ist der Mensch als soziales Wesen in der Lage, über Privat-, Lokal- und Nationalinteressen hinaus ein gemeinsames Weltinteresse zu vertreten? Kann bei aller notwendigen regionalen und kulturellen Vielfalt so etwas wie eine Weltgesellschaft entstehen? Welche verschiedenen Wege in ein nachhaltiges Anthropozän gibt es? Wie sehen Geschäfts- und Staatenmodelle der Zukunft aus? Wie können Wissenschaft, Politik und Gesellschaft in der Zukunft besser zusammenarbeiten? Auch hier macht es Sinn, entsprechende interdisziplinäre Forschungsansätze in geeigneten neuen Strukturen und Netzwerken zu bündeln.[9]

Nicht zuletzt muss die Rolle der Wissenschaft für die Gesellschaft neu überdacht werden. Wissenschaft und Forschung haben, sinnvollerweise auch im Grundgesetz zugebilligte, große Freiheiten. Aufgrund dieser Freiheiten, die es erlauben, persönlicher Neugierde und individuellem Interesse nachzugehen, um neue Erkenntnisse zu gewinnen, sind viele große Entdeckungen und Entwicklungen erst möglich gewesen. Umgekehrt schweben Wissenschaft und Forschung nicht im luftleeren Raum, sondern stehen innerhalb der Gesellschaft. Sie sollten sich deshalb nicht nur als gesellschaftliche Ressource, sondern auch als Dienstleister begreifen. Als solche sollten sie sich verstärkt in Dialog mit der Gesellschaft begeben und hierbei auch neue Formen des Miteinanders finden. Nicht nur die Grenzen zwischen Mensch und Natur verschwinden im Anthropozän zunehmend, sondern auch die Grenzen zwischen Forschung, Bildung und allgemeiner wissenschaftlicher Kommunikation. Bei der Anthropozän-Forschung geht es um die Interaktion von Natursystemen und gesellschaftlich-kulturellen Systemen, und damit auch um Dialog, Diskurs, Reflexion und Partizipation. Eine stärkere Beteiligung der Gesellschaft an der Wissenschaft ist deshalb nicht nur sinnvoll, sondern notwendig. Formen dafür gibt es viele, von der gemeinsamen Erarbeitung ethischer Ansprüchen an Forschung und Wissenschaft über Partizipationsprojekte, bei denen Experten und Laien erfolgreich zusammenarbeiten, wie etwa beim Umweltmonitoring, bis hin zur weiteren Öffnung universitärer Kurse auch für Bürger ohne Abitur. Damit gehen Forschung, Bildung und Kommunikation nicht nur teilweise ineinander über, sondern befruchten sich gegenseitig.

Systemisches Denken und Partizipation

Das Ideal von Wilhelm von Humboldt, universitäre Lehre müsse sich aus der Forschung ergeben, ist an vielen Universitäten implementiert. Allerdings müsste die Lehre viel stärker auf eine Wissensgesellschaft ausgerichtet werden, die lernen muss, vermehrt mit statistischen Wahrscheinlichkeiten zu leben. Der Weg von fachspezifischer zu stärker integrativer, systemischer Lehre und Bildung könnte über Ergänzungsmodule bzw. verbesserte Kombinationsmöglichkeiten von Studiengängen angegangen werden. Im Gegensatz zum Humboldt'schen Ansatz, der Zivilgesellschaft nur bereits generiertes Wissen zu vermitteln, muss der Forschungsprozess stärker in den Vordergrund gerückt werden, und zwar gerade auch in der schulischen Bildung, der beruflichen Weiterbildung und nicht zuletzt in einer breit angelegten Bildung, die der gesellschaftlichen Orientierung dient. Geeignete Ansätze dafür sind etwa partizipative Monitoring-Projekte (z. B. als Biodiversitätsstationen[10]) oder partizipative wissenschaftliche Experimentierfelder wie die Einrichtung eines Anthropozän-Studierendenheims als kombinierter Lebens-, Lern- und Forschungsort, an dem neue Lebens-, Arbeits- und Sharing-Formen auf Machbarkeit und Akzeptanz getestet werden und gleichzeitig eine empirische Datenbasis für weitere Forschung entsteht.

Der sektorale klassische Schulunterricht, aber auch die sektorale universitäre Ausbildung sind häufig überfordert, wenn es gilt, komplexe, systemische Zusammenhänge zwischen Natur, Wirtschaften und Konsum zu vermitteln. Eine Wertschöpfungskette in der Bildung muss zahlreiche Aspekte enthalten: Wecken von Interesse (etwa durch emotionale Zugänge), Verständnis des wissenschaftlichen Vorgehens (Legitimierung von Forschung), geeignetes Faktenwissen (etwa zu systemischen Wechselwirkungen), Wissen um Szenarien und Handlungsoptionen (business as usual, Hindernisse beim Beschreiten neuer Pfade etc.), ethische Perspektiven (Weltgesellschaft, Intra- und Intergenerationengerechtigkeit). Um all das berücksichtigen zu können, ist insbesondere die Fähigkeit zu systemischem Denken gefragt. Systemisches Denken beschäftigt sich mit der Gesamtheit einer Situation und umfasst nach Günther Ossimitz vier zentrale Schlüsselkomponenten, nämlich (1) vernetztes Denken, (2) Denken in Zeitabläufen (dynamisches Denken), (3) Denken in Modellen und (4) systemgerechtes Handeln.[11] Der Didaktiker Ossimitz hält systemisches Denken zu Recht für enorm wichtig für die schulische Bildung. Tatsächlich sind systemische Ansätze bisher aber vor allem im Unternehmensmanagement verbreitet. So stellt Peter M. Senge organisationales Lernen in den Vordergrund. Er sieht das Systemdenken als verbindend für die anderen organisationsrelevanten vier Disziplinen an (personal mastery, mental models, building shared visions, team learning) und bezeichnet sie deshalb als »fifth discipline«.[12] Die von Senge definierten elf systemischen Prinzipien sind nach Anneli Poch besonders gewinnbringend auf das Anthropozän-Konzept anwendbar.[13] Sie lauten:

(1) Today's problems come from yesterday's »solutions«; (2) The harder you push, the harder the system pushes back; (3) Behavior grows better before it grows worse; (4) The easy way out usually leads back in; (5) The cure can be worse than the disease; (6) Faster is slower; (7) Cause and effect are not closely related in time and space; (8) Small changes can produce big results – but areas of highest leverage are often the least obvious; (9) You can have your cake and eat it too – but not at once; (10) Dividing an elephant in half does not produce two small elephants; (11) There is no blame.[14]

Der Wissenschaftliche Beirat der Bundesregierung Globale Umweltveränderungen (WBGU) schlägt dazu vor, im Unterricht transformationsrelevante Themen fächerübergreifend bzw. fächerverbindend zu behanden, so dass systemisches Denken alltagsnah erfahrbar und Wirkzusammenhänge nachvollziehbar werden.[15]

Gerade weil aus der Umweltpsychologie immer mehr ersichtlich wird, dass komplexes Lernen rein aus kognitiver Einsicht besonders schwierig ist[16], sind Partizipation, Selbsteinbindung in kreative Gruppen, aber auch Motivation und Vorbilder, seien sie elterlicher, ikonenhafter oder alternativer Natur, wichtig. Wesentliche Hilfestellungen hierfür können sich aus neuen Formen der Kommmunikation ergeben. Zeitungen und Zeitschriften sollten nicht nur über Problemlagen berichten, sondern vermehrt Serien, Sonderseiten oder neue Journale etablieren, die sich ermutigenden Projekten und Lösungsansätzen widmen. Auch könnte partizipativer Journalismus zum Anthropozän ausgebaut werden. Sachbücher und Schulbücher könnten stärker auf integrative Inhalte, ggf. auch auf partizipative Formate wie Blogs, interaktive Online-Grafiken oder digitale Tafelbilder setzen. Comics fördern per se die Verknüpfung von sprachlichen, lautmalerischen, gebärdenbasierten und räumlichen Kommunikationsmodi, wodurch das Lesen eines Comics zu einem aktiven, partizipativen und komplexen, aber vergnüglichen Kopfprozess wird, der die oft jüngere Leserschaft »darauf vorbereitet, ihre Meinungswelten besser zu verhandeln«.[17] Insbesondere aber sollten Ausstellungen zu Zukunftsthemen diesem fordernden, jedoch emotional positiven und intensiven Prozess vertrauen und ihre Themen strukturiert, aber offen anbieten, und dies in einer Weise, dass die Informationen und Fragestellungen durch die Besucherinnen und Besucher selbst verknüpfbar sind. Partizipation sollte hierbei einen hohen Stellenwert haben, und zwar sowohl bei Teilen der Ausstellungsgestaltung als auch bei der Benutzung, Bewertung sowie eventuellen Vor- und Nachbereitung der Ausstellung. Inwieweit dieser Anspruch durch die Sonderausstellung »Willkommen im Anthropozän. Unsere Verantwortung für die Zukunft der Erde« im Deutschen Museum erfüllt wird, können nur die Besucher und Besucherinnen selbst entscheiden und mit entsprechendem Feedback und Verbesserungsvorschlägen spiegeln.

Wenn es gelingt, das Involvement zu den Herausforderungen im Anthropozän zu stärken und das kritisch-reflexive, fachlich fundierte Selbstvertrauen zu vermitteln, dass wir die zukünftige Welt sinnvoll mitgestalten können, wenn wir die Einheit von Mensch und Natur bewusst in den Blick nehmen – dann sollte das helfen, die humoristische Warnung Karl Valentins vor einer ewig gestrigen Zukunftsvergessenheit ernst zu nehmen und uns allen wieder Lust auf diese Zukunft zu machen, die besser werden könnte als frühere Zukünfte. Keinesfalls sollte ein anderer Spruch von Karl Valentin zutreffen: »Mögen hätt ich schon wollen, aber dürfen hab ich mich nicht getraut!«, denn Ziel der Wissenskommunikation für das Anthropozän muss es sein, genau das zu fördern: das Mögen – durch Motivation –, das Dürfen – durch Kreativität, Teilhabe und Aktion – und das Zutrauen, Entscheidungen zu treffen und neue Wege einzuschlagen.

1 Valentin, Karl: Die Zukunft war früher auch besser. Kuriose Sprüche und Bilder. Rosenheim 2013.
2 Carson, Rachel: Silent Spring. Boston 1962; Meadows, Dennis u. a.: Die Grenzen des Wachstums. Übers. Hans-Dieter Heck. Stuttgart 1972.
3 Dem wissenschaftlichen Verband für Geoökologie in Deutschland platzte ob dieses Missbrauchs der Wissenschaft kürzlich der Kragen, siehe: Erdstrahlen, Wasseradern, Wünschelruten und kein Ende. In: Geowissenschaftliche Mitteilungen 53 (2013), S. 31–33.
4 Nach Pons.eu – Das Online-Wörterbuch, http://de.pons.eu/latein-deutsch/communicare (Abruf 01.11.2013)
5 Z. B. Bertelsmann-Stiftung: Bürger wollen kein Wachstum um jeden Preis. Umfrage. 2010, http://www.bertelsmann-stiftung.de/cps/rde/xbcr/SID-76A90915-D95DE342/bst/xcms_bst_dms_32005_32006_2.pdf; European Commission: Energy Technologies. Knowledge, Perception, Measures. Eurobarometer 262 (2007), http://ec.europa.eu/public_opinion/archives/ebs/ebs_262_en.pdf; European Commission: Europeans' Attitudes towards Climate Change. Eurobarometer 313 (2009), http://ec.europa.eu/public_opinion/ archives/ebs/ebs_313_en.pdf (Abruf: 01.11.2013).
6 WVS: World Values Survey 2005 Official Data File v. 20090901. Stockholm 2009.
7 Siehe hierzu auch Leinfelder, Reinhold: Verantwortung für das Anthropozän übernehmen. Ein Auftrag für neuartige Bildungskonzepte. In: Vogt, Markus; Ostheimer, Jochen; Uekötter, Frank (Hrsg.): Wo steht die Umweltethik? Argumentationsmuster im Wandel. Marburg 2013, S. 283–311.
8 Wissenschaftlicher Beirat der Bundesregierung Globale Umweltveränderungen (WBGU): Welt im Wandel. Gesellschaftsvertrag für eine große Transformation. Hauptgutachten. Berlin 2011.
9 Siehe auch Leinfelder, Reinhold: Von der Umweltforschung zur Unsweltforschung. In: Frankfurter Allgemeine Zeitung, 01.10.2011, S. N5.
10 Siehe z. B. Leinfelder, Reinhold: Biodiversität und Ökonomie. Wir lieben nur, was wir kennen. In: Frankfurter Allgemeine Sonntagszeitung, 31.01.2010.
11 Ossimitz, Günther: Entwicklung systemischen Denkens. München 2000.
12 Senge, Peter M.: The Fifth Discipline. The Art and Practice of the Learning Organization. New York 1990.
13 Poch, Anneli: Das Anthropozän-Konzept – Wie kann systemische Bildung in den Unterricht integriert werden? Unveröffentlichte Masterarbeit. Institut für Biologie. Humboldt-Universität zu Berlin 2012.
14 Siehe Fußnote 12.
15 Siehe Fußnote 8, S. 374 f.
16 Siehe z. B. Pelletier, Luc G. u. a.: Why are You Doing Things for the Environment? The Motivation toward the Environment Scale (MTES). In: Journal of Applied Social Psychology 28 (1998), S. 437–468; Pintrich, Paul R.: A Motivational Science Perspective on the Role of Student Motivation in Learning and Teaching Contexts. In: Journal of Educational Psychology 95 (2003), S. 667–686; Gormley, William T.: From Science to Policy in Early Childhood Education. In: Science 333 (2011), S. 978–981.
17 Jacobs, Dale: More than Words. Comics as a Means of Teaching Multiple Literacies. In: The English Journal 96 (2007), H. 3, S. 19–25.

Der blinde Fleck der Aufklärung
Zum Verständnis von Natur und Kultur

von Bernd M. Scherer

Wolken waren lange ein Sinnbild der reinen Natur. Doch im Anthropozän werden auch sie zum Menschenprodukt. Über Asien legt sich eine »Brown Cloud« der Industrieabgase; in noch größerem Maßstab macht der Klimawandel alles Wetter zum sozialen Phänomen. Auf positive Weise erforscht der Künstler Berndnaut Smilde, wie sich Wolken in geschlossenen Räumen erzeugen lassen.

Berndnaut Smilde, Nimbus II, 2012, Lambda Print auf Dibond. Foto: Courtesy of the Artist and Ronchini Gallery, London, UK

Wenn man unsere heutige Zeit in einem Satz zusammenfassen müsste, könnte man unter Bezug auf das berühmte Bibelwort versucht sein zu antworten: »Denn wir wissen nicht, was wir tun.« Nicht erst angesichts der Faktenanalyse einer aus den Fugen geratenen Finanzwelt ließe sich das vermuten. Doch es ist in Wirklichkeit genau umgekehrt: Wir wissen leider im Großen und Ganzen ziemlich genau, was wir tun und was passiert – etwa beim Thema Klimawandel.

Erst im Herbst 2013 hat der Weltklimarat IPCC seine wissenschaftlich fundierten Warnungen erneuert. Dem IPCC zufolge ist es zu 95 Prozent sicher, dass der Klimawandel auf menschliche Aktivität zurückzuführen ist.[1]

Folgende Tatsachen müssen wir uns dabei vor Augen führen:

- Die Kohlendioxidemissionen stammen aus der Nutzung fossiler Energieträger für Industrie und Verkehr und der Landnutzung.
- Die elf wärmsten Jahre seit der Messung der Jahresdurchschnittstemperaturen im Jahr 1850 fallen in die Zeitspanne von 1995 bis 2006.
- Bei gleichbleibenden Emissionen steigt die globale Durchschnittstemperatur um 0,2 Grad Celsius pro Dekade.
- Der Meeresspiegel wird bis zum Ende des Jahrhunderts aufgrund dieser Erwärmung um 18 bis 59 cm ansteigen.
- Bei dieser Entwicklung werden z. B. bereits im Jahr 2020 zwischen 75 und 250 Millionen Menschen kein ausreichendes Trinkwasser mehr haben.[2]

Alles dies wissen wir, aber trotzdem lassen diese Informationen die meisten Bürger in unserer Gesellschaft kalt, es folgt kein gesellschaftliches Umdenken, das der Dimension der prognostizierten Katastrophe gerecht würde. Warum ist das so? Um diese Frage beantworten zu können, erscheint mir ein genaueres Verständnis der zentralen Begriffe »Wissen«, »Natur« und »Kultur« hilfreich. Dazu möchte ich Sie zu einem Gedankenexperiment des Biologen John Maynard Smith einladen, der uns auf eine Zeitreise schickt.[3] Stellen wir uns die Evolution von den ersten Wirbeltieren bis zum Erscheinen des Menschen als einen Film von zwei Stunden Länge vor, dann taucht der Werkzeug produzierende Mensch darin erst in der letzten Minute auf. Betrachtet man diese letzte Minute, also die Geschichte des Werkzeug produzierenden Menschen, wiederum als einen zweistündigen Film, dann erscheint die Domestizierung von Tieren und Pflanzen in der letzten halben Minute, und der Zeitraum von der Erfindung der Dampfmaschine bis zur Entdeckung der Atomenergie dauert nur eine Sekunde.

Innerhalb der Naturgeschichte des Menschen nimmt also die Kulturgeschichte nur eine kurze Zeitspanne ein. In dieser haben einige Entwicklungen stattgefunden, die für unsere heutige Situation entscheidend sind. Solange unser technischer Umgang mit der Welt durch handwerkliche Tätigkeit geprägt war, waren Natur und Kultur durch das praktische Tun miteinander vermittelt. Es gab ein permanentes Wechselspiel zwischen den Ausführungen von Handlungen und ihrer Repräsentation, und damit ihres Verständnisses. Die Natur, die Welt wie sie ist, und die Kultur, die repräsentierte Welt, waren durch das Handeln der Menschen unmittelbar miteinander verbunden. Es bestand damit zwischen dem Menschen und der Natur auch eine moralisch-ethische Bindung. Dies zeigt auch die Geschichte des Geldes, wie sie Christina von Braun nachgezeichnet hat.[4] Das Wort »Geld« stammt von dem germanischen Wort »gelt«, das für das Götteropfer steht. Götteropfer finden erst in sesshaften Gesellschaften statt, die Landwirtschaft betreiben. Die Menschen begleichen damit gegenüber den Göttern eine Schuld. Sie opfern ein Haustier, also ein durch ihr Eingreifen entstandenes Leben, als Ausgleich dafür, dass sie damit die von den Göttern geschaffene Ordnung verändert haben. Mit dem Opfer erkennt der Mensch die Götter und die von ihnen geschaffene Ordnung an und bittet diese gleichzeitig um die Anerkennung seiner neuen Rolle.

Als die Geldwirtschaft begann, war sie mit dem Problem konfrontiert, wer oder was den Wert des Geldes garantiert. Die Lösung, die die Griechen etwa 600 v. Chr. für dieses Problem fanden, bestand darin, die Geldproduktion eng mit der Gemeinschaft der Opfernden zu verbinden. Die Münzen ersetzten das geopferte Tier, ihr Wert bemaß sich symbolisch an dem des Opfers. Deshalb finden sich auf den ersten Münzen Abbilder von Rindern und stilisierte Stierköpfe. Die Garantie für den Wert des Geldes gründet in dem religiösen Akt des Opfers. Dies macht deutlich, dass der Mensch sich ursprünglich als Teil einer vorgegebenen Ordnung versteht. Mit der Tierzucht, einer kulturellen Handlung, greift er in die Ordnung ein. Er verändert das, was Natur ist. Natur ist aber nicht bloße Natur, sie hat eine Bedeutung in dieser Ordnung. Mit dieser Einmischung lädt der Mensch Schuld auf sich. Seine Beziehung zur Natur wird von ihm als eine ethisch-moralische verstanden. Indem die Geldwirtschaft im religiösen Ritual des Opfers als Kompensation für Schuld begründet wird, bemisst sich der Wert des Geldes genau an der Größe des Eingriffs, mit dem der Mensch die Ordnung der Götter stört.

Wird in der Welt der Griechen noch versucht, durch kulturelle Handlungen (des Opfers) den Einfluss anderer kultureller Handlungen (Viehzucht etc.) im Sinne eines übergeordneten Zusammenhangs auszugleichen, so wandelt sich in der Renaissance das Verständnis von Kultur und Natur auf grundlegende Weise. Aufschlussreich ist in diesem Zusammenhang das »Iudicum Iovis« von Paulus Niavis, das als Werk über den Bergbau im Erzgebirge Ende des 15. Jahrhunderts in Leipzig erschien.[5] Bereits auf dem Frontispitz ist eine Gerichtsszene abgebildet. Vor Jupiter erscheint die Erde als weinende Frau mit zerrissenem Kleid und Verletzungen am Leib. Angeklagter ist der Mensch. Als Kläger treten eine Reihe Götter auf. Die Hauptanklage lautet, dass der Mensch sich nicht mit den Früchten der Erde zufrieden gibt, obwohl sie ihn ausreichend ernähren. Er sei unersättlich, dringe zwecks Erzabbaus in die Erde ein und füge ihr damit große Verletzungen zu.

Der Mensch wehrt sich mit dem Argument, dass die Erde ihn nicht wie eine wahre Mutter, sondern stiefmütterlich behandle, indem sie ihre kostbarsten Schätze vor ihm verberge; der Hass der Erde gehe so weit, dass beim Graben Menschen ihr Leben verlören.

Da Jupiter sich nicht in der Lage fühlt ein Urteil zu fällen, bittet er Fortuna, Recht zu sprechen. Diese entscheidet sich für den Menschen, mit dem Argument, »mit seiner Tätigkeit würde er zwar alle Konventionen verletzen, aber dies sei seine Bestimmung – zudem zahle er mit Anstrengung und Tod«.[6]

Das Gerichtsverfahren markiert einen Zeitpunkt des Übergangs. Auf der einen Seite erscheint die Erde als Rechtsobjekt, deren Fall vor Gericht verhandelt wird. Sie kann nicht unhinterfragt ausgebeutet werden, da sie auch für das Leben von Tieren und Pflanzen zuständig ist. Ihre Rolle ist die einer Mutter. Auch der Hinweis auf Sterben und Tod des Menschen bei der Ausbeutung der Erde verweist auf die traditionelle Rolle des Opfers. Hier opfert sich der Mensch allerdings selbst. Gleichwohl eröffnet das Urteil Fortunas das Tor für weitere Ausbeutung der Erde.

Damit läutet Fortuna eine neue Epoche ein, die sehr stark von den Fortschritten in den Naturwissenschaften geprägt ist. Dass es sich bei den Denkansätzen der Naturwissenschaft in ihren Konsequenzen nicht nur um rein wissenschaftliche Prozesse handelt, wird an zwei ihrer Gründerväter deutlich, Isaac Newton und Robert Boyle.

Newton und Boyle hatten im 17. Jahrhundert eine Debatte ausgelöst, die nicht die von ihnen aufgestellten Gesetze wie das Gravitationsgesetz zum Inhalt hatte, sondern das Wesen der Natur.[7] Für die beiden Wissenschaftler war die Natur roh und seelenlos. Religiös gesehen bedeutete dies, dass Gott in einem weit entfernten Außen angesiedelt war und das Universum nur zu Beginn mit einem Stoß in Bewegung gesetzt hatte.

Dagegen argumentierten Pantheisten wie John Toland, dass Gott und die Natur nicht voneinander trennbar sind; Natur von einer Spiritualität durchzogen ist. Abstrahiert man von der religiösen Sprache der Zeit, so ging es dieser Gegenbewegung darum, deutlich zu machen, dass die Natur ihre eigene Wertigkeit besitzt, dass der Mensch sie nicht einfach nach eigenem Gutdünken ausbeuten darf. Die Natur ist in diesem Sinne gerade nicht die reine Ressource, sondern ein Gegenüber mit normativen Ansprüchen. Dennoch gewannen Newton und Boyle mit ihren metaphysischen Vorstellungen über die Natur diese Auseinandersetzung. Ihre Weltsicht passte ausgezeichnet zu den mächtigen industriellen und merkantilen Interessen Englands, öffnete sie doch das Tor zu einer unbegrenzten Ausbeutung der Bodenschätze und damit einem enormen Wirtschaftswachstum.

Nach dem 17. Jahrhundert war es nicht mehr vorstellbar, dass die Mutter Erde vor einem Gericht erschiene, um ihre Interessen zu vertreten. Der Kultur schaffende Mensch hatte alleine die Akteursrolle übernommen. Er erschloss sich in den nächsten Jahrhunderten buchstäblich die Erde.

Neben der technologisch-ökonomischen Entwicklung sind es u.a. zwei Bereiche, die die Logiken dieser kulturellen Entwicklung vor Augen führen, nämlich die Vermessung der Erde und die Entwicklung der Geldwirtschaft.

In beiden Fällen geht es darum, mittels mathematischer Verfahren abstrakte Zeichensysteme zu entwickeln, die es erlauben, Skalierungen vorzunehmen, die weit über den Erfahrungsbereich einzelner Menschen hinausreichen.

Im Falle der Vermessung wird die Erde als Ganzes in einem Rastersystem verfügbar, allerdings unter weitgehender Abstraktion von den konkreten kulturellen, sozialen und auch natürlichen Lebensbedingungen. Im Falle der Geldwirtschaft wird der Tausch des Geldes durch den Tausch von Symbolen und letztendlich Zahlen ersetzt. Nur wenn die Gesellschaft weiter an den Wert des Papiers, das ja keinen Eigenwert mehr besitzt, glaubt, kann es die gewünschte Rolle spielen. Gerät dieser Glaube ins Wanken, wird der Finanzwirtschaft der Boden entzogen. *In God we trust* steht auf der amerikanischen Dollarnote. Damit ermöglicht ein verweltlichter Glaube den Wechsel von der Welt der konkreten Dinge zu der Welt der Zahlen, der Mathematik.

Nun beginnt der Mensch auch die Natur nach seinem Bilde zu fassen. So ermöglicht es die neue Technologie der Dampfmaschine, unerwartete »Naturschauspiele« dort hineinzuzaubern, wo die Natur selbst nie auf die Idee gekommen wäre.[8]

Um den Wasserfall zu erzeugen, der früher unter der Teufelsbrücke im Glienicker Park in Berlin hindurchrauschte, installierten preußische Ingenieure eine Dampfmaschine. Sie pumpte das Wasser der Havel auf eine Anhöhe, um dann den Natur-Effekt zu erzeugen. Damals herrschte der Glaube, dass die technische Natur der ursprünglichen bald überlegen sein würde.

Aquarell »Berlin, Schlosspark Glienicke, Teufelsbrücke«
Adalbert Lompeck, 1852, 36,3 × 25,8 cm, SPSG, PÜK 2399.1.
Foto: Stiftung Preußische Schlösser und Gärten Berlin-Brandenburg

Dies stellte bereits Helmut von Moltke, der spätere Feldmarschall, 1841 bei einem Spaziergang durch den Glienicker Park fest. Er war begeistert von den Kaskaden des Wasserfalls, der sich unter der Teufelsbrücke über Felsen ins Tal stürzte, ihn erfreute das saftige Grün der Wiesen. Vor allem aber beeindruckte ihn, dass diese geradezu romantische Naturschönheit erst durch den Einsatz der Dampfmaschine entstehen konnte. Diese pumpte das Wasser aus der Havel hoch, um die Sandflächen Brandenburgs in Wiesen zu verwandeln bzw. das Wasser von einem erhöhten Punkt nach unten abstürzen zu lassen. Der Mensch gestaltete mit der neuen Technologie die Natur. Ja, er schien sogar eine bessere und schönere Natur herstellen zu können, als diese selbst es vermochte.

Der Glienicker Park ist ein gutes Beispiel dafür, wie sich Teile der Eliten Preußens die in England gestartete industrielle Revolution aneignen wollten. Prinz Carl hatte den Garten 1824 nach dem Tod von Karl August von Hardenberg erworben. Er ließ sich von dem Landschaftsarchitekten Peter Joseph Lenné, dem Baumeister Karl Friedrich Schinkel und dem Staatsrat Christian Peter Wilhelm Beuth beraten.

Diese wollten den zivilisatorischen Vorsprung Englands nach Preußen bringen – und das waren Industrie und Technologie. Sie sollten aber nicht einfach adaptiert, sondern in ein eigenes ästhetisches Programm integriert werden.[9]

Eines der Glanzstücke dieser Zusammenarbeit sind die Wasserspiele, die Lenné für Sanssouci plante. Ihr Zentrum bildete ein großes Maschinenhaus, das man aber nicht als solches erkannte, war es doch im orientalischen Stil einer Moschee nachgebildet; deren Minarett diente als Schornstein. Die von Borsig entwickelte Dampfmaschine stand im sakralen Raum. Mit ihr inszenierte sich der preußische Staat nicht nur als Gestalter der Natur, sondern auch als zweiter Schöpfer. Die Technologie ersetzte die Religion. Der Mensch als Erfinder der Technologie trat an die Stelle Gottes.

Mit den als universal behaupteten Gesetzen der Naturwissenschaften, den auf fossilen Energien beruhenden Technologien, den von den Finanzmärkten getriebenen Ökonomien und geografischen Vermessungstechniken, die es erlaubten, die Erde als Ganzes zu repräsentieren, wurden im Laufe des 17. bis 19. Jahrhunderts die Grundlagen für die westliche Eroberung und Aneignung der Welt gelegt. Voraussetzung für diesen Prozess war, dass die ursprüngliche Beziehung zwischen Mensch und Natur, in der der Mensch in erster Linie Empfangender war, umgewandelt wurde in getrennte Rollen. Während der Mensch zum Gestalter der Erde avancierte, fiel der Natur die Rolle einer bloßen Ressource zu.

Die Transgression vom Lokalen zum Globalen und vom Begrenzten zum Universellen wurde dabei mit den Abstraktionsverfahren der Mathematik bewerkstelligt und gleichzeitig mit einer religiösen Sprache überhöht. Im 20. Jahrhundert stehen drei Bilder für die Beschleunigung dieser Entwicklung:

Der Atompilz: Er verweist auf eine physikalische Kraft, die das gesamte Energieproblem unserer Gesellschaft für lange Zeit zu lösen schien. Gleichzeitig steht er für die Möglichkeit der Vernichtung der ganzen Erde.

Die Erde als *Blue Marble:* Nach dem Vordringen in alle Bereiche der Erde erlaubte die Raumfahrt die Entgrenzung in das All und zum ersten Mal den Blick von außen auf die Erde, ihre sinnliche Erfahrung als Ganzes. Auch diesem Bild wohnt eine Irritation, eine Ambivalenz inne. Auf der einen Seite das Erlebnis der technologischen Macht, auf der anderen Seite die Erfahrung der Verletzlichkeit dieses sinnlich schönen Gebildes. Indem der Mensch draußen im All ankommt, hebt er das Draußen als Erfahrungskategorie auf. Die Entgrenzung führt die Grenzen vor Augen. Die technologische Entwicklung der Raumfahrt schafft mit ihren Bildern die Grundlage für die Infragestellung eines ungezügelten, linearen Wachstumsdenkens. Das Bild des Blauen Planeten wird zum Symbol der Umweltbewegung.

Das globale Dorf: Dieses Bild wurde 1962 von Marshall McLuhan geprägt, er nahm dabei visionär die Entwicklung der letzten zwanzig Jahre vorweg. Nach dieser Vorstellung wächst die Welt durch die elektronische Kommunikation zu einem Dorf zusammen. Der Utopie einer Kommunikation aller mit allen entspricht die Dystopie des Orwell'schen Überwachungsstaats, an dessen mögliche Realität die Totalüberwachung durch die NSA erinnert.

Die beschriebenen Entwicklungen begründen eine neue Welt, von der mehr und mehr Naturwissenschaftler behaupten, dass sie eine von Menschen gemachte Welt ist. Deshalb lautet ihre Forderung, ein neues Weltzeitalter auszurufen, das Anthropozän. In Bezug auf die Geologie der Erde bedeutet die Anthropozän-These, dass sich das Kulturwesen Mensch durch sein Tun in die Geologie und die Naturgeschichte der Erde einschreibt. Wie der eingangs erwähnte Klimawandel sind auch andere Themen, anhand derer die Anthropozän-These bisher diskutiert wird, alles andere als beruhigend. Wie nur konnte das durchaus utopische Projekt, dass der Mensch sich als Schöpfer einer neuen Erde betätigt, derart entgleisen?

Einen Hinweis zur Beantwortung dieser Frage liefert der Wissenschaftstheoretiker Yehuda Elkana: »The environmental, economic and public health crisis is a causally linked, unintended consequence of the very success of the scientific-technological-economic success of modern times.«[10] Elkana fasst hier den Wissenschafts-, Technologie- und Ökonomieprozess der letzten zwei Jahrhunderte knapp zusammen und konstatiert eine große Kluft zwischen den Zielsetzungen und damit einhergehenden Erfolgen und den nicht intendierten Nebenwirkungen, die zu der heutigen Krise führten.

Und genau in den nicht intendierten Nebenfolgen tritt die bereits Wirklichkeit gewordene Dystopie zutage: Der Mensch schuf eine bestimmte Mobilitätskultur, den individuellen Massenverkehr. Dieser hatte und hat weiterhin eine Vergrößerung des CO_2-Ausstoßes zur Folge, mit erheblichen Auswirkungen auf das Klima. Er schuf eine bestimmte Verpackungs- und Transportkultur. Diese hinterlässt riesige Plastikmengen in den Weltmeeren. An die Stelle von Naturprodukten traten chemische Produkte. Diese lagern als nicht oder schwer regenerierbare Materialien in der Erde. Ganz zu schweigen von der Nuklearenergie und ihren Folgen.

Wir müssen uns also fragen, warum diese unintendierten Nebenfolgen mit ihren einschneidenden Konsequenzen entstehen. Eine mögliche Antwort lautet, dass diese Nebenfolgen für einen Teil der Menschheit den Leidensaspekt in den relationalen Beziehungen zur Welt ersetzt haben: Die dystopischen Momente liegen im Herzen des westlichen Aufklärungsprojektes. Ein wesentliches Ziel der Aufklärung war es, den Menschen aus überwindbaren Sachzwängen und autoritären politischen Machtstrukturen zu befreien. Das Instrument zur Befreiung von den Zwängen der Natur waren die Wissenschaften, dasjenige der politischen Befreiung der demokratische Verfassungsstaat.

Die Wissenschaften mit der dazugehörigen Technik erlaubten es den Menschen, sich zunehmend aus seinem Naturzusammenhang zu lösen. Gleichzeitig blieb er aber ein endliches Naturwesen, dessen Interesse und Wissen immer nur partikular ist. Und genau diese Partikularität und Endlichkeit bindet ihn an den Natur- und Kulturzusammenhang, in dem er lebt. Nur wenn ihm ein göttliches, allumfassendes Wissen zur Verfügung stünde, könnte er auf die Rücksichtnahme gegenüber Gesellschaft und Natur verzichten und aus diesem Wissen seine Welt gestalten. So aber bleibt die Beziehung zu den anderen Menschen wie zur Natur konstitutiv für sein Wissen und Gestalten. Und diese

Was ist Subjekt, was ist Objekt? Im Anthropozän lösen sich viele klassische Grenzziehungen auf, nicht nur zwischen Natur und Mensch, sondern auch zwischen Mensch und Technik. Hier begegnet der Roboterforscher Hiroshi Ishiguro von der Waseda Universität in Tokio seinem maschinellen Alter Ego, dem »Geminoiden HI-1«.

Foto: Vincent Fournier

Beziehung war immer geprägt durch aktive und passive Momente. Wenn der Mensch beispielsweise die Erde beackert, so wirkt er dabei auf die Erde ein; er kann das aber nicht nach Belieben tun. Deshalb berücksichtigt ein erfahrener Bauer sowohl Wetterbedingungen wie Zeitzyklen beim Bepflanzen. Er nimmt buchstäblich Rücksicht, versteht sich nicht nur als Akteur, sondern als Teil des Ganzen.

Ab dem Moment, wo der Boden zur bloßen Ressource degradiert und nach Belieben mit chemischen Mitteln bearbeitet wird, wird die Akteursrolle verabsolutiert, der Leidensaspekt der Handlungen wird außer Kraft gesetzt. Selbst die negativen Konsequenzen des Tuns wie die Erosion sind nun dem Menschen zuzuschreiben, es handelt sich um die schon mehrfach erwähnten Nebenwirkungen.

Die Probleme, die daraus erwachsen, dass der Leidensaspekt im Tun ausgeblendet wird, erleben Menschen der heutigen Gesellschaften an ihren eigenen Körpern. Wenn der Körper zum reinen Instrument wird, dessen Teile man austauschen kann und der sich mittels Drogen und Selbstgeißelung zu unbeschränkter Arbeit antreiben lässt, dann geht die Fähigkeit verloren, seine Signale zu lesen, die über seine Leiden Aufschluss geben. Ermattung und Burn-out-Syndrome sind die Folgen.

Es kommt darauf an, aus der Einsicht in die Kontingenz des menschlichen Wissens eine neue Sensibilität für das Eingebettetsein des Menschen in Natur- und Gesellschaftszusammenhänge zu entwickeln. Dies kann aber nur in überschaubaren Einheiten gelingen. Eine Deskalierung ist dabei notwendig: Sinn- und Bedeutungszusammenhänge können nur in kleineren Gruppen verstanden und umgesetzt werden, nicht auf der Ebene der Spezies Mensch, die bisher als Hauptakteur des Anthropozäns postuliert wird.[11]

Genauso wenig kann die Erde als Ganzes der Bezugsrahmen sein, in der Menschen relationale Beziehungen zu ihrer Umwelt entwickeln. Das Denkmodell des Anthropozäns, und das ist seine normative Implikation, sollte darauf aufmerksam machen, dass menschliches Tun wieder an menschliches Maß rückgebunden werden muss. Dabei geht es darum, die mittels mathematischer Abstraktion immer größer gewordenen Skalierungssprünge wieder auf ein begreifbares Maß zu reduzieren, um der mit ihnen einhergehenden permanenten Überforderung entgegenzutreten und Menschen wieder handlungsfähig zu machen. Und es geht darum, der Machbarkeitsideologie Einhalt zu gebieten, damit sie nicht länger die Sensibilität für die Welt der Objekte und Tiere abtötet.

1 IPCC, 2013: Summary for Policymakers. In: Stocker, T. F. u. a. (Hrsg.): Climate Change 2013: The Physical Science Basis. Contribution of Working Group I to the Fifth Assessment Report of the Intergovernmental Panel on Climate Change. Cambrigde, United Kingdom, S. 17.

2 Vgl. hierzu auch Welzer, Harald: Klimakriege. Wofür im 21. Jahrhundert getötet wird. Frankfurt/Main 2008, S. 53 ff.

3 Smith, John Maynard: The Theory of Evolution. Cambridge 1993 [1958], S. 327.

4 Von Braun, Christina: Der Preis des Geldes. Eine Kulturgeschichte. Berlin 2012, S. 40 f.

5 Bredekamp, Horst: Der Mensch als Mörder der Natur. Das »Iudicum Iovis« von Paulus Niavis und die Heilmetaphorik. In: Reinitzer, Heimo (Hrsg.): All Geschöpf ist Zung und Mund. Beiträge aus dem Grenzbereich von Naturkunde und Theologie. Hamburg 1984, S. 261 ff.

6 Siehe Fußnote 5, S. 264.

7 Bilgrami, Akeel: Occidentalism, the Very Idea. An Essay on Enlightenment and Enchantment. In: Critical Inquiry 32 (Spring 2006), H. 3, S. 396 ff.

8 Wise, Matthew Norton: Architecture for Steam. In: Galison, Peter; Thompson, Emely (Hrsg.): The Architecture of Science. Cambridge, MA 1999, S. 107 ff.

9 Siehe Fußnote 8, S. 105.

10 Elkana, Yehuda: The University of the 21st Century. An Aspect of Globalisation. In: Renn, Jürgen (Hrsg.): The Globalisation of Knowledge in History. Max Planck Research Library for the History and Development of Knowledge. Studies I. Berlin 2012, S. 609.

11 Chakrabarty, Dipesh: Keynote. Das Anthropozän-Projekt. Eine Eröffnung 21.01.2013. Haus der Kulturen der Welt, Berlin, http://www.hkw.de/de/app/mediathek/video/22265 (Abruf: 17.02.2014).

Raum-Zeit-Mensch-Maschine
Die anthropozäne Erde in der musealen Welt

von Nina Möllers

Das Deutsche Museum wurde 1925 auf einer Sandbank in der Isar erbaut. Bis ins 19. Jahrhundert war die Insel Lagerstätte für Holz und Kohle und der größte Floßhafen Europas – ein wahrhaft anthropozäner Ort.

Foto: DMA, BN02842

Spricht man über das Anthropozän, spricht man über die Erde und den Menschen. Für die Institution Museum nichts Neues, mag man meinen. Schließlich beschäftigen sich Museen per definitionem mit dem, was Erde und Menschen schaffen und verändern. Ob naturkundliche Objekte wie Mineralien, Dinosaurierknochen und Tierpräparate, archäologische Überreste wie Statuen und Tongefäße oder technische, künstlerische und ethnologische Kulturgüter, das Museum bewahrt sie für die Nachwelt und lässt die Besucher und Besucherinnen angesichts ihrer Schönheit, Wundersamkeit oder auch Ungereimtheit staunen, innehalten und manchmal gar erschaudern.

Aber das Konzept des Anthropozäns ist mehr. Es steht für einen möglichen neuen Abschnitt der Erdgeschichte und menschlichen Zeitrechnung. Es ist eine Zäsur, auch und be-

Eine der ersten Darstellungen einer neuzeitlichen Wunderkammer zeigt die Sammlung des Apothekers Ferrante Imperato im Palazzo Gravina in Neapel. Naturkundliche Objekte herrschen vor, doch in den Schränken und Regalen sind auch Bücher, technische und alchemistische Objekte angedeutet.

Kupferstich, Giovianne Federigo, Historia Naturale, 1672, DMB 1927B108

Foto: DMA, CD68852

sonders für das Museum als Sammlung, Ausstellungsort und Wissensinstitution. Zwar hat sich das Museum in den vergangenen vierzig Jahren stark gewandelt und wendet sich vielfach aktuellen Fragen zu, doch im Kern blicken Museen nicht zuletzt aufgrund ihres Sammlungs- und Bewahrungsauftrags stets mit einem Auge in die Vergangenheit. Auch das Anthropozän hat eine historische Dimension, doch fokussiert es als neuer Denk- und Handlungsrahmen auch auf die Gegenwart und Zukunft. Der mögliche Zeitpunkt, der den Beginn des Anthropozäns definiert, wird derzeit intensiv in der Wissenschaftsgemeinschaft diskutiert. Sicher ist, dass er – geologischen Maßstäben nach – in der nahen Vergangenheit liegen wird. Das für die Zukunft des Museums aber vielleicht viel bedeutendere Merkmal des Anthropozäns ist seine Universalität. Es geht um die Erde in all ihrer Diversität und Komplexität über ihre gesamte Geschichte hinweg – ein schier unfassbarer Gegenstand, selbst für die größten Sammlungen und Ausstellungsräume.

So scheint es, als ob das Anthropozän als Prozess und Ergebnis menschengemachter, oft beschleunigter Veränderungen dem Gedanken des Museums – der Konservierung und Kategorisierung – diametral entgegensteht. Doch dieser Eindruck täuscht. Denn bei der Musealisierung des Anthropozäns geht es nicht darum, die Beschleunigung des Wandels in einer modernen Welt auszugleichen und durch Bewahrung im Museum eine verloren gegangene oder verloren geglaubte Vertrautheit wiederzuerlangen, wie es die Theorie zur Konservierung von Zeit im Museum des Philosophen Hermann Lübbe nahelegte.[1] Heutige Museen mit ihren vielfältigen Sammlungen materieller Dinge sind vielmehr gleichermaßen Archive und Akteure des Anthropozäns: Sie lagern und konservieren Gegenstände, die als Bausteine seiner Entstehungsgeschichte betrachtet werden können, und setzen es mittels unterschiedlicher Anordnung und Zuordnung dieser Bausteine zugleich auf immer wieder neue Art und Weise zusammen. Ihre kulturhistorischen Exponate, die von naturkundlichen Präparaten über technische Erfindungen zu Zeugnissen ethnologischer Vielfalt und Forschung reichen, erzählen die mannigfaltigen Ursprünge unserer heutigen Welt und die Prägung des Planeten Erde durch uns Menschen.

Als Speicher menschlichen Tuns auf der Erde, materialisiert in Dingen unterschiedlichster Form und Bedeutung, ähnelt das Museum des Anthropozäns einer Ursprungsform des modernen Museums: den Kunst- und Wunderkammern der Renaissance. In ihnen materialisierte sich im 15. und 16. Jahrhundert der menschliche Drang, die Welt über die Nachempfindung ihrer Ordnung zu verstehen. Darüber hinaus diente diese Art der Zusammenschau jedoch auch dazu, aus der Erkenntnis des Systems heraus Zukunftsentwürfe zu denken. In ähnlicher Weise können heutige Museen zum Verständnis des Anthropozäns beitragen. Dafür müssen sie jedoch mit etablierten Traditionen der neuzeitlichen Museumsgeschichte des 19. und 20. Jahrhunderts brechen, in deren Mittelpunkt im Gegensatz zur Interdisziplinarität der Kunst- und Wunderkammern die Linearität und Kategorisierung entlang starrer Disziplingrenzen standen. Neben der fast beiläufigen Grenzüberschreitung durch die gemeinsame Betrachtung von Naturalia, Artificialia, Exotica und Scientifica, die das jeweilige Wissen der Welt über Bücher, Objekte und Bilder aus Kunst, Wissenschaft, Technologie und Natur darstellten, sind die Kunst- und Wunderkammern auch in einem anderen Punkt Keimzelle des anthropozänen Museums: Sie bildeten die zentrale Stellung des Menschen in der Welt und auf der Erde mitsamt seinen Erkenntnismöglichkeiten angesichts der Vielfalt natürlicher und menschengemachter Objekte ab.[2] Dieser Blickwinkel hat sich bis heute tradiert und findet im Museum des Anthropozäns lediglich eine neue Ausprägung. Jede Museumsausstellung, jede Sammlung, jede Betrachtung eines Museumsobjekts ist immer eine vom Menschen ausgehende Betrachtung. Der *Anthropos* als Urheber dieser interpretierenden Betrachtung ist nicht zu verleugnen, auch wenn es *den* Menschen an sich nicht gibt; er existiert nur in seiner Vielfalt, Komplexität und häufig auch Widersprüchlichkeit. Diese Vielfalt abzubilden, ist für Museen oft genauso schwierig wie für andere Medien.

Was aber ist die Aufgabe des Museums im Anthropozän? Ist das Museum nur eine Anstalt der Konservierung und Zurschaustellung vergangener Zustände? Und wenn es mehr ist, also mehr als ein Speicher der holozänen Erde, wenn es ein Museum des Anthropozäns ist, was heißt das genau und was vermag es als solches zu leisten? Der Schlüssel zur Beantwortung dieser Frage liegt in dem ebenso vielschichtigen wie vielversprechenden Verhältnis von Raum und Zeit, das alle Museen und Ausstellungen ausmacht, das im Anthropozän aber eine neue Dimension einnimmt. Jede museale Annäherung an das Anthropozän bedeutet Zentralisierung, Zusammenschau, Aus- und Weglassen. Das Anthropozän selbst nimmt zwar den größtmöglichen Blickwinkel ein, indem es die gesamte Erde zum Sujet macht, aber in der Raum-Zeit-Mensch-Maschine Museum wird dieser ganzheitliche Blick notgedrungen fokussiert und reduziert. Die gesamte Erde passt schlichtweg in kein Museum und in keine Ausstellung. So startet jede museale Auseinandersetzung mit der anthropozänen Welt – der Erde – mit der größtmöglichen Perspektive und endet doch stets nur mit einer Auswahl von Einzelperspektiven. Das mag zunächst enttäuschend klingen. Und doch offenbart es das größte Potenzial, das Museen und Ausstellungen im Anthropozän zu bieten haben. Denn innerhalb dieser epischen Breite und der globalisierenden und globalisierten Vernetzheit bietet die museale Ausstellung einen räumlichen und zeitlichen Ankerpunkt, von dem aus das Anthropozän trotz und in seiner Unüberschaubarkeit erforscht, interpretiert, kritisiert und diskutiert werden kann. Mehr als in jedem anderen Raum ist es im Museum möglich, zwischen Erdzeitaltern und geografischen Räumen hin und her zu gleiten und Materialität und Bedeutung des Anthropozäns zusammen zu sehen. Indem der (Ausstellungs-)Raum als »leibliche Anwesenheit« (Gernot Böhme)[3] erfahrbar und zum dramaturgischen Element wird, das die körperliche Bewegung der Besucherinnen und Besucher verlangt, ermöglicht er eine neue, umfassende Wahrnehmung der systemischen Abhängigkeiten im Anthropozän. Die Museumsausstellung überträgt die Offenheit und Unbestimmtheit des Anthropozäns in den dreidimensionalen Raum. Umherwandern, Umleitungen und Kehrtwenden werden möglich, ohne sogleich in einer gedanklichen und faktischen Sackgasse zu landen. Der museale Blick auf das Anthropozän wirft neue Blicke auf festgefahrene und verbrauchte Nachhaltigkeitsdebatten und eröffnet Optionen jenseits etablierter Postulate, an deren extremen Enden oft gleichermaßen unrealistische Szenarien des Verzichts, der totalen Technisierung oder der Apokalypse stehen.[4]

Wesentliches Kennzeichen der Museen im Anthropozän sind auch weiterhin ihre Objekte, die Entstehungsgeschichten und Ausprägungen des neuen Zeitalters materiell (er)fassbar machen. Das Abbild des Anthropozäns, das in einem Objekt, in einer Installation, in einer Raumwahrnehmung entsteht und transportiert wird, ist dabei stets nur ein mögliches unter vielen Abbildern. Die Globalität und Totalität des Anthropozäns als erdgeschichtliches, den gesamten Planeten und die gesamte Menschheit umfassendes Phänomen werden in einer Ausstellung in einen räumlichen Kontext übertragen. Das »In-Kontext-Setzen« eines Objektes innerhalb eines Ausstellungskonzeptes und -raums findet auf zwei Ebenen statt, der des Ausstellungsmachens und der des Ausstellungsbesuchs. Die daraus resultierende Bedeutungsdichte ist jeder Ausstellung zu eigen, gewinnt im Anthropozän aber eine neue Qualität. Was sieht ein deutscher Besucher bei der Betrachtung einer imposanten Stand-Dampfmaschine des 19. Jahrhunderts im Kontext eines Museums, das Meisterwerke der Naturwissenschaft und Technik ausstellt? Was sieht eine chinesische Besucherin, deren Wintertage in Peking wegen des Smogs aus Kohlekraftwerken und -öfen kaum noch die Sonne am Himmel erkennen lassen? Was sieht eine indische Studentin, deren Familie zu Hause von der Industrialisierung ihrer ehemals landwirtschaftlich geprägten Provinz abhängig ist? Sie sehen ein und dasselbe Objekt, aber ihre Interpretation dieses Objektes und seiner Rolle für das Anthropozän wird unterschiedlich ausfallen. Es ist diese Spannung zwischen intendierter Aussage der Ausstellungsmacher und der Freiheit der Besucherschaft, sich ein eigenes Bild zu machen, was die Möglichkeiten des Museums im Anthropozän ausmacht. Lokal, regional, national, global – diese Begrifflichkeiten und Kategorien vermischen sich im Anthropozän. Das Globale im Lokalen erblicken und umgekehrt, das wird im Museum mit seinen Objekten möglich, die durch ihre Musealisierung und Re-Kontextualisierung ein Schwebestadium zwischen konkreter Materialität und latenter Bedeutung einnehmen. Objekte sind dabei Knotenpunkte des Anthropozäns und sowohl materielle Wirklichkeit wie symbolische Kraft. Jedes Museumsobjekt hat einen Ding- und einen Schauwert, so dass Museen und Ausstellungen nicht einfach Orte des Darstellens und Ausstellens eines Narrativs sind, sondern vielmehr Orte, an denen das Narrativ über immer neue Erzählvarianten entsteht. Analog zur Moderne, die im Museum nicht nur erzählt wird, sondern entstanden ist, ist das Museum nicht allein Abbild des Anthropozäns, sondern erschafft es erst.[5] Als produzierte, konsumierte, gesammelte und entsorgte Dinge mit einer ganz eigenen Materialität schlagen Objekte eine Brücke zwischen der geologischen Sedimentierung des Anthropozäns und seiner Relevanz als Denk- und Handlungsrahmen für die menschliche Wirkmächtigkeit in die Bio-, Geo- und Soziosphären hinein.[6]

In ihrem Vermögen, räumliche Dimensionen zu vermischen, sind anthropozäne Ausstellungen aber nicht nur eine moderne Form der frühneuzeitlichen Kunst- und Wunderkammern. Sie haben in gewisser Weise auch viel mit den Weltausstellungen des späten 19. und frühen 20. Jahrhunderts gemeinsam. Auch hier standen der Mensch und sein Wirken auf die Erde im Mittelpunkt, wenn auch damals mit spezifisch ökonomischen und politischen Motivationen. Anthropozän-Ausstellungen sind nicht nur Erd-, sondern auch Weltausstellungen, in denen es nicht um menschliche Allmacht geht, wohl aber um kulturelle Interpretationen von der Erde und um das Einwirken des Menschen auf sie.

Die Darstellung des menschlichen Einflusses auf die Erde war bei den Weltausstellungen sowohl gewollt als auch ungewollt. Einerseits war ihr Ziel die Dokumentation von Schaffenskraft und Potenz im Kontext national konkurrierender, teilweise rivalisierender Nationen. Andererseits dokumentierten sie dabei wie beiläufig die historische Hinleitung zum Anthropozän. Sogar die geschichtlichen Phasen, die heute als möglicher Beginn des neuen Erdzeitalters diskutiert werden, decken sich nahezu problemlos mit den Höhepunkten der Geschichte der Weltausstellungen: von den Ausstellungen der Hochindustrialisierung im 19. Jahrhundert mit der ersten Weltausstellung in London 1851 über die Hochphase der Technik- und Fortschrittsgläubigkeit der 1920er und frühen 30er Jahre bis zur »Großen Beschleunigung« seit den 1950er Jahren, als die Nachkriegsweltausstellungen wie die Expo 1958 in Brüssel ein neues Kapitel der Technikanwendungen und modernen Konsumgesellschaften aufschlugen.

Während das Anthropozän mit den Kunst- und Wunderkammern die räumliche Gleichzeitigkeit und Grenzüberschreitung zwischen Natur und Kultur teilt, lässt sich eine weitere, nicht minder spannende Analogie mit den Weltaus-

Die Londoner Industrie-Ausstellung im Kristallpalast 1851, an der 28 Länder teilnahmen, gilt als Gründungsmoment der bis heute stattfindenden Weltausstellungen.
Foto: DMA, BN15565

stellungen in der Verwobenheit von Vergangenheit, Gegenwart und Zukunft ausmachen. War diese Verbindung für die Weltausstellungen überwiegend noch von starkem Vertrauen in die Zukunft, basierend auf dem Glauben an den Fortschritt der Technik, motiviert, so überwiegen im Anthropozän die häufig mit Bangen gestellten Fragen nach der Zukunft und die Erkenntnis, dass diese Unsicherheiten und Gefahren birgt.[7]

Beide Analogien – zu den Kunst- und Wunderkammern ebenso wie zu den Weltausstellungen – prägen die Museen des Anthropozäns, denn sie müssen sowohl räumlich als auch zeitlich Grenzen überwinden und damit gegen das moderne Museum des 20. Jahrhunderts arbeiten, das klare Disziplinengrenzen und Epocheneinteilungen gesetzt hat. Die ersten Anfänge dafür sind gemacht, aber um das Museum im Anthropozän und für dessen Gestaltung zu nutzen, muss das Museum zu einer Raum-Zeit-Mensch-Maschine werden und dabei das eine (die Konservierung) nicht lassen, während es das andere (in die Zukunft schauen) tut.

Im Kontext von Ausstellungen bedeutet Anthropozän, die Erde und die Welt ins Museum holen und damit die Möglichkeit haben, das menschliche Wirken auf die Erde besser verstehen zu können, weil Vergangenes, Gegenwärtiges und Zukünftiges nicht getrennt, sondern gemeinsam und als System betrachtet werden. Nur so kann das neue Erdzeitalter zu einem langen werden. Das Museum und das Museale werden in diesem Zusammenhang umgedeutet zu einem »Musentempel« in seinem ursprünglichen Sinne, in dem wir inspiriert werden zum freien Denken und Handeln. So wird das Museum nicht zum Archiv, sondern zum Akteur des Anthropozäns.

Containerhafen Newark-Elizabeth Marine Terminal, New Jersey, USA

Foto: Daily Overview / DigitalGlobe.

1 Lübbe, Hermann: Zeit-Verhältnisse. Über die veränderte Gegenwart von Zukunft und Vergangenheit. In: Zacharias, Wolfgang (Hrsg.): Zeitphänomen Musealisierung. Essen 1990, S. 40–45.

2 Te Heesen, Anke: Theorien des Museums. Zur Einführung. Hamburg 2012, S. 33.

3 Zitiert in Paul, Stefan: Kommunizierende Räume. Das Museum. In: Geppert, Alexander C.T. (Hrsg.): Ortsgespräche. Raum und Kommunikation. Bielefeld 2005, S. 356–357.

4 Vgl. dazu Möllers, Nina: Das Anthropozän: Wie ein neuer Blick auf Mensch und Natur das Museum verändert. In: Düselder, Heike; Schmitt, Annika; Westphal, Siegrid (Hrsg.): Umweltgeschichte. Forschung und Vermittlung in Universität, Museum und Schule. Köln 2014, S. 225–226.

5 Macdonald, Sharon: Exhibitions of Power and Powers of Exhibition. In: Macdonald, Sharon (Hrsg.): The Politics of Display. Museums, Science, Culture. London 1998, S. 9.

6 Siehe Fußnote 4, S. 225.

7 Vgl. Geppert, Alexander C.T.: Fleeting Cities. Imperial Expositions in Fin-de-Siècle Europe. Houndsmill, Basingstoke 2010; Rydell, Robert W.: World Fairs and Museums. In: Macdonald, Sharon (Hrsg.): A Companion to Museum Studies. Malden, MA 2006.

Handwerk im Anthropozän
Fossilien aus der Zukunft

von Yesenia Thibault-Picazo

Mit meinem spekulativen Designprojekt »Handwerk im Anthropozän« möchte ich Fragen aufwerfen und eine Diskussion über die neue Theorie des Anthropozäns anstoßen. Was bedeutet es, dass wir durch unsere kollektiven Handlungen mit der Zeit zu einer geophysischen Kraft geworden sind und uns mit den stärksten Naturkräften messen können? Dass wir bestimmte Elemente, die vor dem Erscheinen der Menschen selten waren, in so großen Mengen in die Natur einbringen, dass sie sich in neuen Sedimentschichten ablagern und so zu einem Teil der Erdoberfläche werden? Diese langsame geologische Entwicklung erweckte mein Interesse und führte dazu, dass ich aus den am weitesten verbreiteten Materialien unseres Zeitalters Mineralien herstellen wollte – ein Prozess, der sonst der Natur überlassen bleibt. Ich dachte über die Geschichte dieser Materialien nach und überlegte, welche Substanzen wohl in einer weit entfernten Zukunft abgebaut werden würden.

Der erste Teil des Projekts, das »Kabinett der anthropogenen Materialien« **(1/2)**, ist eine Art Bibliothek für die Geologie der Zukunft. Durch seine essenzielle Materialität können die Betrachter die Voraussetzungen der Theorie des Anthropozäns in einen Kontext setzen und die langfristigen Auswirkungen unserer aktuellen Handlungen auf die Erde nachvollziehen. Jedes Musterstück im Kabinett wird von statistischen Angaben zur industriellen Produktion oder zu der Menge an Müll begleitet, die wir jedes Jahr global erzeugen. (Beispielsweise werden jedes Jahr 35 Millionen Tonnen Aluminium hergestellt.) Es handelt sich um das Material der geologischen Zukunft unseres Planeten.

Die Herstellung:
Geomimetik im Do-it-yourself-Verfahren

Um diese zukünftigen menschengemachten Mineralien selbst herzustellen, ließ ich mich von einer Technologie inspirieren, die Geomimetik genannt wird. Dabei manipuliert man Mineralien so, dass geologische Prozesse im ganz kleinen Maßstab reproduziert werden. Dies schien mir eine passende Technik für meine Arbeit, und ich wollte herausfinden, wie eine Designwerkstatt mir als Labor **(3)** dienen könnte.

Ich wählte die häufigsten anthropogenen Materialien und setzte sie extremen Bedingungen aus. So nutzte ich beispielsweise Öfen und Heizpressen **(4)**, um natürliche Prozesse, die sich auf Steine und Felsen auswirken, nachzuahmen und zu beschleunigen. Eine Zeit lang arbeitete ich dafür in einer Schmiede. Zu meinen Experimenten gehörte das Schmelzen von Materialien wie Plastik und Metallen, die ich dann aufeinander schichtete und presste, um meine zukünftigen menschengemachten Mineralien zu erhalten. Im Rahmen dieser eher primitiven Techniken unterzog ich die Materialien einem alchemistischen Prozess, in dem der Zufall eine wesentliche und willkommene Rolle spielte. Außerdem wurde mir klar, inwiefern das Handwerk an sich ein Ausdruck menschlicher Macht über das Material ist – und damit letztendlich auch über die Natur.

Nachdem ich verschiedene anthropogene Materialien entwickelt hatte, gestaltete ich drei Objekte mit Bezug auf fiktive Szenarien, die sich an echte anthropogene Ereignisse anlehnen: erstens an den Ausbruch der Maul- und Klauenseuche im britischen Cumbria im Jahr 2001, zweitens an die Verschmutzung des Pazifiks durch riesige Mengen Plastikmüll und drittens an unsere Aluminiumproduktion und die damit einhergehende Wasserverunreinigung, beispielsweise auch in der Themse. Denn auch wenn wir heute die meisten Aluprodukte wiederverwerten, gelangen beachtliche Mengen des Materials in die Natur, vor allem in Flüsse.

Es war mir wichtig, mein Werk mit Geschichten zu versehen, über die sich die Betrachter Gedanken machen können. Deshalb entwickelte ich narrative Elemente und bettete sie in drei symbolische Objekte ein: einen Meißel, einen Mörserstößel und ein Gefäß **(5)**. Ihr archaisches Aussehen soll darauf hinweisen, dass die Menschheit in einer fernen Zukunft noch immer auf der Erde leben und die gleichen Rituale durchführen wird, an denen auch wir selbst schon seit Jahrtausenden teilhaben: Wir mahlen Rohstoffe und bereiten Essen zu. Die Objekte stehen für einfache Handlungen – essenzielle und universelle Tätigkeiten.

In einer fiktiven Zukunft wird an bestimmten Orten eine neue Art von Steinen abgetragen werden, damit sich die Menschheit deren spezielle Eigenschaften zunutze

1

2

3

4

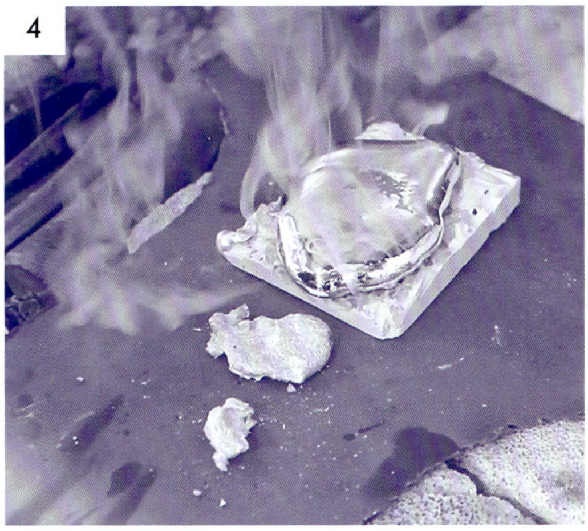

6

machen kann. Der einzigartige Wert dieser neuen Ressourcen liegt in ihrer Seltenheit, aber auch darin, dass sie Produkte extrem langwieriger geologischer Prozesse sind.

Das Szenario »Kumbrisches Knochenmarmor« **(6)** führte mich zu einem Mörserstößel. Das Narrativ dazu liegt in der Maul- und Klauenseuche des Jahres 2001 begründet. In Cumbria, der am stärksten betroffenen Region in Großbritannien, wurden damals etwa sieben Millionen Schafe und Rinder getötet, um eine Weiterverbreitung des Virus zu vermeiden. Die Kadaver wurden verbrannt – oder, um einen geologischen Begriff zu verwenden, »präfossilisiert« (pre-fossilized), wie Jan Zalasiewicz es in einem unserer Gespräche nannte – und in rechteckigen Branntkalkgruben in Great Orton vergraben. In diesem Szenario stelle ich mir vor, dass die geologischen Prozesse, die auf diesen Knochenberg wirken, den kumbrischen Knochenmarmor schaffen werden.

Diese neue und wertvolle Ressource wird in einigen Hunderttausend Jahren exklusiv in Great Orton abgebaut, wofür man eine Reihe zukünftiger Werkzeuge **(7/8/9/10)** entwickeln wird: einen Pickel, eine Art Lüfter oder Fächer, eine Harke und ein Lineal. Für diese vier Geräte ließ ich mich von den ältesten traditionellen Werkzeugen für den Bergbau inspirieren, die in »De Re Metallica« von Georgius Agricola (1556) beschrieben werden, der »Bibel« der Bergbauindustrie.

Im Szenario »PPC-Mörser« **(11)** wird aus dem Plastik, das heute die Meere verschmutzt, eine zukünftige Ressource. Roland Barthes sah in Kunststoff eine »alchemistische Substanz«, und tatsächlich ist Plastik eines der Materialien, das die Macht des Menschen über die Natur versinnbildlicht. Seit mehreren Jahrzehnten werden unglaubliche Mengen an Plastik für Massenproduktion und -konsum verwendet. Im Jahr 2012 erreichte die weltweite Produktion 280 Millionen Tonnen.[1] Das Szenario ist eine Art Vorhersage, die zeigen soll, was aus dem »Großen Pazifikmüllfleck« wird, wenn sich in den kommenden Jahren an unserem Verhalten nichts ändert. Der im Pazifik schwimmende Müll wird sich nach und nach auf dem Meeresboden absetzen, zehntausend Meter unter der Oberfläche, und dort eine neue synthetische Erdkruste formen, die PPC – *Pacific Plastic Crust* oder Pazifische Plastikkruste. Heute ist Kunststoff ein kostengünstiges Material und gleichzeitig eine der größten Gefahren für die Umwelt, während in meinem Szenario das PPC eines der am meisten nachgefragten Mineralien **(12)** sein wird.

Das Szenario »Aluminiumgefäß« **(13)** basiert auf der Tatsache, dass die Aluminiumproduktion eine weitere, sehr charakteristische Industrie der anthropogenen Gegenwart ist, die unsere Macht über die natürlichen Elemente verdeutlicht. Obwohl Aluminium das dritthäufigste Element in der Erdkruste ist, kommt es auf natürliche Weise nicht in seiner metallischen Form vor, sondern nur in mineralischen Verbindungen.[2] Und auch wenn wir Aluminium heute immer häufiger wiederverwerten, ist es immer häufiger in der Natur, insbesondere in Flüssen, anzutreffen – und nun auch in seiner metallischen Form. Wenn dieser Alumüll von Strömungen des Flusses hinuntergespült wird, bilden sich schließlich Ablagerungen, nach denen sich vielleicht in zehntausend Jahren Schürfer auf die Suche machen: Während bislang Goldsucher in Flüssen standen und das Gestein wuschen, werden in der Zukunft Menschen nach Alu-Nuggets **(14)** Ausschau halten.

Materialgeschichten

Die Werke meines Projekts »Handwerk im Anthropozän« sind Zeitkapseln aus einer fiktiven Zukunft. Sie dienen als materielle Vorhersagen: Wie Fossilien **(15)** der Menschheit sind die Musterstücke aus meinem »Kabinett der anthropogenen Materialien« und die drei beschriebenen Objekte greifbare Science-Fiction-Geschichten, die von Tatsachen und realen Begebenheiten des Anthropozäns erzählen. Sie geben eine extreme Prognose dazu ab, welche Mineralien sich entwickeln könnten, wenn unsere Gesellschaft nichts daran ändert, wie sie die vorhandenen Ressourcen verbraucht.
Steine erzählen Geschichten, sagt der französische Geologe Patrick De Wever.[3] Wie in den Seiten eines Buches lesen Geologen in Steinen und Sedimentschichten, und diesen Aspekt habe ich in meiner Arbeit übernommen.

7

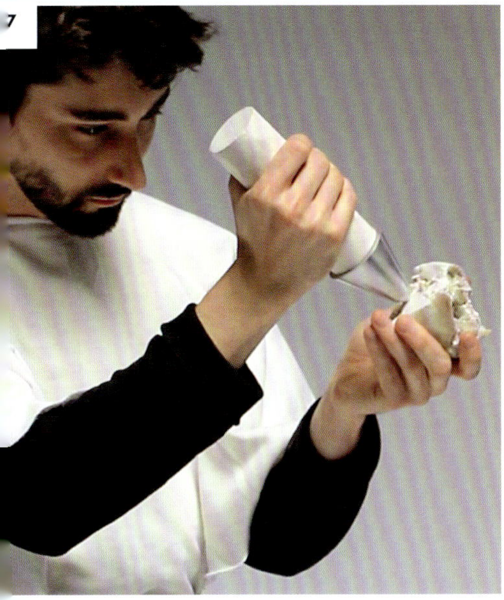

8

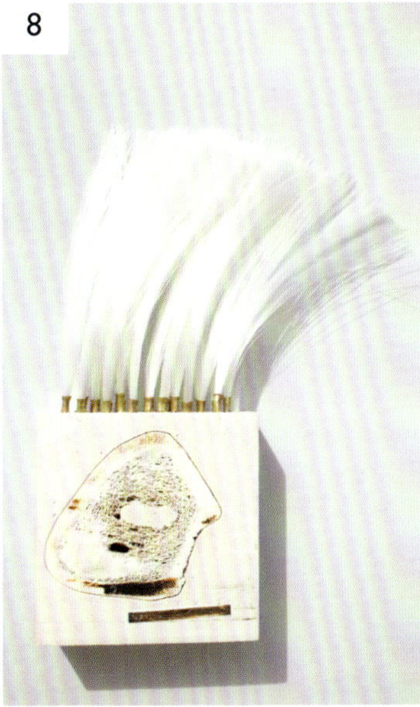

9

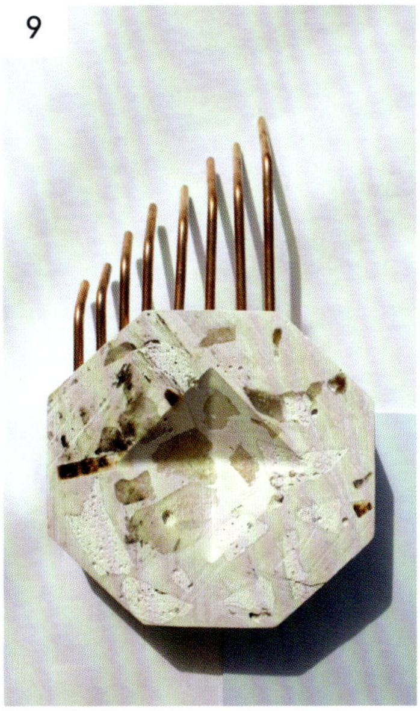

10

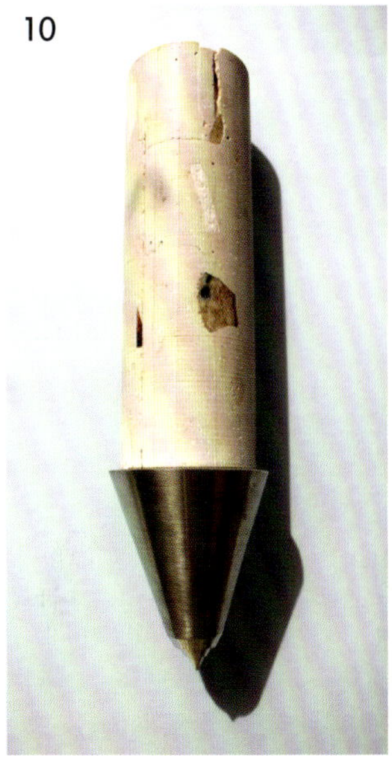

1

12

13

4

15

Wenn wir uns Geschichten ausdenken, spielen Objekte **(16/17/18/19)** dabei oft eine wichtige Rolle. Unsere Fantasie wird angeregt, und es entstehen Bilder einer denkbaren Zukunft. Gleichzeitig wird es uns möglich, uns bewusst in der Gegenwart zu positionieren. Auch die abstrakten und vergleichsweise komplexen Begriffe des Anthropozäns und des geologischen Zeitalters müssen erzählt werden. Als Designerin, die täglich mit Taktilität und Materialität zu tun hat, wollte ich eine greifbare Erfahrung dieses Konzepts schaffen.

Dieses Ziel passt auch zu den Worten des Historikers Dipesh Chakrabarty, der im Januar 2013 auf dem Symposium »Das Anthropozän-Projekt: Eine Eröffnung« in Berlin sprach. Laut Chakrabarty müssen wir »neue Sinneserfahrungen entwickeln, denn Erfahrungen verdichten sich nach und nach zu Wissen«.

Auch wenn mir die Geologie als Inspiration diente, kann ich bei weitem nicht als Expertin in diesem Bereich gelten. Ich ging einen Mittelweg zwischen Naturwissenschaft und Design, aber meine Zusammenarbeit mit Geowissenschaftlern und insbesondere mit Jan Zalasiewicz, einem der wichtigsten Denker im Bereich der Theorie des Anthropozäns, gab dem Projekt eine sichere Grundlage und wissenschaftliche Plausibilität. Ich probierte neue Techniken aus, fand neue Designmethoden und kam letztendlich zu der Erkenntnis, dass Müll nicht unser Untergang sein muss, sondern als Ressource dienen kann.

Eine Eröffnung

Design muss uns nicht nur eine »bessere Welt« zeigen, sondern dafür sorgen, dass wir uns alle solch eine bessere Welt wünschen.[4]
»Handwerk im Anthropozän« kann die Probleme der bedrohlichen Umweltverschmutzung nicht lösen. Es möchte vielmehr zum Denken anregen. Ich wollte das verbreitete Narrativ des Anthropozäns und den vorherrschenden pessimistischen Ton umgehen. Ich wollte auf neutrale Art und Weise die dahinterstehende wissenschaftliche Theorie kommunizieren und Informationen und Fakten zu einem logischen Extrem der Zukunft verdichten.

Zudem möchte ich den Schwerpunkt auf neues, kreatives Schaffen statt auf die Zerstörung legen. Bislang wurde das Anthropozän oft mit dem Ende der Welt gleichgesetzt, aber muss ihm wirklich immer eine Dystopie als Narrativ zugrundeliegen? Die Geschichte verläuft nun einmal nicht linear, und Geschichten müssen nicht vorhersehbar sein. So kann man das Anthropozän als Geschichte des Beginns einer neuen Welt mit neuen Materialien sehen. Kann diese neue geologische Gegenwart vielleicht als moderner Mythos, als Kosmologie betrachtet werden?

Wie wird das Zeitalter des Anthropozäns Rohmaterialien und Handwerk neu definieren? Mein Projekt ist eine alternative Interpretation der kollektiven Bildsprache der Zukunft, denn es porträtiert weder die Stereotypen einer glücklichen, technologiegesteuerten Zukunft noch eine Vision des Weltuntergangs. Vielmehr ist »Handwerk im Anthropozän« eine Geschichte, die das Bewusstsein für ein Umdenken hinsichtlich der aktuellen Beziehung zwischen Mensch und Natur schärfen soll.

Ich bin der Überzeugung, dass wir in unserem Zeitalter die Umwelt grundlegend verändert haben und dass die Eigenschaften zukünftiger Ressourcen die Praktiken des Handwerks beeinflussen werden. In diesem Zusammenhang hilft uns die Theorie des Anthropozäns, eine alternative Form der Nachhaltigkeit zu finden. Der Wert und die Wertschätzung menschengemachter und industrieller Materialien werden sich nach und nach ändern, wenn die Zeit und geologische Prozesse ihre einzigartigen Kräfte auf sie wirken lassen.

Übersetzung: Petra Hucke

Das Projekt wurde im Rahmen des MA-Programms Textile Futures 2013 entwickelt. Central Saint Martins, College of Art and Design, London. Mit Unterstützung von Dr. Jan Zalasiewicz, Geologe und Dozent an der Leicester University. Mein Dank geht an Professor Jan Cilliers, Abteilungsleiter und Vorsitzender für Mineralienverarbeitung, School of Mines, Imperial College, London, und an Masami Charlotte Lavault.

16

17

18

19

1 Rochman, Chelsea M. u.a.: Classify Plastic Waste as Hazardous. In: Nature 494 (Februar 2013), S. 169–171.

2 Budgen, N. F.: Aluminium and Its Alloys. Their Production, Properties, and Applications. London 1933, S. 6.

3 De Wever, Patrick: Temps de la terre, temps de l'homme. Paris 2012.

4 Dunne, Anthony: Hertzian Tales. Electronic Products, Aesthetic Experience, and Critical Design. London 1999.

Lyrik – kritischer Blick mit vielen Facetten

Mit ihrem feinen Sensorium hat die Lyrik globale Verschiebungen vorausgeahnt und in einzelnen Werken erstaunlich präzise erfasst. Mittels der ihr eigenen Vielschichtigkeit spiegelt sie insbesondere die bedrohlichen Seiten des Anthropozäns. Manche Gedichte diagnostizieren die zentralen Entwicklungen und Verwerfungen des 20. und frühen 21. Jahrhunderts, manche entwerfen eine mögliche Zukunft – teilweise längst Gegenwart geworden, teilweise zum Glück noch (Schreckens-)Vision.

Gesten, die uns entgegenkamen wie Wild

– ein Streichelzoo, ausgestopft, oder die geologische Sammlung
darin wir küssten. Namenlose Ammoniten im Glanz der Vitrinen
schnäbelten besser in ihrem silurischen Schiefer, saugten ewiger
schwärmten harmonischer, zögerten königlich – wir, ungelenk
aufrecht an Innenskeletten, zwei Hominiden in Wollüberzügen
lederumhüllte Senkfüße auf Parkett, die uns in entlegene Kabinette
zu den Wurmartigen trugen, den Schnecken. Dieses Geziefer
war in uns, nicht nur als totes Genom – ich ahnte, du schwiegst
eine Membran für das Ausstellungsklima, nahe den Präparaten.
Wandhohe Fenster, der Abend pflanzenverhangen, mit Regen
Wagen, kompakte Reptilien, spurten im eigenen Licht über Brücken.
Ähnelten uns diese Trassen, Steinlagen am Grund, frequentiert
von Gedanken, Erinnerungskegel, die aufschienen, sich formten
bewegten und, unbegriffen, wieder in Dunkelheit lösten.

Steffen Popp, 2008

Paternoster

Wir haben Fässer in die Erde versenkt,
die jetzt zurückkehren, rostige Paternoster

zwischen Unter- und Oberwelt.
Wir begutachten Wurzeln, brüchige

Baumkomplexe, befallen vom Hallimasch.
Er lässt das kranke Holz leuchten,

während er es verbraucht.
Unter der Rinde dieser Gegend

wandert das Geflecht der Schächte,
ein agiles Ganzes mit offenem Ausgang.

Tobias Falberg, 2012

20. Jahrhundert
    Jahrhundert der Gegenwart
von Errungenschaften zerstört
    von Erkenntnis zerfressen
im Grunde hat dieses Jahrhundert
    den Planeten auf dem Gewissen
ein Artensterben
    wie zuletzt vor 65 Millionen Jahren
doch war die Vehemenz
    mit der das Jetzt zum Ausbruch kommt
noch nie so groß
    der Grund:
besorgniserregend wachsende Intelligenz
    bei rapide absinkender Vernunft
plus die totale Pleite aller Werte
    außer Kohle

Gerhard Falkner, 2005

Landschaft

1 verrußter Baum
nicht mehr zu bestimmen
1 Autowrack, Glasscherben
1 künstliche Wand, schallschluckend

verschiedene kaputte Schuhe
im blätterlosen Gestrüpp
»was suchen Sie da?«

1 Essay, ein Ausflug in die Biologie
das Suchen nach Köcherfliegenlarven, das gelbe

Licht 6 Uhr nachmittags
1 paar Steine

1 Warnschild »Privat«
1 hingekarrtes verfaultes Sofa
1 Sportflugzeug

mehrere flüchtende Tiere,
der Rest einer Strumpfhose an
einem Ast, daneben

1 rostiges Fahrradgestell

1 Erinnerung an
1 Zenwitz

Rolf Dieter Brinkmann, 1975

Zufrieden

K. ist herzlich zufrieden in dem Gedanken, daß durch die Weltraumfahrt den Erdbewohnern neue Territorien erschlossen werden. Sie sieht darin eine Möglichkeit, die Angriffslust der Menschen abzulenken und ihren Hunger zu stillen. Wenn man ihr die schauerliche Öde des Mondes vor Augen stellt, meint sie, daß es gewiß andere Gestirne mit Vegetation und menschenähnlichen Lebewesen gebe. Sie fliegt gern und jeder steile Jetstart erfüllt sie mit der Freude der Konquistadoren. Dabei ist sie keine Schwärmerin, hat einen Zahlenverstand und solide technische Kenntnisse. Sie ist überzeugt davon, daß die Errechenbarkeit des Weltalls diesem seinen mythischen Schrecken nimmt. Seine Einbeziehung in die vom Menschen verwaltete Welt erfüllt sie nicht mit Furcht, sondern mit Genugtuung. Daß Gott täglich ein Stück weiter wegrückt, gibt ihr mehr Handlungsfreiheit, mehr Platz zum Glauben.

Marie Louise Kaschnitz, 1970

Die Menschenzeit geht vorbei
morst der Tauber so weiß
so wissend mit seinem linken
Auge: die dunklen Motoren-
Wälder werden bald fallen
und nur mehr Phantomschmerz sein

Lässt der Asphalt sich denken
als Vergangenheit, als
Hartriegel? Hörst du es knacken?

Die Lautheit der Zweibeiner
umgekehrt proportional
zur Lauterkeit des Wassers
wird gewesen sein ein
fernes Getrommel (*draum-a)

Karin Fellner, 2011

immerhin ist es bisher niemandem gelungen das planetare bewusstsein der quallen zu durchdringen geschweige denn anzugreifen

die atmosphäre besteht in ab-
hängigkeit zur aktivität der über-

druckventile eines
militärischen zuchtprogramms von regel

mäßig dampf an die planetenoberfläche abgebenden
spezies – was man nicht bedachte, auf

grund von gezeitenwirkung temperaturdif-
ferenz + tektonischer verwerfung *mas-*

sensterben seitdem dauerhafter
panikzustand im leitungskollektiv die spürbare

präsenz eines weltumspannenden zornigen aber oh!
ohnmächtigen geistes

Christian Schloyer, 2012

Die Übergangsstelle

Eisiger Wind gegen die Augen, und die Sonnen tanzen
im Kaleidoskop der Tränen, wenn ich die Straße
kreuze, die mir so lange gefolgt, die Straße,
wo der Grönlandsommer aus den Pfützen leuchtet.

Rings um mich schwärmt die ganze Kraft der Straße,
die sich an nichts erinnert und nichts will.
Im Boden tief unter dem Verkehr wartet
der ungeborene Wald still tausend Jahre lang.

Mir kommt die Vorstellung, daß die Straße mich sieht.
Ihr Blick ist so finster, daß sogar die Sonne
ein graues Knäuel in einem schwarzen Weltraum wird.
Aber gerade jetzt leuchte ich! Die Straße sieht mich.

Tomas Tranströmer, 1997

Zum Konzept der Ausstellung

von Nina Möllers

Als geologische These und philosophisches Konzept wird das Anthropozän derzeit von vielen Wissenschaftsdisziplinen auf seine Sinnhaftigkeit und Bedeutung geprüft. Offen und interpretierbar nötigt es uns Reflexion und Debatten ab, um Mechanismen, Strukturen und Werte zu entwickeln, die unser Leben und Tun in diesem »Zeitalter der Menschen« prägen werden. Doch die Unbestimmtheit des Konzepts stellt uns vor Herausforderungen. Das Anthropozän stellt die Menschen als Akteure in den Mittelpunkt, doch diese sind wie kaum zuvor eingebettet in die unterschiedlichen natürlichen Abläufe und Kreisläufe, die wir nur zum Teil verstehen. Neben der Beschäftigung mit naturwissenschaftlichen und technischen Phänomenen zieht der Anthropozän-Gedanke komplexe soziale, kulturelle und ethische Fragen nach sich. Noch ohne zu wissen, wann es offiziell beginnt oder begonnen hat, was es genau ist und wo es uns hinführt, beunruhigt uns das Anthropozän, weil es so viele unserer fundamentalen Annahmen und historisch gewachsenen Konzepte hinterfragt. Doch gerade diese Offenheit, diese leicht nervöse Unbestimmtheit ist es, die das Anthropozän für Ausstellungen so interessant macht. In kaum einem anderen Medium ist es möglich, den Gehalt, die Bedeutung und die Grenzen des Anthropozäns so auszuloten wie im dreidimensionalen Ausstellungsraum.

Ausgangslage dieser Ausstellung ist die Wahrnehmung, dass der Mensch zu einem prägenden erdsystemischen Akteur geworden ist und dass die Auswirkungen seines Handelns global und langfristig sind. Das Anthropozän, so ein erstes Motto der Ausstellung, ist da! Ausgehend von dieser Erkenntnis macht sich die Ausstellung die Offenheit und Aktualität des Anthropozän-Konzepts – sowohl im Sinne seiner umweltbezogenen, technischen und kulturellen Phänomene als auch seiner geologischen Fragestellung – bewusst zu eigen und dient als Plattform, auf deren Basis die Besucher und Besucherinnen über das Anthropozän reflektieren und diskutieren können. Die Darstellung der komplexen Phänomene basiert auf wissenschaftlichen Fragestellungen und Untersuchungen, doch nimmt die Ausstellung nicht in Anspruch, abschließende Antworten oder fertige Lösungen präsentieren zu können. Vielmehr stehen die Fragen, die im und an das Anthropozän zu stellen sind, sowie die Argumente für Antworten im Vordergrund. Weniger die Vermittlung (technischen) Grundlagenwissens ist Ziel der Ausstellung, als den Besucherinnen und Besuchern die Möglichkeit zu bieten, neue Perspektiven einzunehmen und ihr Denken und Handeln zu ändern.

Viele dieser Fragen mögen auf den ersten Blick gar nicht so neu erscheinen: Was essen wir? Wie bewegen wir uns? Wie werden unsere Städte in der Zukunft aussehen? Übernehmen Maschinen mit Hilfe von unsichtbaren Algorithmen langsam die Kontrolle? Was ist eigentlich Natur? Und wie weit werden wir noch in die Evolution eingreifen? Angesichts wachsender Wechselwirkungen zwischen der Bio-, Geo- und Soziosphäre, zwischen globalen und lokalen Handlungen sowie zwischen Vergangenheit, Gegenwart und Zukunft erhalten diese Fragen aber eine neue Relevanz.

Die vielfältigen Interaktionen sind daher ein zweiter wichtiger Konzeptionsgedanke der Ausstellung. Ausgehend von der geologischen Debatte über das Anthropozän als mögliches neues Erdzeitalter erweitert die Ausstellung den Blick auf ein philosophisches Konzept, das neben naturwissenschaftlichen und technischen auch soziale, wirtschaftliche und kulturelle Aspekte betrachtet. Das Anthropozän ist gekennzeichnet von verschwimmenden Grenzen: zwischen Natur und Kultur, zwischen Vergangenheit, Gegenwart und Zukunft, zwischen Naturwissenschaften und Geisteswissenschaften. Die dargestellten Themen überschreiten diese Grenzen permanent und heben die traditionelle sektorale Aufteilung der Wissensgebiete auf, die sich in den vergangenen Jahrhunderten nicht nur in den Wissenschaften, sondern auch in den Museen mit ihren Sammlungen etabliert hat. Neben Objekten technischer und naturwissenschaftlicher Provenienz finden sich naturkundliche, ethnologische und künstlerische Exponate; gemeinsam beleuchten sie die unterschiedlichen Themenschwerpunkte aus einem transdisziplinären, systemischen Blickwinkel. Als Kristallisations- und Kreuzungspunkte von Erfahrungen, Perspektiven und Bedeutungen dienen die Ausstellungsexponate als Anfang und Ziel einer umschweifenden, kreisenden und wechselseitigen Reflexionskette, deren offenes Ende Anlass zu neuen Überlegungen und Erkenntnissen gibt.

Zugleich zeigt sich in den Objekten ihre Fragilität und Bedeutungsoffenheit. Besonders deutlich wird dies im 20 Meter breiten und über drei Meter hohen Objektregal, das unterschiedliche Sammlungsobjekte zur Technik- und Wissenschaftsgeschichte des Anthropozäns beinhaltet. Sie verweisen zum einen auf die prägende Rolle der Technik für das Anthropozän. Zum anderen stehen sie nicht für sich, sondern werden in dem Regal in Form eines »Skizzenbuchs« zueinander in Beziehung gesetzt. Den geübten Besuchern und Besucherinnen eines Technikmuseums mögen die Objekte auf den ersten Blick bekannt vorkommen, doch offenbaren sich bei näherer Betrachtung ganze neue, »anthropozäne« Perspektiven. Die Ambivalenz von Technik als Teil des Problems, aber zugleich als Teil möglicher Lösungen wird deutlich.

Neben die systemischen Abhängigkeiten von Phänomenen, Wissenschaften und Lösungen tritt ein Wechselspiel zwischen der Mikro- und Makroebene. Für das Anthropozän sind das globale Kollektiv und das lokale Individuum gleichermaßen bedeutsam. Das zweite prägende Motto der Ausstellung lautet deshalb: Du bist anthropozän! Die anthropozäne Erde macht uns alle zu globalen Akteuren, egal wie klein wir unseren Wirkungsradius einschätzen mögen. Insbesondere die auf den sechs Platten dargestellten Themen spielen mit dem Modus des Herein- und wieder Herauszoomens, um die globalen und systemischen Verbindungen anhand von konkreten Beispielen deutlich zu machen. Mögliche Lösungen unserer globalen Probleme werden vor- und zur Diskussion gestellt. Trotz klarer Gliederung gibt es vielfältige Überschneidungen, Anklänge und Wechselperspektiven. Der schlaglichtartige Charakter ist bewusst gewählt. Denn die Ausstellung stellt nur eine Sichtweise unter vielen möglichen auf das Anthropozän dar und ist – so hofft das Ausstellungsteam – nur der Anfang einer Reihe von Ausstellungen, die das Anthropozän in all seiner – vor allem auch kulturellen – Vielfältigkeit untersuchen.

Viele Phänomene des Anthropozäns werden als dringende Probleme unserer Gegenwart und Zukunft wahrgenommen. Diese Dringlichkeit und das Ausmaß des menschlichen Einwirkens werden in der Ausstellung nicht beschönigt. Trotzdem ist ihr Tenor nicht der des Niedergangs oder gar der Resignation. Die Problemlagen werden kritisch befragt, doch erzählt die Ausstellung von einer Erde, auf der das zerstörerische Potenzial der Menschen eng verflochten ist mit ihren einzigartigen kreativen und geistigen Möglichkeiten. Aus dieser Spannung heraus erwächst die Möglichkeit, aber auch die Verantwortung, das Anthropozän zu gestalten. Symbolisch werden die Besucher und Besucherinnen deshalb dazu eingeladen, zu Gärtnern der künstlichen Blumenlandschaft und damit des Anthropozäns zu werden. Auch hier steht wieder die Offenheit im Vordergrund: Es gibt keine klaren Anweisungen, was zu tun ist und was aufzuschreiben ist. Ob Bedenken und Ängste, Wünsche oder hoffnungsvolle Lösungsansätze: Die Besucher und Besucherinnen entscheiden, wie sie sich an der Diskussion beteiligen möchten. Klar ist jedoch: Sie sind Teil des Anthropozäns und haben Anteil an seiner Gestaltbarkeit – selbst dann, wenn sie entscheiden, nichts zu tun.

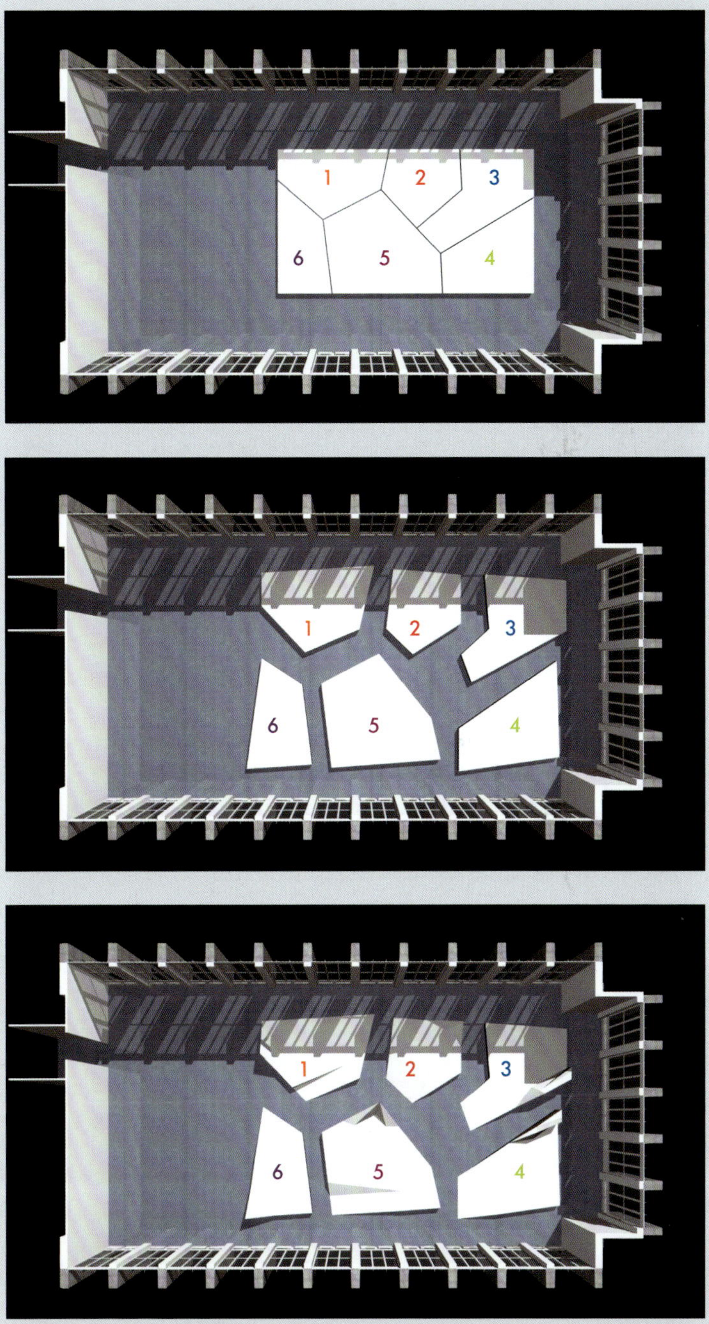

1. Urbanität und Ressourcen
2. Mobilität
3. Mensch–Maschine
4. Natur
5. Ernährung
6. Evolution

Das Puzzle des Anthropozäns: Die zentrale Gestaltungsstruktur im Hauptteil der Ausstellung bietet klare Orientierung, ohne einen bestimmten Parcours vorzugeben. Die Besucher und Besucherinnen können die Themen des Anthropozäns und ihre Zusammengehörigkeit individuell erlaufen und erkunden. Jede Themenplatte bildet in sich eine schlüssige Einheit – gemeinsam geben sie Einblick in die systemischen Abhängigkeiten und Wechselwirkungen, die das Anthropozän kennzeichnen, und machen diese räumlich erfahrbar.

Grafiken: ARGE Klaus Hollenbeck Architekten und krafthaus das Atelier von facts und fiction

Ausstellungsgestaltung

ARGE Klaus Hollenbeck Architekten
und krafthaus das Atelier von facts und fiction

Raumstruktur

Der Ausstellungsraum hat eine Größe von 1400 m² und ist an drei Seiten mit hohen Fenstern umgeben. Die natürliche Beleuchtung schafft eine freundliche und einladende Atmosphäre. Die Ausstellung gliedert sich in zwei große Bereiche: Anfang und Ende, Auftakt und Zukunftsausblick werden auf einer gemeinsamen Fläche präsentiert. Der anschließende Hauptteil der Ausstellung setzt sich aus sechs verschiedenen Themenfeldern zusammen. Die architektonische Trennung wie Verbindung beider Bereiche bildet ein raumlanges hohes Objektregal.

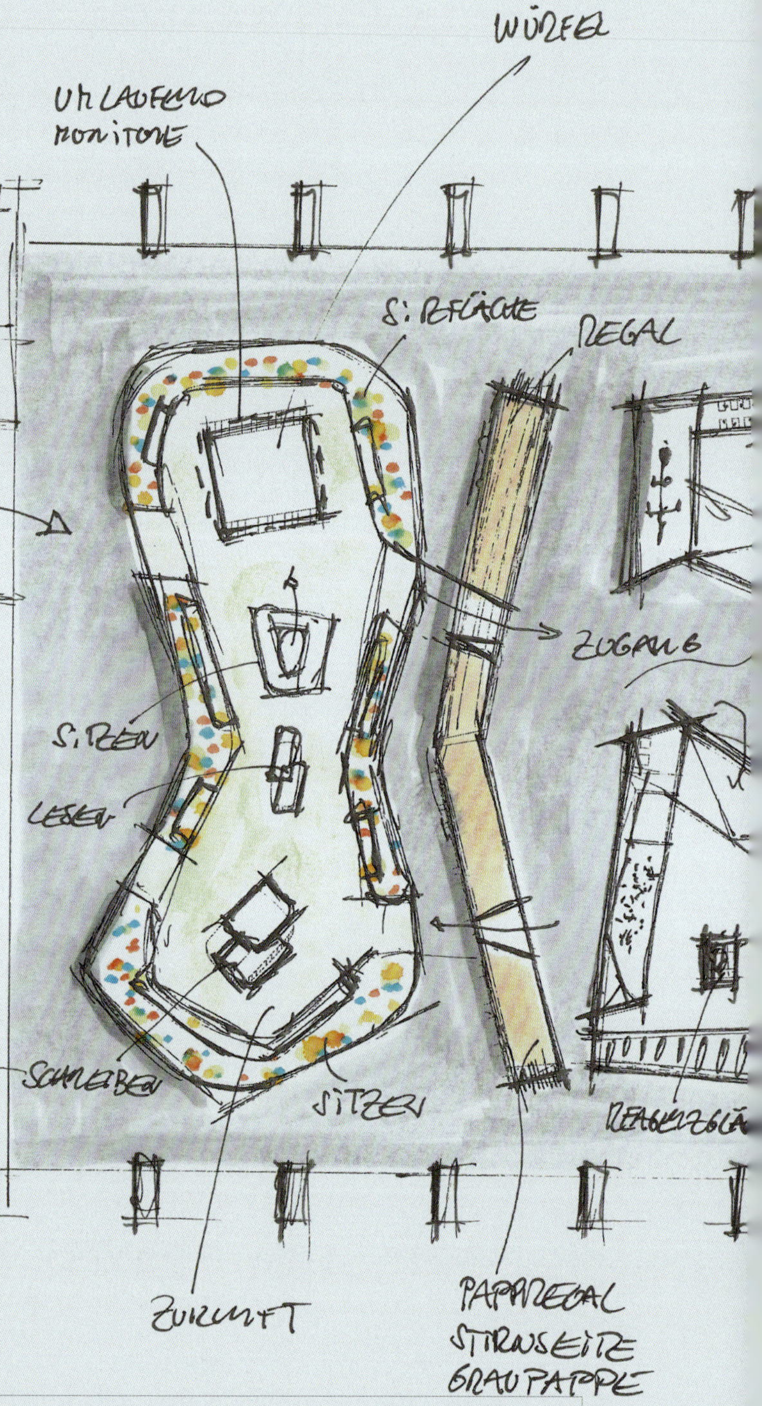

Auftakt und Ausklang

Das 150 m² große Auftaktelement einer künstlichen Landschaft, in der mehr als 1000 Papierblumen blühen, lädt mit Sitzmöglichkeiten zum Verweilen ein. Im Blickfeld ist ein großer Medienwürfel in Form eines Stahlgerüsts: Auf über 30 Monitoren führen Filme, die teils eigens für die Ausstellung produziert wurden, in die Themen des Anthropozäns ein. Die Spannung erzeugende Kombination aus »Landschaft« und Technik vermittelt ein intuitives Verständnis für die neue Beziehung von Mensch und Natur im Anthropozän.

Beim Verlassen der Ausstellung kann man seine persönliche Zukunftsvision mit Blick auf das Anthropozän als beschriebene Papierblume in der (Ausstellungs-)Landschaft hinterlassen und wird so zum Mitgestalter – nicht nur unserer Zukunft, sondern auch der Ausstellung.

Skizzenhafter Stil und spielerische Ästhetik

Das Anthropozän ist nichts Abgeschlossenes, nichts Fertiges, nichts endgültig Definiertes, sondern ein offenes Nachdenken über die Beziehung zwischen Mensch und Erde. Dieses Bewusstsein drückt sich auch im Design der Ausstellung und in den gewählten Materialien aus. Das über 20 Meter lange Objektregal ist nicht aus Holz oder Stahl gebaut, sondern aus dem Werkstoff Papier. Seine Wabenstruktur birgt und entbirgt die Objekte gleichermaßen. Die für das Anthropozän wegweisenden technologischen Objekte sitzen in präzise ausgeschnittenen Hohlräumen des Regals. Seine Oberfläche ist als künstlerische Gestaltung mit Handzeichnungen und handgeschriebenen Notizen übersät, die die vielfältigen Querverbindungen zwischen den Technologien aufzeigen.

Orientierung und Bewegungsfreiheit

Um die Ausstellung zu betreten, passiert man eine enge Eingangsschleuse – eine in blaues Licht getauchte Klanginstallation. Die Landschaft zu Beginn der Ausstellung kann individuell begangen und erlebt werden. Der Weg durch das große Objektregal führt durch zwei Durchlässe in den Hauptteil der Ausstellung. Spätestens hier gibt es keinen vorgezeichneten Weg mehr – Interesse, Aufmerksamkeit und Neigung jedes Einzelnen leiten von einem Thema zum anderen. Wie sehr die verschiedenen Themen miteinander verknüpft sind, ist räumlich spürbar und optisch erfahrbar.

Themenplatten

Wie Puzzleteile, die nur zusammen ein Ganzes ergeben, sind sechs große Themenplatten aus einer rechteckigen Grundform abgeleitet. Sie sind das zentrale Gestaltungselement der Ausstellung und stehen symbolisch für die tektonischen Platten der Erdoberfläche. Die Platten stehen in einem direkten Bezug zueinander, genauso wie die Erde als eine systemische Einheit verstanden werden muss. Die »Bruchkanten« der Platten sind blau eingefärbt und legen »geologische Spuren« frei, die die behandelten Themen an die geologische These des Anthropozäns rückbinden.

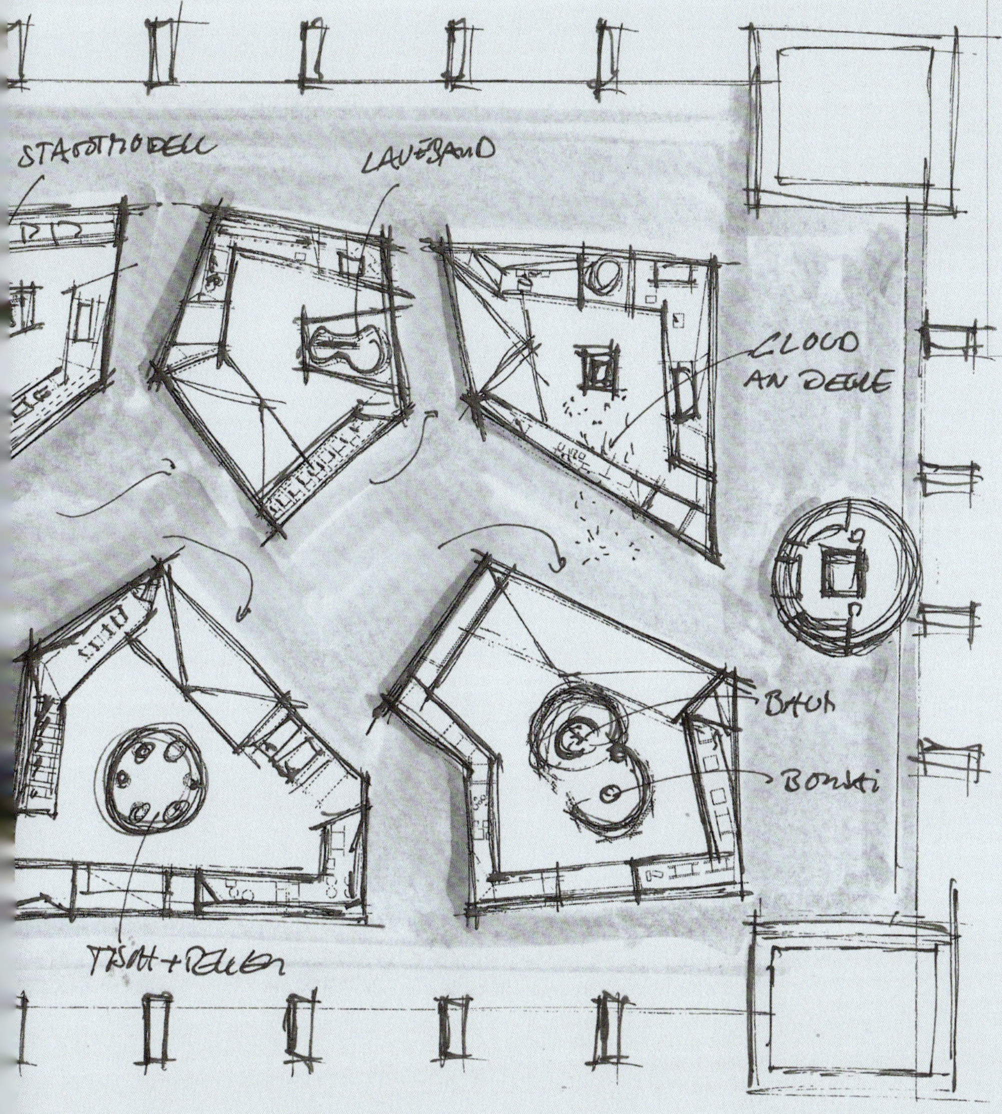

Grafische Gestaltung als erläuternde Skulptur

Rampen führen auf die einzelnen Themenplatten. Seitliche Vitrinen und Podeste zeigen Originalexponate, Modelle und Medienstationen. In der Mitte jeder Platte ist eine große Installation positioniert, die das jeweilige Thema zentral verkörpert und Querverweise zu den umliegenden Vitrinen und Podesten herstellt. Ihre mediale und gestalterische Unterschiedlichkeit sorgt für Abwechslung und einen intuitiven Zugang zum jeweiligen Thema. Die sechs Platten sind vollständig in Weiß gehalten. Auf ihnen werden die anderen Gestaltungselemente sowohl horizontal und vertikal als auch schräg eingesetzt. Die erklärenden Texte, individuell erstellten Infografiken und an die spielerische Ästhetik des Regals angelehnten Filme sind direkt auf den frei geformten Vitrinen untergebracht. Dadurch entsteht ohne störende Objektschildchen ein unmittelbarer Bezug zu den Exponaten und Installationen. Die aus nur einem einzigen Material geformten Themenplatten werden auf diese Weise zu erläuternden und begehbaren Skulpturen.

Katalog

Ein Konzept mit Geschichte

von Christian Schwägerl

In geologischen Zeitdimensionen zu denken wurde erst mit dem 19. Jahrhundert möglich, als Wissenschaftler herausfanden, dass Erde und Kosmos viel älter sind, als man früher dachte. Den Menschen verorteten die meisten Forscher damals nicht auf der geologischen Zeitskala. Doch schon früh meldeten sich Vordenker des Anthropozäns zu Wort. Der italienische Geologe Antonio Stoppani kam Ende des 19. Jahrhunderts dem Wort Anthropozän schon sehr nahe, als er von einer »anthropozooischen Zeit« sprach und die Menschheit als »neue irdische Kraft« bezeichnete, »die in Gewalt und Umfänglichkeit mit den größeren Kräften der Erde verglichen werden kann«.[1] 1864 veröffentlichte George Perkins Marsh sein weitsichtiges Buch »Man and Nature« mit einer detaillierten Auflistung menschlicher Einflüsse auf die Umwelt.[2] Im frühen 20. Jahrhundert setzten Wissenschaftler wie der russische Geochemiker Wladimir Iwanowitsch Wernadski und sein Lehrer A. P. Pawlow sowie die Franzosen Édouard Le Roy und Pierre Teilhard de Chardin diese Denkrichtung fort. Sie philosophierten über den wachsenden Einfluss des menschlichen Bewusstseins und Denkens auf Umwelt und Evolution.[3] Pawlow, ein Geologe, sprach von einer »anthropogenen Ära«. Wernadski räsonierte darüber, wie der Mensch seinen Einfluss auf alle Elemente ausdehnt, geochemische Zyklen verändert und das thermodynamische Gleichgewicht in der Biosphäre gefährdet. Er arbeitete heraus, wie eng die Menschheit mit der Bio- und Geosphäre verwoben ist, und sprach von einer zusätzlichen »Noosphäre« von Gedanken und Geist.

»Die Noosphäre ist ein neues geologisches Phänomen auf unserem Planeten. In ihr wird der Mensch erstmals zu einer bedeutenden geologischen Kraft. Er kann und muss seine Lebensbereiche mittels seiner Arbeit und Gedanken umformen.«

Vladimir Vernadsky, 1913

Bereits 1915 war in der »Zeitschrift der Deutschen Geologischen Gesellschaft« der Aufsatz eines jungen Wissenschaftlers namens Ernst Fischer mit dem Titel »Der Mensch als geologischer Faktor« erschienen, der mit der Warnung schließt, je stärker die Wirkung des Menschen sei, desto größer sei die Gefahr von Schäden, was allerdings »vermehrte Geistestätigkeit« und »überlegene Selbsterkenntnis« ausgleichen könnten.[4] Als Vorläufer der Anthropozän-Idee zu nennen ist auch R. L. Sherwood's Werk »Man as a geological agent«. Zudem gibt es weitere Autoren, die sich früh mit dem menschlichen Einfluss auf die Erde auseinandergesetzt haben.[5]

In den 1980er Jahren diagnostizierte der deutsche Biologe Hubert Markl, der später Präsident der Max-Planck-Gesellschaft wurde, in seinem Buch »Natur als Kulturaufgabe« den Beginn eines »Anthropozoikums« und schrieb: »Ob er [der Mensch] es beherrscht oder an dieser Aufgabe scheitert, er wird die Verantwortung dafür tragen müssen. Datierungsschwierigkeiten für diesen neuesten Faunenschnitt wird es nicht geben: Er geschieht hier und jetzt.«[6]

Doch erst Paul J. Crutzen verhalf dem Wort »Anthropozän« und der Idee, die dahintersteckt, zum Durchbruch. Im Jahr 2000 intervenierte er bei einer Konferenz des Internationalen Geosphären-Biosphären-Programms mit den Worten, wir lebten doch längst nicht mehr im Holozän, sondern im Anthropozän. »Anthro« kommt vom griechischen Wort *anthropos*, der Mensch, und die Endsilbe -zän leitet sich vom griechischen Wort *kainos* ab, dem Neuen. Holozän, die aktuelle offizielle Erdepoche, heißt demnach »völlig Neues«. Nach dem Treffen in Mexiko zeigte sich rasch, dass längst Hunderte und Tausende Beobachtungen, Studien und Analysen über die tiefgreifenden, langfristigen und schnellen Veränderungen der Erde vorliegen, die Menschen bewirken. Dazu gehören die künstlich geschaffenen Elemente im Periodensystem, der Fall-out von Atombombentests, der Anstieg der CO_2-Emissionen, Überreste von Plastik und der wilde Mix

»Kein physischer/materieller Sachverhalt verdeutlicht die transformative Kraft menschlichen Lebens so sehr, wie dessen Einfluss auf die Gestalt der Erdoberfläche.«

George Perkins Marsh, 1864

von Gesteinen in den Städten. Zu seiner Überraschung fand Paul Crutzen nach dem Treffen heraus, dass ein anderer Wissenschaftler, der Limnologe Eugene F. Stoermer von der University of Michigan, das Wort »Anthropozän« bereits vor ihm benutzt hatte, und zwar schon seit den 1980er Jahren. Der Journalist Andrew Revkin von der »New York Times« hatte 1992 in einem Buch geschrieben: »We are entering an age that might someday be referred to as, say, the Anthrocene.«[7] Paul Crutzen kontaktierte im Jahr 2000 Eugene Stoermer, so wie es korrekt ist, wenn zwei Forscher unabhängig voneinander dieselbe Idee haben, und schlug ihm vor, die Anthropozän-Idee gemeinsam zu veröffentlichen. Stoermer stimmte zu und sagte dazu später: »I began using the term ›anthropocene‹ in the 1980s, but never formalized it until Paul contacted me.«[8]

»Genau aus diesem Grund zögere ich nicht, die anthropozoische Ära auszurufen. Die Erschaffung des Menschen führt ein neues Element in die Natur ein, dessen Macht mit keiner bisherigen vergleichbar ist.«

Antonio Stoppani, 1871

»Durch die Umgestaltung chemischer Prozesse und Produkte verrichtet der Mensch eine Arbeit kosmischen Ausmaßes. Dieser Umstand offenbart sich mit jedem Jahr deutlicher in den mineralischen Prozessen der Erdkruste, deren Ausrichtung er Stück für Stück verändert.«

Pierre Teilhard de Chardin, 1957

Mit dem kurzen Artikel der beiden im Newsletter des Internationalen Geosphären-Biosphären Programms war die Anthropozän-Idee endgültig in der Welt.[9] Zwei Jahre später, am 3. Januar 2002, forderte Crutzen die Umbenennung von Holozän in Anthropozän in einem Beitrag für die einflussreiche wissenschaftliche Zeitschrift »Nature« unter der Überschrift »Die Geologie der Menschheit«: »Wenn nicht gerade eine globale Katastrophe passiert – ein Meteoriteneinschlag, Weltkrieg oder eine Pandemie –, wird die Menschheit auf Jahrtausende die vorherrschende Kraft in der Umwelt werden.«[10] 2014 schlugen Wissenschaftler der *Anthropocene Working Group* vor, den Beginn des Anthropozäns mit 1950 zu datieren. 2016 wird es zu einem ersten formalen Votum über eine offizielle Umbenennung unserer aktuellen Erdepoche kommen.

1 Stoppani, Antonio: Corso di Geologia. Milano 1871, zitiert nach Clarke, W.C., et al.: Sustainable Development of the Biosphere. In: Environment 29/9 (1987), S. 25–27.
2 Marsh, George P.: Man and Nature. New York 1864, David Lowenthal, ed. Cambridge, MA 1965.
3 Vernadsky, Vladimir: Geochemistry and the Biosphere. Santa Fe 2007; Vernadsky, Vladimir: La Biosphere, Librairie Felix Alcan, Nouvelle collection scientifique. Paris 1929; Le Roy, Édouard: Les origines humaines et l'evolution de l'intelligence. Paris 1928; de Chardin, Pierre Teilhard: Hominization. Introduction to a Scientific Study of the Phenomenon of Man [1923]. In: The Vision of the Past. New York 1966, S. 51–79; und Le phénomène humain. Paris 1955.
4 Fischer, Ernst: Der Mensch als geologischer Faktor. In: Zeitschrift der Deutschen Geologischen Gesellschaft 67 (1915), S. 106–149.
5 Sherwood, R. L.: Man as a Geological Agent: An Account of His Action on Inanimate Nature. London 1922; Fels, Edwin: Der Mensch als Gestalter der Erde. Leipzig 1935.
6 Markl, Hubert: Natur als Kulturaufgabe. Über die Beziehung des Menschen zur lebendigen Natur. Stuttgart 1986.
7 Revkin, Andrew: Global Warming. Understanding the Forecast. New York 1992, zitiert nach Will Steffen, et al.: The Anthropocene. Conceptual and Historical Perspectives. In: Philosophical Transactions of the Royal Society A 369/1938 (March 2011), S. 842–886.
8 Zitiert nach Grinevald, J.: La Biosphère de l'Anthropocène: climat et pétrole, la double menace. Editions Médecine and Hygiène. Geneva 2007, S. 243.
9 Crutzen, Paul J., Stoermer, Eugene F.: IGBP Newsletter 41 (2000). http://www.igbp.net/news/opinion/opinion/haveweenteredtheanthropocene.5.d8b4c3c12bf3be638a8000578.html (Abruf: 09.07.2014).
10 Crutzen, Paul J.: Geology of Mankind. In: Nature 415/23 (2002).

Das Anthropozän im Regal

Was haben ein Apple »Mac« und ein Wettersatellit, eine Bockdampfmaschine und ein Sternmotor, ein Lanz »Bulldog« und ein Föhn gemeinsam? Erstens sind sie jeweils Teil der über mehr als ein Jahrhundert hinweg gewachsenen Sammlungen des Deutschen Museums. Zweitens repräsentieren sie markante technische Wegmarken, die uns in das Anthropozän geführt haben. Das im Anthropozän-Regal versammelte Dutzend von Objekten ist so ausgewählt, dass es die Wechselwirkungen zwischen den einzelnen Bereichen der Technik in unserer Wissensgesellschaft aufzeigt und damit den Systemcharakter der Technik beleuchtet. Eine Technik hängt mit der anderen zusammen, und aus diesen Wechselwirkungen speist sich die Dynamik der Entwicklung, mit der wir uns im Anthropozän konfrontiert sehen. Eines ist dabei wichtig zu betonen: Technische Systeme sind menschengemacht, sie sind also sozio-technische Systeme, in die der Mensch, der sie geschaffen hat, unauflöslich eingebunden ist. Ja, sie sind sogar mehr als dies: Sie sind sozio-technisch-ökologische Systeme, die als solche auch die Natur einbinden, auf deren Ressourcen basieren und diese dadurch stetig verändern.

Wie sind wir in das Anthropozän gekommen? Wie im Beitrag »Das Anthropozän in technikhistorischer Perspektive« bereits ausgeführt, werden aktuell drei Datierungsvorschläge diskutiert: die neolithische Revolution, die industrielle Revolution und die Große Beschleunigung. Der letztgenannte Vorschlag hat den Vorzug, dass sich ein konkreter Marker für den Beginn der neuen geologischen Zeiteinheit finden lässt: die vom Menschen verursachte Verteilung von Radionukliden durch Kernwaffenexplosionen. In diesem Sinne begann das Anthropozän am 16. Juli 1945, als die US-Armee nahe der Stadt Alamogordo im Bundesstaat New Mexico beim sogenannten Trinity-Test die erste Atombombe zündete. Die neolithische Revolution dagegen war ein langer Prozess der »Erfindung« der Sesshaftigkeit, des Ackerbaus und der Tier- und Pflanzenzucht, der sich über mehrere Jahrtausende erstreckte. Und auch die industrielle Revolution zog sich im Pionierland Großbritannien von ihrem Beginn um die Mitte des 18. Jahrhunderts über rund ein Jahrhundert hin. Für welchen dieser Vorschläge sich die geowissenschaftlichen Experten am Ende entscheiden werden, ist einstweilen noch offen. Kein Zweifel aber besteht darin, dass die Industrialisierung den Weg in das Anthropozän geebnet hat. Die Maschinisierung der Handarbeit, die mechanische Energieerzeugung durch die Dampfmaschine und die massenhafte Verwendung von Kohle und Eisen sind drei miteinander verknüpfte Treiber der Industrialisierung.

Im Anfang war die Dampfmaschine. Sie war technologischer Auslöser und Triebkraft der Industrialisierung. Die Dampfkraft bewirkte eine wirtschaftliche und technische Kettenreaktion, denn erstmals stand Energie ortsunabhängig zur Verfügung. Als der Bergbau in immer größere Tiefen vordrang, löste die Dampfmaschine das Problem des Pumpenantriebs, um das in die Gruben einströmende Wasser zu entfernen. Sie wurde mit Kohle befeuert, wodurch wiederum die Nachfrage nach Kohle stieg. Dampfkraft trieb Produktions- und Arbeitsmaschinen in Textil- und Stahlindustrie, Eisenbahn und Schifffahrt an. Waren konnten billiger und in Massen herge-

Bockdampfmaschine, ca. 1850
Hersteller unbekannt, England
DMO, Inv.-Nr. 6592
Foto: DMA, CD68917

Lanz Bulldog HL 12, 1921
Hersteller: Heinrich Lanz AG, Mannheim
DMO, Inv.-Nr. 75789
Foto: DMA, BN49801

stellt werden. Die industrielle Revolution kam in Gang. Auch heute noch wird Dampfkraft in Dampfturbinen zur Stromerzeugung in Kraftwerken eingesetzt, aber die Dampfmaschine ist längst durch eine Fülle von Kraft- und Arbeitsmaschinen unterschiedlicher technischer Auslegung abgelöst worden, darunter Heißluftmotoren, Verbrennungskraftmaschinen, die in Form von Otto- und Dieselmotoren insbesondere im Fahrzeugbau zum Einsatz kommen, sowie Gas-, Wasser-, Wind- und Wellenturbinen. Die Dampfmaschine ermöglichte es nicht nur dem Bergbau, im Verlauf der Industrialisierung seine wirtschaftliche Dynamik zu entfalten. Auch für die Eisenbahn war die Dampfmaschine lange Zeit eine notwendige technische Voraussetzung, um über größere Entfernungen Güter und Personen zu befördern. Die 1825 in Großbritannien, dem Mutterland der Industrialisierung, gegründete Stockton & Darlington Railway war die erste öffentliche Eisenbahn. Mit ihrer Spurweite von 1435 mm legte sie zugleich die bis heute gültige Normalspur fest. Die Eisenbahn entwickelte sich in der zweiten Hälfte des 19. Jahrhunderts vor allem in Deutschland zu einem Führungssektor der Wirtschaft, und ihr schier unstillbarer Hunger nach Kohle und Stahl trieb die Industrialisierung weiter voran. Der Bau der Netze beschleunigte zudem die nationalstaatliche Einigung, wie es der Nationalökonom und Liberale Friedrich List, der in den USA die zentrale Rolle der Eisenbahn für die Erschließung des Westens und das Zusammenwachsen der Nation kennengelernt hatte, bereits 1833 vorausgesagt und für das bis zur Gründung des Kaiserreichs 1871 politisch und wirtschaftlich fragmentierte Deutschland gefordert hatte. Erst die Eisenbahn löste die unterschiedlichen Lokalzeiten ab und schuf in Europa ein einheitliches Zeitsystem. Mittlerweile jedoch findet ein Großteil des Verkehrs nicht mehr auf der Schiene statt. Auto und Flugzeug haben die Bahn vielfach verdrängt, obwohl sie ein Mehrfaches an Schadstoffen emittieren.

Auch für die Schifffahrt bedeutete die Dampfkraft einen tiefen Einschnitt. Zwar gelang es dem Franzosen Claude François Jouffroy d'Abbans bereits 1783, ein Dampfschiff zu bauen, aber es dauerte noch bis in die zweite Hälfte des 19. Jahrhunderts hinein, bis der Dampfer das Segelschiff auf breiter Front ablöste. Die Erfindung des Dieselmotors 1893 läutete dann einen erneuten Innovationsschub im Schiffbau ein. Nicht nur hatte der Dieselmotor im Vergleich zum Dampfmaschinenantrieb eine überlegene Reichweite. Er war zudem ohne Anheizphase sofort fahrbereit und er benötigte nur einen Bruchteil des Raumes und ein Drittel der Bedienungsmannschaft. Was er aber benötigte, und zwar in gewaltigen Mengen, war Erdöl als Brennstoff. Die expandierende Handelsschifffahrt heizte im buchstäblichen Sinne die Weltwirtschaft an.

Heute ist die Schifffahrt in Gestalt der gigantischen Containerschiffe und der Supertanker, die Zehntausende Tonnen Öl befördern, eine Pulsader der globalisierten Wirtschaft. Tanker mit einer Länge von bis zu 400 m transportieren das Rohöl von den Förderquellen über die Ozeane zu den Raffinerien der Verbraucherländer. Trotz hoher Sicherheitsstandards bleiben Tankerunglücke nicht aus. Durch Havarien, Auswaschen der Tanks und über die Flüsse gelangt Öl in die Ozeane und schädigt massiv die Ökosysteme. Erdöl ist zudem ein globaler Machtfaktor, wie der rasante Aufstieg der Golfstaaten zeigt. In Afrika führt das Erdöl zu einer neuen Form der Kolonialisierung. In Nigeria zum Beispiel werden die lebenswichtigen Mangrovenwälder durch die Ölförderung multinationaler Konzerne verschmutzt.

Ebenso wie die Schifffahrt erlebte auch die Landwirtschaft eine tiefgreifende Mechanisierung. Handarbeit in Feld und Stall wurde zunehmend durch motorisierte Maschinen ersetzt. In Deutschland wurde der ab 1921 von dem Mannhei-

Handzapfsäule (»Eiserne Jungfrau«), ca. 1927
Hersteller: Scheidt und Bachmann, Rheydt
DMO, Inv.-Nr. 1975-392
Foto: DMA, CD68884

Flugmotor 9 K (Mistral), 1932
Hersteller: Gnome et Rhône, Paris
DMO, Inv.-Nr. 70709
Foto: DMA, CD68916

mer Unternehmen Lanz gebaute Traktor »Bulldog« zum Schrittmacher der Motorisierung. Zylinderkopf und Schutzkappe erinnern an eine Bulldogge – daher der Name. Die sprachliche Anleihe verweist darauf, dass die Maschinisierung der Landwirtschaft von den USA ihren Ausgang nahm, um sich dann auch in Europa zu verbreiten. Der Bulldog war der erste Traktor erdweit, der mit Rohöl betrieben werden konnte.

Die Mechanisierung durch Traktoren und der Einsatz von Kunstdünger haben im Verlauf des 20. Jahrhunderts den Ertrag pro Hektar um ein Vielfaches gesteigert. Diese »grüne« Revolution hat es ermöglicht, die auf 7 Milliarden ansteigende Weltbevölkerung zu ernähren. Mittlerweile sind die Kosten der gewaltigen Effizienzsteigerung deutlich sichtbar und werden breit diskutiert: Biodiversitätsverlust durch Monokulturen, Überdüngung der Böden und Eutrophierung der Gewässer, Ethik der Massentierhaltung und der grünen Gentechnik. In Reaktion auf diese Problemlagen gewinnt die Bio-Landwirtschaft zunehmend an Bedeutung.

Im Unterschied zum Traktor, der dafür gebaut ist, abseits befestigter Wege Feldarbeit zu verrichten, benötigt das Automobil ein Netz von Straßen. Der Automobilverkehr ist ein großtechnisches System, in dessen Rahmen sich zahlreiche Technologien und Infrastruktureinrichtungen zu einem Gesamtkomplex verknüpfen. Ohne Straßen ist das Automobil als System ebenso wenig denkbar wie ohne Zapfsäulen zum Tanken. Heute sind Tankstellen nicht nur Serviceeinrichtungen zum Betanken der Autos, sondern kleine Supermärkte, die Zigaretten, Spirituosen und Zeitschriften sowie eine breite Palette von Konsumgütern des täglichen Bedarfs anbieten. Anders noch war dies in der zweiten Hälfte der 1920er Jahre, als die Deutsche Shell AG die »Eiserne Lady« auf den Markt brachte, um den rasant wachsenden Automobilverkehr mit Treibstoff zu versorgen. Bis dahin waren Autofahrer darauf angewiesen, Benzin in kleinen Mengen in Apotheken und Drogerien einzukaufen. Die Eiserne Lady stand als Bürgersteigpumpe direkt am Straßenrand. Um im Falle des Falles den Aufprall eines Autos überstehen zu können, musste sie eine entsprechend hohe Standfestigkeit haben – daher ihr Beiname. Als die Eiserne Lady um 1970 außer Betrieb genommen wurde, war das Auto längst zum Massenverkehrsmittel und zum Symbol für Freiheit und Individualität geworden.

Automobile mit Verbrennungsmotor sind Benzinfresser. Alle Anstrengungen zur Entwicklung sparsamer Autos werden durch die rasante weltweite Automobilisierung aufgehoben. Heute existieren bereits mehr als eine Milliarde Autos. Bis zur Mitte des 21. Jahrhunderts könnten es bis zu 10 Milliarden werden. Die planetaren Begrenzungen der Erde würden dadurch gesprengt. Die Zukunft des Anthropozäns benötigt neue Konzepte der Mobilität.

Auch die Luftfahrtindustrie arbeitet an einer Generation völlig neuer Flugzeuge, die leichter, energieeffizienter und umweltschonender sind als die, mit denen heute erdweit nicht weniger als rund 7 Millionen Menschen täglich fliegen. Die Zahl der Flüge steigt weiter, bis 2050 auf geschätzte

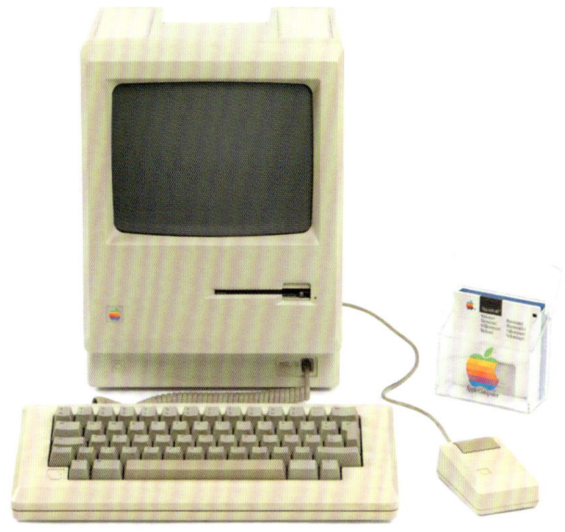

Personal Computer Apple Macintosh
Plus 1MB, 1984
Hersteller: Apple Computer, Inc., USA
DMO, Inv.-Nr. 2011-541
Foto: DMA, CD68898

44 Millionen.[1] Der Luftverkehr trägt erheblich zum Klimawandel bei, zumal Schadstoffe, die in die oberen Luftschichten entlassen werden, dreimal gefährlicher sind als die in unteren Schichten.

Das nie abreißende Bemühen der Luftfahrtingenieure um technische Neuerungen zeigt exemplarisch der Sternmotor »Mistral«, den das französische Unternehmen Gnome et Rhône 1932 vorstellte. Der neuartige Flugmotor war kleiner, leichter und leistungsfähiger als seine Vorgänger und kam daher in den 1930er Jahren, als sich die zivile Luftfahrt allmählich ausbreitete, als Lizenzbau in zahlreichen Flugzeugtypen zum Einsatz. Als Massenverkehrsmittel verbreitete sich das Flugzeug aber erst nach 1945. Strahltriebwerke ersetzten die Kolbenmotoren und ermöglichten mit höherer Geschwindigkeit und Reichweite einen rasch wachsenden transkontinentalen Luftverkehr, der sich zu einem Treiber der Globalisierung entwickelte.

Auch der Luftverkehr ist ein großtechnisches System, bei dessen reibungslosem Betrieb viele Komponenten ineinandergreifen müssen. Eine zentrale Bedeutung kommt dabei den Flughäfen zu. Um auch bei schlechtem Wetter und bei Dunkelheit ein sicheres Starten, Landen und Manövrieren zu ermöglichen, müssen Flughäfen über eine leistungsstarke Beleuchtung verfügen. Dazu diente um 1930 die von Osram hergestellte Nitra-Lampe, die über eine Leistung von 10000 Watt verfügte und damit einhundert Mal stärker war als die von der Europäischen Union seit einigen Jahren verbotene 100-Watt-Glühbirne. Osram hatte damals nicht weniger als 8000 verschiedene Glühlampen auf dem Markt, deren Leistungsaufnahme von 0,4 bis 50000 Watt reichte. Mittlerweile werden die stromfressenden Glühbirnen in den USA und Europa schrittweise durch Energiesparlampen und LEDs ersetzt. Der Stromverbrauch der Haushaltslampen soll dadurch um mehr als ein Drittel sinken und damit einen wichtigen Beitrag zur Erreichung der Klimaziele leisten, auch wenn die Entsorgungsproblematik hier zum Teil neue Fragen aufwirft.

Stromfresser sind auch die Computer, die heute aus allen Lebensbereichen, ob in Beruf oder Freizeit, nicht mehr wegzudenken sind. Weltweit kamen allein 2012 rund 350 Millionen Personalcomputer auf den Markt. Sie verbrauchen eine enorme Menge an Energie, und nicht weniger gravierend sind die Umweltprobleme, die mit ihrer Entsorgung verbunden sind. Die Mehrheit der Geräte ist im Globalen Norden in Verwendung. Aber in ihre Bestandteile zerlegt und als Elektroschrott in Teilen einer Wiederverwertung zugeführt werden sie vor allem im Globalen Süden, meist unter großer Belastung für die Menschen und ihre Umwelt.

Das Computerzeitalter begann bereits kurz nach Kriegsende, als Großrechner für zivile und militärische Aufgaben entwickelt wurden. Erst mit dem Personalcomputer, dem PC, drang der Computer in den privaten Alltag vor und verband das Individuum mit globalen Netzwerken. Die Ära des PC eröffnete das Unternehmen Apple 1984, als es den ersten »Mac« präsentierte. Benannt nach der Apfelsorte McIntosh war der Macintosh 128k der erste kommerziell erfolgreiche Computer mit grafischer Benutzeroberfläche und Maussteuerung. Der Mac wurde zum Kultprodukt der Informationsgesellschaft.

Als Apple den Mac vorstellte, war die elektrotechnisch basierte Kommunikations- und Informationsgesellschaft bereits ein gutes Jahrhundert alt. Ihre Anfänge gehen auf Werner Siemens als Pionierunternehmer zurück, der 1867 gemeinsam mit seinem Partner Johann Georg Halske ein neues technisches System zur telegrafischen Übermittlung von Nachrichten zwischen Europa und Ostindien entwickelte. Das System benutzte erstmals Wechselstrom statt Gleichstrom und einen polarisierten Elektromagneten als Empfänger. Durch Wechselstrom konnten Nachrichten sowohl automatisch als auch von Hand übermittelt werden. Die 11000 km lange Indo-Europäische Telegrafenlinie wurde 1870 eröffnet und bis 1931 betrieben. Waren zuvor Briefe zwischen London und Bombay 30 Tage unterwegs, konnten Depeschen nun in 28 Minuten übertragen werden. Die neue Technik der elektrischen Telegrafie ließ Zeit und Raum schrumpfen. Im Zeitalter der Elektronik kommunizieren wir heute satellitengestützt rund um den Globus in Echtzeit. Die Telekommunikation ist zu einer Schlüsseltechnik unserer globalisierten Gesellschaft geworden. Das Mobiltelefon ist ihr technisches und kulturelles Signum.

Ohne Satelliten ist die moderne, weltumspannende Kommunikation nicht denkbar. Die Satellitentechnik selbst ist ein Kind des Kalten Krieges, als sich die USA und die Sowjetunion ein enorm aufwendiges Ringen um den Weltraum lieferten. Im Oktober 1957 schoss die Sowjetunion den Satelliten Sputnik 1 in das All. Die USA antworteten im darauffolgenden Februar mit Explorer 1. Die Raumfahrt erweiterte den Einfluss des Menschen über die Erde hinaus. Sie ermöglichte die immer präzisere Beobachtung und Vermessung der Erde aus dem Weltraum durch Satelliten. Die Umweltforschung gewann rasch an Bedeutung. Das Bewusstsein für die Fragilität des »Raumschiffs Erde« wuchs. Der erste Satellit zur systematischen Wetterbeobachtung war TIROS 1, der am 1. April 1960 von der NASA gestartet wurde. Aus einer Umlaufbahn von 700 km Höhe funkte er die ersten Bilder von der irdischen Wolkendecke zur Erde. Heute erledigen Hunderte von Satelliten zahllose Aufgaben in Umweltforschung, Telekommunikation oder Landwirtschaft. Die Raumfahrt hat aber auch ein neues Müllproblem geschaffen: Zehntausende ausrangierter Satelliten- und Raketenteile kreisen als Weltraumschrott um die Erde.

Die Anfänge der Satellitentechnik fallen zeitlich mit der Großen Beschleunigung zusammen, als der Anstieg des Verbrauchs von Ressourcen wie Erdöl, Wasser und Kunstdünger von einem linearen in ein exponentielles Wachstum überzugehen begann.[2] Mit dem rasanten Wachstum an Energieverbrauch setzte sich nach dem Zweiten Weltkrieg, in Verbindung mit der Massenmotorisierung, in großen Teilen der Welt die Konsumgesellschaft durch. Im kollektiven Gedächtnis der Bundesrepublik hat sich diese Wachstumsphase als Wirtschaftswunder eingeprägt, durch das die Konsumwünsche, die nach der Zeit von Kriegsnot und Verzicht umso stärker waren, endlich befriedigt werden konnten. Als Referenz diente dabei meist das Vorbild der USA, die durch Marshallplanhilfen, aber auch durch Propagandakampagnen den konsumorientierten *American Way of Life* in Westdeutschland verbreiteten.[3] Der Kalte Krieg fand auch in Haus und Heim, in Bad und Küche statt, ganz handfest, als sich US-Vizepräsident Richard Nixon und der sowjetische Premierminister Nikita Chruschtschow im Juli 1959 anlässlich der Eröffnung der »American National Exhibition« im Moskauer Sokolniki Park ein öffentliches Streitgespräch über Design und Ausstattung von Küchen lieferten.[4]

Die 1950er Jahre waren auch die Phase, in der im Westen Deutschlands die Haushalte elektrifiziert wurden, während in den USA dieser Prozess bereits einige Jahrzehnte früher stattgefunden hatte. Als Schrittmachertechnologie wirkte dabei der elektrische Kühlschrank. Das Modell Monitor Top von General Electric, bei dem das Kühlaggregat noch extern (»Top«) montiert war, verkaufte sich in nur fünf Jahren eine Million Mal. Die AEG brachte 1930 als Lizenzprodukt das Modell »Santo« auf den Markt. Kühlschränke verwendeten lange Zeit als Kühlmittel klimaschädliche Fluorchlorkohlenwasserstoffe (FCKW). Sie wurden Ende der 1980er Jahre verboten, als der spätere »Erfinder« des Anthropozäns, Paul Crutzen, sie als Hauptursache des Ozonlochs entdeckte. Ohne das FCKW-Verbot hätte die Erde im Jahr 2054 keine schützende Ozonschicht mehr.

Im gutbürgerlichen Zuhause der 1950er Jahre gehörte nicht nur eine moderne Küche, sondern auch ein schickes Tonmöbel buchstäblich zum guten Ton. Die vom Krieg traumatisier-

Indoeuropäisches Telegrafensystem, bestehend aus Tastenschriftlocher, Geber, Sender, Empfänger, Relais und Submarin-Schlüssel, 1867
Hersteller: Siemens & Halske, Berlin
DMO, Inv.-Nr. 2387–2392
Foto: DMA, CD68905

Kombinationstruhe »Komet«, 1957
Hersteller: Kuba-Imperial, Wolfenbüttel
Foto: Wolfgang Maria Weber

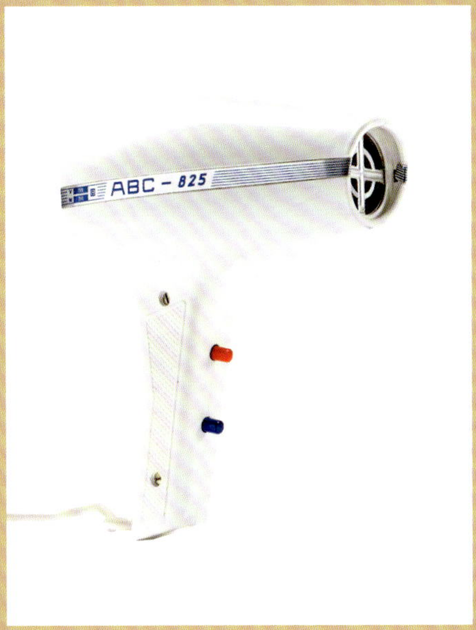

Haartrockner »ABC 825«, ca. 1960
Hersteller: ABC Elektrogeräte, Kirchheim unter Teck
DMO, Inv.-Nr. 2008-202
Foto: DMA, CD64101

te Wirtschaftswundergeneration sehnte sich nach Kultur und Unterhaltung. Kaum ein Sektor entwickelte sich so rasant wie die Konsumelektronik. Hörfunk und Fernsehen verbreiteten sich stark und wurden neben der Zeitung zum Zentrum moderner Mediengesellschaften. Der letzte Schrei der Technik war die Kombinationstruhe Kuba-Komet mit Radio, Fernseher, Plattenspieler und Lautsprecher sowie Tonbandgerät als Extra. Das extravagant konstruierte ausladende Oberteil konnte gedreht werden. Tonmöbel sind mittlerweile weitgehend aus den Wohnzimmern verschwunden, auch wenn sie unter Liebhabern in Nischenmärkten eine Renaissance erleben. Aber (Flachbild-)Fernseher, Heimkino und mobile Medienabspielgeräte liegen im Trend. Zunehmend verzahnt mit Telefon, Computer und Aufnahmegeräten veralten sie allerdings in modischer wie technischer Hinsicht rascher als bisher. Die technische Entwicklung und mit ihr die Konsumspirale drehen sich immer schneller.

Die 1950er Jahre brachten auch eine Vielfalt neuer Kunststoffe, die zum Teil bereits in der Zwischenkriegszeit erforscht und entwickelt worden waren und nun auf den Markt kamen. Sie zeigten sich in neuen Produkten und ermöglichten mehr Farben und Formen. Ein typisches Beispiel für die neue Vielfalt der Konsumgesellschaft ist der Föhn: Den ersten elektrischen Haartrockner in Deutschland produzierte die Firma Sanitas, die sich 1909 den Markennamen »Foen«, benannt nach dem warmen Fallwind in den Alpen, eintragen ließ. Obwohl zunächst laut, unhandlich und nicht ungefährlich, wurden elektrische Föhne bald zu Verkaufsschlagern. Laut Werbung konnte man mit ihnen nicht nur Haare trocknen, sondern Rheuma lindern, eingefrorene Leitungen auftauen und Federboas kräuseln. Dank der neuen Kunststoffe wandelte sich das Design der Geräte im Konsumboom der Nachkriegszeit. In Anklang an aktuelle Modetrends waren sie nun häufig weiß und im modernen Stromliniendesign gestaltet.

Heute finden sich Haartrockner in fast jedem deutschen Haushalt. Reparieren kann sie allerdings kaum noch jemand. Wie die unzähligen Geräte der Informations- und Kommunikationstechnik landen auch sie im Elektroschrott, der in Deutschland jährlich 1,9 Millionen Tonnen ausmacht. Eine ressourcenschonende »Kultur des Reparierens«, für die Wolfgang M. Heckl, der Generaldirektor des Deutschen Museums, jüngst ein flammendes Plädoyer gehalten hat, kann die Umweltprobleme, mit denen wir uns heute konfrontiert sehen, daher auch nur in Teilen lösen.[5] Aber genau diese Erkenntnis gilt es fest im Blick zu behalten: Im Anthropozän gibt es weniger denn je singuläre technische Patentlösungen, sondern Technik ist in ein kulturell geprägtes soziotechnisches System eingebunden, das auf allen Ebenen mit der Natur in Wechselwirkung steht und sich dadurch zum sozio-technisch-ökologischen System erweitert.

Helmuth Trischler

1 Wissenschaftlicher Beirat der Bundesregierung Globale Umweltveränderungen: Welt im Wandel – Gesellschaftsvertrag für eine Große Transformation. Berlin 2011, S. 68.
2 Steffen, Will, et al.: Global Change and the Earth System: A Planet under Pressure. New York 2004.
3 de Grazia, Victoria: Irresistible Empire: America's Advance Through 20th-Century Europe. Cambridge, MA 2005.
4 Oldenziel, Ruth; Zachmann, Karin (Hrsg.): Cold War Kitchen: Americanization, Technology and European Users. Cambridge, MA 2009.
5 Heckl, Wolfgang M.: Kultur des Reparierens. München 2013.

Die Erde als Stadt

In Pasig City, einem stark urbanisierten Stadtteil von Manila, Philippinen, häuften sich achtlos weggeworfene Safttüten. 1997 gründeten ortsansässige Frauen eine Kooperative, um die Straßen von den enormen Müllbergen zu befreien. Sie hatten die Idee, diese Safttüten zu Umhängetaschen zu verarbeiten. Damit sollten nicht nur die Straßen sauberer werden; viele Frauen, die diese Taschen in Heimarbeit anfertigen konnten, profitierten zudem von einer bezahlten Arbeit.

Die Taschen wurden zum durchschlagenden Erfolg. Die Initiative, die mit gerade einmal sechs Frauen begann, zählt jetzt mehr als 900 Mitglieder. Heute werden die Taschen in über 12 Ländern verkauft und sind für die Arbeiterinnen eine zuverlässige Einkommensquelle. Das Projekt wurde zu einem Erfolgsbeispiel und Vorbild für viele andere Kooperativen zur Unterstützung von Frauen auf den Philippinen und überall in der Welt.

Im Anthropozän haben sich Städte zum Knotenpunkt für die Verarbeitung von Ressourcen entwickelt, die später häufig als Müll wieder auf der Straße landen. Das Zeitalter des Anthropozäns ist von Konflikten und aufeinanderprallenden Interessen geprägt, bietet allerdings auch Potenzial für neue Chancen: eine vom Menschen geformte Welt, die sich immer wieder dynamisch und von Grund auf neu definiert und umgestaltet. In den Städten mit oftmals rauen Lebensbedingungen können diese kontinuierlichen Veränderungen in ihrer gesamten menschlichen Vielfalt beobachtet werden.

Urbaner Planet

Wir leben heute in einem »Jahrhundert der Urbanität«. Stadtgebiete wurden zum wichtigsten Lebensmittelpunkt des Menschen. Es scheint fast, als sei der Weg hin zum urbanen Leben eine unausweichliche Entwicklung der Menschheit, deren Grenzen wir uns schon seit Tausenden von Jahren annähern. Die antiken Städte Uruk, Konstantinopel und Rom waren bereits dicht besiedelt und Schauplatz intensiver zwischenmenschlicher Interaktion und kreativer Produktion. Charakteristisch für das Anthropozän sind jedoch die Geschwindigkeit und das Ausmaß des heutigen Urbanisierungsprozesses.

Erst im 20. Jahrhundert sind immer mehr Menschen in Richtung urbaner Zentren gewandert. Seit 2007 lebt mehr als die Hälfte der Weltbevölkerung in Städten. Im Jahr 1800 betrug die Weltbevölkerung rund 1 Milliarde Menschen. Peking war damals die einzige Stadt mit mehr als 1 Million Einwohnern. 1900 verzeichneten 16 Städte mehr als 1 Million Einwohner und bis 2000 waren es bereits mehr als 200 Städte.[1] Diese Entwicklung setzt sich bis heute fort. Jedes Jahr verlassen beispielsweise in Bangladesch 300 000 bis 400 000 (größtenteils mittellose) Menschen ihre Heimat auf dem Land, um sich in der Hauptstadt Dhaka anzusiedeln.

1962 wurde Tokio zur weltweit ersten Megacity mit einer Bevölkerungszahl von über 10 Millionen; heute sind es 24 Städte dieser Größenordnung. Die Entstehung von Megacitys mag vielleicht das augenfälligste Beispiel für das enorme Ausmaß unserer Überformung von Städten sein. Das Erstaunlichste ist jedoch, dass Städte oftmals aus dem Nichts heraus entstehen. Erwartungsgemäß wird die Einwohnerzahl von fast 600 Städten bis zum Jahr 2025 die 1-Millionen-Grenze überschreiten; viele davon werden im Globalen Süden angesiedelt sein. Laut Prognosen werden diese »aufstrebenden Städte« der zukünftige Antriebsmotor unseres globalen Finanzsystems werden, so dass sich das Zentrum der globalen Ökonomie in Richtung Süden und Osten verschieben wird.[2] Einige Wissenschaftler, die sich mit dem globalen Wandel auseinandersetzen, folgern aus dem Trend zur Urbanität, dass »einer der Schlüsselfaktoren für wahre Verantwortlich-

Safttüten aus Plastik werden in Vierecke oder Streifen geschnitten und zu praktischen Taschen genäht oder geknüpft.

Fotos: Sarie Santiago / www.sariesantiago.com

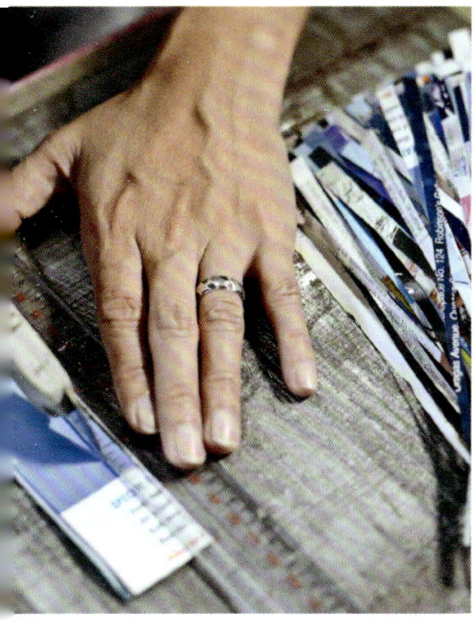

Wie bereits im antiken Rom ist die Versorgung der Bevölkerung mit Frischwasser Voraussetzung für städtisches Wachstum. Römische Wasserleitung aus Blei, ca. 50 v. Chr. bis 100 n. Chr.

DMO, Inv.-Nr. 13176
Foto: DMA, CD68892

Informelle Siedlungen in Lima.
Foto: funkz / Shutterstock.com

keit [für unseren Planeten] darin liegt, Nachhaltigkeit für das neu entstehende globale System der Städte einschließlich des Umlands zu schaffen«.[3] In unserer durchgehend urbanisierten Welt geht es dabei nicht nur um einzelne Städte, sondern um die wechselseitigen Verknüpfungen und den gegenseitigen Austausch zwischen den Städten und den umliegenden Gebieten, die mittlerweile von diesen Städten eingeschlossen sind.

Informelle Stadt

Während die Bevölkerung in der nördlichen Hemisphäre schrumpft, verzeichnen weniger entwickelte Länder ein enormes Bevölkerungswachstum. Laut Weltbank werden die Ressourcen zur Deckung der elementaren Bedürfnisse in vielen Städten des Globalen Südens knapp, wo Menschen gezwungen sind, sich in Slums niederzulassen.[4] Weltweit leben fast 1 Milliarde Menschen, d. h. jeder Siebte, in informellen Siedlungen. Slums sind mit der immer schnelleren Urbanisierungsrate auf dem Vormarsch. Bis 2023 werden schätzungsweise fast 40 Prozent der weltweiten Bevölkerung in Slums leben.

Informelle Siedlungen oder Slums haben überall auf der Welt die unterschiedlichsten Namen und werden beispielsweise in der Türkei als »Geçekondu«, im Nahen Osten als »Compounds«, in Brasilien als »Favelas«, in Caracas als »Barrios«, in Namibia als »Werften«, auf den Philippinen als »Squatter« und in Jakarta als »Kampung« bezeichnet. Überall zwingen jedoch das Wachstum und die zahlenmäßige Zunahme der Slums Architekten und Stadtplaner zu einem Umdenken in Bezug auf urbane Lebensformen. Die »informelle Stadt«, so die Architekten Alfredo Brillembourg und Hupert Klumpner, »entsteht ständig neu, wird angetrieben durch menschliche Bedürfnisse, Aktivitäten und Sehnsüchte und ist geprägt durch steten Wandel und Unsicherheiten; die Hybridstadt folgt keinem vordefinierten Modell oder allgemein gültigen Städtetyp«. Weiterhin meinen sie, dass »Slums in Megacitys wie Jakarta, Mumbai, Sao Paulo, Mexiko-Stadt, Lagos und Shanghai die wichtigsten Faktoren für den zukünftigen globalen Energie- und Infrastrukturbedarf sind.«[5]

Laut Berichten des Weltsiedlungsgipfels UN-Habitat leben im subsaharischen Afrika 199,5 Millionen, in Südasien 190,7 Millionen, in Ostasien 189,6 Millionen, in Lateinamerika und in der Karibik 110,7 Millionen und in Südostasien 88,9 Millionen Menschen in Slums.[6] Diese erschreckenden Zahlen machen deutlich, wie wichtig es ist, Slums und informellen Siedlungen bei Fragen der Urbanisierung im Anthropozän künftig einen höheren Stellenwert einzuräumen.

Im Globalen Süden leistet die informelle Ökonomie, d. h. inoffizielle und nicht erfasste Produktions-, Verkaufs- und Handelszahlen, einen maßgeblichen Beitrag zur nationalen Ökonomie.[7] Einigen Schätzungen zufolge ist die Hälfte aller Beschäftigten weltweit (1,8 Milliarden Menschen) im informellen Sektor tätig. Die *Informal Cities Dialogues*, ein Gemeinschaftsprojekt von der *Rockefeller Foundation* und dem Magazin »Next City«, betrachteten über einen Zeitraum von zwölf Monaten sechs Städte in Entwicklungs- und Schwellenländern: Accra, Bangkok, Chennai, Lima, Manila und Nairobi. Beim Dialog zu diesem Projekt ging es vielfach um Chancen und Anerkennung: zu sehen, dass sich aus einer Vulkanisierungsarbeit am Straßenrand eines Tages eine Reparaturwerkstatt für Autos entwickeln kann, oder einfach zu bemerken, dass eine Baracke in einem Slum Anlagegut und Heimat eines Menschen ist. Städte sind nicht nur Orte der Behausung oder Antriebsmotor für die globale Ökonomie, sondern für viele auch ein Ort der Möglichkeiten. Während die informellen ökonomischen Netzwerke im Globalen Süden kontinuierlich wachsen, sind Städte überall auf der Welt

Rohrstück der ersten New Yorker Wasserleitung, Holz, ca. 1820.

DMO, Inv.-Nr. 64476
Foto: DMA, CD68894

Heute wird vor allem virtuelles Geld computergesteuert gehandelt, doch am Anfang vieler städtischer Finanzzentren standen Buchhaltungsbüros und Banken mit Addiermaschinen wie dieser der Detroiter Firma »Burroughs« von 1908.

DMO, Inv. Nr. 75900
Foto: DMA, CD68890

Diese aus Papier, Teer und Asphalt gebaute Abwasserleitung wurde um 1875 in Bayern eingesetzt.

DMO, Inv.-Nr. 61644
Foto: DMA, CD68893

schon seit langem globale Finanzzentren, die vor allem durch ein global integriertes und hoch entwickeltes computerbasiertes Finanznetzwerk unterstützt werden.

Viele Arbeiter aus Entwicklungs- und Schwellenländern siedeln in Städte höher entwickelter Länder um, um dort Geld zu verdienen und es an ihre Familien und Angehörigen in der Heimat zu schicken. Geldtransfers sind für viele Länder des Globalen Südens zu einer wichtigen Versorgungslinie geworden. Ghana und die Philippinen haben Behörden eingerichtet, um den Transfer von Geldern ins eigene Land zu fördern. In Pakistan machen solche Geldtransfers fast drei Mal so viel aus wie das Gesamtexportvolumen aus dem Baumwollertrag. In Ägypten übertrifft der ökonomische Wert aus dem Geldtransfer (21 Milliarden US-Dollar) die Erträge aus dem Sueskanal.[8] Über diesen informellen Geldfluss, der vor allem in Städten beginnt oder endet, sind immer mehr Menschen überall auf der Welt miteinander verbunden – ein Abbild der Vernetzung der globalen Ökonomie im Anthropozän und der Rolle, die die Städte dabei spielen.

Durstige Städte

Für einen Großteil ihres Grundbedarfs, ob beim Trinkwasser, bei sanitären Einrichtungen oder der Energieversorgung, sind die Bewohner einer Stadt auf eine funktionierende Infrastruktur angewiesen. Anfang des 19. Jahrhunderts führten einige Metropolen in Europa eine zentrale Infrastruktur zur Wasserversorgung ein: Paris 1802, London 1808 und Berlin 1856. Etwa zur selben Zeit investierte auch New York in sein erstes zentrales Wasserversorgungssystem.[9] Doch statt die Leitungen vom öffentlichen Dienst verlegen zu lassen, verließ sich die Stadt auf das private Unternehmen Manhattan Company – ein vielleicht typisches Beispiel für den marktwirtschaftlichen Denkansatz in Nordamerika. Anders als in den meisten europäischen Städten verlegte das Unternehmen keine Eisenrohre, sondern ausgehöhlte Baumstämme, die nicht dicht waren, keinem hohen Wasserdruck standhielten und leicht durch Baumwurzeln beschädigt werden konnten. Anstatt für eine sichere Wasserquelle außerhalb der Stadt zu sorgen, stellte das Unternehmen ein Wassersystem gespeist aus Grundwasserbrunnen bereit, die häufig durch Abwasser aus dem bevölkerungsdichten Stadtzentrum mit Krankheitskeimen kontaminiert wurden. Die erste Infra-

Mobiltelefon Ascom Siemens C3 für das C-Netz, 1991.
DMO, Inv.-Nr. 2008-271
Foto: DMA, CD68905

Sammlung Seltener Erden, ca. 1900.
Foto: DMA, CD68905

struktur zur Wasserversorgung in New York war ein Reinfall. Die Manhattan Company war nicht an einer Wasserversorgung als Allgemeingut interessiert, sondern wollte zur Gründung einer Bank Kapital anhäufen. Mit Letzterem war das Unternehmen ungleich erfolgreicher, so dass es nach einer Reihe von Namensänderungen heute als die Bank im Geschäft ist, die als J. P. Morgan Chase & Co bekannt ist.

Eine angemessene und gesicherte Erfüllung der Grundbedürfnisse, wie die Wasserversorgung, ist für unsere Städte von zentraler Bedeutung. Privatisierungen der Infrastruktur sind eine immer gängigere Praxis in der Stadtplanung, die echte Mitbestimmung seitens der Bürger untergräbt.

Jeder Siebte auf unserem Planeten, also eine Milliarde Menschen, hat keinen sicheren Zugang zu Trinkwasser.[10] Dieser Trend wird sich durch den Klimawandel und den weiteren Zuwachs von Slums, in denen nicht ausreichend sauberes Wasser zur Verfügung steht, noch verstärken. Trinkwasser ist jedoch nicht das einzige Problem. Weitaus gravierender sind Probleme mit dem Abwasser. Ca. 2,5 Milliarden Menschen weltweit haben keinen ausreichenden Zugang zu sanitären Anlagen. In Entwicklungs- und Schwellenländern werden etwa 90 Prozent des Abwassers ohne Aufbereitung über Gewässer in die Umwelt eingeleitet. Laut Schätzungen der UN könnte durch angemessene sanitäre Anlagen der Tod von fast 1,5 Millionen Kindern pro Jahr verhindert werden.[11]

Urbaner Metabolismus

Im Anthropozän wurden Städte zum Organisationsprinzip. Stadtgebiete machen zwar nur zwei Prozent der weltweiten Landoberfläche aus, hier befinden sich jedoch die wichtigsten Zentren für Produktion und Konsum. Weltweit betrachtet werden in Stadtgebieten fast 90 Prozent des Bruttoinlandsprodukts erwirtschaftet, ca. 70 Prozent aller Kohlendioxidemissionen ausgestoßen und 60 Prozent des Brauchwassers und mehr als 75 Prozent des Holzvorrats verbraucht. Dichte Bebauung sowie Infrastrukturen wie der öffentliche Nahverkehr machen Städte jedoch zu einem effizienteren Umfeld, um Menschen unterzubringen.[12]

Städte sind der zentrale Knotenpunkt für Ressourcen und Energie. Dieser in wissenschaftlichen Kreisen als »urbaner Metabolismus« bezeichnete Ressourcen- und Energiefluss betrachtet das Gesamtbild der Städte, die Summe aller urbanen Techniken und sozioökonomischen Prozesse, die in Wachstum und Abfall münden. Sinnbildlich kann man sich eine Stadt als einen gigantischen Riesen vorstellen, der isst, schläft und Ausscheidungen absondert. Eine der ersten langfristigen Studien zum urbanen Metabolismus betrachtete Hongkong im Zeitraum von 1970 bis Mitte der 1990er Jahre. In dieser Zeitspanne wurde ein Anstieg im Nahrungsmittelkonsum um 20 Prozent, im Wasserverbrauch um 40 Prozent und im Rohstoffverbrauch um 149 Prozent verzeichnet.[13]

Stadtplaner und -architekten können unter Berücksichtigung des urbanen Metabolismus abschätzen, wo der Verbrauch bestimmter Ressourcen am sinnvollsten ist und wie andere wiederverwendet werden könnten. Bestimmte Aspekte des Gesamtsystems Stadt zu verändern, wird in der Zukunft zu nachhaltigeren Städten führen.

Bestimmte Produkte, wie Mobiltelefone, sind ein gutes Beispiel für die globale Versorgungskette von Ressourcen. Mobile Geräte wurden seit ihrer Markteinführung in den späten 1980er Jahren immer kleiner und leichter. Entwickler und Ingenieure machen sich in diesem Bereich häufig die Eigenschaften Seltener Erden zunutze. Seltene Erden sind zudem auch wichtige Rohstoffe für viele grüne Technologien, etwa für Windturbinen. Mehr als 90 Prozent der gesamten Erze

Das 1894 von Johann Vaillant entwickelte »geschlossene System« ermöglichte erstmals eine hygienische Warmwasserbereitung ohne Gasverbrennungsrückstände.

DMO, Inv.-Nr. 1975-574
Foto: DMA, CD68883

Zu den frühesten tragbaren Elektrogeräten gehörten Bügeleisen wie dieses Travella aus den 1930er Jahren.

DMO, Inv.-Nr. 2011-834
Foto: DMA, CD68905

zur Gewinnung Seltener Erden werden in China gefördert. Für die Verarbeitung zu speziellen Bauteilen für Mobiltelefone, von Touchscreen-Displays und Akkus bis hin zu Vibrationsmotoren und Kopfhörern, werden sie in alle Welt verschickt. Durch rasante technologische Neuerungen haben Mobiltelefone und andere elektronische Geräte häufig schnell ausgedient und werden nur unzureichend recycelt, um diese wertvollen Stoffe zurückzugewinnen und wiederzuverwenden.

Ein anderer wichtiger Faktor des urbanen Metabolismus ist die Energie. In den letzten zwei Jahrzehnten ging der industrielle Energieverbrauch in Europa zwar zurück, der Verbrauch in den Privathaushalten dagegen stieg an. Der größte Anteil entfällt hier auf Heizsysteme. Häuser und Wohnungen in Städten höher entwickelter Länder sind häufig stark von der Elektrizität abhängig. Über immer stärker vernetzte Stromversorgungssysteme werden die Verbraucher mit elektrischem Strom versorgt. Eine solch gute Vernetzung lässt häufig vergessen, dass unsere Stromversorgung auf enorme Mengen von Energielieferanten wie Kohle, Öl und Gas angewiesen ist. Heute nehmen wir unsere Geräte auch auf Reisen mit und erachten es als selbstverständlich, dass Steckdosen für den Stromverbrauch unterwegs zur Verfügung stehen. Doch trotz der fortlaufenden technologischen Weiterentwicklung hat weltweit ein Fünftel aller Menschen keinen Zugang zu elektrischem Strom.

Auf lokaler Ebene betrachtet sind Städte Mikrokosmen des globalen Wandels. Auf kleinem Raum sind sie Produktions-, Konsum- und Abfallentsorgungszentren und damit schließlich mitverantwortlich für viele Umweltprobleme, insbesondere für eine veränderte Landnutzung.[14] Im Anthropozän kann der Nachhaltigkeitsgedanke nicht mehr auf eine Stadt beschränkt werden, ohne deren Konsum von Ressourcen aus der näheren und entfernten Umgebung zu betrachten. Pro Jahr verbraucht der Mensch etwa 60 Milliarden Tonnen an Rohstoffen, was der natürlichen Produktion aller Pflanzen der Erde entspricht.[15] Es wird höchste Zeit, Städte auf ihre globalen Auswirkungen insgesamt hin zu betrachten.

Ressourcen in der Stadt

In einer großen leerstehenden Lagerhalle südwestlich von Sydney, Australien, wurde 2009 eine neue Schulungseinrichtung mit dem Namen »Street University« von der bekannten Hip-Hop-Band *Public Enemy* ins Leben gerufen. In dieser Lagerhalle befindet sich ein großer Basketballplatz, auf dem sich zahlreiche Jugendliche tummeln. Die meiste Zeit wird allerdings nicht Basketball gespielt, sondern Breakdance geübt. Dieses Projekt einfach nur als »Jugendzentrum« zu bezeichnen, wird ihm bei weitem nicht gerecht. Die Street University versucht, Jugendliche vom Rande der Gesellschaft zu integrieren, bevor sie Gefahr laufen, ins Drogenmilieu und in Kriminalität abzurutschen. »Das wäre eine enorme Ver-

Street-University-Veranstaltungen in Sydney, 2010.
Foto: Jackie Wharerau

Ein Gideon Schuh aus Handarbeit.
Foto: John Rintoul

schwendung von Geld und eine enorme Verschwendung jugendlichen Potenzials«, meint Matt Noffs, einer der Gründer der Street University.[16]

Vom Basketballfeld aus führt ein Gang in Klassenzimmer. Hier gibt es eine Bibliothek, einen Computerraum, einen Raum für Hausaufgabenbetreuung und weitere für Philosophie- oder Soziologiekurse. Über 10 000 junge Menschen aus sozial schwachen Familien rund um Sydney nehmen das Angebot der Street University wahr, das ihnen hilft, ihre Alltagsprobleme zu bewältigen. Die gemeinnützige Organisation finanziert sich durch Spenden aus privater Hand und öffentliche Zuschüsse. Da solche Zuwendungen jedoch häufig von einem wechselnden wirtschaftlichen und politischen Stimmungsbild abhängig sind, beschlossen Matt Noffs und seine Frau Naomi Noffs, ein Sozialunternehmen unter dem Namen »Gideon Shoes« zu gründen. Mit den Gewinnen aus dem Schuhhandel sollte die Finanzierung der Street University nachhaltig gesichert werden. Maxime für den Betrieb dieses Unternehmens waren dieselben sozialen Ziele, die auch bei der Street University verfolgt wurden. Die beiden reisten Anfang 2010 nach Asien, um Kontakt zu einem Schuhproduzenten herzustellen, aber alles, was sie dort vorfanden, waren Ausbeuterbetriebe, die Kinder und Erwachsene unter untragbaren Arbeitsbedingungen beschäftigten. So entschlossen sie sich, die Fertigung nach Australien zu legen, um die Schuhe nach ethischen und gesundheitlich unbedenklichen Grundsätzen herstellen zu können.

Auch beim Material setzt das Unternehmen einen wichtigen Akzent. Einer seiner Bestseller ist ein Modell, das aus der Haut der Riesenkröte und aus Känguruleder gefertigt ist. Die Aga-Kröte ist eine der invasiven Arten in Australien, die für immense Umwelt- und Gesundheitsschäden verantwortlich ist. Und Kängurus kommen in Australien in großer Zahl vor. Sie werden als Fleischlieferant genutzt, ihre Haut wird jedoch kaum noch verwertet. Bei Gideon Shoes werden aus diesen ungenutzten Ressourcen modische Schuhe. Die Schuhe selbst sind damit ein eindrucksvolles Zeugnis ihrer Produktion und der eingesetzten Ressourcen sowie der Orte, an denen diese Ressourcen gewonnen und verarbeitet werden.

Verwerten statt Vernichten

In ihrem klassischen Werk »Tod und Leben großer amerikanischer Städte« insistiert Jane Jacobs, dass Städte mehr sind als eine Ansammlung von Gebäuden: Sie beschreibt sie als Orte der Interaktion, an denen Menschen zusammenleben und sich gegenseitig inspirieren.[17] Städte sind Orte, an denen Innovationen und Ideen geschaffen werden. Städte sind Orte, an denen man kreativ an die verschiedensten Materialien herangehen kann: Abfall kann in Taschen oder auch in Kunstobjekte verwandelt werden. Wenn unsere Städte zu einem Mehr an Kreativität inspirieren, können sie zu Schlüsselorten werden, um neue Lösungswege zu bahnen.

So wie jeder Einzelne in seiner Stadt Kreativität entwickeln kann, müssen auch Unternehmen kreativer bei ihren Produktionsprozessen werden. Die ersten Anzeichen für einen solchen Ansatz sind bereits erkennbar. So startete beispielsweise der Outdoor-Ausrüster Norrøna eine Produktionsreihe für Bekleidung aus recycelten Rohstoffen.[18] Dafür wurden über 70 000 Plastikflaschen in Norwegen gesammelt. Diese mussten allerdings um die halbe Welt reisen, damit daraus ein Stoff gefertigt und dieser zu Jacken genäht werden konnte. Das fertige Verkaufsprodukt waren dann zu 100 Prozent recycelte Bekleidungsstücke. Solche Projekte verschieben das Problem des Plastikmülls zwar eher, als es zu lösen, aber sie machen deutlich, dass Unternehmen die Auswirkungen ihrer Handelswaren und Handelswege neu überdenken müssen.

Guernica, 2012.
Künstler: Victor Sonna, Niederlande
Fotos: Victor Sonna

Der Künstler Victor Sonna arbeitet mit ausgedienten Gegenständen und fertigt aus alten Fahrrädern und in der Stadt herumliegendem Altmetall Kunstfahrräder an. Seine Werke regen zum genaueren Nachdenken darüber an, wie wir uns durch unsere Städte bewegen und wie wir selbst unsere Städte beeinflussen. Der ursprünglich aus Kamerun stammende Sonna ist in seiner neuen Heimatstadt Eindhoven, Niederlande, als passionierter Radfahrer unterwegs. Sonna meint:

Letztlich wird unsere Gesellschaft nicht nur durch das bestimmt werden, was wir schaffen, sondern auch durch das, was wir uns zu zerstören weigern. Ich ziehe bei meinen Fahrradtouren Linien quer durch die Stadt. Diese Linien sind weder gerade noch schräg. Und so bewegen sich auch andere körperlich und geistig einzigartig. Die Bewegung selbst, jene mäandernde Linie, ist oft genug alles andere als eine reibungslose Fahrt.[19]

Im Anthropozän müssen sich unsere Städte zu generativen Kreativitätszentren für neue Ideen entwickeln, um den zunehmenden weltweiten Umweltproblemen gerecht zu werden. Auch wenn einiges unter der Erde versteckt oder ins Abseits gedrängt wird, wird immer deutlicher, dass nichts wirklich verschwindet. In diesem neuen geologischen Zeitalter zeugen die Schichten, die wir zurücklassen, davon, dass Menschen nicht vernichtet werden wollen und viele Dinge nicht vernichtet werden können. Und an diesem Punkt müssen wir mit unseren Ideen und unserer Kreativität ansetzen.

Luke Keogh
Übersetzung: Monika Dauer

1 Setzinger, Sybil P. u. a.: Planetary Stewardship in an Urbanizing World. Beyond City Limits. In: Ambio 41 (2012), S. 788.
2 Dobbs, Richard, u. a.: Urban World. Mapping the Economic Power of Cities. New York, 2011. http://www.mckinsey.com/insights/urbanization/urban_world.
3 Siehe Fußnote 1, S. 787.
4 World Bank: South Asia Population—Urban Growth. A Challenge and Opportunity. http://go.worldbank.org/K67SR8GMQ0. (Abruf: 09.02.2014).
5 Brillembourg, Alfredo; Klumpner, Hupert: Gran horizonte. Taking a Walk in the Urban Planet. In: S.L.U.M. Lab 7 (2012), S. 8–9.
6 UN Habitat: Housing and Slum Upgrading. http://unhabitat.org/urban-themes-2/housing-slum-upgrading/ (Abruf: 30.06.2014).
7 De La Pena, Benjamin: Introduction. In: Informal City Dialogues Reader. Philadelphia 2013, S. 4–5. http://issuu.com/paperwhite-studio/docs/informal-citiesreader092613.
8 World Bank: Migration, Remittances, and Diaspora. http://go.worldbank.org/0IK1E5K7U0 (Abruf: 25.06.2014).
9 Newman, Andrew: Once They Carried Water, Just Not Very Well. In: New York Times, 19.04.2013.
10 Goldenberg, Suzanne: Why Global Water Shortages Pose Threat of Terror and War. In: The Observer, 09.02.2014. http://www.theguardian.com/environment/2014/feb/09/global-water-shortages-threat-terror-war (Abruf: 09.02.2014).
11 United Nations Department of Economic and Social Affairs: Sanitation. http://www.un.org/waterforlifedecade/sanitation.shtml (Abruf: 27.06.2014).
12 Siehe Fußnote 1, S. 787; Kelbaugh, Douglas: The Environmental Paradox of Cities. Gridded in Manhattan vs. Gridless in Dubai. In: Consilience. Journal of Sustainable Development 9/1 (2012), S. 84–96.
13 Warren-Rhodes, K.; Koenig, A.: Escalating Trends in the Urban Metabolism of Hong Kong. 1971–1997. In: Ambio 30/7 (2001), S. 429–438.
14 Grimm, Nancy u. a.: Global Change and the Ecology of Cities. In: Science 319 (2008), S. 759.
15 United Nations Environment Program: Decoupling Natural Resource Use and Environmental Impacts from Economic Growth. Nairobi 2011. http://www.unep.org/resourcepanel/decoupling/files/pdf/decoupling_report_english.pdf.
16 Noffs, Matt: Street Kids and Cane Toads. TEDx Canberra, 27.10.2011. https://www.youtube.com/watch?v=CBWFQ9-0YD0 (Abruf: 19.05.2014).
17 Jacobs, Jane: Tod und Leben großer amerikanischer Städte. Übers. Eva Gärtner. Berlin, 1963.
18 Risnes Jr., Per A.: Upcycled. In: Norrøna Magazine (28.11.2013). https://www.norrona.com/en-GB/Magazine/Upcycled/ (Abruf: 27.06.2014).
19 Sonna, Victor: Future Nostalgia. Masterpieces. Korrespondenz mit Luke Keogh, 26.10.2013.

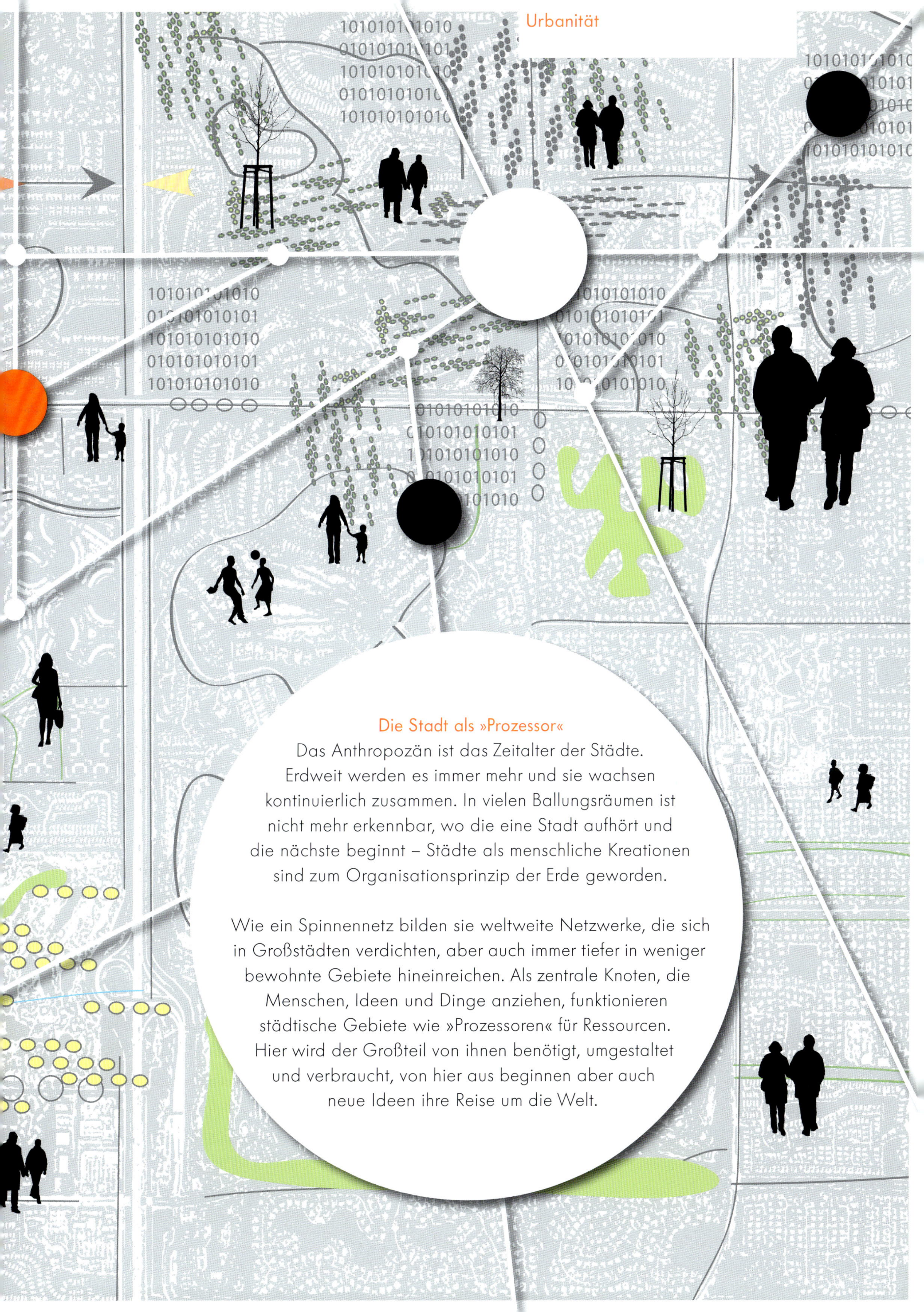

Die Stadt als »Prozessor«

Das Anthropozän ist das Zeitalter der Städte. Erdweit werden es immer mehr und sie wachsen kontinuierlich zusammen. In vielen Ballungsräumen ist nicht mehr erkennbar, wo die eine Stadt aufhört und die nächste beginnt – Städte als menschliche Kreationen sind zum Organisationsprinzip der Erde geworden.

Wie ein Spinnennetz bilden sie weltweite Netzwerke, die sich in Großstädten verdichten, aber auch immer tiefer in weniger bewohnte Gebiete hineinreichen. Als zentrale Knoten, die Menschen, Ideen und Dinge anziehen, funktionieren städtische Gebiete wie »Prozessoren« für Ressourcen. Hier wird der Großteil von ihnen benötigt, umgestaltet und verbraucht, von hier aus beginnen aber auch neue Ideen ihre Reise um die Welt.

Alles in Bewegung im Anthropozän

Kunst am Straßenrand

Verlässt man London Richtung Osten, fährt man die Autobahn A 13 entlang. Auf dem Mittelstreifen steht der Künstler Edward Chell und sammelt Pflanzen. In Großbritannien gibt es etwa 22000 Hektar Land, das wie hier als natürlicher Lebensraum entlang der großen Straßenadern liegt. Die Straßenverkehrsbehörde nennt diese Bereiche *soft estates* (deutsch etwa: ungenutzte, nicht-funktionale Flächen). Während Chell seine Pflanzen sammelt, gehen ihm 200 Jahre Landschaftsgeschichte durch den Kopf, unsere gegenwärtige Automobilkultur und mögliche Zukunftsszenarien für die Umwelt. Chells aktuelle Arbeit, die er ebenfalls »Soft Estate« nennt, beschäftigt sich mit den Lebensräumen am Rande öffentlicher Straßen in Großbritannien.[1] Teil dieses Werks sind 60 Silhouettengemälde in dichtem Schwarz. Dafür verwendet Chell einen Lackierungsprozess und bezeichnet das Ergebnis als »virtuellen Straßenrand« – oder auf Englisch »virtual verge«. Die Pflanzen und das tiefe Schwarz lassen an gepresste Blumen und gleichzeitig an unseren CO_2-Fußabdruck denken.

Eines von Chells Bildern zeigt Dänisches Löffelkraut *(Cochlearia danica)*. In Großbritannien ist diese in Küstengebieten wachsende Pflanze eigentlich nicht heimisch, hat sich jedoch entlang des Straßennetzes verbreitet und profitiert von der großen Menge Salz, mit der im Winter die Straßen gestreut werden. Als einer von vielen erforscht Chell die neuen Lebensräume, die im Anthropozän bereits entstanden sind. Seine Arbeit verfolgt den Weg der Natur, die wiederum unserem eigenen Weg durch Länder und Kontinente folgt, wenn wir auf großen und kleinen Straßen unseren Zielen entgegenstreben.

Reisende in einem globalen Netzwerk

Dieses Phänomen lässt sich überall auf der Erde beobachten und geht so über reine Einzelvorkommen hinaus. Die Mobilität der Menschen gehört mittlerweile zu einer Reihe von Faktoren, die sich auf das gesamte System des Planeten auswirken. Wenn wir uns über Länder hinweg und über den ganzen Globus bewegen, machen wir dadurch auch andere Organismen mobil: Pflanzen, Tiere und Krankheiten reisen mit uns. Die Menschheit ist nicht über Nacht zu einer geologischen Kraft geworden. Es handelt sich vielmehr um einen Prozess, den wir schon vor zwei Jahrhunderten oder noch früher angestoßen haben. Die Historikerin Emily Rosenberg weist darauf hin, dass während der Zeit von 1870 bis 1945 »der globale Fluss von Migranten, Produkten und Ideen durch ein Netz von Arterien schoss, das immer dichter wurde. Allerdings mit verschiedenen Geschwindigkeiten und verschiedenen Folgen.«[2] In diesem Zeitraum gab es eine »Verdichtung von Zeit und Raum«, die Menschen und Wissen zusammenbrachte. Doch diesem Weg der Menschen folgten eben auch ganz andere Lebenswesen.

Im 20. Jahrhundert hat der globale Schiffsverkehr rasant zugenommen. Die Folge sind stark befahrene Schiffsrouten und immer mehr große Häfen, die vielerorts zu riesigen Ballungszentren zusammenwachsen. Seit 1950 ist der globale Handel noch dramatischer gestiegen als zuvor, und das Transportsystem der Menschen umfasst nun die gesamte Erde. Die Globalisierung wurde durch zahlreiche Erfindungen beschleunigt, beispielsweise durch das Düsentriebwerk für Flugzeuge und den Dieselmotor für Autos, Lastwagen und Schiffe. Von 1970 bis 2010 hat sich die Menge der Güter, die über das Meer verschifft werden, verdreifacht, und viele Vorhersagen schätzen, dass sie sich bis 2030 noch einmal ver-

Edward Chell, »Dänisches Löffelkraut«,
Acryl auf Lack auf Gipstafel,
28 cm x 23 cm, 2013.
Aus der Reihe »Eclipse«.

Foto: Peter Abrahams / Lucid Plane

Ein Ward'scher Kasten wird in den Kew Gardens, London, befüllt. Ca. 1920.

Foto: Royal Botanical Gardens, Kew, London

doppeln wird. Der Versand von Produkten mit dem Flugzeug ist sogar noch stärker gewachsen, ganz zu schweigen von den menschlichen Passagieren, die auch auf diesem Wege reisen. Man unterscheidet zwischen mindestens zwei Phasen der Mobilität: einer früheren, relativ langsamen Phase, die mit den kolonialen Kräften verbunden ist, und einer späteren, deutlich schnelleren Phase der wirtschaftlichen Expansion. Werden die Technologien gegenübergestellt, die die jeweilige Mobilität des Zeitalters ermöglichten oder noch immer ermöglichen, zeigt sich ein nuanciertes Muster menschlicher Einflüsse. Als Beispiele können der Ward'sche Kasten und der moderne Frachtcontainer dienen.

Der Ward'sche Kasten

Im Jahr 1829 entdeckte der Chirurg und Hobby-Naturforscher Nathaniel Bagshaw Ward durch Zufall, dass Pflanzen in luftdichten Glasgehäusen auch ohne Wasser lange überleben können. Vier Jahre später entschied er sich, seine Erfindung auf die Probe zu stellen: Er füllte zwei seiner Kästen mit verschiedenen Farnen, Moosen und Gräsern und verschiffte sie von London nach Sydney. Am 23. November 1833 erhielt Ward einen Brief von Charles Mallard, dem Kapitän des Schiffes, der die Pflanzen an Bord genommen hatte: »Ihr Experiment war erfolgreich: Die Pflanzen sind alle noch am Leben.«[4] Die nächste Herausforderung war der Rücktransport. Im Februar 1834 wurden die Kästen mit neuen Pflanzenarten aus Australien bestückt. Acht Monate später gingen Ward und sein Freund George Loddiges, ein bekannter Schriftsteller und Gärtner, in London an Bord und fanden die unversehrt sprießenden Wedel eines empfindlichen australischen Gliederfarns, *Gleichenia microphylla*. Nie zuvor hatte man diese Pflanze in Großbritannien gesehen. Das Experiment war endgültig ein voller Erfolg.

Der Ward'sche Kasten, wie man ihn von da an nannte, war für den weltweiten Versand von Pflanzen eine Revolution. Über ein Jahrhundert lang sorgte er dafür, dass die Pflanzen auch noch den längsten Transport überlebten. Die wirtschaftlichen, industriellen und umweltbezogenen Folgen waren beachtlich: Die Natur wurde durch die Menschen in Bewegung gesetzt und in so weit entfernte Gegenden gebracht wie nie zuvor.

Aus einer globalen Umweltperspektive ist der Ward'sche Kasten vermutlich eines der frühesten Beispiele für eine menschengemachte Technologie, die die biologische Mobilisierung antrieb. In Großbritannien und Frankreich wurde festgelegt, dass auf staatlich finanzierten Expeditionen der Ward'sche Kasten zur Anwendung kommen sollte. Ab den 1840er Jahren nutzten auch botanische Gärten, Akklimatisationsgesellschaften, Gartenbaugesellschaften und Baumschulen den Ward'schen Kasten, um Pflanzen um die ganze Welt zu schicken. Im Jahr 1819 hatte laut Schätzungen nur eine von tausend Pflanzen die Reise von China nach England überlebt, doch mit der Hilfe der Ward'schen Erfindung blieben nun die allermeisten Exemplare intakt. Daraufhin importierte W. J. Hooker, der Direktor der Königlichen Botanischen Gärten in Kew, in nur 15 Jahren mehr Pflanzen als im gesamten Jahrhundert zuvor.[5]

Auch Deutschland war von diesem Kasten fasziniert. Laut vorläufigen Schätzungen des Botanischen Gartens in Berlin empfing das Institut zwischen 1891 und 1907 wohl bis zu 16 000 Pflanzen, unter anderem Kaffeebüsche, Ölpalmen sowie Kakao-, Gummi- und Bananenbäume. Sie kamen aus Victoria (dem heutigen Limbe in Kamerun), Amani (Tansania), Sokodé (Togo) und Simpson Harbour (dem heutigen Rabaul in Papua-Neuguinea) nach Berlin.[6]

Containerschiff »M/S Marchen Maersk«, 1988, Modell 1:100.
DMO, Inv.-Nr. L1994-26
Foto: DMA, CD68915L1994-26

Den Hafen von Hongkong, einer der wichtigsten in Asien, durchlaufen jährlich mehr als 240 Millionen Tonnen Fracht.
Foto: nui7711 / Shutterstock.com

Doch in den 1940er Jahren war der Ward'sche Kasten langsam veraltet, und der letzte Transport von Zierpflanzen auf diese Art geschah 1960. Nun wurden Plastiktüten verwendet und Frachträume von Flugzeugen, in denen man die Temperatur regeln konnte. Doch obwohl der Ward'sche Kasten inzwischen zum Museumsstück geworden ist, spürt man seinen Einfluss auch heute noch in vielen Regionen und Landschaften. Als bestes Beispiel können hier Kautschuk und Tee genannt werden. Thailand, Indonesien und Malaysia sind heute die Länder, die am meisten Gummi produzieren – obwohl sie Tausende Kilometer vom Amazonasgebiet entfernt sind, in dem der Kautschukbaum eigentlich heimisch war. Von dort wurde er in die Kew Gardens in London geschickt, die ihn wiederum in Kisten verpackten und nach Malaysia sendeten. Bei der Teeproduktion ist noch immer China weltweit führend, wird jedoch von Indien, Kenia und Sri Lanka gefolgt, drei Ländern, in die die Teepflanzen mit Hilfe des Ward'schen Kastens gelangten.

Der Frachtcontainer

Der intermodale Frachtcontainer ist ein Sinnbild für die universelle Konsumsteigerung nach 1950. Zum ersten Mal wurde dieser Kasten mit seiner Normgröße von 6,10 mal 2,44 Meter im Jahr 1956 verwendet und ist mittlerweile aus den Häfen der Welt nicht mehr wegzudenken. Er hat die Kosten des globalen Transports deutlich gesenkt und unterstützt den internationalen Handel. Ohne ihn wäre die Globalisierung deutlich langsamer vor sich gegangen. 1956 kostete der Versand loser Fracht fast 6 US-Dollar pro Tonne. Nach der Erfindung des Containers fiel dieser Preis auf etwa 0,16 US-Dollar.[7] Heute wird fast »90 Prozent von allem« in Containern versendet. Im geschäftigsten Hafen der Welt, in Shanghai, werden jedes Jahr 31 Millionen Frachtcontainer bewegt.[8]

Dass weltweit immer mehr Waren verschickt werden, wird besonders deutlich, wenn man sich die Größe der Containerschiffe ansieht. Im Jahr 1956 hatten die ersten Containerschiffe eine Ladekapazität von 800 Containern. Sie waren 137 Meter lang und 17 Meter breit. 1988, als die M/S Marchen Maersk zum ersten Mal in See stach, maßen diese Schiffe bereits 294 Meter in der Länge und 32 Meter in der Breite und konnten 4000 Container aufnehmen. Schon bald wird Maersk, das größte Seeversandunternehmen der Welt, Schiffe vom Typ »Triple E Class« einsetzen: Diese Giganten nehmen 18000 Container auf und sind 400 Meter lang und 59 Meter breit. Mit ihnen ließen sich auf nur einer Fahrt beispielsweise 111 Millionen Paar Turnschuhe versenden.

Der Containerversand hat unsere Produktionsweisen und die globalen Märkte grundlegend verändert: Baumwolle wird in den USA hergestellt, nach China versandt und dort zu T-Shirts verarbeitet. Diese werden dann in die USA zurücktransportiert und bei großen Ketten wie Walmart verkauft. Der Historiker Vaclav Smil hat die Globalisierung auf eine ganz neue Weise untersucht, indem er sich auf den Dieselmotor der Containerschiffe als *prime mover* – als Grundlage des wirtschaftlichen Fortschritts – konzentriert hat. Diese allgegenwärtige Technologie ist nicht nur äußerst zuverlässig, sondern formt in ihrer summarischen Mobilität ein »Netz aus wirtschaftlicher und menschlicher Interaktion und Integration auf globaler Ebene.«[9]

Diese globalen Mobilitätsmuster ziehen zahlreiche Konsequenzen nach sich. Der Ward'sche Kasten ist ein Beispiel dafür, dass Pflanzen mit Absicht in neue Länder transportiert wurden. In Europa zeigen sich die Folgen dieses Versands noch heute. Seit 1800, also seit genau der Zeit, in der der Ward'sche Kasten erfunden und Europa zum Zentrum des internationalen Handels wurde, war ein deutlicher Anstieg

Blick auf den Dreischluchtendamm in Sandouping, Yichang, China.
Foto: jejim / Shutterstock.com

Eine alte Frau blickt auf eine Geröllwüste, wo früher ganze Dörfer standen. Provinz Chongqing, China, 2003.
Foto: sinopictures / Readfoto

bei der Anzahl nicht einheimischer Spezies in Europa zu verzeichnen, und viele davon waren nicht vorsätzlich versandt worden. Heutzutage können die wirtschaftlichen Schäden durch nicht einheimische Arten jedes Jahr mit 20 Milliarden Euro beziffert werden.[10] Das Containerschiff spielt dabei eine wichtige Rolle: In den Rumpf des Schiffs wird während der Fahrt Ballastwasser eingelassen, und in diesem Wasser, das quer über den Globus und in ganz unterschiedliche biogeografische Regionen transportiert wird, befinden sich jedes Mal bis zu 10 000 verschiedene Tier- und Pflanzenarten.[11] Da der Umfang des Gütertransports in den letzten zwei Jahrhunderten extrem gestiegen ist, steigt auch die Anzahl der Spezies, die auf diesem Weg ihre Heimat verlassen.

Dem Fluss Einhalt gebieten

Der Einfluss des Menschen auf Mobilitätsmuster ist enorm. Doch wir beschleunigen die Vorgänge nicht nur: Manchmal haben wir auch genau den gegenteiligen Effekt. Durch unsere Eingriffe, beispielsweise durch das Errichten von Gebäuden, durch Änderungen an der Landschaft und durch unsere Infrastruktur wird die natürliche Bewegung oft gestoppt. Das gilt besonders auch für den Strom von Sedimenten. Im Anthropozän gibt es so viel Abholzung, Landwirtschaft und Bergbau wie noch nie zuvor, wodurch Massen an Sediment aus dem Boden in die Flüsse gespült werden. Gleichzeitig bauen wir aber so viele Hindernisse, dass diese Sedimente nicht mehr das Meer erreichen.

Ein Beispiel dafür sind Staudämme. Wird ein Fluss gestaut, wird der natürliche Kreislauf des Wassers unterbrochen, seine oft verschlungenen Wege und jahreszeitlich bedingten Fluten werden verändert. Das wiederum wirkt sich auf die Verteilung von Nährstoffen und die Wanderung von Tieren eines Ökosystems aus, beispielsweise auf die Migration der Lachse. Bis 1949 gab es nur etwa 5000 große Staudämme mit einer Höhe von über 38 Metern. Die meisten davon befanden sich in industrialisierten Ländern. Doch im Jahr 2000 gab es bereits über 45 000 große Dämme in über 140 Ländern. Davon hat China die meisten gebaut, nämlich 22 000, während es dort vor 1949 nur 22 große Staudämme gab.[12]

Der Dreischluchtendamm auf dem chinesischen Jangtse-Fluss ist die weltweit größte Quelle »sauberer« Energie, wenn man nach der installierten Turbinenkapazität geht. Dort wurden seit Inbetriebnahme der ersten hydroelektrischen Turbine im Juni 2003 über 600 Millionen Kilowatt Elektrizität erzeugt, was einer Verringerung von 600 Millionen Tonnen CO_2 entspricht. Bei der Einweihung des Projekts im Jahr 1997 sagte der damalige Präsident Jiang Zemin:

Das Stausystem- und Wasserkraftprojekt, das wir heute in den drei Schluchten des Jangtse bauen und dessen Umfang und Vorteile in der ganzen Welt ihresgleichen suchen, wird die Entwicklung unserer nationalen Wirtschaft deutlich fördern und aktuelle und zukünftige Generationen langfristig unterstützen.[13]

Doch schon bald zeigte sich, dass der Damm große Auswirkungen auf Gesellschaft und Umwelt hat. Eine davon war das größte Umsiedlungsprojekt in der Geschichte der Menschheit. Über 1,4 Millionen Menschen verloren ihre Heimat, und noch mehr sollen folgen. Durch die Errichtung eines riesigen, 600 Kilometer langen Wasserbeckens hat der Dreischluchtendamm die Flussgeschwindigkeit des mächtigen Jangtse verlangsamt, wodurch geschätzte 1,26 Milliarden Tonnen Sediment hinter der Dammmauer gefangen sind. Flussabwärts kollabieren ganze Uferstreifen, und Kanalböden senken sich ab. Noch weiter unten sind die Konsequenzen noch gefährlicher: Dort, wo der Jangtse auf das Meer trifft, bildete

Zu seinem Jagdvergnügen führte 1859 ein englischer Landwirt 24 Wildkaninchen nach Australien ein. Innerhalb von 50 Jahren stieg die Population auf 600 Millionen an. Seit den 1950er Jahren wird deshalb das Myxomatose-Virus (Kaninchenpest) gezielt genutzt, um die Population zu kontrollieren.
Foto: National Archives Australia

Tourist auf Nikko Island in der Antarktis.
Foto: Steve Allen / Shutterstock.com

er einst ein durch angeschwemmtes Sediment entstandenes Delta, dessen Boden heute mehr und mehr erodiert, so dass Salzwasser in die Mündungsgebiete eindringt. Wie Wissenschaftler im Anthropozän weltweit beobachten, führen solche Änderungen in der Küstenumgebung zu großen ökologischen Problemen.[14] Und schließlich kann man nur hoffen, dass der Dreischluchtendamm niemals bricht, denn es wird vermutet, dass die immensen Massen Wasser, die in Bewegung gesetzt werden würden, die Ausrichtung der Erdachse ändern könnten.

Schwebfliegen in der Antarktis

Die beabsichtigte und unbeabsichtigte Neuverteilung von Tieren und Pflanzen wird zur größten Herausforderung des Anthropozäns und gleichzeitig zu einer seiner bestimmenden Eigenschaften. Die Biogeografie der Erde wird grundlegend verändert. Invasive Arten kommen in vielen Formen und Größen und repräsentieren ganz verschiedene Pflanzen- und Tiergruppen. Ob per Schiff oder Flugzeug, ob durch Wasser oder Wind – sie erreichen neue Gegenden und lassen sich dort nieder. Und oft gefällt es ihnen dort nur allzu gut, denn sie vertreiben native Arten und verändern ihr neues Ökosystem, sie fressen alles, was ihnen schmeckt, und töten die alteingesessenen Tiere und Pflanzen oder berauben sie wichtiger Nahrungsquellen.

Die Antarktis ist für diese Entwicklung und ihre stetigen ökologischen Auswirkungen ein wichtiges Beispiel. Das Klima dort ist für die meisten Pflanzen eigentlich viel zu hart, doch in den letzten Jahren haben es unter anderem der Löwenzahn und das Behaarte Schaumkraut geschafft, sich niederzulassen. Wenn Forscher und Touristen im Sommer die Antarktis besuchen, bringen sie – in Klettverschlüssen, Kameragehäusen oder Stiefeln – unwissentlich Samen und Pflanzen in die eisige Umgebung. Einige Schätzungen gehen von über 70 000 pro Jahr aus.[15] Im Zuge der Erderwärmung wird es für solche invasiven Arten immer leichter, sich dort zu etablieren, auch wenn sich viele Folgen erst in einigen Jahren zeigen werden. Wissenschaftler bemerken jedoch bereits heute, dass die Interaktionen zwischen fremden Arten ihre Auswirkungen noch deutlich verstärken können. Beispielsweise ist es einer neu eingeführten Schwebfliege gelungen, sich auf der subantarktischen Insel Südgeorgien weiterzuverbreiten, indem sie sich von dem bereits ansässig gewordenen Löwenzahn ernährte. Die weite Entfernung zu anderen Ländern stellt für Pflanzen und Tiere kein Hindernis mehr dar.

Neue Ökosysteme

Da die Menschheit auf der Erde immer mehr Platz in Anspruch nimmt, ist die Neugestaltung der Biogeografie unseres Planeten noch längst nicht abgeschlossen. Invasive Arten verursachen nicht nur Schäden in Milliardenhöhe, vielmehr sind sie auch wesentlich dafür verantwortlich, dass weltweit die Biodiversität zurückgeht. Gleichzeitig können sie jedoch auch zu sogenannten »neuen Ökosystemen« beitragen, wie Wissenschaftler Gebiete nennen, die reich mit nativen und nicht nativen Pflanzen und Tieren bevölkert sind. Daraus entstehen möglicherweise hybride Pflanzen, wenn es einer fremden Art gelingt, sich mit einer nativen Art fortzupflanzen.

Viele eingeführte Spezies benötigen mehrere Jahre, um sich an einem neuen Ort durchzusetzen. Doch dann explodiert ihr Vorkommen geradezu und wirkt sich in großem Maße auf die lokalen Ökosysteme aus. Wenn wir versuchen, invasive Arten aufzuhalten, muss diese Entwicklung unbedingt mitbetrachtet werden. Um die Wege, die Etablierung und die Invasion einer Art verstehen zu können, brauchen wir mehr als nur Experten für Ökologie. Ein Dialog mit Ökonomen, Historikern und anderen Fachleuten ist nötig, um herauszufinden, wie umfangreich die Folgen dieser Wanderungen in Vergangenheit, Gegenwart und Zukunft waren, sind und sein werden.

Im Anthropozän müssen wir das gesamte Ökosystem wieder als Einheit betrachten, als ein einziges Ökosystem voller einheimischer und nicht einheimischer Spezies. Zwar müssen wir die enormen Auswirkungen einiger invasiver Arten beschränken, gleichzeitig jedoch akzeptieren, dass sich einige Gegenden bereits endgültig verändert haben. Außerdem ist es notwendig, unsere Sicht der Mobilitätsnetze zu aktualisieren. Die Anfänge des globalen Transportnetzwerks liegen bereits zwei Jahrhunderte zurück, doch heute führt die dramatische Verdichtung dazu, dass es tatsächlich die ganze Erde umspannt und unzählige Punkte miteinander verknüpft. Andererseits gebieten wir mit riesigen Maschinen und einem unglaublichen Verbrauch von Energie auch vielen Bewegungen Einhalt, wofür der Dreischluchtendamm auf dem Jangtse-Fluss vermutlich das imposanteste Beispiel ist. Im Anthropozän sind wir Menschen gleichermaßen Hindernis und Helfer.

Luke Keogh
Übersetzung: Petra Hucke

1 Chell, Edward: Soft Estate. Liverpool 2014.
2 Rosenberg, Emily S.: Introduction. In: Rosenberg, Emily S. (Hrsg.): A World Connecting. 1870–1945. Cambridge 2012, S. 7.
3 Simberloff, Daniel: Biological Invasions. Prospects for Slowing a Major Global Change. In: Elementa. Science of the Anthropocene 1 (2013), S. 1.
4 Charles Mallard and Nathaniel Bagshaw Ward, 23. November 1833. In: Ward, Nathaniel Bagshaw: On the Growth of Plants in Closely Glazed Cases. London 1842, S. 77.
5 Brockway, Lucile H.: Science and Colonial Expansion. The Role of the British Royal Botanic Gardens. New York 1979, S. 87; Schoenermarck, Heindeiter: Nathaniel Bagshaw Ward. How a Sphinx Moth Altered the Ecology of the Earth. In: Garden Journal 24 (1974), S. 148–154.
6 Grotz, Kathrin; Lack, H. Walter: Wardsche Kästen. In: Museums-Journal 4 (2010). http://www.museumsportal-berlin.de/de/magazin/blickfange/wardsche-kasten-ein-dachbodenfund/ (Abruf: 27.06.2014).
7 Ng, Ada Suk-Fung: Container Flows and Empty Container Repositioning. In: Song, Dong-Wook; Panayides, Photis M. (Hrsg.): Maritime Logistics. Contemporary Issues. Bingley 2012, S. 31.
8 George, Rose: Ninety Percent of Everything. Inside Shipping, the Invisible Industry That Puts Clothes on Your Back and Gas in Your Car, and Food on Your Plate. New York 2013; International Association of Ports and Harbors. World Container Traffic Data (2013). http://www.iaphworldports.org/Statistics.aspx (Abruf: 27.06.2014).
9 Smil, Vaclav: Two Prime Movers of Globalization. History and Impact of Diesel Engines and Gas Turbines. In: Journal of Global History 2 (2007), S. 374.
10 Keller, Reuben P.; Geist, Juergen; Jeschke, Jonathan M.; Kuhn, Ingolf: Invasive Species in Europe. Ecology, Status, and Policy. In: Environmental Sciences Europe 23 (2011), S. 9.
11 Bax, Nicolas: Marine Invasive Alien Species: A Threat to Global Biodiversity. In: Marine Policy 27 (2003), S. 313.
12 World Commission on Dams: Dams and Development. A New Framework for Decision-Making. London 2000.
13 Jiang's Speech Marking Yangtze-Damming for Three Gorges Project. In: People's Daily, 08.11.1997. http://english.peopledaily.com.cn/features/3gorges/speech.html (Abruf: 27.06.2014).
14 Yang, Xiankun; Lu, X. X.: Ten Years of the Three Gorges Dam. A Call for Policy Overhaul. In: Environmental Research Letters 8 (2013), S. 1–5; Syvitski, James P. M.; Kettner, Albert: Sediment Flux and the Anthropocene. In: Philosophical Transactions of the Royal Society A 369 (2011), S. 957–975.
15 Chown, Steven, u. a.: Continent-Wide Risk Assessment for the Establishment of Nonindigenous Species in Antarctica. In: PNAS 109/13 (2011), S. 4938–4943.

Die Erde, ein Zuhause

Ob zu Land, Luft oder Wasser, die Menschen bewegen sich schneller um die Welt, öfter und in größerer Zahl als je zuvor. Ehemals entlegendste Gebiete kommen miteinander in Kontakt. Mit auf unsere Reisen kommen – mal absichtlich, mal unabsichtlich – Pflanzen und Tiere und werden in neuen Ökosystemen heimisch.

Zwar wanderten Organismen schon immer zwischen Lebensräumen, doch natürliche Barrieren wie Wasser, Berge, Wüsten oder Eis begrenzten ihre Bewegungen. Mit der Globalisierung reisen Arten nun auf menschlichen Wegen schneller, in größerer Anzahl und mit ungewöhnlichen Trägern. Sie treten häufig in Konkurrenz zu heimischen Arten, verändern Genpools und erfordern in vielen Fällen teure Gegenmaßnahmen und Anpassung durch die heimische Ökosphäre inklusive der Menschen.

Abbildung Weltkarte: www.mygeo.info

Die Bio-Geo-Technosphäre
Der Mensch und die Maschinen

Menschen sind einzigartig in ihrer technischen Schaffenskraft. Ganze Maschinen-Populationen bevölkern heute die Erde, vernetzen sich und durchdringen unser Tun und Sein. Ob Bewegungs-, Produktions-, Rechen-, Denk- oder Kampfmaschinen, alle werden von uns programmiert, automatisiert und autorisiert. Welche Maschinen wir entwickeln und zum Einsatz bringen möchten und wie die Technosphäre uns und die Erd- und Biosphäre verändert, ist eine der wichtigsten Fragen des Anthropozäns.

In vielen Teilen der Erde ist der Alltag von Technik geprägt. Arbeiteten die Menschen lange mit einigen wenigen Werkzeugen, so haben wir heute für jeden Handgriff ein technisches Gerät parat. Angetrieben durch Elektrifizierung und Digitalisierung ist ein energieintensiver Maschinenpark entstanden, der unser Leben tiefgreifend verändert. Erdweit sind längst nicht alle Menschen gleichermaßen an der Technisierung beteiligt, doch der Besitz von Fernseher, Handy, Internet oder Auto bleibt für viele ein erstrebenswertes Ziel. Der Anteil der Haushalte, die ein Mobiltelefon besitzen, stieg in Deutschland zwischen 1998 und 2013 von 11 auf 93 Prozent, der Anteil der Haushalte mit Internetanschlüssen von 8 auf 80 Prozent. Laut einer aktuellen US-Studie wird die Anzahl mobiler Geräte im Jahr 2014 die Zahl der Erdenbürger übersteigen.[1]

Vorlage Mensch

Vom Steinzeit-Faustkeil bis zum Hightech-Roboter – schon immer hat der Mensch Werkzeuge und Maschinen erdacht, die ihm Arbeit abnehmen und seine Fähigkeiten erweitern sollten. Oft nahm er dafür die Natur und sich selbst zum Vorbild. Schon früh versuchten sich Magier und Alchemisten an der Schaffung eines künstlichen Menschen, und Erfinder übten sich an der Perfektionierung automatischer Systeme. Der französische Ingenieur Jacques de Vaucanson etwa schuf Ende des 18. Jahrhunderts ein für die damalige Zeit wahres Meisterwerk der Automatentechnik: Seine mechanische Ente besaß Hunderte beweglicher Teile, konnte ihre Flügel bewegen und Wasser trinken. Am faszinierendsten war aber ihr Verdauungsapparat, der es ihr ermöglichte, aufgepickte Körner in einer chemischen Reaktion zu »verdauen« und auszuscheiden. Auch wenn Vaucansons Ente kein langlebiger Erfolg beschieden war und wir ihre Konstruktion heute nur noch auf der Basis weniger erhaltener Dokumente nachvollziehen können, so stellte sie doch einen prägenden Wendepunkt in der Automatisierungs- und Robotikgeschichte dar. Waren künstliche Wesen zuvor als wundersame Objekte von kauzigen Erfindern gefeiert worden, die zum Staunen anregten und eher ein Abbild der Natur mit technischen Mitteln waren, stand fortan der Aspekt der Nützlichkeit im Vordergrund. Bereits Mitte des 19. Jahrhunderts begann man in den USA mit der Entwicklung von Verkaufs- und Dienstleistungsautomaten, und auch im deutschsprachigen Raum arbeiteten zahlreiche Ingenieure daran, menschenähnliche Automaten und Roboter zu bauen, um den Menschen unliebsame Arbeit abzunehmen.

Der Traum vom perfekten Dienstboten

Große Augen, klobige Füße, fescher Schal um den Hals: So präsentierte sich der »Maschinen-Mensch« MM8 des Wiener Konstrukteurs Claus Scholz-Nauendorff in den 1960er Jahren. In zahlreichen Zeitungsmeldungen und Fernsehsendungen erregte er damals großes Aufsehen, konnte er doch Hände schütteln, Getränke einschenken, Staub saugen und

Eines von vielen Haushaltsgeräten: »Rauchverzehrer« aus Porzellan sollten die Zimmerluft vom Zigarrenrauch reinigen und waren in der Nachkriegszeit sehr beliebt.

DMO, Inv.-Nr. 2014-1726
Foto: DMA, 68876

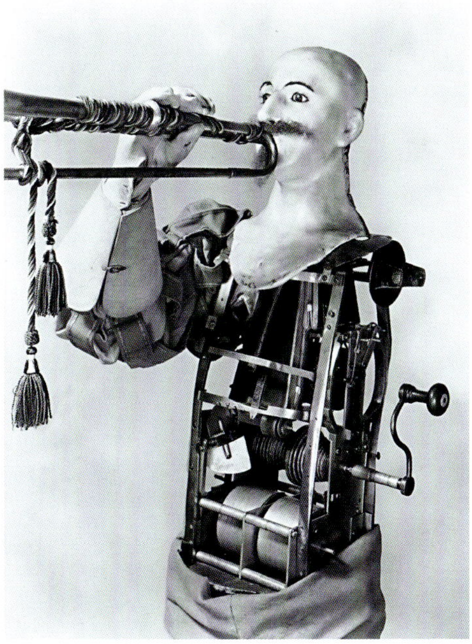

Der mechanische Trompeter von Friedrich Kaufmann von 1810 wurde in romantisierenden Berichten prominenter Literaten als herausragender Musikautomat menschlicher Gestalt gefeiert.

DMO, Inv.-Nr. 1905-4423
Foto: DMA, BN43168

Haustür und Telefon »beantworten«. Dem alten Menschheitstraum vom stets zu Diensten stehenden künstlichen Menschen kam man nach dem Ende des Zweiten Weltkriegs näher, als Elektronik, Informatik und Kybernetik, also die Wissenschaft von der Maschinenregelung und -steuerung, den Bau komplexerer stationärer und mobiler Roboter ermöglichten. Trotz des Medienrummels war dem MM8 jedoch kein langfristiger Erfolg beschert: Insbesondere die Fortbewegung machte ihm zu schaffen, und die Frage der aufwendigen Energieversorgung konnte nicht zufriedenstellend gelöst werden.

Weniger für den Hausgebrauch als für Arbeiten in schwer zugänglichen Gebieten war der »Syntelmann gedacht«, den Hans Kleinwächter in seinem Privatlabor in den 1970er Jahren entwickelte. Der SYNchron-TELe-MANipulator, kurz Syntelmann, bestand aus einem vom Menschen gesteuerten Exoskelett, dem »Meister«, und einem mit diesem durch Kabel verbundenen »Sklaven«. Dieser arbeitete also nicht autonom, sondern wurde fernmanipuliert. Um in für den Menschen gefährlichen Umgebungen wie der Tiefsee, dem Weltraum oder Kernkraftwerken arbeiten zu können, wurden die vom »Meister« ausgehenden Bewegungsabläufe in Form von elektrischen Strömen an den bis zu 100 Meter entfernten Manipulator übermittelt, die dort elektromotorische und pneumatische Muskeln so steuerten, dass der »Sklave« dieselben Bewegungen ausführte. Als Hände dienten Greifzangen, die den Druck ermittelten, mit dem zugepackt werden konnte, ohne etwas kaputt zu machen. Über die Forschungsphase kam der Syntelmann jedoch nicht hinaus. Letztlich blieb er auch nur ein Abbild des Menschen, das aber nicht selbstständig handeln konnte.

Das große Aktions- und Entscheidungspotenzial von Menschen nachzuahmen, bleibt eine große Herausforderung für die Robotikforschung. Auch heutige Erkundungsroboter finden sich nur schwer zurecht, wenn die menschliche Fernsteuerung nicht möglich ist oder ausfällt. Die 2011 im zerstörten Kernreaktor Fukushima eingesetzten Roboter konnten sich wegen herumliegender Trümmer nur eingeschränkt bewegen und waren mit den unkalkulierbaren Bedingungen, unter denen sie hier arbeiten sollten, überfordert. Am Ende mussten stattdessen über 25 000 Menschen zur Sicherung der Ruine in den Reaktor geschickt werden. In andere Bereiche wie Industrie, Militär und Medizin und teilweise den Haushalt halten die Roboter zwar vermehrt Einzug, insbesondere in Japan, Korea und Deutschland, den Ländern mit der höchsten Roboterdichte. Doch trotz Spielzeug-, Rasenmäher- oder Pflegeroboter: Wie weit wir Maschinenmenschen in unser Leben lassen, wird erst die Zukunft zeigen.

Fest steht jedoch, dass die Schaffung »künstlicher Intelligenz« die Menschen nach wie vor fasziniert. Je mehr wir über uns als biologische und denkende Wesen wissen, desto größer ist der Wunsch, unser eigenes maschinelles Abbild zu erschaffen. Unserer Vorstellungskraft scheinen dabei kaum Grenzen gesetzt, und mit diesem Verlangen geht die Frage einher, was uns eigentlich menschlich macht.

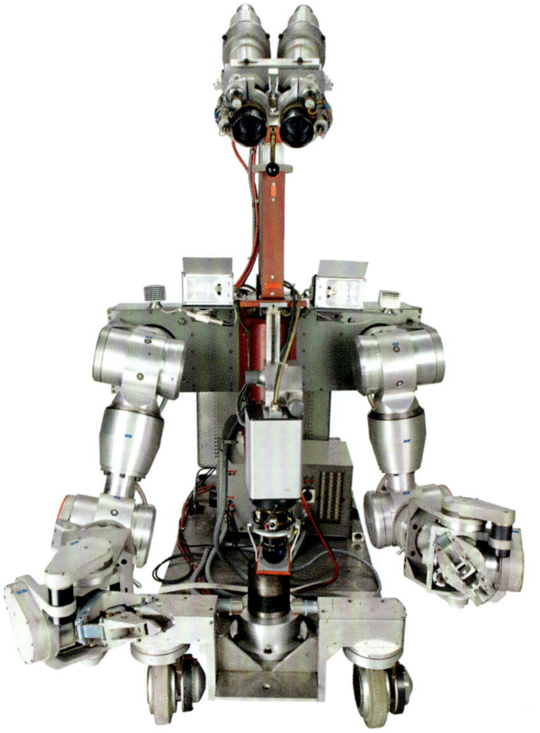

Das prominente Stereo-Fernaugenpaar sollte dem Syntelmann zur besseren Einschätzung der Umgebung und optimalen Steuerung dienen.
Elektrischer Kleinmanipulator »Syntelmann« RS 21/4, 1973.
DMO, Inv.-Nr. 1978-63
Foto: DMA, CD68874

»Das kann ich nicht tun, Dave«, oder die Frage nach der künstlichen Intelligenz

Ob es künstliche Intelligenz gibt oder geben kann, diese Frage beschäftigt die Menschheit schon lange. Folgt man der Auffassung, dass der Mensch eine Art Maschine ist, so ist auch sein Denken nichts anderes als Informationsverarbeitung. Der Turing-Test geht der Frage nach der Intelligenz auf den Grund: Ein Mensch stellt einem Menschen und einer Maschine Fragen, ohne zu wissen, wer von beiden antwortet. Kann der Fragende nicht eindeutig zwischen beiden unterscheiden, gilt die Maschine als intelligent. Bislang hat aber noch keine Maschine den im Jahr 1950 von dem Computerpionier Alan Turing erdachten Test eindeutig bestanden.

Als eines der ältesten und komplexesten Brettspiele der Welt mit über 70 000 möglichen Stellungen nach nur zwei Zügen wurde das Schachspiel früh zu einem Experimentierfeld der Forschung zur künstlichen Intelligenz. Bereits im 18. Jahrhundert tourte der »Schachtürke« durch Europa, ein Pseudo-Automat, der angeblich selbstständig Schach spielte. Tatsächlich versteckte sich in ihm jedoch ein menschlicher Schachspieler. In den 1940er Jahren entwickelte der Erfinder des ersten funktionsfähigen Computers, Konrad Zuse, das weltweit erste Schachprogramm. Fünfzig Jahre später konstruierte IBM den Schachcomputer »Deep Blue«, der durch sein Match gegen Garry Kasparov zu Weltruhm gelangte. Heute schlagen handelsübliche PC-Schachprogramme 99 Prozent aller Spieler weltweit. Auch in anderen Spielen konnten Computer ihre menschlichen Gegner bereits schlagen: so das Dame-Programm »Chinook« oder das Programm »Watson«, das 2011 zwei menschliche Champions der Quizsendung »Jeopardy« besiegte.

Während Roboter in Medizin und Automobilbau inzwischen weit verbreitet sind und mechanisch komplexe Bewegungs- und Arbeitsabläufe beherrschen, bleibt die Erschaffung einer Maschine mit Bewusstsein, Emotionen und Kreativität weiterhin eine Vision. Das menschliche Gehirn verbirgt trotz großartiger Fortschritte der Forschung noch viele seiner geheimen Funktionsweisen, die uns helfen könnten, eine Maschine zu erschaffen, die nicht nur denkt, sondern auch fühlt. Der Komplexität des Menschen auf die Spur zu kommen, ist Ziel des von der Europäischen Kommission geförderten *Human Brain Project*, das in Lausanne seinen Hauptsitz hat. Hunderte Forscher und Forscherinnen aus bislang 24 Ländern arbeiten daran, die »magische Maschine Gehirn« in einem Supercomputer zu modellieren, um Erkenntnisse über Erkrankungen, aber auch für neue Computer- und Robotiktechnologien zu erlangen.[2] Ob dies gelingt und was es für die Menschen und ihre Maschinen bedeutet, ist noch offen.

Die Computerisierung der Welt

Auch wenn seine Wurzeln bis in die Antike zurückreichen, hat der Computer wie kaum eine andere technische Erfindung in kürzester Zeit das Leben von Milliarden von Menschen verändert. Längst befähigt uns diese frei programmierbare, digital arbeitende und elektronisch gesteuerte Maschine zu Höchstleistungen im Schreiben, Rechnen, Zeichnen, Planen, Steuern und Simulieren. Vom Minicomputer, der unsere Waschmaschine steuert, bis zu Supercomputern in der Klimaforschung – eine Erde ohne digitale Rechner ist nicht mehr vorstellbar. Schneller, leistungsfähiger und vernetzter bestimmen sie unser Leben und gestalten – kontrolliert oder nicht – das Anthropozän.

Versuchsaufbau zur Entdeckung der Kernspaltung.
DMO, Inv.-Nr. 71930
Foto: DMA, BN24876

Zunächst mechanische, später elektronische Lochkartensysteme waren wichtige Schritte auf dem Weg in das Computerzeitalter. Aus einfachen Automaten auf Lochkartenbasis wurden im 20. Jahrhundert elektromechanische Kartenanlagen, mit denen Programme geschrieben und Daten verarbeitet und gespeichert werden konnten. Allerdings mussten die Lochkartenstapel zur Weiterbearbeitung häufig zwischen Räumen und Gebäuden transportiert werden – eine aufwendige Angelegenheit, denn für eine Datenmenge von 80 MB benötigte man ungefähr eine Million Lochkarten. Die wachsenden Datenmengen konnten Computer besser bewältigen, deren Entwicklung seit den 1950er Jahren Fahrt aufnahm. Insbesondere Mikrochips, die Prozessoren, Transistoren oder Datenspeicher auf kleinstem Raum vereinigen, brachten seit den 1970er Jahren eine beschleunigte und exponentielle Leistungssteigerung. Da die Chips und damit die Computer gleichzeitig immer billiger wurden, waren und sind der Computerisierung scheinbar keine Grenzen gesetzt.

Ein Versuch, der die Welt veränderte

Eine der folgenschwersten Entdeckungen für die Entwicklung der Menschheits- und Erdgeschichte geschah in den späten 1930er Jahren, als Otto Hahn, Lise Meitner und Fritz Straßmann am Berliner Kaiser-Wilhelm-Institut für Chemie auf der Suche nach »Transuranen«, also Atomen, deren Kerne schwerer sind als Uran, erkannten, dass bei ihren Experimenten Urankerne gespalten worden waren. Wie ambivalent die Entdeckung der Kernspaltung war, zeigte sich schon einige Jahre später. Auf die zufällige Entdeckung folgten schnell Bestrebungen, die immense, bei der Kernspaltung frei werdende Energie zu nutzen. Dies war freilich auf unterschiedliche Weise möglich. Während das Versprechen schier endloser Energie für Industrie, Transport und Haushalt viele euphorisch stimmte, brachten der Bau von Atombomben während des Zweiten Weltkriegs und ihr Abwurf in Japan Unheil, Schrecken und Tod über Hunderttausende von Menschen. Otto Hahn kämpfte in den 1950er Jahren gegen Atomwaffen

Sowohl der originale Versuchsaufbau zur Kernspaltung, der sich im Deutschen Museum befindet, als auch die in der Sonderausstellung gezeigte Replik sind nachträgliche Objektarrangements. Die auf ihnen gezeigten Geräte befanden sich ursprünglich in drei unterschiedlichen Räumen: Bestrahlungsraum, Chemielabor und Messzimmer.

Bei dem Versuch wurde eine Probe aus gereinigtem Uran in einen Paraffinblock eingebracht, daneben eine Neutronenquelle aus Beryllium und Radium. Das Paraffin war als Moderator nötig, um die Neutronen abzubremsen. Diese drangen durch das Paraffin in die Urankerne ein und führten zu Veränderungen am Atomkern. Nach unterschiedlichen Bestrahlungszeiten wurde die Uranprobe entnommen und analysiert. Die Bildung neuer Atomkerne ließ sich aufgrund ihrer erhöhten Radioaktivität messen. Gemessen wurde mit selbst gebastelten Geiger-Müller-Zählrohren. Anodenbatterien erzeugten die Hochspannung für den Betrieb der Zählrohre. Verstärker und elektrische Zusatzgeräte übertrugen die von den Zählrohren kommenden Impulse auf die mechanischen Zählwerke. Durch die Auftragung der Zählraten gegen die Zeit erhielt man Zerfallskurven, die Rückschlüsse auf die Art der Bestrahlungsprodukte erlaubten.

Diese Fragmente von Dachziegeln und Haushaltsgeschirr erhielt das Deutsche Museum zum Gedenken an die Opfer der US-Atombomben-explosion in Hiroshima. Sie wurden nach dem Atombombenabwurf im Motoyasu-Fluss nahe dem Hypocenter gefunden.

DMO, Inv.-Nr. 2012-1549
Foto: DMA, CD68900

Vor allem vom schnellen Transport mit atomar getriebenen Schiffen und Flugzeugen träumten in den 1950er Jahren viele.

Aus: Das Neue Universum, 1957
Foto: Deutsches Museum

und die radioaktive Verseuchung der Erde durch deren Tests. Der zivilen Nutzung der Kernenergie stand er wie viele andere positiver gegenüber. Bereits 1956 startete in England das erste kommerzielle Atomkraftwerk und viele weitere folgten in fast allen Teilen der Erde. Noch heute bedrohen Atomwaffen oder deren befürchteter Bau den Weltfrieden, und die Kernenergie wird angesichts von Unfällen und Risiken, aber auch endlichen fossilen Energieträgern, heftig diskutiert. Ein sicheres Endlager für radioaktiven Abfall ist auch über 75 Jahre nach der Entdeckung der Kernspaltung nicht gefunden.

Gespaltene Reaktionen

Mit der Entdeckung der Kernspaltung 1938 war die Welt eine andere geworden. Der Umgang mit dem neu erlangten Wissen drückte dem 20. Jahrhundert seinen Stempel auf. Was zunächst nur naturwissenschaftliche Vorgänge entschlüsselte, nahm schnell politische und gesellschaftliche Dimensionen ungekannten Ausmaßes an. Den am Horizont erscheinenden Möglichkeiten standen Risiken und Gefahren gegenüber. Faszination und Furcht lagen ebenso nah beieinander wie machtpolitisches Kalkül und wissenschaftliches Bemühen um Problemlösungen.

Überreste aus den Trümmern der japanischen Städte Hiroshima und Nagasaki, auf die am 6. und 9. August 1945 zwei Atombomben fielen, sind Zeugnisse dieses menschengemachten Schreckens. Die beiden Abwürfe durch die US-Streitkräfte führten zur Beendigung des Zweiten Weltkriegs im Pazifik und sind bis heute die einzigen Kriegseinsätze von Atomwaffen. Die Bombe auf Hiroshima explodierte um 8.16 Uhr Ortszeit und löste eine enorme Hitzewelle von über 5000° C aus. Die Druckwelle sowie der anschließende Feuerball zerstörten und beschädigten ca. 70 000 Häuser. Der kilometerhohe Atompilz verbreitete kontaminiertes Material, das als radioaktiver Niederschlag auf die Umgebung niederging. Allein bis Ende 1945 starben ca. 160 000 Menschen. Weitere Zehntausende erlagen später den Folgen wie Krebserkrankungen. Als 1949 auch die Sowjetunion erfolgreich eine Atombombe testete, entstand ein »atomares Patt«, das als Gleichgewicht des Schreckens fortan den Kalten Krieg prägte. Daran änderten auch die Bemühungen um eine friedliche, international kontrollierte Nutzung der Atomkraft nichts. Nutzen und Schrecken der Nukleartechnik sind auch heute noch unmittelbar miteinander verbunden.

Trotz der vielen Opfer durch die beiden Atombombenabwürfe brach in Westeuropa und in den USA nach dem Ende des Zweiten Weltkriegs das sogenannte Atomzeitalter an. Die Schrecken der Bomben traten in den Hintergrund. Stattdessen wurde die Nukleartechnik als großes Versprechen für eine friedliche und fortschrittliche Zukunft gefeiert. Von der Elektrizitätserzeugung über den Antrieb von Flugzeugen und Schiffen bis zur Entsalzung der Meere und der Kultivierung von Wüsten – fast alles schien mit der neuen Kraft möglich.

Im westdeutschen Wirtschaftswunder fiel das Bestreben, an der friedlichen Atomforschung teilzuhaben, mit der Wiedererlangung der Souveränität zusammen. Franz Josef Strauß, damals Bundesminister für Atomfragen, sah in der »Ausnutzung der Atomenergie für wirtschaftliche, für kulturelle und wissenschaftliche Zwecke« einen ähnlich bedeutsamen Einschnitt für die Menschheitsgeschichte »wie die Erfindung des Feuers für die primitiven Menschen«.[3]

Die USA nutzten die Strahlkraft der Kerntechnik auch politisch: Ihre Wanderausstellung »Atom-Kraft für den Frieden«,

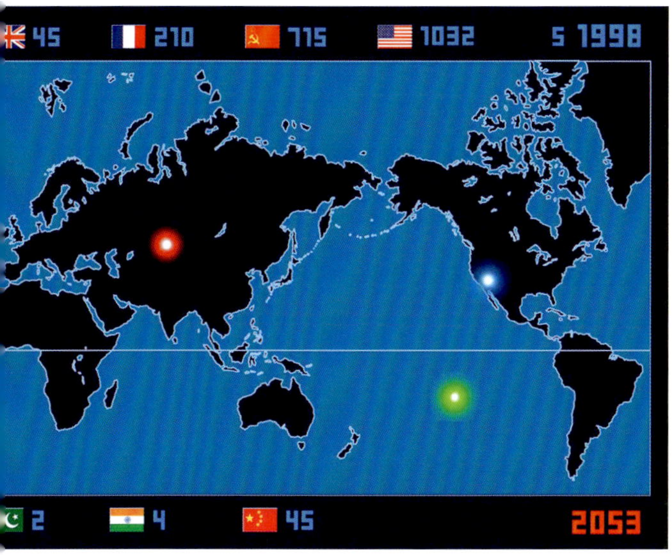

Das Video »1945–1998« des japanischen Künstlers Isao Hashimoto bietet eine Vogelperspektive auf alle 2053 nuklearen Explosionen, die zwischen 1945 und 1998 stattgefunden haben.

Foto: Isao Hashimoto

Insgesamt 67 Atombomben wurden von den USA auf dem Bikini-Atoll im Pazifik gezündet, darunter am 25. Juli 1946 die Unterwasserbombe »Baker«. Bis heute ist das Atoll radioaktiv kontaminiert und unbewohnbar.

Foto: U.S. Department of Defense

die 1955 im Deutschen Museum Halt machte, sollte die Westeuropäer für die Kernenergie begeistern und den atlantischen Schulterschluss stärken.[4] Ob in Songtiteln und Filmen, als Spielzeug oder Frisur – das Atom und auch der Atompilz wurden zu kulturellen Symbolen einer Epoche. Sichtbarer Ausdruck dieser Euphorie ist das Atomium in Brüssel. Es wurde 1958 anlässlich der ersten Nachkriegsweltausstellung gebaut, die das offizielle Motto trug »Technik im Dienste des Menschen. Fortschritt der Menschheit durch Fortschritt der Technik«.

Atomares Anthropozän

Die erste Testzündung eines nuklearen Sprengsatzes hatte bereits am 16. Juli 1945 auf einem US-Armeegelände nahe der Stadt Alamogordo in New Mexico stattgefunden. Dieser *Trinity Test* – zu Deutsch Dreifaltigkeitstest – war der Beginn einer langen Liste von Kernwaffenexplosionen: Mehr als 2000 ober- und unterirdische Tests wurden bis heute durchgeführt. Die radioaktive Strahlenbelastung hat sich seitdem messbar erhöht, weil sich der »Fallout« über die Atmosphäre erdweit verteilt. Als Reaktion auf das Jahr 1962, in dem nicht weniger als 180 Tests durchgeführt wurden, schlossen die USA, Großbritannien und die UdSSR 1963 einen Vertrag, der Tests in der Atmosphäre, im Weltraum und unter Wasser verbot. Die Atommächte Frankreich und China halten sich bis heute nicht daran. Zwar ist die radioaktive Belastung seither zurückgegangen, doch die globale, menschengemachte Verteilung von Radionukliden ist langfristig nachweisbar und wird als möglicher Marker für eine neue geologische Zeiteinheit diskutiert.[5] Offizieller Beginn des Anthropozäns könnte dann der 16. Juli 1945, 11.29 Uhr GMT sein – der Zeitpunkt der ersten Kernwaffenexplosion.

Nina Möllers

1 Ausstattung privater Haushalte mit Informations- und Kommunikationstechnik – Deutschland. Statistisches Bundesamt. Wiesbaden 2014. https://www.destatis.de/DE/ZahlenFakten/GesellschaftStaat/EinkommenKonsumLebensbedingungen/AusstattungGebrauchsguetern/Tabellen/Infotechnik_D.html (Abruf: 28.05.2014).
2 EU-Projekt »Human Brain Project«, https://www.humanbrainproject.eu/ (Abruf: 27.09.2014).
3 Franz Josef Strauß, Bundesminister für Atomfragen, anlässlich der Konstituierung der Deutschen Atomkommission, 1956, zitiert nach Edingshaus, Anne-Lydia: Heinz Maier-Leibnitz – Ein Jahrhundert experimentelle Physik. München/Zürich 1986, S. 128.
4 Königsberger, Karen: »Vernetztes System«? Die Geschichte des Deutschen Museums 1945–1980 dargestellt an den Abteilungen Chemie und Kernphysik. München 2009; Bigg, Charlotte; Hennig, Jochen (Hrsg.): Atombilder. Ikonographie des Atoms in Wissenschaft und Öffentlichkeit des 20. Jahrhunderts. Göttingen 2009.
5 Zalasiewicz, Jan, et al.: Stratigraphy of the Anthropocene. In: Philosophical Transactions of the Royal Society A369 (2011), S. 1036–1055; Williams, Mark, et al.: The Anthropocene: A New Epoch of Geological Time? In: Philosophical Transactions of the Royal Society A369 (2011), S. 833–1112.

Die Erde ist von Wolken umgeben – digitalen »Clouds«. Im Anthropozän ist die Erde eine in Einser und Nullen umrechenbare Größe. Doch hinter der Virtualität und Kabellosigkeit stehen Unmengen an Hardware: riesige Serverfarmen und Milliarden Meter an Glasfaserkabeln machen die Digitalisierung zur einer materiellen Angelegenheit. Die Vernetzung der anthropozänen Erde lässt eine neue Sphäre entstehen, in der sich Bio- und Geo- mit der Technosphäre vermischen. Was zu was gehört, ist nicht länger klar. Diese neue Sphäre glauben wir kontrollieren zu können – bis uns die Natur ein Schnäppchen schlägt und ein Kabel kappt oder wir selbst die Kontrolle über die von uns geschaffene Technik verlieren.

Menschgemachte Natur

Seit es uns gibt, leben wir in und mit der Natur. Doch was ist Natur im Anthropozän? Ist es der städtische Wald oder die unbewohnte Wüste im Hinterland? Lässt sich Natur für uns überhaupt vorstellen ohne ihr vermeintliches Gegenstück Kultur?

Nicht erst im Anthropozän haben die Menschen begonnen, die Natur zu nutzen und zu interpretieren. Schon immer waren unsere Bilder von ihr vielfältig und unterlagen einem Wandel der Zeit. Gestern wie heute dient sie uns vor allem als Nahrungsquelle und Rohstofflieferant. Wir beziehen die wichtigsten Grundstoffe für unser tägliches Leben aus ihr. Sie bietet uns aber auch Erholung und Inspiration, regt zu Kreativität an und lässt uns träumen. Der Natur nahe sein, mit ihr eins sein – das gilt auch heute in der schnelllebigen Welt des Anthropozäns als erstrebenswert, auch wenn wir häufig gar nicht mehr genau wissen, was das bedeuten könnte.

Ohne den Menschen ist Natur im Anthropozän nicht zu denken: Wir erforschen und nutzen sie, wir kontrollieren und verändern sie. Mit fortschreitender Technisierung sind unsere Möglichkeiten, die Natur zu beeinflussen, kontinuierlich gewachsen, und unser Wirken hinterlässt tiefe, oft langfristige Spuren. Was wir heute als Natur bezeichnen, ist im überwiegenden Maße eine neue, kulturell überformte Natur. Was wir in ihr sehen, hat sich über die Jahrhunderte immer wieder gewandelt und ist von Kultur zu Kultur verschieden. Einige Naturbilder sind jedoch auch sehr beständig und wirken nach. Wissenschaftliche Erkenntnisse haben ebenso zu neuen Naturbildern geführt wie gesellschaftliche und religiöse Umbrüche. Je mehr wir über die Natur wissen, desto größer scheint vielerorts auch unser Bestreben, sie für uns zu nutzen. Scheinbar widersprüchliche Naturbilder vermischen sich in unserer globalen Welt.

Gottesgeschenk, Bedrohung, Ressource und wilde Schönheit

In vielen Kulturen wurde und wird Natur als gottgegeben wahrgenommen. Ihre überwältigende Schönheit und Macht werden als Ausdruck göttlichen Wirkens verstanden, dem sich der Mensch unterzuordnen hat. Unsere Religionen und Mythologien kennen verschiedene Schöpfungserzählungen und Symbole für den Ursprung und das Verhältnis von Natur und Mensch. In vielen Kulturen und Mythologien sind Mensch und Natur nicht getrennt. Als Ausdruck des »Einsseins« von Mensch und Natur schlüpfen Menschen häufig in die Rolle von Tieren oder pendeln in Ritualen zwischen realer und spiritueller Welt. Zwar haben Aufklärung und Rationalismus in Europa viele Traditionen aussterben lassen, doch auch heute noch gibt es regionale Brauchtümer, die den Einklang von Mensch und Natur demonstrieren und pflegen.

Mit der Aufklärung brach sich in den Wissenschaften ein moderner Ordnungswille Bahn, der auch vor der Natur nicht Halt machte: Ihre verborgene Ordnung zu entschlüsseln, galt vielen Forschern fortan als oberstes Ziel. Wegweisend war unter anderen der schwedische Naturforscher Carl von Linné. Er entwickelte die Basis für ein Klassifikationsschema, das auch heute noch in der Botanik und Zoologie verwendet wird. Viele Gelehrte jener Zeit machten sich an die genaue Ergründung der Natur und ihrer Geheimnisse – so auch Johann Wolfgang von Goethe, der im Dienste des Herzogs Karl August in Weimar mit der Erneuerung des Ilmenauer Bergbaus betraut war und in seiner Freizeit mit dem Aufbau einer umfänglichen Mineraliensammlung begann. In Karlsbad lernte er den Steinschneider Joseph Müller kennen, der dort örtliche Gesteinsproben als Souvenir an die Kurgäste verkaufte und Goethe um eine fachmännische Systematisierung seiner Steine bat. Goethe kam dieser Bitte bereitwillig

Am Dreikönigstag ziehen Perchten im Salzburger Land von Haus zu Haus, um mit Peitschen und Glocken den Winter zu vertreiben.

Foto: Charles Fréger, Wilder-Mann-Reihe, 2010

Schachteln der Müller'schen Steinsammlung, die Johann Wolfgang von Goethe 1807 katalogisierte und deren Inhalt er in einer von ihm verfassten Begleitbroschüre darstellte.

DMB, 1929 A 2442
Foto: DMA, CD68897

nach, erhoffte er sich über die Untersuchung einzelner Steine doch generelle Erkenntnisse über die Beschaffenheit der Erde und ihre Entstehungsgeschichte.

Trotz fortschreitender Erforschung in der Aufklärung wurde Natur aber auch weiterhin zuweilen als Ursache von Leid, Gefahr und Tod erfahren. Manche Naturphänomene wurden als Ausdruck der übermächtigen Kraft der Natur wahrgenommen, der der Mensch nichts entgegenzusetzen hatte. Diese Wahrnehmung hat sich heute stark verändert. Naturkatastrophen werden nun meist als Beweis für den großen, teilweise zu großen menschlichen Einfluss gesehen, auch wenn Phänomene wie Meteoriteneinschläge weiterhin eine unkontrollierbare und unheimliche Gefahr darstellen, weil sie die Verwundbarkeit unseres Planeten innerhalb des riesigen Sonnensystems verdeutlichen. Bis heute ist nur ein Fall belegt, in dem ein Mensch durch einen Meteoriteneinschlag verletzt wurde. Ein Einschlag größeren Ausmaßes könnte jedoch eine globale Naturkatastrophe zur Folge haben – vergleichbar dem erdgeschichtlichen Wechsel von der Kreidezeit zum Tertiär bzw. Paläogen vor 65 Millionen Jahren: Damals kam es wahrscheinlich zu einem oder mehreren gewaltigen Meteoriteneinschlägen, die eines der größten Massenaussterben der Erdgeschichte auslösten.[1]

Insbesondere seit dem 19. Jahrhundert überwiegen in vielen Kulturen Neugier und Forscherdrang, die die Menschen anspornen, mehr von der Erde und ihrer Beschaffenheit zu verstehen. Als eroberbar und formbar gesehen, machten sich die Menschen daran, bislang unbekannte Welten wie das Erdinnere oder die Tiefsee zu erkunden. Auf dem Weg dahin halfen neue technische Errungenschaften, die sowohl wissenschaftliche Erkenntnisse als auch die technische Erschließung von Rohstoffen ermöglichten. Ein Beispiel ist das deutsche kontinentale Tiefbohrprogramm von 1987 bis 1994, an dessen Ende das mit 1901 Metern tiefste Bohrloch in Deutschland und eines der tiefsten der Erde stand. Der Grundlagenforschung zu Klima und Erdbebenaktivität gewidmet, erhofften sich Wissenschaftler, Politiker und Unternehmen auch Erkenntnisse über Rohstofflagerstätten und Erdwärme.

Aber Natur ist auch in Zeiten des Anthropozäns nicht nur schnöde Ressource, die es zu bergen und zu nutzen gilt. Ihr wird auch stets und immer wieder eine besondere ästhetische Qualität zugeschrieben, die uns beflügeln, befreien, inspirieren und beruhigen kann. Tatsächlich wuchs mit der Industrialisierung im 18. und 19. Jahrhundert mit ihren Maschinen und Fabrikschloten die Sehnsucht nach »unberührter« Natur. Die zunehmende Entfremdung von ihr fand in der Romantik in Gemälden, Musik und Literatur ihren oft idealisierenden Gegenpol. Erhabene Landschaften zeigten den Menschen in Einklang mit der Natur, und ihre Schönheit wurde zum nachahmenswerten Vorbild. Dass diese »wilde« und »urwüchsige« Natur schon längst vom Menschen »berührt« und verändert war, wurde zumeist übersehen oder ausgeblendet.

Vogelorgel zum Abspielen von sieben Musikstücken, ca. 1820. Sogenannte Serinetten waren im 18. Jahrhundert vor allem in Frankreich, Deutschland und den Niederlanden populär. In bürgerlichen Wohnstuben und Salons dienten sie der Dressur von Singvögeln wie Amseln, Kanarienvögeln und sogar Papageien.
DMO, Inv.-Nr. 1976-598
Foto: DMA, CD68896

Das »Theatrum Orbis Terrarum« (1570) des Kartografen Abraham Ortelius gilt als der erste moderne Weltatlas.
DMB, 1941 C 15
Foto: DMA, CD65958

Das Anthropozän als Wissensgenerator

Egal zu welcher Zeit und in welcher Kultur: Die Natur fasziniert uns und löst in uns den Wunsch aus, sie zu verstehen. Mit den jeweils zur Verfügung stehenden Mitteln haben Menschen schon immer über Expeditionen, kartografische Erschließungen und Experimente neue Erkenntnisse erlangt, die nicht selten kontrovers diskutiert wurden. Revolutionäre Schriften von Nikolaus Kopernikus, Isaac Newton oder Charles Darwin sowie Atlanten, Enzyklopädien und naturkundliche Systematiken bilden ein gedankliches Fundament des Anthropozäns und spiegeln das enorme Wachstum der Wissenschaften seit dem 16. Jahrhundert.

Die Wissensgeschichte der letzten Jahrhunderte ist von einer eigentümlichen Ambivalenz geprägt. Während sich einerseits im Zuge der Aufklärung und der Wissensrevolution verschiedene Sparten herausbildeten, deren Grenzen uns noch heute begleiten, war die Forschung über die Natur andererseits vom gleichzeitigen Überschreiten dieser Grenzen gekennzeichnet. Vielerorts schufen technische Entwicklungen im Instrumentenbau, Bergbau oder der Glasindustrie erst die Voraussetzungen für Experimente und Untersuchungen. Der Astronom Christoph Scheiner (1573–1650) etwa beschreibt in seinem Hauptwerk »Rosa Ursina Sive Sol« das Phänomen der Sonnenflecken, dessen Erkundung ihm mittels eines speziell konstruierten Fernrohrs – dem Heliotrop – möglich wurde, mit dem er Sonnenstrahlen auf einen Schirm projizierte, wodurch sich Position und Größe der Flecken präzise bestimmen ließen.

Aber auch die Schnittstellen zu anderen Wissenschaftsbereichen und den Künsten sind für die Wissensgeschichte des Anthropozäns prägend. In seinem Werk »Alpine Architektur« (1919) illustrierte der deutsche Architekt Bruno Taut seine Utopie einer synthetischen Hochgebirgslandschaft mit von bunten Glaspalästen übersäten Alpengipfeln. Seine Verschmelzung von Architektur und Natur verstand Taut als Gegenentwurf zum Gigantismus des hochtechnisierten städtischen Zeitalters der Moderne.

Stadtnaturen – keine Umwelt »zweiter Klasse«

Natur und Stadt sind heute jedoch kein Gegensatz mehr. »Stadtnaturen« sind vielmehr zu einer typischen neuen Form von Natur geworden, die das menschengemachte Erdzeitalter hervorbringt. Wohl nirgendwo sonst wird die zunehmende Verschmelzung von Natur und Kultur so deutlich wie hier, wo tierische, pflanzliche und menschliche Lebensräume zusammenwachsen. So sind Füchse, Waldkäuze und Waschbären in München oder Berlin heute kein ungewöhnlicher Anblick mehr. In direkter Nachbarschaft zum Menschen bieten Städte zahlreichen Tier- und Pflanzenarten Lebensraum und werden so zu Inseln neuer Vielfalt. Gärten und Parks eröffnen Pflanzen geschützte Nischen, und Tieren bieten die Städte Nahrung im Überfluss. So sind viele urbane Ökosysteme heute artenreicher als ursprüngliche Lebensräume auf dem Land. Allerdings führt die Verstädterung auch zu

Der »Monte Kali« ist zurzeit 170 Millionen Tonnen schwer. Er wird seit 1976 aufgeschüttet und wächst jede Stunde um 900 Tonnen Salz an. Aufgehaldet werden die nicht verkäuflichen Reststoffe des Kalibergbaus.

Foto: Fotosammlung Werra-Kalibergbau-Museum

Gleichförmigkeit. Ob Berlin, Tokio oder New York – städtische Naturen ähneln sich erdweit sehr stark. Auf die vormals wilden Tiere hat das städtische Leben bereits tiefgreifend Einfluss: Sie entwickeln neue Verhaltenskulturen und geben diese an ihre Nachkommen weiter, so dass sie sich immer mehr von ihren »wilden« Verwandten auf dem Land entfernen.

Der menschliche Umbau der Natur und das Vordringen der Städte haben aber auch ihren Preis, denn mit der Natur gehen wichtige Ökosystemdienstleistungen verloren. Viele Dienste, die die Natur für uns übernimmt, nutzen wir selbstverständlich: Sie säubert für uns die Luft, speichert schädliches CO_2, federt Wetterextreme ab und sorgt dafür, dass aus Kot und organischem Abfall ertragreicher Boden wird. Eine der wichtigsten und größten Dienstleistungen der Natur ist die Bestäubung von Obst- und Gemüsepflanzen. Am fleißigsten sind die Bienen; sie bestäuben ungefähr 80 Prozent aller landwirtschaftlichen Nutzpflanzen. Fiele diese Arbeit der Bienen weg, wäre unser Nahrungsangebot schlagartig rapide beschnitten. Doch die Bienen sind weltweit von einem dramatischen Sterben bedroht. Neben Parasiten sind menschengemachte Faktoren wie etwa die Zerstörung von Lebensräumen, landwirtschaftliche Monokulturen, der Klimawandel und vor allem der Einsatz von Insektiziden daran schuld. In den USA ist das Bienensterben besonders alarmierend. Hier ist die Zahl der Bienenvölker seit 1945 bereits um 60 Prozent gesunken, in Mitteleuropa seit 1985 um ein Viertel.[2] In China existieren bereits ganze Landstriche, in denen es keine Bienen mehr gibt. Hier werden Hunderttausende Blüten alljährlich aufwendig durch Menschenhand bestäubt. So weit ist es in Deutschland noch nicht, und tatsächlich sind es vor allem die Städte, die dem Bienensterben entgegenwirken können. Vielerorts haben sich Initiativen gegründet wie zum Beispiel »München summt!«, deren Mitglieder Bienenstöcke in Gärten oder auf Dächern prominenter Häuser der Stadt wie dem Gasteig und bald auch dem Deutschen Museum platzieren. Weil die Bienen im städtischen Umfeld inzwischen mehr Nahrungsvielfalt auf Balkonen, in Gärten und Parks finden als in den Monokulturen der landwirtschaftlichen Gebiete, ist der Honig besonders lecker und – anders als man es vielleicht erwarten würde – zudem frei von Schadstoffen, weil die Bienen den Nektar aus frisch aufgeblühten Blüten sammeln. Ob sich städtische Naturen langfristig bewähren können, bleibt weiterhin eine offene Frage, aber solche und ähnliche Initiativen machen Hoffnung.

Menschen machen Steine

Berechnungen zufolge hat der Mensch bereits so weit in die Natur eingegriffen, dass heute drei Viertel der eisfreien Erdoberfläche nicht mehr in ihrem ursprünglichen Zustand sind.[3] Insbesondere die Suche nach Mineralien und verwertbarem Gestein hat unsere Erde langfristig verändert. Wir bewegen größere Mengen Gestein als die Natur, schaffen künstliche Berge und bohren tiefe Löcher – wir sind zu einem geologischen Faktor geworden. Die Länge aller für Erdöl- und Erdgasförderung gebohrten Löcher wird auf circa 50 Millionen Kilometer geschätzt. Um diese Länge zu erreichen, müsste man 3937 Mal durch die Erde bohren.

Wegen ihrer Bänderungen in bläulich grünlicher Farbe ähneln Bodeachate echten Achaten. Sie sind aber durch menschliche Bergbautätigkeit entstanden.
www.geoexpedition-harz.de (Mario Fischer / Kathrin Brehme)
Foto: DMA, CD68881

Manchmal gewollt, manchmal ungewollt: Auf der ganzen Erde bieten Städte Tieren und Menschen gemeinsame Lebensräume.
Foto: Don Mammaser / shutterstock.com

Durch Verhüttung schaffen wir aber auch neue Stoffgemische und künstlich hergestellte Steine wie Ziegel oder Beton. Seit 1945 sind weltweit ungefähr 500 Milliarden Tonnen Beton produziert worden. Das entspricht drei Kilogramm pro Quadratkilometer Landoberfläche. Viele unserer Konsumgüter basieren auf reinem Titan, Kupfer oder Eisen, wie sie in der Natur nur selten vorkommen, so dass wir sie in energieintensiven chemischen Verfahren mit häufig kontaminierten Abfallprodukten herstellen müssen. Seit 1950 sind ungefähr 500 Millionen Tonnen Aluminium produziert worden, genug, um die Fläche der USA mit einer Alufolienschicht zu überziehen.

Die Geschichte des Bergbaus geht bis deutlich vor die Industrialisierung zurück. Bereits im 12. Jahrhundert wurden im südlichen Harz Eisen, Kupfererz, Silber, Zink und Mangan abgebaut. 1584 wurde dort weltweit erstmals Koks bei der Verhüttung verwendet. Der nichtmetallische Schmelzrückstand, die Schlacke, wurde auf großen Halden am Fluss Bode gesammelt. Vom Wasser geschliffen, entstanden runde kiesartige Steine, die sogenannten Bodeachate.

Technikgestützter Naturschutz

Zum Anthropozän gehört die Einsicht, dass der Mensch bereits einige Zerstörungen und Ungleichgewichte hervorgerufen hat. Die Natur schützen – ungeachtet der unterschiedlichen Motive –, hat eine lange Tradition. Manchmal kommt jedoch jede Schutzanstrengung bereits zu spät, und vielerorts müssen wir uns neuer, innovativer Möglichkeiten bedienen. Immer häufiger spielt dabei die Technik eine große Rolle. Ob zur Erforschung der Todeszonen in den Ozeanen, der Einrichtung von Schutzgebieten oder der Überwachung von bedrohten Tierpopulationen – Drohnen, Roboter und Computersimulationen sind hier allgegenwärtig. Ein besonders akutes Problem stellt der wachsende Artenverlust dar. Neben all den anderen Tier- und Pflanzenarten ist erdweit jede siebte Vogelart vom Aussterben bedroht, in Deutschland sind es 110 der 260 einheimischen Brutvögel. Mit Monitoring-Projekten und moderner Technik versuchen Naturschutzprogramme, den Trend aufzuhalten. Eine bedrohte, doch im Aufwind befindliche Vogelart ist der Waldrapp *(Geronticus eremita)*. Bis zum 17. Jahrhundert war er in Mitteleuropa heimisch, doch aufgrund von Überjagung dezimierte sich seine Population auf einige Hundert Exemplare. Die erste Beschreibung des Waldrapps lieferte im 16. Jahrhundert der Schweizer Naturforscher Conrad Gessner, jedoch ohne den Vogel jemals gesehen zu haben. Da die Art kurz danach in der Schweiz bereits ausgestorben war, zweifelte man Gessners Beschreibungen an und hielt den Waldrapp lange für ein Fabelwesen. Erste wohlgemeinte Schutz- und Auswilderungsprojekte scheiterten, weil die von Menschen aufgezogenen Jungvögel die Flugroute in ihre Winterquartiere nicht erlernen konnten, so dass mehr als 400 Jahre lang in Europa keine migrierenden Waldrappe mehr lebten – bis vor kurzem. Um neue ziehende Kolonien zu gründen, erlernen handaufgezogene Vögel den Flug von menschlichen Pflegeeltern in einem Ultraleichtflugzeug. Das von der Europäischen Union geförderte Projekt mit Partnern aus Österreich, Italien und Deutschland verzeichnet erste Erfolge: 2011 kehrte erstmals ein Waldrapp selbstständig aus der Toskana in sein Sommerquartier zurück. Durch die menschengeführten Migrationen erhöht sich jährlich die Anzahl zugerfahrener Vögel, die ihr Wissen an die folgende Generation weitergeben.

Der Waldrapp erreicht eine Flügelspannweite von bis zu 125 cm. Typisch ist sein schwarzes, grün-violett glänzendes Gefieder.
Foto: Waldrappteam – Life + Biodiversity

Ist der »Razorius Gilletus« ein Zeichen dafür, dass Evolution mehr ist als ein DNA-basierter Prozess? Wenn ja, wer wird diese techno-biologische Evolution steuern?
Foto: DMA, CD69807

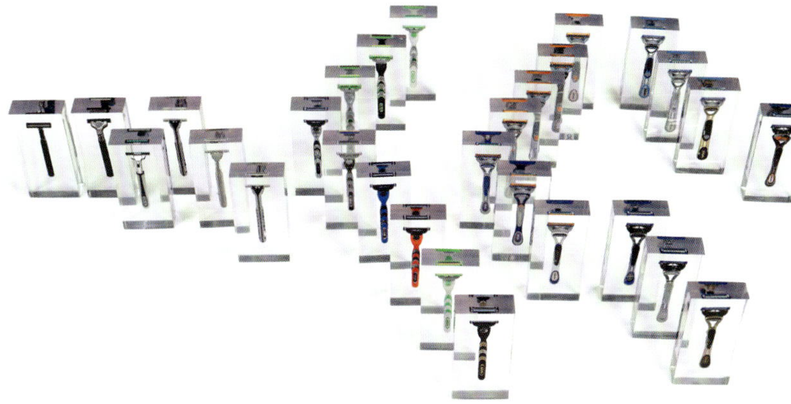

Natur der Zukunft

Der Dualismus zwischen Natur und Kultur gehört im Anthropozän der Vergangenheit an. Milliarden von Menschen prägen und formen, was wir als Natur bezeichnen. Wie wird die Natur der Zukunft aussehen? Werden wir sie noch als solche erkennen? Verschmelzen Menschengemachtes und Natürliches? Nicht nur Wissenschaftlerinnen und Umweltschützer, sondern auch Künstler und Künstlerinnen stellen diese Fragen und wagen einen Blick in die Zukunft.[4]

In welchem Verhältnis stehen zum Beispiel die Biosphäre und die wachsende, vom Menschen erschaffene Technosphäre? Ist die Entstehung eines Fünf-Klingen-Rasierers das Ergebnis menschlicher Bedürfnisse? Dieser Frage widmet sich die niederländische Künstler- und Designergruppe Next Nature; sie hat den »Razorius Gilletus« erschaffen – eine neue Spezies in unserer techno-ökonomischen Ökologie. Die technische Entwicklung von Rasierern zeigt Ähnlichkeiten zu natürlichen Evolutionsprozessen: Jedes Modell baut auf den Merkmalen des Vorgängers auf. Erfolgreiche Adaptionen finden sich in künftigen Generationen, nicht erfolgreiche sterben dagegen aus. Ästhetische Merkmale haben oft keinen direkt erkennbaren Nutzen, außer dass sie helfen, sich gegen Rivalen durchzusetzen. Rasierer sind aber menschengemacht, mag man einwenden, und sie können sich nicht fortpflanzen. Allerdings gilt dies heute auch bereits für viele domestizierte Früchte und manches Nutztier.

Ein anderes Projekt von Next Nature spielt anhand einer künstlerisch verfremdeten Notfalldecke mit der Idee von Naturkatastrophen, dreht sie angesichts wachsender menschengemachter Naturphänomene um und stellt die Frage, ob wir die Natur überleben (können). Ursprünglich von der US-Luft- und Raumfahrtbehörde NASA 1964 zum Schutz der Astronauten im All erfunden, ist die reißfeste und wasserdichte Decke aus Polyesterfolie mit hauchdünnem, reflektierendem Aluminium beschichtet. Im All wie auf der Erde schützt sie den Träger vor Kräften der »alten« Natur: Kälte, Hitze, Regen oder Wind. Anders jedoch diese spezielle Rettungsdecke: Sie soll gegen Kräfte der »neuen« Natur wie Elektrosmog, Drohnenattacken oder Funkwellen schützen und wirft dabei die Frage auf, ob das noch wir gegen die Natur sind oder schon längst wir gegen uns selbst.

Nina Möllers

1 Als wahrscheinlicher Ort des Meteoriteneinschlags wird in der Forschung der Chicxulub-Krater im Golf von Mexiko nahe der Halbinsel Yucatán genannt. Der Einschlag eines oder mehrerer Meteoriten (KT-Impakt) führte sehr wahrscheinlich zu einer erhöhten Vulkantätigkeit, die wiederum einen extremen Wandel der Flora und Fauna nach sich zog.

2 http://www.zeit.de/wissen/umwelt/2012-01/bienensterben-parasit-forscher (Zugriff: 18.09.2014).

3 Ellis, Erle; Ramankutty, Navin: Putting People on the Map. Anthropogenic Biomes of the World. In: Froniers in Ecology and the Environment 6/1 (2008), S. 439.

4 Vgl. hierzu das Interlude S. 114–119 zu den Fossilien der Zukunft von Yesenia Thibault-Picazo in diesem Katalog.

Die Erde mit neuen Augen sehen

Rembrandts pastorale Weiten, Cézannes geschwungene Hügel, die nebligen Meere Turners und die romantische Natur Friedrichs: Landschaftsbilder prägen unsere Wahrnehmung von Natur. Doch die Wirklichkeit sieht längst anders aus als auf diesen Gemälden.

Durch Landwirtschaft, Fischerei, Industrie, Bergbau und Städtebau haben die Menschen erdweit »Kulturlandschaften« geschaffen. Manchmal zeigt sich der menschliche Einfluss mit erschreckender Wucht, manchmal versteckt und erst nach langer Zeit. Doch nicht alle neuen Landschaften sind schlecht und hässlich, viele besitzen eine ganz eigene Schönheit. Bilder von menschengeformter Neo-Natur fordern uns auf, die Erde mit neuen Augen zu sehen und Verantwortung für sie zu übernehmen.

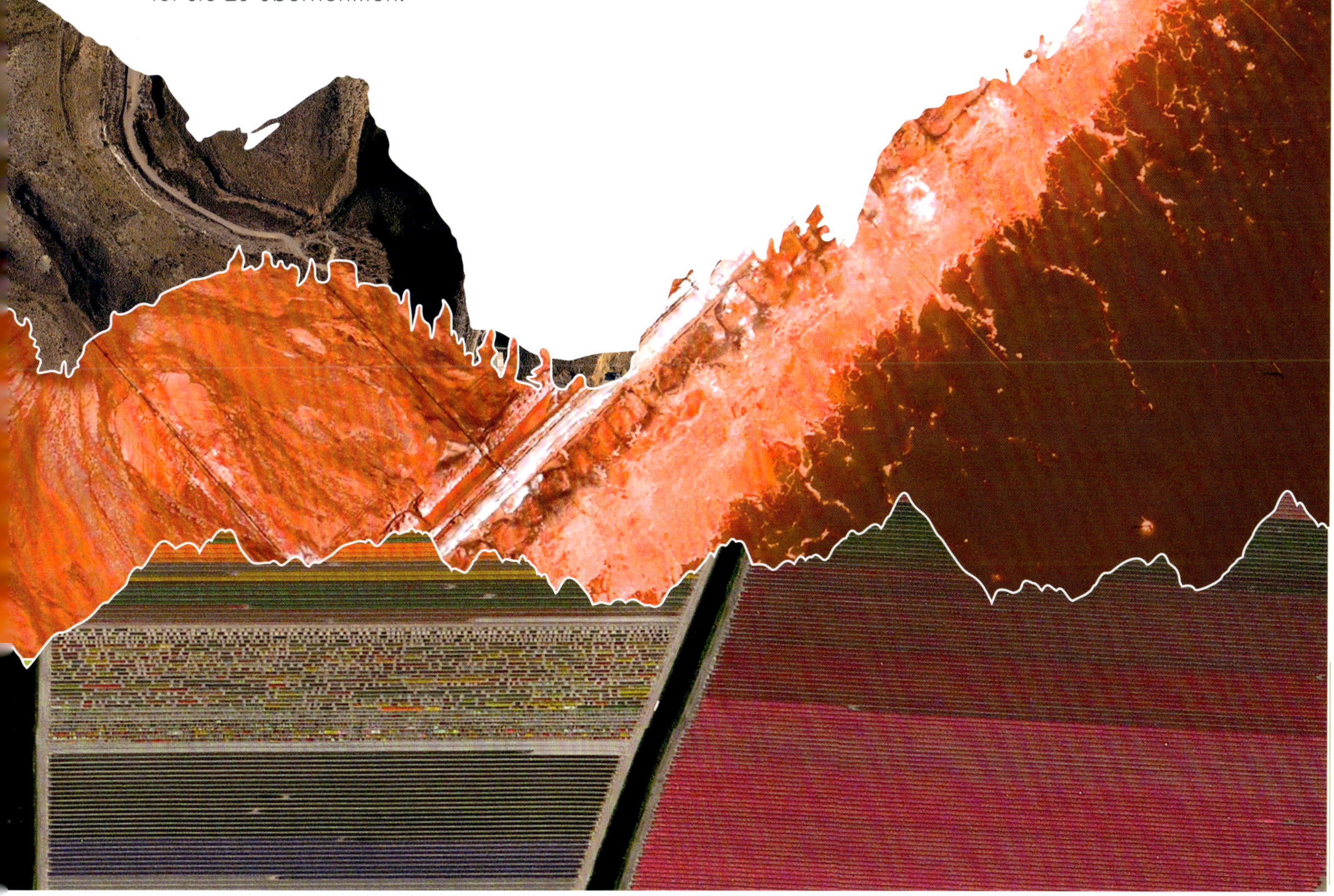

Über den Tellerrand geblickt

Rund um den Globus haben wir Menschen eines gemeinsam: Wir müssen essen und trinken – und das jeden Tag. Ohne eine regelmäßige Kalorienzufuhr können wir nicht überleben. Dabei wird gegessen, was uns schmeckt, was verfügbar ist und was wir uns leisten können. Die Mahlzeiten sind so vielfältig wie die Kulturen, in denen sie zubereitet werden. Sie spiegeln Lebensstile, Ernährungsgewohnheiten und Genuss, beschreiben Vielfalt und Mangel und erzählen von regional und kulturell unterschiedlichen Zugangsmöglichkeiten zu den Ressourcen der Erde.

Obwohl heute auf der Erde so viel Nahrung produziert wird, dass sie für alle Menschen reichen würde, können sich immer noch eine Milliarde Menschen nur eine karge Mahlzeit aus einfachen Grundnahrungsmitteln leisten. In den Industrienationen führt der Wohlstand zu einem Ernährungsüberfluss, tägliche Mahlzeiten aus Fleisch, Fisch- und Milchprodukten sind für uns selbstverständlich. Die Nachfrage nach Fertigprodukten schnellt in die Höhe, was zu Übergewicht und Fettleibigkeit führt. Dieser westliche Ernährungsstil überträgt sich auf die aufstrebenden Schichten der bevölkerungsstarken Schwellenländer. Mittlerweile übertrifft die Anzahl der Übergewichtigen die der Hungernden bei weitem. Beides verursacht weltweit massive gesundheitliche Probleme.

Um die steigende Nachfrage nach den aufwendig hergestellten Produkten zu decken, wurden die landwirtschaftlichen Erträge durch Kunstdünger gesteigert und natürliche Lebensräume in anderen Erdteilen in Agrarflächen für den Export umgewandelt. Die Auswirkungen sind im Anthropozän deutlich zu spüren: Für seine vielzähligen Ernährungswünsche hat der Mensch in die Lebensräume an Land und in den Ozeanen mit ihrer Pflanzen- und Tiervielfalt unwiederbringlich eingegriffen. Stoffkreisläufe, Wasserreservoire und das Klima haben sich bereits langfristig verändert.

Die Sortenvielfalt der Kulturpflanzen hat im ertragreichen Monokulturanbau stark abgenommen. Gab es früher in jeder Region der Erde eine große Vielfalt an Nutzpflanzen, die an die unterschiedlichsten Klima- und Bodenverhältnisse angepasst waren, so dominieren heute nur noch wenige Hochleistungssorten. Die genetische Basis unserer Kulturpflanzen schwindet, und damit auch ein wichtiges Kulturgut.

Das größte Problem für die Ernährungssicherung der Zukunft liegt im globalen Klimawandel. Die Erwärmung der Erdatmosphäre führt in vielen Ländern des Globalen Südens zu schrumpfenden Erträgen; zunehmende und sich verstärkende Wetterextreme verursachen mehr Missernten.

Die industrielle Landwirtschaft hat es nur durch einen immensen Ressourcenverbrauch ermöglicht, die Ernährung der Weltbevölkerung zu stützen. Alles deutet darauf hin, dass die Weltbevölkerung zumindest mittelfristig weiter wachsen wird. Die Zukunft sieht die *Food and Agriculture Organization of the United Nations* (FAO) jedoch nicht in einer Fortführung, sondern in einer Umkehrung des Prozesses agrarischer Industrialisierung: Stellt man die zerstörten kleinbäuerlichen Strukturen wieder her, baut sie aus und kombiniert sie mit einer nachhaltigen landwirtschaftlichen Anbauweise, kann sich ein Großteil der Weltbevölkerung lokal ernähren. Zugleich ließen sich damit Probleme des Bevölkerungsrückgangs sowie der Überalterung und Abwanderung aus ländlichen Gebieten vermindern.

Der originale Demonstrationsapparat von Fritz Haber wandelt Stickstoff-(N_2) und Wasserstoffgas (H_2) in Ammoniak (NH_3) um. Aus Ammoniak lassen sich Mineraldünger und Farbstoffe, aber auch Sprengstoffe herstellen.

DMO, Inv.-Nr. 50956
Foto: DMA, BN42254

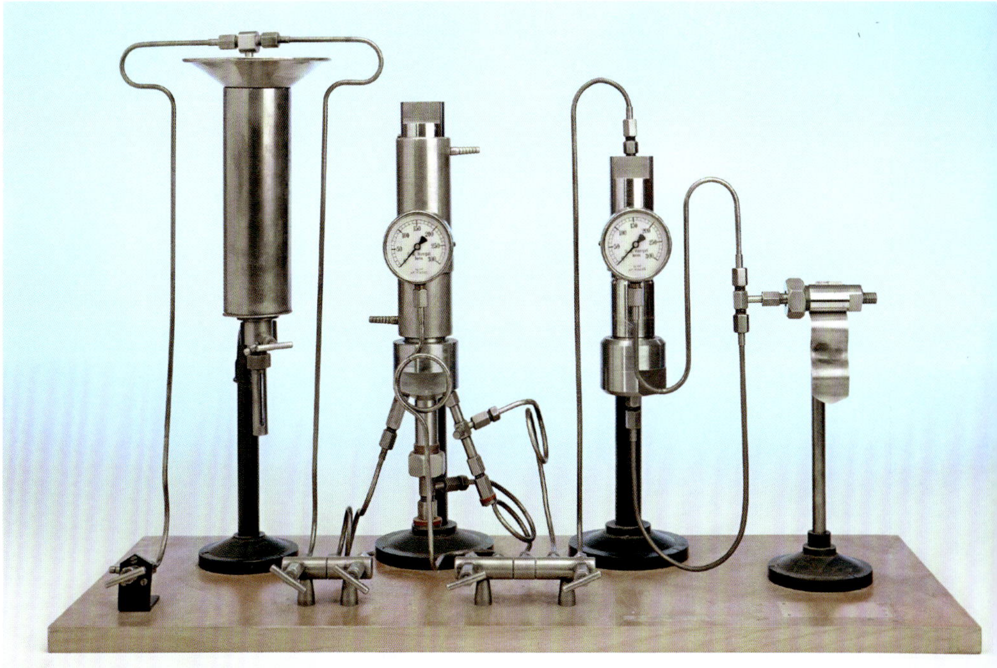

Aus der Luft gegriffen: Dünger für die Welternährung

Stickstoff ist für Pflanzen, Tiere und Menschen ein essenzieller Baustein des Lebens. Doch lässt sich Stickstoff nicht direkt aus der Luft aufnehmen. Deshalb düngten Bauern ihre Felder seit Beginn der Sesshaftwerdung im Neolithikum überwiegend mit tierischen Ausscheidungen, um die Pflanzen mit Nährstoffen zu versorgen. Viehzucht und Felderwirtschaft bildeten jahrtausendelang einen lokalen Nährstoffkreislauf. Dies änderte sich schlagartig, als es dem deutschen Chemiker Fritz Haber 1909 gelang, Stickstoffdünger in Form von Ammoniaksalzen herzustellen. Das von Karl Bosch weiterentwickelte Haber-Bosch-Verfahren ermöglichte ab 1913 die Massenproduktion von Ammoniak aus Luftstickstoff und Wasserstoff. Fritz Haber wurde für seine Entdeckung der Ammoniaksynthese der Chemie-Nobelpreis des Jahres 1918 verliehen – kurz nach Ende jenes Krieges, dessen lange Dauer mit einem gigantischen Verbrauch von Sprengstoffen ohne das Haber-Bosch-Verfahren nicht denkbar gewesen wäre. Ab den 1920er Jahren führte die massenhafte Herstellung von Stickstoffdünger zu einer Agrarrevolution und ermöglichte weltweit hohe Ernten.

Für reiche Erträge wird Stickstoffdünger großflächig und konzentriert auf die Felder aufgebracht. Weltweit ist der Verbrauch jedoch sehr unterschiedlich. Während die Böden der Industrieländer wie beispielsweise in Deutschland bereits durch Stickstoff von Gülle aus Massentierhaltung überdüngt sind, fehlen die Nährstoffe dort, wo Futterpflanzen für die Tiere wachsen sollen, etwa in Südamerika. Als Folge ist der Stickstoffkreislauf in den Böden der Erde zunehmend gestört.

Doch Stickstoffdünger steigert nur kurzfristig die Erträge. Langfristig verschlechtert der im Übermaß freigesetzte Stickstoff die Bodenfruchtbarkeit und versauert oder zerstört den Humus der Böden. Die weltweit stetig steigenden Stickstoffemissionen verschmutzen zudem die Gewässer und die lokale Umwelt und führen zu einer Abnahme der Artenvielfalt. Eine Herausforderung im Anthropozän ist es, den Mineraldünger so zu nutzen, dass die Nährstoffe dem System erhalten bleiben.

Phosphor und eine blaue Toilette

Ein weiterer wichtiger Bestandteil von Dünger ist Phosphor. Anders als Stickstoff ist Phosphor nicht künstlich herzustellen, doch der teure endliche Rohstoff lässt sich zurückgewinnen, beispielsweise aus Urin. Unser Körper benötigt Phosphor zum Überleben. Was wir nicht aufnehmen können, scheiden wir im Urin wieder aus.

In den Industrieländern wird Urin und der darin enthaltene Phosphor mit der wassergespülten Toilette entsorgt. In vielen anderen Gebieten der Erde existieren jedoch weder Toiletten noch eine Kanalisation. Hier gehen nicht nur die wertvollen Nährstoffe verloren, sondern belasten Urin und Fäkalien zusätzlich die Umwelt. Weltweit sind 2,6 Milliarden Menschen von diesem Problem betroffen, besonders die arme Bevölkerung in den städtischen Gebieten des Globalen Südens.

Eine Lösung könnte die vom Schweizer Forschungsinstitut Eawag und dem Wiener Designbüro EOOS entwickelte, preisgekrönte »Blue Diversion-Toilet« darstellen. Basis ihrer Idee ist eine Trockentoilette mit einer getrennten Urinsammlung. Aufbereitet lassen sich daraus Nährstoffe wie Phosphor rückgewinnen. Die Toilette verbraucht kaum Wasser. Sie hat einen eigenen Wasserkreislauf, mit dem erst die Hände im Waschbecken und danach die Schüssel gespült werden. Auf

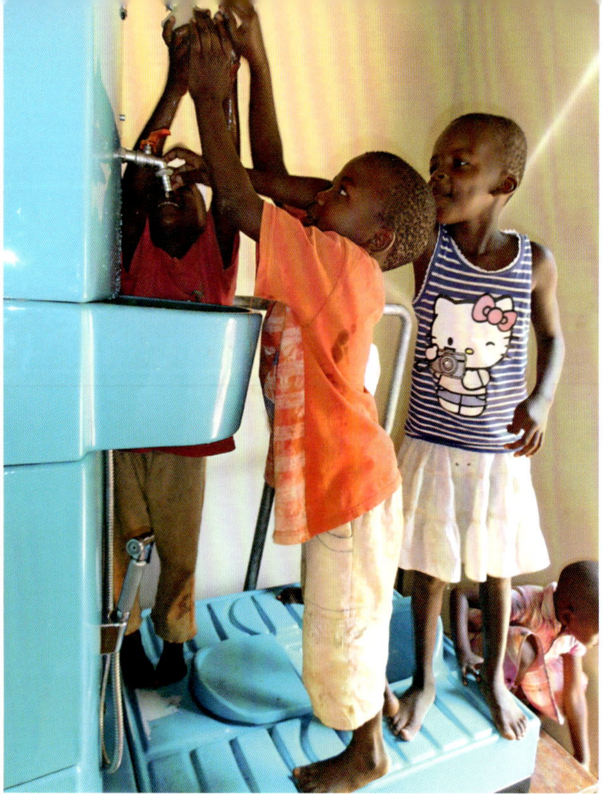

Die Blue-Diversion-Toilette funktioniert ohne Infrastruktur wie Kanalisation oder Wasserleitungen.

Foto: EAWAG, Swiss Federal Institute of Aquatic Science and Technology, Dübendorf

biologischem Wege von Keimen befreit, fließt das Wasser zurück. Eine solarbetriebene Elektrolyse verhindert das Aufkommen unerwünschter Bakterien im zurückgeführten Wasser. Würde es gelingen, die Toilette seriell herzustellen, ließen sich Nährstoffe im großen Umfang sammeln und nutzen und damit ein zentrales Problem im Globalen Süden ein Stück weit eindämmen.

Bodenlos

Die landwirtschaftlich nutzbaren Flächen unserer Erde sind begrenzt. Nach Angaben der FAO vergrößerte sich im Verlauf der letzten 50 Jahre die landwirtschaftlich genutzte Fläche zwar um 12 Prozent, es ging jedoch auch sehr viel fruchtbarer Boden verloren. Die rasante Urbanisierung versiegelt wichtige Agrarflächen. Zudem liegt ein Drittel der Landflächen in trockenen Klimagebieten. Diese besonders empfindlichen Böden verschlechtern sich zunehmend durch Erosion, Wüstenbildung und Versalzung, eine Folge von Boden- und Wasserübernutzung. In den vergangenen 25 Jahren hat der Mensch durch seine Lebensweise ein Viertel der Landoberfläche der Erde degradiert; der Boden ist geschwächt und für Ackerbau schlechter nutzbar. Und der Trend geht weiter: Nach Schätzung der FAO könnte in Afrika das verfügbare Ackerland bis zum Jahr 2025 im Vergleich zu 1990 um zwei Drittel abgenommen haben.[1]

Von den 1960er Jahren bis heute hat sich die Anbaumenge von Getreide durch genetische Anpassung der Pflanzen und durch Einsatz von Kunstdünger verdreifacht. In Monokulturen gepflanzt, bedecken Mais, Reis, Weizen und Soja riesige Flächen. Aber weniger als die Hälfte wird direkt als Lebensmittel genutzt. Den anderen Teil machen wir zu Tierfutter, Bioenergie oder Industrierohstoffen. Weil der Landbedarf für Fleischverzehr und Biosprit weiter wächst, steigt die Nutzungskonkurrenz der Flächen weltweit stark an.

Wenn jeder für seine Lebensmittelproduktion selbst verantwortlich wäre …

Würde man die verfügbare Agrarfläche der Erde durch alle Menschen teilen, hätte jeder eine bestimmte Nutzfläche zur Verfügung, die für den Anbau seiner Nahrungsmittel, seiner verbrauchten Bioenergie und zur Viehzucht ausreichen müsste.

Bereits 1970 stand jedem Menschen nur noch die Größe eines halben Fußballfeldes zu, eine Fläche von 0,38 Hektar. Nach Schätzungen der FAO wird diese Fläche im Jahr 2050 auf 0,15 Hektar pro Person geschrumpft sein, was den Maßen des Raums der Anthropozänausstellung entspricht. Diese Fläche müsste jedes Jahr ausreichen für sämtliches Getreide und Gemüse, für Kaffee und Saftorangen. Dazwischen grast das Vieh der Rindersteaks und Chicken Wings, aber auch das Futtermittel für die Tiere sowie der Raps für den Biosprit, den wir auf dem Weg zur Arbeit verbrauchen, müssen darin noch unterkommen.[2]

Trockenheit und virtuelles Wasser

Das im Boden gespeicherte Regenwasser steht Pflanzen bei Trockenheit als Reserve zur Verfügung. In vielen Gebieten der Erde reicht der Regen jedoch nicht aus, um hohe Erträge zu sichern. Deshalb hat sich der weltweite Wasserverbrauch seit den 1930er Jahren versechsfacht, zwei Drittel des genutzten Süßwassers werden inzwischen für die Feldbewässerung verwendet. Die Verdreifachung der Weltbevölkerung, die Verdoppelung des Wasserverbrauchs pro Person und die Verbreitung von verbrauchsintensiven Lebensstilen haben die Grundwasserreserven in einigen Regionen an ihre Grenzen gebracht. Der Boden versalzt, das verbleibende Grundwasser wird unbrauchbar. Manche Flüsse, etwa der Colorado in den USA, erreichen heute deshalb nicht mehr das Meer. Die Auswirkungen des Klimawandels wie Trockenphasen und Starkregenereignisse verschärfen das Wasserproblem.

Der globale Wandel unserer Landnutzung wirkt sich auch auf die Qualität des Wassers aus. Ein Großteil des Stickstoffüberschusses aus der Landwirtschaft geht als Nitrat in das Grundwasser, in Flüsse und Seen und schädigt dadurch die Wasserressourcen und die Küstengebiete der Ozeane.

In unseren konsumierten Lebensmitteln versteckt sich direkt und indirekt viel Wasser. Man bezeichnet es als virtuelles Wasser. So wird etwa die Kaffeebohne, die mit der Pflanze bewässert und nach der Ernte exportiert wird, dem Wasserverbrauch des Landes zugerechnet, in dem dieser Kaffee getrunken wird. Bei der Produktion seiner Lebensmittel verbraucht jeder Deutsche täglich 4000–5000 Liter dieses virtuellen Wassers. Der errechnete Wasserverbrauch von einem Kilo Rindfleisch liegt bei 15 500 Liter, wobei davon 15 300 Liter bereits in die Bewässerung des proteinreichen Kraftfutters wie Soja für das Tier fließen.[3]

Der Mensch und das Meer

Lange blieb die Nutzung der Meere durch den menschlichen Fischfang im Einklang mit der Natur. Nach Anfängen bereits in der Frühen Neuzeit geriet das Gleichgewicht von Fischfang und natürlicher Reproduktion jedoch spätestens im 20. Jahrhundert aus den Fugen. Die weltweite intensive Fischerei führte zur Übernutzung vieler Fischbestände. Seit einigen Jahrzehnten lässt sich die Fangmenge von Fischen und Meeresfrüchten nicht mehr steigern. Mit Hilfe moderner Lottechnik spüren Trawler jeden Fisch auf. Die Fischbestände können sich nicht schnell genug reproduzieren, die Meere leeren sich, die Ökosysteme werden zerstört.

In den Küstengebieten der Erde ist Fisch besonders für die ärmere Bevölkerung überlebensnotwendig, da Fisch oft als einzige Quelle tierisches Eiweiß in Verbindung mit Mineralstoffen liefert. Eine nachhaltige Nutzung der Weltmeere ist ein wichtiger Beitrag zur langfristigen Sicherung nicht nur der menschlichen Ernährung, sondern auch der biologischen Diversität mariner Lebensräume.

Tierisches Eiweiß

War bis zur Mitte des letzten Jahrhunderts in Deutschland der Sonntagsbraten noch die einzige Fleischmahlzeit der Woche, explodierte der Fleischkonsum ab den 1960er Jahren. Weil der Preis deutlich sank, wurde Fleisch für große Teile der Gesellschaft zur Alltagsspeise. Heute ist in der industrialisierten Welt ein Hauptgericht ohne Fleisch fast undenkbar.

Die Herstellung tierischer Lebensmittel beansprucht wesentlich mehr Fläche als die pflanzlicher Lebensmittel. Bei Ölsaaten wie Soja gehen bis zu 90 Prozent der Ernährungsenergie bei der Umwandlung in Fleisch verloren. Obwohl in Deutschland bereits die Hälfte der Ernte verfüttert wird, reicht das Futter nicht aus, um die Fleischnachfrage zu befriedigen. So wächst für die europäische Tierproduktion in Lateinamerika eiweißhaltiges Kraftfutter auf Böden ehemaliger tropischer Regenwälder, und dies auf einer Fläche, die so groß ist wie alle Agrarflächen Deutschlands zusammengenommen. In den Tropen werden dafür Wald- und Weideflächen umgewandelt. Die freigelegten dünnen Böden sind nicht für den Anbau von Nutzpflanzen geeignet und müssen stark gedüngt werden, um hohe Erträge zu erbringen, wodurch die Böden jedoch langfristig geschädigt werden.

Die Tierhaltung ist ein wahrer Landfresser. Heute wird bereits ein Drittel der gesamten globalen Landfläche für die Tierhaltung und Produktion von Futtermitteln genutzt. Nach dem aktuellen Fleischatlas der Heinrich-Böll-Stiftung (2014) isst jeder Deutsche im Laufe seines Lebens durchschnittlich 1094 Tiere: 4 Rinder, 4 Schafe, 12 Gänse, 37 Enten, 46 Schweine, 46 Puten und 945 Hühner. Doch der Fleischkonsum beginnt allmählich zu schrumpfen, jedenfalls in manchen Ländern des Globalen Nordens, darunter auch Deutschland, wo der Anteil an Vegetariern und Veganern stetig zunimmt. Fleisch verliert an Attraktivität, und gerade die jüngeren Generationen sind neugierig auf Alternativen.

Essen von morgen: synthetisches Fleisch

Eine mögliche Alternative könnte synthetisches Fleisch sein. In einem ersten Schritt haben Wissenschaftler der Universität Maastricht im August 2013 Stammzellen von Rindern schon zu Muskelstreifen vermehrt und es als gebratene Frikadelle präsentiert.

In Zukunft könnte künstliches Fleisch in neuen Formen, hier als gewürzte Proteinfäden, ein kreatives Ess-Erlebnis sein.
Foto: Next Nature Network, Amsterdam

Insekten sind sehr nahrhaft. Was in anderen Kulturen selbstverständlich ist, könnte auch bei uns bald Normalität sein.
Foto: snack-insects

Fleisch aus dem Labor könnte uns aber auch weitere Möglichkeiten im Umgang mit Nahrungsmitteln bieten. Wie wäre es mit neuen Formen – wie Steaks aus gestrickten Proteinfäden, Fleischmalfarben für Kinder oder Fleischaustern? Ausgedacht hat sich diese ungewöhnlichen Essenskreationen das Next Nature Network, ein Team von Designern und Künstlern. Die Rezepte ihres eigenen In-Vitro-Kochbuchs reichen von lecker und appetitlich bis zu fremd und unheimlich. Ob das Laborprodukt eine echte Alternative zum traditionellen Schlachtfleisch sein kann und Einzug in unsere Esskultur finden wird, entscheiden letztlich wir Verbraucher.

Schreckt's dir?

Tierische Proteine stehen nicht nur im Stall oder lassen sich in der Petrischale züchten. Sie umschwirren uns und krabbeln unter unseren Füßen: Insekten. Felder, Wälder und Städte sind voll von ihnen. Mit über 60 Prozent aller bekannten Spezies bilden sie die artenreichste Klasse der Tiere überhaupt.

Insekten gelten uns als Ärgernis, sie sind lästig und befallen Nutzpflanzen und Tiere. Allenfalls dulden wir sie als Dienstleister, wie die Bienen zur Blütenbestäubung. Neben ihrer fundamental wichtigen Rolle in der Natur und damit auch für unsere Ernährung könnten Insekten für uns aber viel mehr sein, nämlich Nahrung. Ihr hoher Proteingehalt ist vergleichbar mit Fleisch und Milch. Auch ihr Fettgehalt macht sie begehrt. Insekten zu essen ist nachhaltig. Sie brauchen wenig Platz, Wasser und Nahrung und begnügen sich mit Abfall aus Pflanzenresten. Anders als Schweine oder Hühner stellen sie für den Menschen keine Nahrungskonkurrenz dar, denn sie brauchen kaum Eiweiß, um es selbst zu bilden.

Während der Verzehr von Insekten in der westlichen Welt eher Abscheu erzeugt, gehören diese in vielen Teilen der Erde zum üblichen Speiseplan oder sind gar eine Delikatesse. Ob Raupen, Grillen, Maden oder Würmer – rund 1900 Arten werden heute erdweit von 2 Milliarden Menschen verspeist. Werden auch wir in Zukunft nicht nur zur Garnele, sondern auch zur Schabe greifen?

Strategien der Nah- und Selbstversorgung

Die Stadt hat jahrhundertelang Mensch und Natur getrennt. Flüchteten früher die Menschen vor der schweren Feldarbeit vom Land in die Stadt, kehrt heute das Gärtnern als bodenständiges Bedürfnis in die am dichtesten besiedelten Gebiete zurück.

Was in Nordamerika in den 1970er Jahren auf öden städtischen Grünstreifen mit abgeworfenen »Saatbomben«, Kugeln aus Erde und Samen, als Guerilla Gardening begann, lässt mittlerweile rund um den Globus Städte aufblühen. Beim Urban Gardening bepflanzen Bewohner Brachflächen zwischen Parkplätzen, Apartments und Müllbergen. Ob es der Wunsch nach dem Einfachen in einer zunehmend komplizierten Welt ist oder pure Überlebensstrategie: Das gemeinschaftliche Gärtnern hat einen direkten ökologischen, sozialen und ökonomischen Mehrwert. So fördert der nachhaltige Anbau von Lebensmitteln die biologische Vielfalt und schont Ressourcen. Zudem ist er ein Ort der Begegnung: Das gemeinsame Arbeiten stärkt den sozialen Zusammenhalt. Metropolen können in Zeiten des Klimawandels und hoher Energiepreise nur dann auf Dauer lebenswert sein, wenn die Menschen der Natur auch im urbanen Raum Entfaltung bieten und sie bewahren.

Der bunte und lebendige Gemeinschaftsgarten »o'pflanzt is!« ist Münchens größtes Urban-Gardening-Projekt.

Foto: Thomas Degen

In der Aquaponikanlage des IGB Berlin wachsen gleichzeitig Fisch und Tomatenpflanzen, denn sie haben ähnliche Umweltbedürfnisse für ihr Wachstum.

Foto: Leibniz-Institut für Gewässerökologie und Binnenfischerei (IGB), Berlin

Auch in München existiert seit 2011 trotz enormen Flächennutzungsdrucks ein Gemeinschaftsgarten, in dem jeder mitmachen kann und ein Plätzchen findet: Bei *»o'pflanzt is!«*, wie der Garten sich nennt, wird auf gemeinsamen Hochbeeten ökologisch angebaut, und das in recycelten Pflanzbehältern ohne synthetischen Dünger oder Pflanzenschutzmittel. Im Garten bestäuben Bienen aus eigens angelegten Stöcken die Pflanzen. Auch das Beobachten und die Weitergabe des Wissens über Bienen und Pflanzen sind ein fester Bestandteil der Initiative.

Erste Systeme für einen professionell nachhaltigen Anbau von Obst und Gemüse in der Stadt beginnen sich zu entwickeln. Das Leibniz-Institut für Gewässerökologie und Binnenfischerei (IGB) etwa ist der Frage nach einer verbesserten Balance zwischen Produktion und Konsum nachgegangen und hat eine neue Lösung entwickelt: Aquaponik, eine ungewöhnliche Verbindung von Fischzucht (Aquakultur) und Gemüseanbau auf Mineralwolle (Hydroponik).

Wenn Zander, Barsche oder Karpfen im Becken schwimmen, läuft das Wasser mit den Ausscheidungen der Fische über Filter in ein Gewächshaus. Dort bewässert es Tomatenpflanzen und düngt sie gleichzeitig. Diese kommen mit sehr viel weniger Wasser als in Erde wachsende Pflanzen aus. Verdunstetes Wasser aus dem Gewächshaus fließt wieder zurück zu den Fischen. Das Aquaponik-System benötigt keinen synthetischen Dünger und auch keine Pestizide oder Antibiotika. Ab 2015 sollen in einer stillgelegten Malzfabrik mitten in Berlin bereits 24 Tonnen Fisch und 35 Tonnen Gemüse nach dieser Methode produziert werden. Fisch und Tomaten können dann frisch und CO_2-arm produziert direkt vor Ort gekauft werden.

Ernährung und Lebensstil sind in der Moderne eng aufeinander bezogen. Ein Wandel unserer Ernährung ist ohne eine Veränderung unseres Lebensstils nicht denkbar. Im Anthropozän gilt es, bei der Produktion und Nutzung ebenso wie beim Wegwerfen und Wiederverwerten von Nahrungsmitteln kreative Lösungen zu finden, die eine ausreichende Versorgung der gesamten Menschheit ermöglichen, ohne die Ressourcen der Erde auf Kosten künftiger Generationen überzustrapazieren. Der Globale Norden mit seinen ungleich größeren wirtschaftlichen Möglichkeiten wird auf diesem Weg voranzugehen haben – das gilt auf der kollektiven wie der individuellen Ebene gleichermaßen.

Daniela Menge

1 FAO Statistical Yearbook, Food and Agriculture Organization of the United Nations, Rome 2013, S. 204.

2 Die Vergleichsrechnung ist auf den Daten des statistischen Programms FAO SAT erstellt. Quelle: http://faostat3.fao.org/faostat-gateway/go/to/download/R/RL/E (Abruf: 22.09.2014).

3 Vereinigung Deutscher Gewässerschutz e.V., Bonn, http://virtuelles-wasser.de/schwein_rind.html (Abruf: 22.09.2014).

Joao Agustinho Cardoso
Fischer in Brasilien

Joao ernährt sich hauptsächlich von Fisch, Maniok, selbst gezogenem Gemüse und Kochbananen. Sein Haus schwimmt im Amazonas, es hat weder trinkbares Wasser noch Strom. Die Bootstour zum nächsten Laden dauert sechs Stunden. Deshalb kauft er nur einmal im Monat Vorräte ein.

Peter Menzel and Faith D'Aluisio reisten jahrelang um die Welt, um 80 Menschen aus allen Regionen der Erde auf ihre Teller zu schauen. Ihre Fotos dokumentieren eines der grundlegendsten menschlichen Bedürfnisse: das Essen. Es ist nicht nur existenziell, sondern prägt auch unsere kulturelle Identität.

Maria Ermelinda Ayme Sichigalo
Bäuerin und Hebamme in Ecuador

Auf den hohen und kargen Feldern der Zentralanden baut Maria Wurzeln, Kartoffeln und Weizen an. Sie verkauft Schafe und Tees aus Bergkräutern. Bei Kälte und Wind erfordert die Feldarbeit auf den Hängen häufiges und sättigendes Essen wie Teigtaschen mit Käse.

Fotos aus: Peter Menzel, Mahlzeit – Auf 80 Tellern um die Welt (2010)
Credit: Agentur Focus

Miyabiyama
Sumoringer in Japan

Das Leben der Ringer ist durch strenge Rituale geregelt. Sie müssen ihr Gewicht genau halten. Miyabiyamas Hauptmahlzeiten bestehen aus einem Eintopf, der aus Markknochen gekocht wird, dazu Berge von Nudeln und Reis. Unter Ringern ist Diabetes ein Problem.

Aber was wir Menschen an einem Tag zu uns nehmen, kann sehr unterschiedlich sein. Während die einen mit nur 500 Kalorien am Tag auskommen müssen, futtern andere bis zu 12 000 Kalorien täglich. Und so ist ihr Buch »Mahlzeit – Auf 80 Tellern um die Welt« auch eine Ermunterung für uns, die wir Nahrung im Überfluss haben, das Bewusstsein für unser Essen zu schärfen.

Aivars Radzins
Imker in Lettland

Aivars schätzt Aromen, die das Klima an der Ostsee hervorbringt: Sie finden sich in Sauerteigbrot, Sauerrahmsaucen, eingelegtem Gemüse, selbstgemachter Wurst, Kohl, Wurzelgemüse und Dill. Wegen der kurzen Vegetationszeit spielen Gepökeltes, Eingelegtes, Geräuchertes und Gedörrtes eine große Rolle in seiner Ernährung.

Der Mensch als Beschleuniger

Der Mensch hat das Bedürfnis, seine Umwelt zu gestalten und zu verändern. Hierfür greifen wir von jeher bewusst und unbewusst in die Mechanismen der Evolution ein, vor allem indem wir Kulturpflanzen und Nutztiere züchten. Das kulturelle Wissen darüber wird über Generationen weitergegeben. Zu unserem eigenen Nutzen haben wir neue Tiere und Pflanzen geschaffen, sei es für Dienstleistungen, als Nahrung oder einfach nur zu unserem Vergnügen.

Die Entdeckung der DNA als molekulare Grundlage des Lebens und die Entschlüsselung des genetischen Codes bilden die Basis, um DNA-Abschnitte in Zellen artfremder Organismen einzuschleusen. Mit dieser Schlüsseltechnologie der Molekularbiologie lassen sich die unterschiedlichen genetischen Merkmale aus verschiedenen Organismen gezielt kombinieren. Heute verändern wir Erbgut, damit Kühe menschliche Muttermilch produzieren, Fische im Dunkeln leuchten und Schafe Wolle liefern, ohne geschoren zu werden. Solche Eingriffe in die Natur sind mit den herkömmlichen Methoden der Züchtung kaum möglich. Neue Techniken eröffnen uns neue Möglichkeiten, aber die weitreichenden Folgen lassen sich schwer absehen. So wächst etwa gentechnisch veränderter Lachs achtmal schneller als normaler. In freies Gewässer entkommen, paart er sich mit Wildpopulationen und verändert oder verdrängt diese. Die Konsequenzen solch tiefer Eingriffe in natürliche Lebensgemeinschaften sind komplex und nie zur Gänze überschaubar.

Der Mensch erschafft nicht nur, er schafft auch ab. Was uns unvorteilhaft erscheint, wie etwa Krankheiten, Schädlinge oder gefährliche Tiere, versuchen wir bewusst auszurotten. Auch unbewusst führt unsere einnehmende Lebensweise zu Umweltveränderungen, die bis in die letzten Winkel der Erde vordringen. Finden die Veränderungen sehr schnell statt oder werden Lebensräume zerstört oder zersiedelt, sind viele Lebewesen vom Aussterben bedroht. Eine evolutionäre Anpassung der uns umgebenden Organismen ist nur über längere Zeiträume möglich.

Als dominantes Lebewesen auf der Erde braucht der Mensch andere Arten für sein Überleben. Nicht nur diese müssen sich anpassen, die zum Überleben erforderliche Anpassung betrifft auch uns selbst. Im Bewusstsein dieser Verantwortung treten wir deshalb auch als Bewahrer von Arten auf. Doch wir kennen nicht alle komplexen Zusammenhänge zwischen den Arten und ihren Umweltbedingungen. Es ist daher schwer einzuschätzen, welche davon für den Erhalt von Ökosystemen entscheidend sind und deshalb vorrangig geschützt werden müssen.

Mais – ein Korn für die Welt

Streicht man mit der Hand über die Ähren der Pflanze Teosinte, springen die Samenkörner ab und verteilen sich. Die Körnchen sind so hart, dass sie im Verdauungstrakt eines Vogels überleben. Obwohl das Gras eher an ein Ziergewächs im Garten erinnert, ist es der Vorfahr des heute am häufigsten angebauten Getreides der Welt: Mais.

Indigene Völker Mittelamerikas begannen vor rund 10 000 Jahren, das Wildgras zu kultivieren. Bereits zu Kolumbus' Zeiten war Teosinte mehr als jede andere Pflanze genetisch verändert worden, schon damals wurden spezielle Maissorten für Maismehl oder Popcorn angeboten. Heute existieren rund 5000 Kultursorten, die von den heißen Tropen bis in die rauen Hochgebirgslagen hinauf bestens angepasst sind. Die Veränderung des einfachen Süßgrases aus Mexiko zur ertragreichen Nutzpflanze gilt als eine der größten Domestizierungsleistungen der Menschheit.[1]

Die Veränderung des Urmaises Teosinte zur heutigen Kulturmaispflanze zeigt sich in der Wuchsform und in den Fruchtständen besonders deutlich.

Grafik: Nicolle Rager Fuller, National Science Foundation

Aber Mais wird nicht nur gegessen. Er steckt auch in Einweggeschirr, Verpackungsmaterial und T-Shirts, außerdem landet er im Tank. Seit einigen Jahrzehnten liefern vor allem Hybridmais und transgener Mais enorme Erträge. Die Maissorten werden auf einem Viertel aller weltweiten Getreideanbauflächen angebaut. Hybridmais entsteht durch das Zusammenbringen zweier Inzucht-Linien, die über Generationen nur mit sich selbst bestäubt werden. Im Gegensatz zu normal gezüchtetem Mais, der als Saatgut wieder verwendet werden kann, lässt sich Hybridmais nicht ertragreich vermehren. Die Bauern müssen das Saatgut jedes Jahr neu kaufen. Die massive Verwendung dieser Maissorten führt zu diversen ökologischen und gesellschaftlichen Problemen und ist daher heftig umstritten.

Anpassung im Zeitraffer

Keine Tierart kann überleben, wenn sie nicht anpassungsfähig ist. Entscheidend sind jedoch Ausmaß und Geschwindigkeit der Veränderung und damit die Zeit der Anpassung. Menschliche Umweltveränderung zwingt die Evolution zur Beschleunigung: Wer nicht aussterben will, muss sich rasch anpassen. Manchen Arten gelingt das gut, anderen weniger oder gar nicht.

Fischbestände können sich unter dem enormen Druck moderner Hochseefischerei in kurzer Zeit verändern. Fängt man stetig die größten und ältesten Tiere aus einem Bestand heraus, bleiben zur Fortpflanzung nur noch die kleineren und jüngeren Tiere übrig. So setzen sich im Meer die Gene der für uns Menschen weniger attraktiven Fische durch – ganz anders als in der Viehzucht, wo die besten Tiere ihre Gene weitergeben sollen. Wartet ein Fisch zudem zu lange mit der Fortpflanzung, ist er im Nachteil gegenüber den frühen Laichern und wird weggefischt, ohne Nachwuchs bekommen zu haben.

Es spricht viel dafür, dass der Mensch durch die Fischerei in kurzer Zeit die Größe des Kabeljaus und dessen Laichzeitpunkt verändert hat. Um 1930 war der Kabeljau in der nordöstlichen Arktik erst ab einer Länge von 85 Zentimeter und einem Gewicht von 5,1 Kilogramm geschlechtsreif. Im Jahr 2000 konnte er sich bereits früher und mit einer Länge von 65 Zentimeter und 3,2 Kilogramm Gewicht fortpflanzen.[2] Zum Nachteil für die Fischereiindustrie hat sich der Kabeljau erfolgreich anpasst.

Auf den Hund gekommen

Vor 15 000 Jahren begann der Mensch, Wölfe zu domestizieren. Seitdem wir Hunde züchten, werden die Tiere ständig an unsere sich verändernden Bedürfnisse angepasst: Erst war der Hund schneller Jagdhelfer, dann ein starker Bewacher. Mit der Industrialisierung verlor er seine Bedeutung als Nutztier und wurde zum »Lifestyleobjekt«. Mittlerweile existieren Hunderte von Rassen mit sehr unterschiedlichem Aussehen und Charakter.

Der Hund als »Freund des Menschen« ist sehr gefügig. Auch im urbanen Umfeld ist er geeignet, als Schoß- und Haustier gehalten zu werden. Hunde sind heute eher Familienmitglieder oder Sozialpartner als Nutztiere. Kein anderes Tier versteht die Gesten und Blicke eines Menschen so gut wie der Hund. Im Verlauf der Domestizierung haben Hunde viele sozial-kognitive Fähigkeiten des Menschen übernommen; in diesem Sinne hat eine »gemeinsame Evolution« stattgefunden. Da er als Familientier den gleichen Umweltfaktoren ausgesetzt ist wie der Mensch, leidet er an ähnlichen Krankheiten, wie etwa Diabetes.

Kein anderes Haustier bildet derart unterschiedliche Rassen wie der Hund. Viele sind erst im 19. Jahrhundert entstanden.
Foto: Dora Zett / shutterstock.com

Monotonie im Garten Eden

Vor rund 12 000 Jahren begann der Mensch sesshaft zu werden und aus Wildpflanzen Kulturpflanzen zu züchten. Nutzpflanzen, die an verschiedenste Klimata, Böden und Höhenlagen angepasst sind, sind für uns überlebenswichtig und bilden die Basis unserer Nahrung. Es sind nur relativ wenige Arten, die wir essen, aber viele Sorten. So wird beispielsweise angenommen, dass es 200 000 Sorten von Weizen, 30 000 Sorten von Mais und sogar 15 000 Sorten von Erdnuss gibt. In dieser Vielfältigkeit finden sich Gene, die Pflanzen gegenüber hohen Temperaturen, Dürren, Schädlingen oder Krankheiten resistent machen.

Landwirtschaft und Ernährung hängen in Deutschland, wie auch in vielen anderen Ländern, von pflanzengenetischen Ressourcen ab, die ursprünglich aus anderen Regionen der Erde stammen. Doch die genetische Vielfalt ging mit der Entwicklung der Landwirtschaft langsam verloren. Seit einigen Jahrzehnten schrumpft die Vielfalt rasant. Die Welternährungsorganisation (WHO) schätzt den Verlust der globalen Nahrungspflanzenvielfalt bereits auf 75 Prozent.[3] Mittlerweile ernähren wir uns von nur noch wenigen, auf Hochleistung gezüchteten Sorten. In Monokultur angebaut, sind diese anfällig für Krankheiten, Schädlinge, Hitze oder Trockenheit.

Saatgutbanken als Zukunftssicherung

Bewahren wir Pflanzen und ihre Samen aus allen Teilen der Welt, stehen diese für neue Züchtungen zur Verfügung. Hierbei geht es in Zukunft nicht mehr nur um die Verbesserung von Geschmack, Ertrag oder Nährstoffzusammensetzung, sondern auch um die Anpassung an den Klimawandel mit extremeren Umweltbedingungen. Rund um den Globus existieren etwa 1400 Saatgutbanken, in denen landestypische Nutzpflanzensorten gesammelt werden. Aber Feuer, Krieg oder Tornados können diese zerstören. Seit 2009 gibt es eine Saatgutbank, die das Gut aller anderen umfasst: die *Svalbard Global Seed Vault*, ein besonders geschützter, unterirdischer Samentresor auf Spitzbergen.

In einer gekühlten, erdbebensicheren Zone lagern bei minus 19 Grad C hundert Meter tief im Fels mittlerweile 750 000 Samenproben. Luftschleusen aus Stahl schützen das versiegelte Saatgut für Jahrzehnte. Fällt der Strom aus, bleibt es im Dauerfrostboden tiefgefroren. Norwegen betreibt den Samenkühlschrank gemeinsam mit dem Treuhandfonds *Global Crop Diversity Trust*, der mit 500 Wissenschaftlern und Wissenschaftlerinnen aus aller Herren Länder kooperiert. Die Organisation hat es sich zur Aufgabe gemacht, möglichst viele Nutzpflanzen zu erhalten und deren Verfügbarkeit auch für künftige Generationen sicherzustellen.

Mindestens ebenso wichtig ist es, die Kenntnisse der Bauern in aller Welt zu bewahren. Über viele Generationen hinweg haben sie die bis heute genutzten Pflanzen angebaut und deren Samen gezüchtet. Ihr lokales Wissen ist eine der kostbarsten und am stärksten gefährdeten Ressourcen unserer Tage.

Artenvielfalt: Festplatte des Lebens

Ohne die biologische Vielfalt in ihrer Gesamtheit – der Arten, ihrer Gene, der Lebensgemeinschaften und Ökosysteme mit ihren Wechselwirkungen – kann die Menschheit nicht dauerhaft existieren. Ob als Basis für unsere Ernährung oder in der Medizin, ob für Dienstleistungen wie die Bindung von

Einholen der Ernte auf einem Versuchsfeld für neue Weizensorten in Bangladesch.
Foto: T. Krupnik / International Maize and Wheat Improvement Center (CIMMYT)

Treibhausgasen und die Bestäubung von Nutzpflanzen, ob für unsere Erholung oder als Vorbild für technische Entwicklungen: Die Artenvielfalt hat ineinandergreifende Funktionen, auf die wir Menschen ganz selbstverständlich jeden Tag zurückgreifen. Wir profitieren auf vielfältige Weise von intakten Ökosystemen.

In den vergangenen 50 Jahren veränderten sich die Ökosysteme schneller und umfassender als in jedem anderen vergleichbaren Zeitraum. Die Nachfrage nach Nahrung, Frischwasser, Holz, Fasern und Brennstoffen stieg rasant an und führte zu einem erheblichen und weitgehend irreversiblen Verlust der Vielfalt des Lebens, der Biodiversität. Wie viele Arten tatsächlich auf der Erde existieren, lässt sich nur grob beziffern. Das *Millennium Ecosystem Assessment* schätzt die Artenvielfalt auf 14 Millionen, davon sind nur 1,75 Millionen bekannt. Viele Arten werden verschwinden, ohne dass wir sie jemals gekannt haben. Mit geeigneten Maßnahmen könnte es jedoch möglich sein, den Verlust vieler Ökosystemdienstleistungen in den nächsten 50 Jahren zu verhindern.

Insbesondere die Ozeane sind komplexe Ökosysteme mit einer hohen Artenvielfalt. Die Fülle an Lebensformen treibt die Stoffkreisläufe in den Meeren an. Die Ozeane bilden für uns eine unersetzliche Ressource als Nahrungsquelle und sie haben hohe Bedeutung für die Medizin. Marine Ökosysteme sind aber durch die Erwärmung und Versauerung der Meere, durch Überfischung und Verschmutzung und durch die Einwanderung fremder Arten zunehmend gefährdet.

Die Regenwälder der Meere

Tropische Korallenriffe in heutiger Form existieren seit 200 Millionen Jahren. Sie gehören zu den farbenprächtigsten, formenreichsten und ältesten Ökosystemen der Erde. Wie die Regenwälder an Land sind Riffe im Meer wichtige Entstehungszentren für Arten. Ähnlich einer menschlichen Großstadt leben hier rund eine Million Tiere und Pflanzenarten auf engstem Raum gut organisiert zusammen. Fallen wichtige Schlüsselarten aus, können die Ökosysteme zusammenbrechen. Obwohl sie nur 0,1 Prozent des Ozeanbodens bedecken, findet ein Viertel aller Fischarten in Korallenriffen Futter und Versteckmöglichkeiten.

Die Riffe gelten als Kinderstube der Fische und haben für die Fischerei, im Küstenschutz und für den Tourismus eine wichtige Bedeutung. Auf diese Weise sichern sie die Lebensgrundlage von Millionen Menschen. Als besonders sensible Ökosysteme sind sie im Anthropozän durch Fischerei, Verschmutzung und Versauerung stark gestresst. Heutige Schutzgebiete könnten bald die einzigen natürlichen Refugien der Korallen sein.

Ein kollektives Kunstwerk: das Föhr-Riff

Aus unzähligen einzelnen Häkel-Korallen entstand in gemeinschaftlicher Kreativarbeit im Museum Kunst der Westküste auf Föhr ein ökologisches Mahnmal. Das 30 Quadratmeter große Korallenriff verknüpft die Technik des Häkelns mit der bedrohten Schönheit maritimer Ökosysteme und komplexen mathematischen Strukturen. Die korallenartigen Gebilde visualisieren einen in sich selbst gekrümmten und sich an jedem Punkt weiter ausdehnenden Raum, den hyperbolischen Raum. Ähnlich wie bei einem Salatblatt prallen die gereihten, überzähligen Maschen aufeinander: Die gewellten Häkelteilchen entsprechen der natürlichen Bauweise von Ko-

Das gehäkelte Korallenriff erinnert an die bedrohte Schönheit maritimer Ökosysteme, in denen unzählige andere Tier- und Pflanzenarten leben.
Foto: Gerhard Kassner

rallen. Das partizipative Kunstwerk hat über 750 Menschen aus Deutschland, den Niederlanden, Dänemark, Österreich, Luxemburg und der Schweiz verbunden. Es ist als deutsch-dänisches Projekt Teil eines erdweiten Programms, das von den Schwestern Margret und Christine Wertheim und ihrem *Institute For Figuring* in Los Angeles ausging. Das partizipative Wissenschafts- und Kunstprojekt ist heute bereits in mehr als 20 Ländern verbreitet.

Das Meer versauert

Seit Beginn der Industrialisierung haben die Weltmeere knapp die Hälfte des CO_2 aus der Verbrennung fossiler Energieträger aus der Atmosphäre aufgenommen. Aber anders als in der Luft ist CO_2 im Ozean chemisch aktiv; der pH-Wert des Wassers sinkt, das Meer versauert. Die Folgen der Ozeanversauerung treffen besonders kalkbildende Organismen wie Korallen und Muscheln und auch kleinste Organismen wie die Kalkalgen. Sie benötigen Karbonat als Baustoff für ihre Schutzhüllen und Skelette. Kalk ist jedoch unter sauren Bedingungen leicht löslich. Die Schalen können sich deshalb schwerer bilden, werden brüchig oder lösen sich auf. Wie schnell sich die Organismen an den Wandel anpassen können, ist heute noch nicht geklärt.

Die Kalkorganismen spielen nicht nur eine wichtige Rolle für die marine Nahrungskette, an deren Ende der Mensch steht, sondern auch für das Klimageschehen. Kalk ist ein wichtiger Baustein im großen Kohlenstoffkreislauf der Erde und der Atmosphäre. Die Einzeller nutzen das CO_2, indem sie es in ihre Körper einbauen und in Kalk umwandeln. Sinken sie zum Meeresgrund hinab, verschwindet mit ihnen der Kohlenstoff aus den oberen Meeresschichten in die Tiefe und lagert sich dort ab. Hätte der Ozean nicht das durch den Menschen verursachte CO_2 aus der Atmosphäre aufgenommen, wäre die Konzentration in der Luft wesentlich höher.

Die wachsende Transformation mariner Ökosysteme ist in der Geschichte der Menschheit jüngeren Datums. Aber von Beginn seiner Entwicklung an hat der Mensch die Erde »sozial erobert« und tief in die Evolution eingegriffen. Diese gleichsam natürliche Ko-Evolution von Mensch und Umwelt hat im Anthropozän eine neue Dimension erreicht. Mit der Herausbildung der Molekulargenetik verfügen wir über mächtige Technologien, um das Erbgut von Pflanzen, Tieren und gar von uns selbst zu manipulieren. Mehr denn je stellt sich heute die Frage, wie wir unserer Verantwortung als gezielt gestaltender Faktor der Evolution gerecht werden können und wo in jedem Einzelfall die Grenzen unseres biologischen »Schöpfertums« liegen.

Daniela Menge

Das linke Bild zeigt den gesunden, das rechte Bild den durch die Versauerung angegriffenen Zustand filigraner Kalkalgen, der Coccolithophoriden.
Foto: GEOMAR – Helmholtz Centre for Ocean Research Kiel

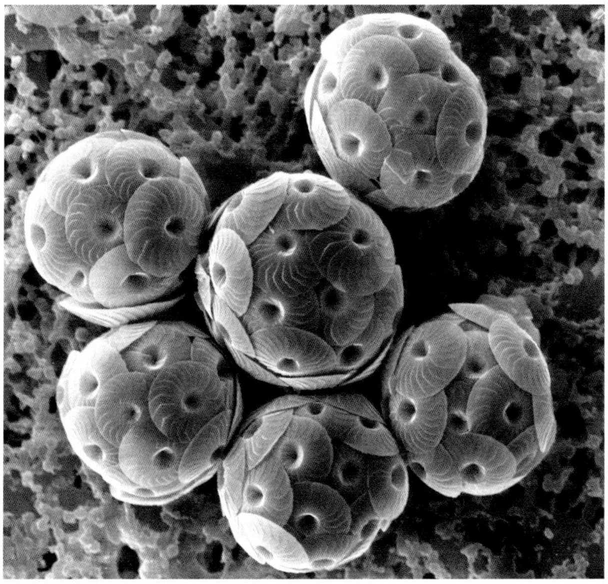

1 Saedler, Heinz: WiS Begierig: Mais – Pflanze der Götter. Max-Planck-Institut für Pflanzenzüchtungsforschung (MPIPZ). Köln 2011; The National Science Foundation (NSF): Scientists Trace Corn Ancestry from Ancient Grass to Modern Crop, Press Release 05-088, Arlington, VA 2005.

2 Heino, Mikko; Dieckmann, Ulf; Rune Godø, Olav: Reaction norm analysis of fisheries-induced adaptive change and the case of the Northeast Arctic cod, ICES CM 2002/Y:14, 2002.

3 Leibniz-Gemeinschaft: Biodiversitätsforschung in der Leibniz-Gemeinschaft: Eine nationale Aufgabe. Berlin 2012, S. 6.

In allen Ländern der Erde wachsen heute Nutzpflanzen, die ursprünglich aus einem anderen Erdteil kommen. Die Landwirtschaft und die Welternährung sind abhängig von dieser genetischen Ressourcenvielfalt. Sie wird auch in Zukunft das Fundament für den Anbau von zuverlässigen Nahrungspflanzen sein, wenn sich die Anbaubedingungen beispielsweise durch den Klimawandel ändern. Während die Artenvielfalt schwindet, sammelt und bewahrt der *Global Crop Diversity Trust* auf Spitzbergen in Norwegen seit 2009 Samen aus aller Welt, weil sie schützenswert sind. Der Tresor ist wie ein internationales Reservoir – eine Vorsorge für unsere Zukunft.

Credits: Global Crop Diversity Trust, Peter Menzel Photography

Svalbard
Global Seed Vaul
STATSBYGG
AustralianGrainsGenebank
Box 6

Die Uhr des langen Jetzt

Jetzt ist die Zeit, in der Menschen fühlen, dass sie leben und handeln und Verantwortung tragen. Für die meisten von uns ist mit jetzt eine Woche gemeint, manchmal ein Jahr. [...] So wie die Fotografien von der Erde uns ein Gefühl für das große Hier vermittelt haben, brauchen wir Dinge, die den Leuten ein Gefühl für das lange Jetzt geben.[1]

Stewart Brand,
amerikanischer Autor und Initiator der Uhr des langen Jetzt

»Im Hier und Jetzt leben« – ein allgegenwärtiger Spruch unserer Zeit. Besonders im vergangenen 20. Jahrhundert sind die Zeitintervalle, in denen wir denken, immer kürzer geworden. Technische Geräte überleben sich häufig innerhalb eines Jahres, Mode bleibt nur eine Saison, Unternehmen denken in Quartalen und Politiker meist nur bis zur nächsten Wahl. Diesem Kurzfrist-Denken wollten der amerikanische Computeringenieur Danny Hillis und der Autor und Umweltaktivist Stewart Brand etwas entgegensetzen. Es müsste etwas geben, so ihr Gedanke, das unser Langzeit-Denken fördert und uns die Zeitdimensionen unseres Tuns vor Augen hält: Die Idee der »Uhr des langen Jetzt« war geboren.

Die Idee

Eingebaut in einen eigens gebohrten vertikalen Bergstollen in Texas, soll die riesige mechanische Uhr nur alle zehn Sekunden ticken. Wenn Menschen den beschwerlichen Weg zur Uhr erklommen haben und die nötige Energie zuführen, wird mittags ein Glockenspiel spielen. Dessen unterschiedliche Melodien werden nach einem eigenen Algorithmus errechnet, so dass jede Melodie einzigartig ist.

Die Uhr ist zugleich ambitionierte Ingenieurskunst und ein Symbol. Sie soll das »lange Jetzt«, also mindestens 10 000 Jahre, überdauern. Doch das ist nicht wirklich der Grund, warum die *Long Now Foundation* dieses aufwendige Projekt unternimmt. Vielmehr soll es die Menschen schon jetzt zum Nachdenken anregen und ihren zeitlichen Horizont erweitern: »Indem man so etwas wie eine Zehntausend-Jahre-Uhr baut, beginnt man eine andere Sichtweise darauf zu entwickeln, wie man die Optionen dieser fernen Generationen heute verändern könnte.«[2]

Die Umsetzung

Um eine Maschine zu bauen, die länger als alle anderen je von Menschenhand gemachten Objekte funktionsfähig bleibt und akkurat arbeitet, bedarf es einer ausgeklügelten Konstruktion. Die grundlegenden Prinzipien, die Danny Hillis und sein Team entwickelt haben, sehen vor, dass die Uhr aus haltbaren Materialien wie rostfreiem Stahl und Titan gebaut wird und dass sie mit Technologie auf dem Stand der Bronzezeit wartbar sein muss. Ihre Funktionsweise muss verständlich und verbesserungsfähig sein und ihr Bauplan soll so angelegt sein, dass Modelle in unterschiedlichen Größen nach ihm gebaut werden können.

Eine der wichtigsten zu klärenden Fragen ist jedoch die der Energieversorgung. Wie kann die Uhr des langen Jetzt über Jahrhunderte in Betrieb bleiben? Die Konstrukteure haben sich dafür entschieden, sowohl die Menschen in die Pflicht zu nehmen als auch auf andere natürliche Kräfte zu vertrauen. Ein Energieträger ist der Wärmeausgleich, der entsteht, wenn Sonnenstrahlen durch das kleine Fenster in der Bergkuppe fallen, die Luftkammer aufheizen und so einen Kolben antreiben, der die Uhr bei Bedarf justiert und mit Energie versorgt.

Die monumentale, ungefähr 60 Meter hohe Uhr soll in einem abgelegenen Kalksteingebirge in Texas errichtet werden. Um zu ihr zu kommen, müssen Besucher durch einen Tunnel den Berg betreten, wo sie zu der spiralförmig in den Fels gehauenen Wendeltreppe gelangen.
Während des Aufstiegs passieren sie die verschiedenen Teile der Uhr, bis sie an deren oberem Ende die Zeitanzeige erreichen.

Fotos: The Long Now Foundation

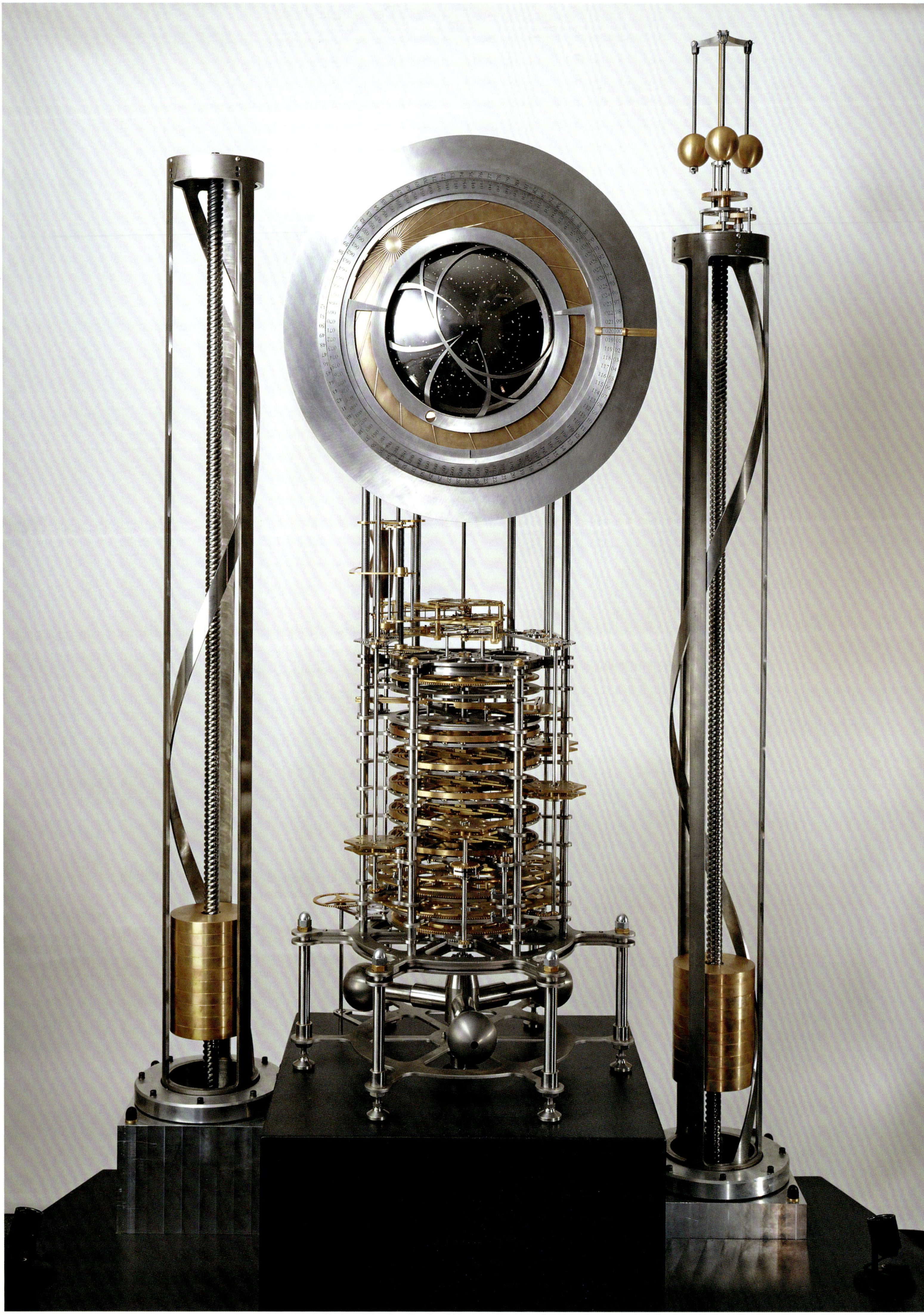

Der 245 cm hohe Prototyp der Uhr wurde 1999 fertiggestellt. Pünktlich um Mitternacht am 31. Dezember 1999 schlug die Uhr zwei Mal und läutete so das neue Jahrtausend ein.

Foto: The Long Now Foundation

Die Zeitanzeige ist ein Ziffernblatt, dass das Jahr in fünf Stellen anzeigt; schließlich muss die Uhr in der Lage sein, Daten jenseits des Jahres 10 000 darzustellen. Darüber hinaus zeigt es astronomische Ereignisse wie die gegenwärtige Position der Sonne im Lauf des ungefähr 24-stündigen Sonnentags, die Mondphasen und die Auf- und Untergangspunkte von Sonne und Mond, die sich im Lauf des Jahres analog zur Jahreszeit bewegen.

Das Glockenspiel erzeugt aus 10 Glockentönen über 3,5 Millionen verschiedene Kombinationen. Es ertönt aber nur, wenn die Uhr genügend Energie gespeichert hat oder menschliche Besucher vor Ort sind und Energie zuführen, indem sie die Uhr über einen riesigen Aufziehmechanismus aufziehen.

Zwar »weiß« die Uhr ohne menschliches Zutun stets die aktuelle Uhrzeit, doch um Energie zu sparen, bewegen sich ihre Zeitanzeigen nur, nachdem Besucher den Mechanismus aufgezogen haben. Bleiben Menschen aus, bleibt die Anzeige stehen, nicht aber die Uhr. Dank gespeicherter Energie würde sie auch Zeiten ohne Sonne überstehen, etwa wenn Vulkanausbrüche, nukleare Winter oder Meteoriteneinschläge den Himmel für einige Zeit verdunkeln.

Für Alexander Rose, den Manager des Projekts, steht die Uhr vor allem für Hoffnung, weil sie signalisiert, dass es auch in der fernen Zukunft Menschen auf der Erde geben wird. Ihr Leben in 100, 1000 oder 5000 Jahren wird jedoch geprägt sein von den Entscheidungen, die wir heute treffen.

Nina Möllers

1 Stewart Brand: The Clock of the Long Now. Time and Responsibility. New York 1999, S. 133 (engl. Original).

2 Alexander Rose, Manager des Uhrprojekts, 2010, Introduction to the Long Now Foundation, http://vimeo.com/11177662 (Abruf: 02.09.2014).

Zukünfte des Anthropozäns – einst und morgen

Technik hat für die Herausbildung unserer heutigen Gesellschaft eine zentrale Rolle gespielt. Erst die umfassende Technisierung all unserer Lebensbereiche, vor allem seit der Industrialisierung der letzten zweieinhalb Jahrhunderte, hat jene Eindringtiefe des Menschen in Natur und Umwelt mit sich gebracht, die wir im Anthropozän als Problem und Chance gleichermaßen diskutieren. Die Debatte darüber, wie wir künftig leben wollen, kreist maßgeblich um die Frage, welche Technik wir für welche Ziele einsetzen wollen. In den Diskussionen um die Zukunft von Mensch und Gesellschaft spielen Technikzukünfte daher eine zentrale Rolle.[1] Das ist heute so und das war in der Vergangenheit der Fall. Der Wunsch, die Zukunft auf der Erde – auch über die eigene Lebenszeit hinaus und seit dem 20. Jahrhundert auch über den eigenen Planeten hinaus – vorherzusehen und kreativ zu gestalten, gehört zum Wesen des Menschen, jedenfalls spätestens seit er sich im Zuge der Aufklärung von zyklischen Weltbildern gelöst und die Zukunft als offenen Raum entdeckt hat.

Zukünfte altern. Wie alles, unterliegt auch die Zukunft dem historischen Wandel, und es lohnt sich, vergangene Zukünfte in den Blick zu nehmen. Vergangene Technikzukünfte schärfen das Verständnis dafür, dass erstens Zukunft nicht immer so eintritt, wie sie prognostiziert worden ist, und es zweitens keinen linear verlaufenden technischen Fortschritt gibt, den man in seiner Zwangsläufigkeit vorhersehen kann. Drittens helfen die Erfahrungen aus vergangenen Zukünften dabei, den Rahmen und Spielraum für die Gestaltung unserer künftigen Technikzukünfte zu bestimmen. Vergangene Technikzukünfte geben Orientierung für aktuelle öffentliche Meinungsbildung und politische Entscheidungen. Dabei ist es wichtig, stets im Blick zu behalten, dass unsere Zukunftsbilder unauflösbar mit Vergangenheit und Gegenwart verknüpft sind. Unsere Vorstellungen von Zukunft, der »Erwartungshorizont«, sind geprägt von dem historischen »Erfahrungsraum«, den wir als Individuen und als Gesellschaft durchschritten haben.[2]

Wie eng die Verbindung von Erfahrungsraum und Erwartungshorizont ist, zeigen die vielen Prognosen von Zeitgenossen zur künftigen Entwicklung der Technik, die uns aus heutiger Sicht als völlig verfehlt, ja geradezu grotesk erscheinen. »Das Erdöl ist eine nutzlose Absonderung der Erde – eine klebrige Flüssigkeit, die stinkt und in keiner Weise verwendet werden kann«, hieß es 1806 aus den Reihen der renommierten Akademie der Wissenschaften im russischen St. Petersburg. Die weltweite Nachfrage an Kraftfahrzeugen werde eine Million nicht überschreiten – allein schon aus Mangel an verfügbaren Chauffeuren, sagte Gottlieb Daimler um das Jahr 1900 voraus. »Ich glaube, dass es auf der Welt einen Bedarf von vielleicht fünf Computern geben wird«, prognostizierte Thomas J. Watson, Vorstandsvorsitzender von IBM, im Jahr 1943 und verkannte damit die dynamische Entwicklung jenes Geschäftsfelds, auf dem das von ihm geleitete Unternehmen zu einem Giganten der Weltwirtschaft aufsteigen sollte, auf ähnlich aberwitzige Weise wie sein Unternehmerkollege Daimler zuvor. Bill Gates, der Gründer von Micro- soft, verstieg sich 1981 gar zu der Vorhersage, 640 KB an Speicherkapazität seien für jedermann genug. Selbst die größten Visionäre der Technik sind letztlich an den Erfahrungsraum gebunden, den sie selbst erlebt haben.

Andere Zukunftsprognosen nahmen in eindrucksvoller Schärfe vorweg, was bisweilen erst viele Jahrzehnte später Wirklichkeit werden sollte. »Sobald die Erwartungen der Sachverständigen auf drahtlosem Gebiet erfüllt sein werden, wird jedermann sein eigenes Taschentelephon haben, durch welches er sich, mit wem er will, wird verbinden können, einerlei wo er auch ist«, kündigte der Journalist Robert T. Sloss

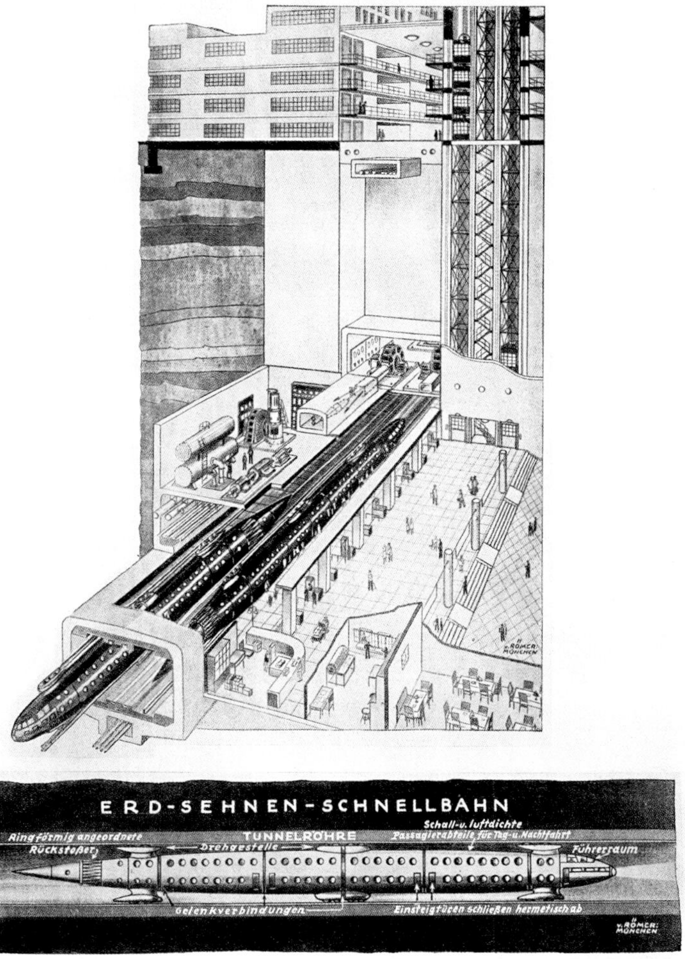

Erd-Sehnen-Schnellbahn von Hans und Botho von Römer (um 1935).
Foto: DMA, BN37738

bereits 1910 das Zeitalter des Mobiltelefons an. Und im Jahrhundertwendejahr 1900 sagte das »Ladies Home Journal« für das Jahr 2000 voraus: »Winter will be turned into summer and night into day by the farmer. [...] He will also grow large gardens under glass. At night his vegetables will be bathed in powerful electric light, serving, like sunlight, to hasten their growth.« Noch weiter in die Zukunft wagte sich die RAND Corporation 1964 mit einer Zukunftsstudie vor: Im Jahr 2100 würde die Weltbevölkerung eine Größerordnung von 8 Milliarden Menschen erreicht haben – ein Szenario, das heute, ein halbes Jahrhundert später, erscheint, als würde es von der Wirklichkeit dereinst noch übertroffen werden.[3]

Eine der gewaltigsten Technikvisionen, die je erdacht wurden, ist das Atlantropa-Projekt des bayerischen Diplomingenieurs und Architekten Herman Sörgel. Ab 1928 arbeitete Sörgel an dem Plan, das Mittelmeer durch Staudämme an der Meerenge von Gibraltar und an den Dardanellen abzuschließen und durch Verdunstung im Verlauf eines Jahrhunderts um 100 Meter im westlichen Teil und 200 Meter im östlichen Teil abzusenken. Durch eine Landbrücke bei Sizilien wären Europa und Afrika zu dem Doppelkontinent »Atlantropa« verbunden worden, mit neu gewonnenem Siedlungsland in der Größe Spaniens. Der Bau von riesigen Wasserkraftwerken an den Mündungen der großen Flüsse in das Mittelmeer sollte zudem ganz Europa mit Energie versorgen.

Das schließlich um 1960 ad acta gelegte Vorhaben blieb – wie so viele Großvorhaben der an technischen Visionen überreichen ersten Hälfte des 20. Jahrhunderts – ein »Weißer Elefant«, ein gescheitertes Projekt.[4] Es steht einerseits für technische Hybris, die keine Grenzen der Umgestaltung von Natur und Umwelt kennt. Andererseits ist der menschliche Gestaltungswille im Anthropozän kaum hinter Sörgels Utopie zurückgeblieben. Der 2006 in Betrieb genommene Drei-Schluchten-Staudamm ist nicht nur wegen der 1,4 Millionen. Menschen, die infolge des Baus umgesiedelt wurden, ein höchst umstrittenes Projekt. Experten befürchten unter anderem eine Zunahme von Erdbeben und eine Verschiebung der Erdachse im Falle eines Dammbruchs.[5]

Künstliche Bewässerung der Sahara (ca. 1970).
Foto: DMA, CD69555

Neue Wege des Land- und Schiffsverkehrs (ca. 1975).
Foto: DMA, CD69541

Wer in der Ausstellung den Erfahrungsraum von teils gescheiterten, teils realisierten Technikzukünften durchschritten hat, ist in die Eingangslandschaft zurückgekehrt – und er ist gerüstet, die Zukunft als offenen Raum zu sehen, der viele Zukünfte bereithält. Unsere Zukunftslandschaft ist partizipativ angelegt. Sie gibt keine Visionen oder Szenarien vor, sondern lädt zu einem Dialog ein, wie und mit welcher Technik wir als Menschheit künftig leben wollen. Um den Dialog in Gang zu bringen, sind 20 Experten, Laien und Künstler aus allen Teilen der Erde gebeten worden, ihre Antworten auf fünf wichtige Fragen zu unserer Zukunft im Anthropozän zu formulieren:

Was halten Sie für die größten Zukunftsherausforderungen?

Fühlen Sie sich persönlich von den Problemen des Anthropozäns betroffen? Fühlen Sie sich angeregt, Ihr Verhalten zu überdenken und vermehrt Verantwortung zu übernehmen?

Wie sieht die anthropozäne Erde im Jahr 2100 aus?

Gibt es ein »gutes Anthropozän« und, wenn ja, welche Rolle soll der Mensch darin einnehmen?

Wenn etwas aus Ihrem Besitz in 100 000 Jahren von Wissenschaftlern gefunden werden würde, was sollte es sein?

Nun aber sind die Besucherinnen und Besucher aufgefordert, ihre eigenen Ideen und Wünsche für die Zukunft zu formulieren und mit ihnen eine »Landschaft« aus gefalteten Blumen zu bepflanzen. Im Verlauf der Ausstellung wird die weiße Landschaft zu einem bunten Blumenbeet der Meinungen. Die Besucherinnen und Besucher werden zu »Gärtnern« des Anthropozäns.

Helmuth Trischler

Die Zukunft gestalten: Die aus Papierblumen bestehende Landschaft in der Ausstellung wechselt ihre Farben je nach der Beteiligung der Besucher.
Foto: Nina Möllers

1 Vgl. Brown, Nik; Rappert, Brian; Webster, Andrea (Hrsg.): Contested Futures: A Sociology of Prospective Techno-science. Aldershot 2000; Grunwald, Achim: Technikzukünfte als Medium von Zukunftsdebatten und Technikgestaltung. Karlsruhe 2012.
2 Koselleck, Reinhart: »Erfahrungsraum« und »Erwartungshorizont« – zwei historische Kategorien. In: ders.: Vergangene Zukunft. Zur Semantik geschichtlicher Zeiten. Frankfurt a.M. 1989, S. 349–375.
3 Zitate nach Bremer, Arthur (Hrsg.): Die Welt in 100 Jahren. Berlin 1910 (ND Braunschweig 2010), und Müller, Dirk: Nützliche Irrtümer. Produktive Fehler und sinnvolle Missgeschicke – Von Kopernikus bis zum Kartoffelchip. Braunschweig 2013. – Zur spezifischen Zukunftsfreudigkeit von Jahrhundertwenden siehe Brendecke, Arndt: Die Jahrhundertwenden. Eine Geschichte ihrer Wahrnehmung und Wirkung. Frankfurt a. M. 2000.
4 Vgl. Laak, Dirk van: Weiße Elefanten. Anspruch und Scheitern technischer Großprojekte. Stuttgart 1999; siehe auch Voigt, Wolfgang: Atlantropa: Weltbauen am Mittelmeer. Ein Architektentraum der Moderne. Hamburg 1998, und Gall, Alexander: Das Atlantropa-Projekt: Die Geschichte einer gescheiterten Vision. Herman Sörgel und die Absenkung des Mittelmeers. Frankfurt a. M. 1998.
5 Siehe dazu den Beitrag von Luke Keogh in diesem Band.

1

2

3

4

1. Amita Baviskar
2. Felix Finkbeiner
3. Chioma Daisy Onyige
4. Jan A. Zalasiewicz
5. Christof Mauch
6. Paul Salopek
7. Peggy Liu
8. Koert van Mensvoort
9. Will Steffen

Zitate zur Zukunft

Wie wird die Erde in Hundert Jahren aussehen? Ist das Anthropozän gut oder schlecht? Was sind die dringendsten Probleme, die wir als anthropozäne Gesellschaft angehen müssen? Diese Fragen beschäftigen uns alle, insbesondere aber Forscher und Forscherinnen und Aktivisten und Aktivistinnen, die in ihrem Tun die Möglichkeiten und Zukünfte des Anthropozäns ausloten.

What will the Anthropocenic Earth look like in 2100?
Quite similar to what it looks like now in 2014, but with notable changes in some parts of the world. On the Indian subcontinent, where I live, I imagine that we will be struggling to cope with changes in the monsoons which will make agriculture and other aspects of life much more uncertain. As sea levels rise and extreme weather events become more frequent, we will be grappling with more crises on our coasts. We will witness more migration than ever before as people move in search of better, more stable lives. This, in turn, will intensify the challenges that our cities face.
Amita Baviskar, 1965; sociologist specializing in the cultural politics of environment and development; Delhi, India

Fühlen Sie sich persönlich von den Problemen des Anthropozäns betroffen, angeregt, Ihr Verhalten zu überdenken, und Verantwortung zu übernehmen?
Im Jahr 2050 werden knapp 10 Milliarden Menschen auf der Erde leben. Vor 200 Jahren waren es weniger als eine Milliarde Menschen und wir lebten zu 100 Prozent von erneuerbaren Energien. Danach haben wir menschlichen Wohlstand immer an mehr CO_2-Ausstoß gekoppelt. Mit unseren Treibhausgasen, allen voran CO_2, zerstören wir die Lebensgrundlage der Menschheit und Millionen anderer Tier- und Pflanzenarten. Wir verbrennen fossile Rohstoffe für Energie, machen uns von Diktatoren abhängig, führen Kriege um Öl, zerstören Landschaften durch Kohleabbau, nehmen den Menschen in den ärmeren Ländern durch hohe Energiepreise die Chance sich entwickeln zu können und zerstören so unsere Zukunft. Die Sonne schickt uns in einer Minute mehr Energie auf die Erde, als wir an einem Tag brauchen. Und die Sonne schickt uns keine Rechnung. Ich werde mich für eine weltweite Energiewende einsetzen.
Felix Finkbeiner, 1997; Gründer der internationalen Kinder- und Jugendinitiative Plant-for-the-Planet und einer von 30 000 Botschaftern für Klimagerechtigkeit; Uffing am Staffelsee, Deutschland

Do you feel personally affected by the problems of the Anthropocene? Does it inspire you to reconsider your habits and take greater responsibility for your actions?
I do feel personally affected by the problems of the Anthropocene. This is because I come from Nigeria, a part of the world where the majority of the population lives in extreme poverty. People here live on less than $1 a day. Here the basic infrastructures such as good road networks, schools, hospitals, electricity, water etc., are not functional, or put in place and in some cases non-existent. Safe drinking water and sanitation which are basic necessities of life are a luxury. An issue such as poverty and underdevelopment leaves us vulnerable to global environmental changes such as climate change. Even though we contribute the least to the global carbon greenhouse emissions, we are equally affected by the global environmental changes, and it worries me that we may not be able to handle or deal with the consequences resulting from climate change and other environmental problems. In many ways, the Anthropocene does inspire me to reconsider any bad habits I may have that may have negative consequences for the future Earth.
Chioma Daisy Onyige, 1976; Sociologist / Criminologist, University of Port Harcourt; Port Harcourt, Nigeria

What will the Anthropocenic Earth look like in 2100?
This is a difficult question. Carbon dioxide levels above 500 ppm and rising, sea level a meter or so higher and rising, the sixth great mass extinction firmly under way? This currently seems more likely than not, but a century is a long time and there is always hope – and a wild card is how and in what direction the technosphere and human communities will (rapidly) evolve.
Jan A. Zalasiewicz, 1954; Geologist and Palaeobiologist, and head of the Anthropocene Working Group, University of Leicester; Leicester, Great Britain

5

6

7

8

9

Wenn etwas aus Ihrem Besitz von WissenschaftlerInnen in 100 000 Jahren gefunden werden würde, was sollte es sein?
Ich wünsche mir, dass einer mein altes Klavier findet mitsamt dem Notenschrank. Dass er mit den Fingern (falls unsere Nachfahren noch Finger haben) Töne aus den Saiten hervorlockt. Klänge, die eine kleine Ewigkeit lang verschlossen lagen. Ich wünsche mir, dass die Entdecker meines Klaviers staunen: dass sie die schwarzen, die weißen Elfenbeintasten berühren, bewundern, die filzbespannten Hämmer anspielen. Piano, mezzopiano, forte. Dass sie die Hölzer riechen, Buche und Kiefer aus dem Schönbuch. Dass sie Töne kreieren in allen Nuancen und Farben. Dass sie spüren, wie sich Partituren anfühlen: das Papier beim Durchblättern. Dass sie die Hieroglyphen lesen lernen. Und spielen lernen. Dass die Finger auf den Tasten tanzen. So dass die Geschichte meiner Zeit – die Zeit der Etüden und der Sonaten – und ihr Klang, für einen Augenblick noch einmal lebendig wird.
Christof Mauch, 1960; Historiker, Literaturwissenschaftler, Theologe; Direktor des Rachel Carson Center for Environment and Society; München, Deutschland

Is there a »good Anthropocene«, and if so, what role does humanity play in it?
Yes – there a perceptual good. It's our wake up call. It's our chance to become fully adult as a species.
Paul Salopek, 1962; award-winning US journalist, founder of »Out of Eden Walk«; hiking around the globe until 2020

What will the Anthropocenic Earth look like in 2100?
Sensors embedded in organic bodies will result in highly integrated and reactive networks where our physical environments will react to our human states. Workers, sharing jobs in shifts, will interact with customers in remote locations through robot interfaces … like Oz behind a curtain.
Liveable communities will be centred around tall buildings clustered around mass transit stops. People will commute via video, walking, or mass transit. Many will commute from a neighbouring city via high speed rail. The vast majority of our population will be mixed-blood children who look vaguely Philippino, and speak English and Chinese.
To feed 11 billion, we will turn to perennial grains, diverse plantings, aquaculture, insect larvae for animal feedstock, 3D printed food, and synthetic biology.
Meaningful sea level rise and lack of land will push whole communities out to sea.
Peggy Liu; Chairperson of Joint US-China Collaboration on Clean Energy; Shanghai, China

If scholars 100 000 years from now were to find one object from your possessions, what would you like it to be?
I am currently writing a letter to humankind. With it, I want to share my views on what it means to be human and our position on the planet. The letter is addressed to humankind as a whole, so that includes the over 100 billion people that already lived on this planet, but also the (hopefully) many more people to come. I constantly write and rewrite the letter and it will only be finished on my last day. If scholars found this letter 100 000 years from now, they might decipher, analyse and discuss the perspective of a 21th century human being. I surely would crave for such a letter from a stone-age human. 100 000 years from now, the inhabitants of planet Earth may think of us as the primitives of a next nature that is yet to evolve.
Koert van Mensvoort, 1974; artist, philosopher, scientist, and head of the Next Nature Lab at Eindhoven University of Technology; Eindhoven, The Netherlands

What do you consider to be the greatest challenges for us in the future?
Our biggest challenge is to reconnect with the biosphere. Contemporary society has lost touch with the living world around us. We are increasingly living in the electronic worlds of cyberspace. But this is a trend that has been going on for a long time. And, ultimately, it is a dangerous trend. We have lost our ability to understand the natural world that provides the life support system that allows our very existence.
We don't appreciate that our own actions are undermining the stability of the global environment on which we are wholly dependent. We have lost our appreciation of the amazing diversity and beauty of the rest of nature – of the privilege to reside on a planet teeming with life, something rare in the universe. Can we turn our present trajectory around and reattach to the living world around us, or will we become an evolutionary dead-end?
Will Steffen, 1947; Earth System scientist, The Australia National University; Canberra, Australia; and the Stockholm Resilience Centre; Stockholm, Sweden

Weiterführende Literatur

Websites

Next Nature: http://www.nextnature.net/

Generation Anthropocene. Stories about Planetary Change (Blog): http://web.stanford.edu/group/anthropocene/cgi-bin/wordpress/

Dot Earth, New York Times (Blog): http://dotearth.blogs.nytimes.com/author/andrew-c-revkin/

Welcome to the Anthropocene: http://www.anthropocene.info

Anthropocene Observatory: http://www.anthropoceneobservatory.net/

Making the Geologic Now. Responses to Material Conditions in Contemporary Life: http://www.geologicnow.com/

Anthropocene Milestones: Illustrating the Path to the Age of Humans (Comic Strips): http://www.environmentandsociety.org/blog/anthropocene-milestones-illustrating-path-age-humans

SciLogs: Der Anthropozäniker, Spektrum der Wissenschaft-Blogs: http://www.scilogs.de/der-anthropozaeniker/

Zeitschriften

Elementa: Science of the Anthropocene (online open access, 2013-)
Anthropocene (2013-)
The Anthropocene Review (2014-)

Bücher und Artikel

Bennett, Jill: Living in the Anthropocene / Leben im Anthropozän. Ostfildern-Ruit 2012.

Crutzen, Paul J. u. a. (Hrsg.): Das Raumschiff Erde hat keinen Notausgang. Energie und Politik im Anthropozän. Berlin 2011.

Crutzen, Paul J.; Steffen, Will: How Long Have We Been in the Anthropocene Era? In: Climatic Change 61 (2003), S. 251–257.

Crutzen, Paul: The Geology of Mankind. In: Nature 415 (3. Januar 2002), S. 23.

Ehlers, Eckart: Das Anthropozän. Die Erde im Zeitalter des Menschen. Darmstadt 2008.

Ellis, Erle u. a.: Anthropogenic Transformation of the Biomes, 1700 to 2000. In: Global Ecology and Biogeography 19 (2010), S. 589–606.

Hamann, Alexandra; Leinfelder, Reinhold; Trischler, Helmuth; Wagenbreth, Henning (Hrsg.): Anthropozän. 30 Meilensteine auf dem Weg in ein neues Erdzeitalter. Eine Comic-Anthologie. In Kooperation mit einer Seminarklasse der Universität der Künste Berlin. München 2014.

Kersten, Jens: Das Anthropozän-Konzept. Kontrakt – Komposition – Konflikt. Baden-Baden 2014.

Klingan, Katrin; Sepahvand, Ashkan; Rosol, Christoph; Scherer, Bernd M. (Hrsg.): Textures of the Anthropocene. Grain Vapor Ray. Berlin 2014/ Cambridge, MA 2015.

Leinfelder, Reinhold: Paul Joseph Crutzen, The »Anthropocene«. In: Leggewie, Claus u.a. (Hrsg.): Schlüsselwerke der Kulturwissenschaften. Bielefeld 2012, S. 257–260.

Leinfelder, Reinhold: Verantwortung für das Anthropozän übernehmen. Ein Auftrag für neuartige Bildungskonzepte. In: Vogt, Markus u. a. (Hrsg.): Wo steht die Umweltethik? Argumentationsmuster im Wandel. Marburg 2013, S. 283–311.

Leinfelder, Reinhold; Schwägerl, Christian; Möllers, Nina; Trischler, Helmuth: Die menschengemachte Erde. Das Anthropozän sprengt die Grenzen von Natur, Kultur und Technik. In: Kultur & Technik 36/2 (2012), S. 12–17.

Marris, Emma: Rambunctious Garden. New York 2011.

McNeill, John R.; Steffen, Will; Crutzen, Paul: The Three Stages of the Anthropocene. In: Island GeoScience 5/1 (2008), S. 2–5.

Mensvoort, Koert van; Grievink, Hendrik-Jan: Next Nature. Barcelona 2011.

Möllers, Nina: Das Anthropozän: Wie ein neuer Blick auf Mensch und Natur das Museum verändert. In: Düselder, Heike; Schmitt, Annika; Westphal, Siegrid (Hrsg.): Umweltgeschichte. Forschung und Vermittlung in Universität, Museum und Schule. Köln 2014, S. 217–229.

Möllers, Nina; Keogh, Luke: Pushing the Boundaries: Curating the Anthropocene at the Deutsches Museum. In: Cameron, Fiona; Neilson, Brett (Hrsg.): Climate Change, Museum Futures. The Roles and Agencies of Museums and Science Centers. London 2014, S. 78–89.

Newell, Jennifer; Robin, Libby; Wehner, Kirsten (Hrsg.): Collecting the Future. London 2014.

Nixon, Rob: Slow Violence and the Environmentalism of the Poor. Cambridge, MA 2011.

Robin, Libby; Sörlin, Sverker; Warde, Paul (Hrsg.): The Future of Nature. Documents of Global Change. New Haven 2013.

Robin, Libby; Avango, Dag; Keogh, Luke; Möllers, Nina; Scherer, Bernd; Trischler, Helmuth: Three Galleries of the Anthropocene. In: The Anthropocene Review 1/2 (2014), S. 1–18.

Rockström, Johan u. a.: A Safe Operating Space for Humanity. In: Nature 461, H. 7263 (2009), S. 472–75.

Ruddiman, William: The Anthropogenic Greenhouse Era Began Thousands of Years Ago. In: Climatic Change 61 (2003), S. 261–293.

Schwägerl, Christian: Menschenzeit – Zerstören oder gestalten. Wie wir heute die Erde von morgen erschaffen. München 2010.

Schwägerl, Christian: Die analoge Revolution – Wenn Technik lebendig wird und die Natur mit dem Internet verschmilzt. München 2014.

Schwägerl, Christian; Leinfelder, Reinhold: Die menschgemachte Erde. In: Zeitschrift für Medien- und Kulturforschung 5/2 (2014), S. 233–240.

Steffen, Will u.a.: The Anthropocene: From Global Change to Planetary Stewardship. In: Ambio 40 (2011), S. 739–761.

Steffen, Will; Crutzen, Paul J.; McNeill, John R.: The Anthropocene. Are Humans Now Overwhelming the Great Forces of Nature? In: Ambio 36/8 (2007), S. 614–621.

Steffen, Will; Grinevald, Jacques; Crutzen, Paul J.; McNeill, John R.: The Anthropocene: Conceptual and Historical Perspectives. In: Philosophical Transactions of the Royal Society Academy A 369 (2011), S. 842–867.

Sukhdev, Pavan: Corporation 2020. Warum wir Wirtschaft neu denken müssen. München 2013.

Trischler, Helmuth (Hrsg.): Anthropocene. Envisioning the Future of the Age of Humans. RCC Perspectives (2013), H. 3.

Vidas, Davor; Schei, Peter J.: The World Ocean in Globalisation. Challenges and Responses for the Anthropocene Epoch. In: Vidas, Davor; Schei, Peter J. (Hrsg.): The World Ocean in Globalisation. Leiden 2011.

WBGU (Wissenschaftlicher Beirat der Bundesregierung Globale Umweltveränderungen): Welt im Wandel – Gesellschaftsvertrag für eine Große Transformation. Berlin 2011.

Zalasiewicz, Jan u. a.: Anthropocene: A New Epoch of Geological Time? In: Philosophical Transactions of the Royal Society A: Mathematical, Physical and Engineering Sciences 369, H. 1938 (2011), S. 835–841.

Zalasiewicz, Jan: Die Erde nach uns. Der Mensch als Fossil der fernen Zukunft. Heidelberg 2009.

Zalasiewicz, Jan; Williams, Mark; Waters, Colin N.; Barnosky, Anthony D.; Haff, Peter: The Technofossil Record of Humans. In: The Anthropocene Review 1/1 (2014), S. 34–43.

Danksagung

Jede Ausstellung ist ein spannendes und herausforderndes Unterfangen – umso mehr, wenn man sich entscheidet, ein Thema wie das Anthropozän auszustellen.

Ohne die engagierte und leidenschaftliche Mitarbeit vieler Kolleginnen und Kollegen im Deutschen Museum und im Rachel Carson Center for Environment and Society sowie externer Firmen und die freundschaftliche Unterstützung einer Vielzahl von Kooperationspartnern (siehe S. 202), Leihgebern, Wissenschaftlern und wohlgesonnener Institutionen und Einzelpersonen wäre diese Ausstellung nicht realisiert worden. Ihnen allen sei an dieser Stelle ein herzlicher Dank ausgesprochen.

Namentlich gilt unser Dank den folgenden Personen und Institutionen:
Thomas Abraham, Fachhochschule Kiel; Amita Baviskar; Steven L. Chown; Digital Globe; Folke Dammann, Snack Insects; Lorraine Daston; Will Doig, Informal Cities Network; Tom Eichhorst; Filmarchiv Buschko; Felix und Frithjof Finkbeiner und das Team von Plant-for-the-Planet; Charles Frèger; Nicolle Rager Fuller, National Science Foundation; Owen Gaffney, International Geosphere-Biosphere Programme; Geminoid; Global Crop Diversity Trust; Benjamin Grant, Daily Overview; Stefan Gratzer; Armin Grunwald; Marie Cathleen Haff, Kulturstiftung des Bundes; Alec Hahn; Isao Hashimoto; Benjamin D. Hennig, Worldmapper; Chris Holter; Shen Hou; Jonathan Jeschke; TeilnehmerInnen der Kindermodellbauworkshops (Jenny, Leonardt, Nici, Lukas, Julian, Levin, Nathalie, Tim, Stella, Laurin, Jonah, Verena, Vera, Anne, Hannah, Siegfried, Johannes, Emma, Celine, Shouta, Nick, Rumi, Kolja, Linus, Marieke, Verena, Vera, Hannah, Siegfried und Josef); Kultur und Spielraum e.V., München; Damir Kovac, Senckenberg Naturmuseum; Peggy Liu; Elizabeth Masters, National Archives Australia; Christof Mauch; Anna Mayer, Institute for Figuring, Los Angeles; Khaled Misbahuzzaman; Koert van Mensvoort, Hendrik-Jan Grievink und Team, Next Nature Network; Mark Nesbitt, Royal Botanic Gardens, Kew; Jennifer Newell; Matt Noffs, Ted Noffs Foundation; Ulla Obermayr, Biogents AG; Chioma Daisy Onyige; José Augusto Pádua; Pleuni Pennings, Evolution of Life; Anna Plašil; Nicolas Rapp; Martin Rasper und Team, o'pflanzt is!; John Rintoul; Libby Robin; Alexander Rose, The Long Now Foundation; Paul Salopek; Sarie Santiago; Wolfgang Schuchert, Max-Planck-Institut für Pflanzenzüchtungsforschung; Ronald Smits; Victor Sonna; Achim Steiner; Will Steffen; James Syvitski; Tacker Film; Yesenia Thibault-Picazo; Markus Unsöld, Zoologische Staatssammlung München; Waldrappteam; Jackie Wharerau; Jan Zalasiewicz

Für Leihgaben zur Ausstellung danken wir herzlich:
Bazura Bags; Mario Fischer und Kathrin Brehme, Geoexpedition Harz; Botanische Staatssammlung München; Botanischer Garten und Botanisches Museum Berlin-Dahlem, Freie Universität Berlin; EAWAG – Swiss Federal Institute of Aquatic Science and Technology; Gideon Shoes; Leibniz-Institut für Gewässerökologie und Binnenfischerei; The Long Now Foundation; LWL-Industriemuseum, Westfälisches Landesmuseum für Industriekultur; Museum Kunst der Westküste; Museum für Naturkunde Berlin; Norrøna; Presse- und Informationsamt, Landeshauptstadt München; Museum Reich der Kristalle; Senckenberg Naturmuseum; Victor Sonna; Museum Fünf Kontinente; Technisches Museum Wien; Veolia Umweltservice Süd; Wolfgang Maria Weber; Zoologische Staatssammlung München

Der Abdruck der Gedichte und Kurzprosa auf S. 120 / 121 erfolgte mit freundlicher Genehmigung der Verlage und AutorInnen:

Wissenschaftliche Autorinnen und Autoren

Dr. Marina Alberti ist Professorin für Enviromental Planning an der University of Washington. Sie studierte Architektur in Venedig und promovierte 1992 in Stadt- und Regionalplanung am Massachusetts Institute of Technology. Heute leitet Alberti neben etlichen urbanen Forschungsprojekten sowohl das interdisziplinäre Ph. D.-Programm für Stadtplanung als auch das »Urban Ecology Laboratory«. Ihr Hauptforschungsgebiet sind die Auswirkungen alternativer Stadtentwicklungsmodelle auf die Dynamik von Ökosystemen. So beschäftigt sie sich in ihrem Werk »Advances in Urban Ecology: Integrating Humans and Ecological Processes in Urban Ecosystems« (2008) mit der komplexen Interaktion von Urbanisation und ökologischen Funktionen und beschreibt die Schwierigkeiten im Umgang mit den sich wandelnden urbanen Ökosystemen.

Der Nobelpreisträger **Prof. Dr. Paul J. Crutzen** ist niederländischer Atmosphärenforscher. Er promovierte 1973 an der Universität Stockholm in Meteorologie und arbeitete an verschiedenen Universitäten, u. a. an der University of Oxford. Ab 1983 war er Direktor des Max-Planck-Instituts für Chemie in Mainz und erhielt 1995 den Nobelpreis für seine Forschungen zum Ozonloch. Crutzen popularisierte seit 2000 den Begriff des Anthropozäns, dem er seither eng verbunden ist – so auch als Schirmherr der Anthropozän-Projekte des Deutschen Museums und des Rachel Carson Center for Environment and Society sowie des Hauses der Kulturen der Welt und der Max-Planck-Gesellschaft.

Prof. Dr. Erle Ellis ist Associate Professor für Geographie und Umweltsysteme an der Universität Maryland, Baltimore, wo er auch als Direktor des »Laboratory for Anthropogenic Landscape Ecology« tätig ist. Außerdem ist er Gastprofessor für Landschaftsarchitektur an der Harvard Graduate School of Design. Seine Lehr- und Forschungstätigkeit beschäftigt sich hauptsächlich mit der Ökologie der anthropozänen Landschaft und ihrem Wandel von lokalem zu globalem Ausmaß. Besonderen Fokus legt Ellis auf die Vermittlung der großen Verantwortung, die die Menschen zu tragen haben, um die Biosphäre im Anthropozän nachhaltig zu schützen.

Allison Guy ist Journalistin und Digital Strategist. Sie legte ihren Bachelor in Umweltforschung an der Yale University ab und erhielt 2010 ihren Master in Neuen Medien an der Universität Amsterdam. Zurzeit ist sie als Redakteurin beim »Next Nature Network« in Amsterdam tätig. Ihre Forschungsinteressen konzentrieren sich auf Tieruntersuchungen mit Bezug auf die Cyborg-Philosophie, Artensterben und synanthropische Organismen.

Die Literaturwissenschaftlerin **Prof. Dr. Ursula Heise** studierte Romanistik an der Universität Köln und promovierte 1993 an der University of Stanford in Literaturtheorie. Sie lehrt als Professorin für Anglistik am »Institute of the Environment and Sustainability« der University of California, Los Angeles, und erhielt 2011 ein Guggenheim Fellowship. Ihre Forschungsschwerpunkte sind die zeitgenössische Literatur, ökologische Kulturen der Industrienationen, das Zusammenspiel von Literatur und Wissenschaft und Theorien der Modernisierung und Globalisierung. Zu ihren wichtigsten Arbeiten zählt das Buch »Nach der Natur: Das Artensterben und die moderne Kultur« (2010).

Dr. Luke Keogh ist australischer Historiker mit Schwerpunkt auf Umwelt- und Landschaftsgeschichte. Er promovierte an der University of Queensland in Australien und erhielt 2010 den Preis des National Museum of Australia für seinen Essay zu Pituri, einer von australischen Aborigines früher häufig benutzten Pflanze. Nach einer kuratorischen Tätigkeit am Queensland Museum und an der University of Queensland, arbeitete Keogh von 2012 bis 2014 als International Curatorial Fellow im Rahmen des Programms Internationales Museum der Kulturstiftung des Bundes an der Anthropozän-Ausstellung am Deutschen Museum mit.

Prof. Dr. Manfred D. Laubichler ist President's Professor für Theoretische Biologie und Biologiegeschichte an der Arizona State University. Außerdem ist er Gastwissenschaftler am Max-Planck-Institut für Wissenschaftsgeschichte in Berlin und als External Professor am Santa Fe Institute sowie am Konrad Lorenz Institute für Evolutions- und Kognitionsforschung tätig. Laubichler studierte Geschichte an der Princeton University und Biologie an der Yale University, wo er 1997 auch promovierte. Im Fokus seiner Publikationen und Forschungsarbeiten stehen die Theorie komplexer Systeme, die Evolution und Entwicklung komplexer Phenotypen und sozialer Systeme, kulturelle Evolution und »big data driven computational methods« in der Wissenschaftsgeschichte. Er ist u.a. Autor von »From Embryology to EvoDevo: A History of Developmental Evolution« (mit J. Maienschein, 2007).

Prof. Dr. Reinhold Leinfelder ist Geologe und forscht zu Korallenriffen, dem Anthropozän sowie zur Wissenskommunikation. Seit September 2014 ist er Direktor der »Haus der Zukunft GmbH«. Zum Anthropozän lehrt und forscht er an der Freien Universität Berlin, am Exzellenzcluster »Bild Wissen Gestaltung« Berlin, in der IKS-»Working Group on the ›Anthropocene‹«, beim Anthropozän-Projekt des Hauses der Kulturen der Welt sowie am Rachel Carson Center in München, wo er auch die Anthropozän-Ausstellung im Deutschen Museum initiierte. Leinfelder studierte an der LMU München, promovierte und habilitierte an der Universität Mainz und war Professor für Geologie und Paläontologie an den Universitäten Stuttgart, München, der Humboldt-Universität sowie der Freien Universität Berlin. 2003 bis 2005 war er Generaldirektor der Staatlichen Naturwissenschaftlichen Sammlungen Bayerns, 2006 bis 2010 Generaldirektor des Museums für Naturkunde Berlin, 2008 bis 2013 Mitglied im Wissenschaftlichen Beirat der Bundesregierung Globale Umweltveränderungen.

Emma Marris ist Umweltautorin und Journalistin. Sie schloss ihr Studium im Wissenschaftlichen Schreiben mit dem M.S. an der Johns Hopkins University in Maryland ab und schreibt seitdem freiberuflich über verschiedenen Themen mit den Schwerpunkten Evolution, Energie, Landwirtschaft, Lebensmittel und Sprache. 2011 erschien ihr Buch »Rambunctious Garden: Saving Nature in a Post-Wild World«. Es beleuchtet Strategien zur Erhaltung der Umwelt, erkundet die durch menschliches Eingreifen außer Kontrolle geratenen Ökosysteme und zeigt auf, dass sich die Grenzen zwischen Mensch und Natur zunehmend verwischen.

Daniela Menge ist seit 2012 Kuratorin am Deutschen Museum. Sie ist im Forschungsinstitut in der Sonderausstellung zum Anthropozän für den Bereich Evolution und Ernährung/Ressourcen zuständig. Zu ihren weiteren Projekten im Deutschen Museum zählen die Neukonzeption der modernen Meeresforschung im Bereich der Schifffahrt sowie das Thema Überfischung in der Abteilung Umwelt. Für den Exzellenzcluster »Ozean der Zukunft« und die Graduiertenschule »Human Development in Landscapes« der Christian-Albrechts-Universität Kiel arbeitete sie im Public Outreach und entwickelte u.a. mehrere Ausstellungen. Zudem war sie Dozentin für Konzeption und Fotografie und arbeitete für verschiedene Agenturen in Hamburg.
Mit dem Hintergrund ihres Geografie- und Designstudiums schreibt und konzipiert sie unterschiedlichste Formate der Wissenschaftsvermittlung zu Themen aus den Bereichen Naturwissenschaft, Umwelt, Ozean, Geschichte und Kunst.

Dr. Koert van Mensvoort ist niederländischer Künstler und Philosoph. Er erhielt den M.S. 1997 in Informatik an der Eindhoven University of Technology, den MFA 2000 am Sandberg Institute, Amsterdam, und promovierte 2009 in Industriedesign. Heute verbindet er diese verschiedenen Disziplinen in seiner Arbeit und verwendet die unterschiedlichsten Medien – Essays, Spiele, Gemälde, Performances und Websites –, um seine Ideen zu visualisieren. In dem von ihm ins Leben gerufenen Projekt »Next Nature« setzt er sich mit der durch den Menschen beeinflussten Natur auseinander. Er ist Direktor der »Next Nature Foundation«, Amsterdam, und Leiter des »Next Nature Lab« an der Eindhoven University of Technology.

Dr. Nina Möllers ist leitende Kuratorin und Projektleiterin der Sonderausstellung »Willkommen im Anthropozän. Unsere Verantwortung für die Zukunft der Erde«. Sie studierte in Tübingen, Palo Alto und Nashville, Tennessee, und promovierte 2007 über die Identitätsgeschichte der Creoles of Color in New Orleans. Am Deutschen Museum hat sie im Rahmen eines Postdoc-Projekts zur Geschichte des Energiekonsums im privaten Haushalt geforscht und dazu eine Sonderausstellung kuratiert. Zu ihren Publikationen gehören u.a. »Kabelsalat. Energiekonsum im Haushalt« (mit Sophie Gerber und Nina Lorkowski, 2012) sowie »Cur(at)ing the Planet: How to Exhibit the Anthropocene and Why« (2013) und »Das Anthropozän: Wie ein neuer Blick auf Mensch und Natur das Museum verändert« (2014).

Danielle Nierenberg ist Mitbegründerin von »Food Tank« und Expertin zu den Themen nachhaltige Landwirtschaft und Nahrungsmittelproduktion. Sie erhielt ihren M.S. in Landwirtschaft, Ernährung und Umwelt von der »Friedman School of Nutrition Science and Policy« der Tufts University. Von 2001 bis 2012 arbeitete sie als Direktorin des Lebensmittel- und Landwirtschaftprogramms des »Worldwatch Institute«. Sie ist Autorin zahlreicher Berichte und Bücher zum Thema, u.a. »State of the World 2011. Innovations that Nourish the Planet« (2011) und »Food and Agriculture: The Future of Sustainability« (2012).

Dr. Julia Pongratz studierte an der Ludwig-Maximilians-Universität München und der University of Maryland Geographie und promovierte 2009 am Max-Planck-Institut für Meteorologie und der Universität Hamburg. Ihre Forschung konzentriert sich auf die Wechselwirkungen zwischen menschlichem Handeln, Vegetation und dem Klimasystem. Darin kombiniert sie Feldmessungen, Satellitendaten, Biosphärenmodelle und globale Erdsystemmodelle, um den Einfluss von Landnutzung auf das Klima und den Kohlenstoffkreislauf abzuschätzen. Während eines Postdoc-Aufenthaltes am »Department of Global Ecology« der Carnegie Institution in Stanford, Kalifornien, beschäftigte sie sich mit Mitigation durch Aufforstung und den Effekten von Geoengineering auf Nahrungsmittelsicherheit. Derzeit leitet sie am Max-Planck-Institut für Meteorologie in Hamburg eine Emmy-Noether-Nachwuchsgruppe zum Einfluss von Forstwirtschaft auf das Erdsystem.

Prof. Dr. Jürgen Renn ist seit 1994 Gründungsdirektor des Max-Planck-Instituts für Wissenschaftsgeschichte. Gleichzeitig lehrt er Wissenschaftsgeschichte an der Humboldt-Universität Berlin und an der Freien Universität Berlin. Renn arbeitete unter anderem zur Entstehung der Allgemeinen Relativitätstheorie und zur Geschichte der Mechanik von ihren Wurzeln im praktischen Wissen der Antike und der Frühen Neuzeit bis zur ihrer Transformation durch die Relativitäts- und Quantentheorie.
Seit einigen Jahren forscht er zu Prozessen der Globalisierung

des Wissens. Er ist Mitinitiator der Berliner Erklärung für den offenen Zugang zu wissenschaftlichem Wissen und kulturellem Erbe. Darüber hinaus ist er Verfasser und Herausgeber zahlreicher wissenschaftlicher Artikel und Bücher.

Prof. Dr. Libby Robin ist australische Umwelt- und Wissenschaftshistorikerin mit Schwerpunkt auf der Geschichte des Globalen Wandels. Sie promovierte 1994 in Wissenschaftsgeschichte in Melbourne und lehrt heute Umweltgeschichte an der »Fenner School of Enviroment and Society« an der Australian National University (ANU). Außerdem ist sie Senior Research Fellow am National Mueum of Australia, Canberra, und als Gastprofessorin am »Environmental Humanities Laboratory« des Royal Institute of Technology, Stockholm, tätig. Zu ihren zahlreichen Publikationen gehört das jüngst erschienene Buch »The Future of Nature« (mit Sverker Sörlin und Paul Warde, 2013).

Prof. Dr. Bernd M. Scherer ist Philosoph und seit 2006 Intendant des Hauses der Kulturen der Welt, Berlin. Er promovierte an der Universität des Saarlandes in Philosophie, leitete von 1994 bis 2004 das Landesinstitut Mexiko des Goethe Instituts und anschließend die Zentralabteilung Künste in München. Seit 2011 lehrt Scherer als Honorarprofessor am Institut für Europäische Ethnologie der Humboldt-Universität Berlin und gehört zu den Initiatoren und Leitern des Anthropozän-Projekts am Haus der Kulturen der Welt. Darüber hinaus ist er Autor zahlreicher Veröffentlichungen zu Themen der Ästhetik und des internationalen Kulturaustausches.

Christian Schwägerl ist Journalist und Autor. Nach der Redakteursausbildung an der Deutschen Journalistenschule München und dem Biologiestudium an der Freien Universität Berlin und der University of Reading arbeitete er von 1997 bis 2001 im Parlamentsbüro der Berliner Zeitung, von 2001 bis 2008 im Feuilleton der Frankfurter Allgemeinen Zeitung und von 2008 bis 2012 im Bundesbüro des SPIEGEL. Seit 2012 ist er selbständig tätig. Schwägerl ist Autor des Anthropozän-Buchs »Menschenzeit« (Riemann, 2010; Goldmann, 2012), das maßgeblich zum Entstehen des Anthropozän-Projekts am Haus der Kulturen der Welt und der Sonderausstellung am Deutschen Museum beigetragen hat. Für die Ausstellung in München arbeitete er als externer Kurator, im Projekt am Haus der Kulturen der Welt war er im Leitungsteam. Von Schwägerl stammen auch die Bücher »11 drohende Kriege« (mit Andreas Rinke, 2012) und »Die analoge Revolution« (2014).

Kavita Sharma arbeitet für die internationale Forschungsinitiative TEEB (The Economics of Ecosystems and Biodiversity) des UN Environment Programme. Sie berät Regierungen bei der biophysikalischen Erfassung und ökonomischen Bewegung von Ökosystemen. Vor ihrer Tätigkeit für TEEB arbeitete Sharma als Management Consultant bei PricewaterhouseCoopers India, wo sie Klienten des öffentlichen Sektors bei der Gesundheitsbetreuung, Bildung und sozialen Sicherheit beriet. Weitere Schwerpunkte ihrer Arbeit sind Feuchtgebiet-Ökologie und Renaturierungsprojekte. Ihren Master absolvierte Sharma an der »Yale School of Forestry and Environmental Studies« in Umweltmanagement.

Pavan Sukhdev ist Umweltökonom. Besonders bekannt ist er für seine Kampagne und sein gleichnamiges Buch »Corporation 2020« (2013), das sich mit der Zusammenarbeit von Unternehmen und Gesellschaften zum Aufbau einer grünen Wirtschaft beschäftigt. Sukhdev ist außerdem Gründer und Geschäftsführer des Beratungsunternehmens »Green Initiatives for a Smart Tomorrow Advisory«. Nach seiner 14-jährigen Tätigkeit bei der Deutschen Bank bis 2008 leitete er bis vor kurzem außerdem die »Green Economy Initiative« des United Nations Environment Programme (UNEP) und die G8+5-Studie »The Economics of Ecosystems and Biodiversity«. Neben weiteren Umweltinitiativen ist Sukhdev derzeit UNEP-Goodwill-Botschafter.

Die Designerin **Yesenia Thibault-Picazo** lebt und arbeitet in London. Sie erhielt den Master of Art für Textildesign am Central Saint Martins der University of Arts, London. In ihrer Diplomarbeit widmete sie sich dem Thema Anthropozän. Ihr Projekt »Handwerk im Anthropozän« ist in der Ausstellung des Deutschen Museums zu sehen. Sie erforscht mögliche geologische Zukünfte im Anthropozän. Ihre Arbeiten wurden bereits in London, Eindhoven und Mailand ausgestellt.

Prof. Dr. Helmuth Trischler ist Bereichsleiter Forschung des Deutschen Museums, Professor für Neuere und Neueste Geschichte sowie Technikgeschichte an der LMU München und, gemeinsam mit Prof. Dr. Christof Mauch, Direktor des Rachel Carson Center for Environment and Society. Er forscht, lehrt und publiziert zur Wissenschafts-, Technik- und Umweltgeschichte sowie zu Innovationskulturen im internationalen Vergleich. Zu seinen jüngsten Publikationen zählen die Bücher »The Anthropocene in Perspective« (2013), »Building Europe on Expertise: Innovators, Organizers, Networkers« (2014, mit Martin Kohlrausch) und der Wissenschaftscomic »Anthropozän: 30 Meilensteine auf dem Weg in ein neues Erdzeitalter. Eine Comic-Anthologie« (2014, mit Alexandra Hamann, Reinhold Leinfelder und Henning Wagenbreth).

Dr. Davor Vidas ist Direktor des »Marine Affairs and Law of the Sea Programme« und Research Professor am Fridjof Nansen Institut in Norwegen, das sich mit Umweltpolitik, Energie- und Ressourcenmanagement beschäftigt. Vidas promovierte 1987 in Rechtswissenschaften an der Universität Zagreb und beschäftigt sich seitdem in Forschung und Lehre mit internationalem Recht, Schifffahrtsrecht sowie Meeres- und Ressourcenforschung. Er ist Leiter vieler internationaler Projekte, unter anderem des Komitees für »International Law and Sea-Level Rise« der »International Law Association«. Neben Werken wie »The World Ocean in Globalisation« (2011) publizierte er auch »The Anthropocene and International Law« (2011).

Dr. Helge Wendt ist wissenschaftlicher Mitarbeiter am Max-Planck-Institut für Wissenschaftsgeschichte in Berlin. Im Rahmen des Sonderforschungsbereiches »Transformationen der Antike« bearbeitet er das Thema von Ressourcennutzung und Ressourcenwissen im 17. und 18. Jahrhundert. Wendt hat an der Freien Universität Berlin Altamerikanistik und Geschichte studiert und promovierte an der Universität Mannheim 2009 zum Thema »Die missionarische Gesellschaft. Mikrostrukturen einer kolonialen Globalisierung«. Seit 2011 ist er besonders im Projekt »Globalization of Knowledge« tätig.

Dr. Jan Zalasiewicz ist Geologe und Senior Lecturer für Paläobiologie an der University of Leicester. Seine Hauptforschungsgebiete sind stratigraphische Analyse, Sedimentologie und Morphologie. Zalasiewicz ist Vorsitzender der »Working Group on the ›Anthropocene‹« der International Commission of Stratigraphy, die sich mit der Frage des Anthropozäns als geologischer Epoche beschäftigt. Er hat vielfältig zum Thema publiziert, u.a. »Die Erde nach uns. Der Mensch als Fossil der fernen Zukunft« (2009).

Impressum Ausstellung

Willkommen im Anthropozän.
Unsere Verantwortung für die Zukunft der Erde

Eine Sonderausstellung des Deutschen Museums und des Rachel Carson Center for Environment and Society

Mit Unterstützung durch

Kulturstiftung des Bundes:
Unterstützung im Rahmen des Programms Internationales Museum

KULTURSTIFTUNG DES BUNDES

Deutsche Bundesstiftung Umwelt:
Unterstützung des Bildungs- und Begleitprogramms

gefördert durch DBU Deutsche Bundesstiftung Umwelt www.dbu.de

Haus der Kulturen der Welt:
Partnerschaft im Rahmen des Anthropozän-Projektes

HKW Haus der Kulturen der Welt

bild der wissenschaft

bild der wissenschaft

Wissenschaftliches Ausstellungsteam
Nina Möllers (Projektleitung), Daniela Menge, Luke Keogh, Helmuth Trischler

In Zusammenarbeit mit Reinhold Leinfelder, Berlin und Christian Schwägerl, Berlin

Mit Unterstützung von Sabine Buchczyk, Anne Hanschke, Felix Mauch sowie Henrike Bäuerlein, Dorothea Föcking, Sarah Förg, Josephine Musil-Gutsch, Martin Mohn, Anna Paradis, Peter Schulze, Jana Slemr, Stefanie Tripicchio

Projektmanagement
Björn Müller

Abteilungsleitung Sonderausstellung
Dirk Bühler

Ausstellungsgestaltung
ARGE Klaus Hollenbeck Architekten und krafthaus | das atelier von facts and fiction, Köln

Ausstellungsbau
C.O.P. Messe & Display GmbH, München
Saurus – Bauten für Film und Messe GmbH, München

Medienproduktion
Eyecatcher Medienproduktion GmbH, Köln
krafthaus | das atelier von facts and fiction, Köln

Modellbau
Infotronic KG, Köln

Kalligraphie Regal
Anja C. Gerstenberg

Textredaktion
Birgit Heilbronner, Dorothee Messerschmid-Franzen

Restaurierung und Objektvorbereitung
Thomas Rébényi und das Sammlungsmanagement des Deutschen Museums

Objekthandling
Deutsches Museum
id3d GmbH, Berlin

Transporte
Christian Endres, Reinhold Tomesch und das Transportteam des Deutschen Museums
Hasenkamp, München

Übersetzungen und englisches Lektorat
Brenda Black und Katie Ritson mit dem Editing Team des Rachel Carson Center for Environment and Society

Presse- und Öffentlichkeitsarbeit
Marlen Salm, Susanne Schneider, Bernhard Weidemann sowie Arielle Helmick und Rachel Shindelar

Plakat und Werbegrafik
André Judä

Museumspädagogisches Programm
Annette Noschka-Roos, Gabriele Kramer, Vera Ludwig, Traudel Weber

Anthropozän Comic-Anthologie
Studierende der Klasse Illustration an der Universität der Künste Berlin unter der Leitung von Henning Wagenbreth
Alexandra Hamann, Reinhold Leinfelder, Helmuth Trischler, Kamyar Shirazi

Impressum Katalog

Herausgeber
Nina Möllers, Christian Schwägerl, Helmuth Trischler
für das Deutsche Museum

Übersetzungen
siehe Nennung am Schluss der Beiträge

Exponatfotos
Hans-Joachim Becker, Fotoatelier Deutsches Museum

Alle anderen Abbildungen
siehe Angaben am Ende der Bildunterschriften

Bildredaktion
Nina Möllers, Christian Schwägerl, Stefanie Tripicchio

Lektorat
Anja Bayer

Schlussredaktion
Christa Opitz-Schwab, München

Gestaltung
Jutta Esser

Layout und Satz
Jutta Esser
Karen Schmidt, fsg3, München

Umschlaggestaltung
André Judä, Karen Schmidt

Illustrationen
André Judä, S. 2, 207
Jutta Esser, S. 144/145
Karen Schmidt, S. 152/153, 160/161, 168/169, 176/177, 184/185

Bildbearbeitung
Reproline mediateam GmbH & Co. KG, München

Druck und Bindung
Aumüller Druck GmbH & Co. KG, Regensburg

MIX
Papier aus verantwortungsvollen Quellen
FSC® C017373
FSC www.fsc.org

Die Deutsche Nationalbibliothek verzeichnet diese Publikation in der Deutschen Nationalbibliografie; detaillierte bibliografische Daten sind im Internet über http://dnb.d-nb.de abrufbar.

Printed in Germany
ISBN 978-3-940396-48-8

Deutsches Museum
Museumsinsel 1
80538 München
www.deutsches-museum.de

Gibt es ein »gutes Anthropozän« und, wenn ja, welche Rolle soll der Mensch darin einnehmen?

Wenn etwas aus Ihrem Besitz in 100 000 Jahren von Wissenschaftlern gefunden werden würde, was sollte es sein?

Was halten Sie für die

Wenn etwas aus Ihrem Besitz in 100 000 Jahren von Wissenschaftlern gefunden werden würde, was sollte es sein?

größten Zukunftsheraus-forderungen?

Wenn etwas aus Ihrem Besitz in 100 000 Jahren von Wissenschaftlern gefunden werden würde, was sollte es sein?

Fühlen Sie sich persönlich von den Problemen des Anthropozäns betroffen? Fühlen Sie sich angeregt,

Wie sieht die anthropozäne Erde im Jahr 2100 aus?

Was halten Sie für die größten Zukunftsherausforderungen?

Wie sieht die anthropozäne Erde im Jahr 2100 aus?

Fühlen Sie sich persönlich von den Problemen des Anthropozäns betroffen? Fühlen Sie sich angeregt, Ihr Verhalten zu überdenken und vermehrt Verantwortung zu übernehmen?

Gibt es ein »gutes Anthropozän« und, wenn ja, welche Rolle soll der Mensch darin einnehmen?

Was halten Sie für die größten Zukunftsherausforderungen?

Fühlen Sie sich persönlich von den Problemen des Anthropozäns betroffen? Fühlen Sie sich angeregt, Ihr Verhalten zu überdenken und vermehrt Verantwortung zu übernehmen?

Ihr Verhalten zu überdenken und vermehrt Verantwortung zu übernehmen? Wie sieht die anthropozäne Erde im Jahr 2100 aus? Gibt es ein »gutes Anthropozän« und, wenn ja, welche Rolle soll der Mensch darin einnehmen?